高等职业教育高水平专业群创新系列教材·机电类
西南科技大学四川省军民融合研究院
中国工程研究院院士工作站资助项目

机械设计基础

主　编　张　俭
副主编　王成刚　黄振轭　李晓娜　张　黎
　　　　刘建新　彭　静　李　维
参　编　刘言生　张庆凯　秦俊举　杨　军
主　审　朱目成

北京理工大学出版社
BEIJING INSTITUTE OF TECHNOLOGY PRESS

内 容 简 介

本书是在对"机械设计基础"的本质及教育功能再认识的基础上，着眼于"十四五"及新时代对人才培养的要求，以加强对学生综合素质的创新设计能力的培养为出发点，并结合编者多年的教学实践经验编写而成的。

本书的主要内容包括绪论、平面机构的结构分析与运动分析、平面连杆机构、凸轮机构、齿轮传动、齿轮系、间歇运动机构、带传动与链传动、螺纹连接、轴系零部件、轴承、机械的调速与平衡、机械系统传动装置设计。其主要讲述机械中常用机构和通用零件的工作原理、结构特点、运动特性、基本设计理论和计算方法。本书还将数字化辅助教育资源与课程内容紧密配合，内容包括立体动态模型视频资料及电子教案 PPT 等，可全方位辅助本课程的教与学。

本书适合作为高等院校机械设计基础课程的教材，也可供从事机械类专业的技术人员学习参考使用。

图书在版编目（CIP）数据

机械设计基础/张俭主编. —北京：北京理工大学出版社，2020.10（2020.11 重印）
ISBN 978 - 7 - 5682 - 9099 - 9

Ⅰ.①机… Ⅱ.①张… Ⅲ.①机械设计 Ⅳ.①TH122

中国版本图书馆 CIP 数据核字（2020）第 186029 号

出版发行 / 北京理工大学出版社有限责任公司	
社　　址 / 北京市海淀区中关村南大街 5 号	
邮　　编 / 100081	
电　　话 / (010) 68914775（总编室）	
(010) 82562903（教材售后服务热线）	
(010) 68948351（其他图书服务热线）	
网　　址 / http：//www.bitpress.com.cn	
经　　销 / 全国各地新华书店	
印　　刷 / 涿州市新华印刷有限公司	
开　　本 / 787 毫米 × 1092 毫米　1/16	
印　　张 / 19	责任编辑 / 高雪梅
字　　数 / 445 千字	文案编辑 / 高雪梅
版　　次 / 2020 年 10 月第 1 版　2020 年 11 月第 2 次印刷	责任校对 / 周瑞红
定　　价 / 49.00 元	责任印制 / 李志强

图书出现印装质量问题，请拨打售后服务热线，本社负责调换

前 言
PREFACE

高等职业教育的目标是为生产、技术、服务和管理第一线培养初、中级应用型人才，对理论学习的要求是以"必需""够用""会用"为原则，着重培养学生的实际动手能力和操作能力。本书正是根据"十三五"职业教育国家规划教材要求，着眼"十四五"及新时代人才培养方向，结合编者多年从事教学、生产实践的经验编写而成。本书在内容、编排上采用由浅入深、由表及里的方法，尽可能采用简洁、形象、直观等符合学生认知规律的方式进行论述，力求培养学生对机械原理的感觉认知和探索研究机械结构及零件设计的兴趣。

本书不带"＊"号章节内容特别适合非机械类和近机械类学生少学时（50～80 学时）课程使用，全书内容（含带"＊"号章节）也可供机械类或近机械类学生全学时（90～120 学时）课程选用。

教学经验和资源是一个活动的图书馆。根据为学生呈现"小图书馆"教学的实践经验，本书较多地选用了一些典型例题（含较详细的解析）和 PPT 课堂"小练"，在各章开始设置了内容提要，习题严格按考试检测要求（分填空题、选择题、判断题、问答题）分类设置，一些表格定理还注明出处及相关知识，这更有益于学生自学预习和做好笔记。希望学生能通过学习这门课程，掌握一般的机械常识，会进行一般机械的工作原理分析和性能比较，会选择标准的零部件和对简单的机械故障有基本的判断，能进行简单的故障排除和维护，实现"会用"的目的。

本书特邀武汉理工大学副教授王成刚老师参与并协助张俭老师主编和统稿，全书由绪论和十二章内容组成，黄振轲参编第二章，刘建新、张黎参编第七章，彭静、张庆凯参编第八章，李晓娜参编第九章，秦俊举、刘言生参编第十章，王成刚和杨军参编第十一章，李维参编第十二章，其余章节由张俭老师主编，所配立体动态模型视频资料及电子教案 PPT 等由各参编老师分别制作，并由成都纺织高等专科学校副教授李晓娜老师负责统编制作。本书还得到了西南科技大学研究生工作部部长、四川省军民融合研究院副院长朱目成教授的大力支持和帮助，并受邀对全书进行了全面主审，提出了许多宝贵意见和建议，在此表示衷心的感谢。

本书在编写过程中广泛借鉴了相关院校和企业的经验，参考了众多同行专家学者的著作，特别有幸得到四川省军民融合研究院和中国工程院院士工作站有关专家的支持和资助，还得到国家骨干高职院校成都纺织高等专科学校党委及行政领导的关怀和支持，在此一一致谢。

由于编者水平有限，本书难免存在疏漏和不当之处，敬请专家学者和广大读者批评指正。

编　者
2020 年 7 月于成都

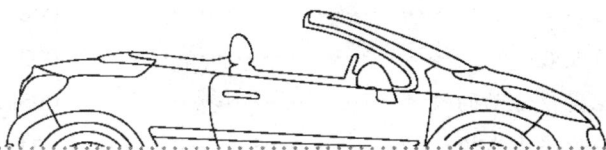

目 录
CONTENTS

目
录

　　车轮滚滚，走向未来。人们在日常生活和工作中，广泛使用着各种各样的机械，如自行车、电动车、内燃机、汽车、火车、飞机、电梯及机器人等。可以说，机械减轻或代替了人们的劳动，提高了人们的生活水平和工作效率，在人们的生活和工作中起着非常重要的作用。

　　随着科学技术和工业生产的飞速发展，计算机、电子技术与机械技术的有机结合实现了机电一体化，促使机械产品向更高、更精、更轻、多功能和智能化方向发展，机械产品及其装备的技术水平已成为衡量一个国家现代化程度的重要标志之一，图 0.1 所示为新能源汽车。所以，对于现代工程技术人员来说，学习和掌握一些机械方面的基础知识是非常有意义，也是很有必要的。

资源 0－1
新能源汽车视频

资源 0－2
电动机

图 0.1　新能源汽车

第一节　课程的性质、内容、任务和学习方法

一、课程性质

　　本课程是研究常用机构和通用零件的基本设计理论和方法的技术基础课程，是继先修技术基础课（如机械制图、工程力学、金属材料等）之后的又一门重要的技术基础课，是机

械类或近机械类专业的主干课之一，也是培养机械或机械管理工程师的必修课之一。通过本课程的学习和实践，可以使学生具有一定的机械设计能力，并能综合运用传统和现代设计（CAD）手段去发现、分析和解决机械工程中的问题。

二、课程内容

本课程主要讲述机械中常用机构和通用零件的工作原理、结构特点、运动特性、基本设计理论和计算方法。其中包括：常用机构如平面连杆机构、凸轮机构、间歇机构及组合机构等；通用零件如机构传动中的齿轮传动零件、蜗杆传动零件、带传动零件、链传动零件等；轴系类零部件中的轴、键、联轴器、离合器、制动器、轴承等；连接中的螺纹连接；其他零部件如弹簧、减速器等。此外，本课程还涉及机械的调速与平衡等有关机械动力学方面的一些问题。

三、课程任务

（1）掌握常用机构的结构、工作原理、运动特性和机构动力学的基本知识，初步具有分析和设计基本机构的能力，并对机构运动方案的设计有所了解。

（2）掌握机械中通用零件的工作原理、特点、应用和设计计算的基本知识，并初步具有设计机械传动装置和简单机构的能力。

（3）具有运用标准、规范、手册及相关技术资料的能力。

（4）初步得到本课程实验技能的训练。

四、学习方法

本课程将通过课堂教学、习题、实验和课程设计等教学环节完成。学生在学习过程中，既要注重在课堂教学中理解基本概念、基本原理，掌握基本方法，又要注意在日常生活中善于观察、分析和比较，把所学知识与实际相联系，达到举一反三的目的；同时还要在实验、课程设计及与本课程相关的创新机械设计竞赛和课外科技创新活动中培养创新意识和创新能力，较好地掌握机械设计的方法。

❋ 第二节　机械设计的基本要求及一般程序

一、机械设计的基本要求

1. 机械设计的基本要求

（1）机械设计对机器使用功能方面的要求。

（2）机械设计对机器技术经济性的要求。

2. 机械零件设计的基本要求

（1）在预定工作期限内能正常、可靠地工作，保证机器的各种功能。

（2）要尽量降低零件的生产、制造成本。

二、机械设计的一般程序

图 0.2 所示为机械设计的一般程序。

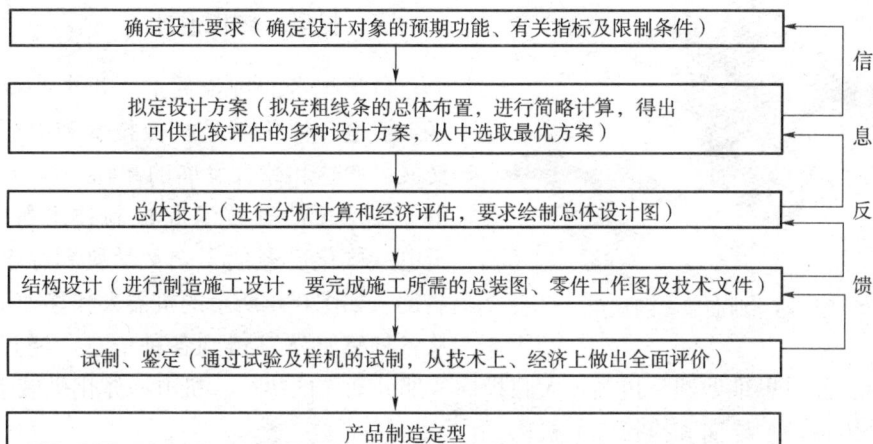

图 0.2　机械设计的一般程序

✿ 第三节　现代机械设计简介

"眼界决定宽度，格局决定高度，创新决定未来。"机械设计作为一门专业设计，本身就是一种创造的行为，不仅是"造物"，还是"谋事"。它是人们在实践中为创造一种更为合理的生存（工作）方式的追求和努力。

20 世纪 80 年代以来，信息革命及互联网的兴起推动了科学技术的迅猛发展，使现代机械设计有了长足的进步：计算辅助设计、机电一体化设计、机械优化与创新设计及三维技术在现代机械设计中得到了广泛的应用。

一、计算机辅助设计

计算机辅助设计（Computer Aided Design，CAD）是计算机科学技术发展和应用中的一门重要技术。20 世纪 50 年代，在美国诞生了第一台绘图计算机，开始出现具有简单绘图输出功能的被动式的 CAD 技术。CAD 曲面片技术使计算机绘图设备商业化。20 世纪 70 年代，完整的 CAD 系统开始形成，在此之后又出现了能产生逼真图形的光栅扫描显示器，产生了手动游标、图形输入板等多种形式的图形输入设备，促进了 CAD 技术的发展。到 20 世纪 80 年代，工程工作站问世，CAD 技术在中小型企业逐步普及。随着 CAD 技术进一步向标准化、集成化、智能化方向发展，一些标准的图形接口软件和图形功能相继推出，对 CAD 技术的推广、软件的移植和数据的共享起到了重要的促进作用；系统构造由过去的单一功能变成综合功能，出现了 CAD 与辅助制造联成一体的计算机集成制造系统；固化技术、网络技术、多处理机和并行处理技术在 CAD 中的应用极大地提高了 CAD 系统的性能；人工智能和专家系统引入 CAD 技术，出现了智能 CAD 技术，使 CAD 系统的问题求解能力大大提升，设计过程更加趋于自动化。

截至目前，CAD 技术在机械设计、软件开发、机器人、服装业、出版业、工厂自动化、土木建筑、地质勘探、电子电气、计算机艺术、科学研究等各个领域都得到了广泛应用，如图 0.3 所示。

绪论

图0.3 曲面建模的应用

二、机电一体化设计

科学技术的进步促进了机电一体化不断发展。机电一体化就是机械技术和电子技术相互交叉、渗透和综合发展的产物，涉及机械技术、电子技术、信息技术和控制技术等。可以说，机电一体化已经成了交叉学科和综合技术的代名词。如图0.4所示的机器人和移动机器人，是从各种感觉器官得到各种信息，通过神经传给神经中枢，经过思维处理，再经过大脑指挥各部分动作的执行。机电一体化机械系统从功能上可以分为传动、导向和执行三大机构。

机电一体化技术主要被应用于电梯、数控机床、计算机集成制造系统、柔性制造系统、工业机器人等领域。随着科学技术的进步，机电一体化将朝着智能化、系统化、微型化、模块化和绿色化等方向发展。

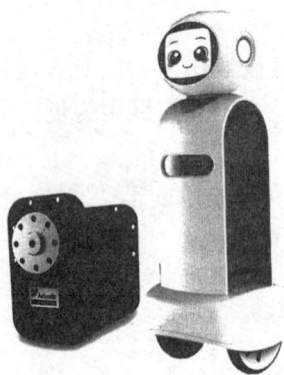

（a）　　　　　　　　　　　　　　　　　　（b）

图0.4 机电一体化产品

（a）机器人；（b）移动机器人（AGV小车）

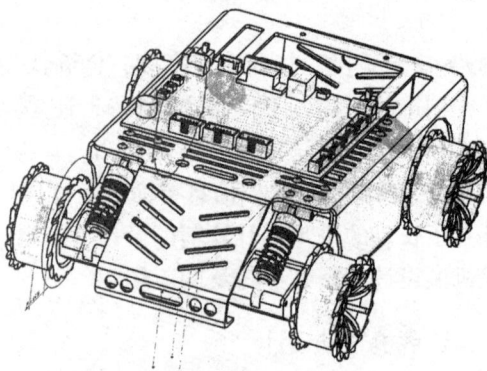

图0.5 智能电梯

机电一体化技术既是科学技术发展的结晶，也是社会生产力发展到一定阶段的必然要求。它促使机械工业产生战略性的变革，使传统的机械设计方法和设计概念发生着革命性的变化。所以，发展新一代机电一体化产品，不仅是改造传统机械设备的要求，而且是推动机械产品更新换代和开辟新领域、进一步振兴和发展机械工业的必由之路。

如图0.5所示，智能电梯的普及进一步推动了机电一体化技术的应用和发展。

三、机械优化设计与机械创新设计

1. 机械优化设计

机械优化设计就是把机械设计与最优化数学理论及计算技术密切结合起来的一种设计方法。采用机械优化设计方法，可以综合考虑多方面的复杂因素，在各种约束条件的限制下，寻求满足预定目标的最优化方案和最佳参数，并在缩短设计周期的同时，极大地提高设计质量，确保设计所要求的技术、经济指标达标。

14 世纪出现了黄金分割法和分数法的一维搜索法的基本思想，20 世纪 50 年代，从数学上完成严格证明，提出线性规划和梯度法；20 世纪 60 年代，出现了多维非线性约束规划的罚函数法；20 世纪 60—70 年代，各种优化方法的提出达到一个高峰，理论上有了重大突破，还出现了一批商品化的优化方法软件，对促进机械优化设计应用起到了很大的推动作用；到 20 世纪 80 年代，原来留下的难题和在应用中提出的新需求取得重要进展，我国第一本《最优化计算方法程序汇编》于 1983 年出版，相继在"六五"和"七五"规划中研制了 OPB-1 优化方法程序库，一些专门处理混合离散规划的程序和专著也陆续推出。所有这些都对发展我国机械优化设计提供了良好的条件和广阔的空间。

2. 机械创新设计

机械创新设计是指充分发挥设计者的创造力，利用人类已有的相关科学理论、方法和原则进行新的构思，设计出新颖、有创造性及实用性的机构或机械产品（装置）的一种实践活动。它包括下面两个方面的内容。

（1）改进、完善现有机械产品的技术性能、可靠性、经济性和适用性等。

（2）创造设计出新机器、新产品，以满足新的生产或生活的需要。

机械创新设计的特点包括以下三点。

（1）独创性。独创性是指机械创新设计必须具有独创性和新颖性。

（2）实用性。实用性是指机械创新设计必须具有实用性。

（3）多学科交叉性。机械创新设计涉及多种学科，如机械、液压、电力、气动、热力、电子、光电、电磁及控制等学科的交叉、渗透与融合。

机械创新设计的方法有以下三种。

（1）运用机构组合原理创造出新型机构。

（2）运用机构运动和演变原理创造出新型机构。

（3）运用机构再生运动链原理创造出新型机构。

图 0.6 所示的电动玩具马的主体运动机构就是充分运用机构组合原理，创新设计出能模仿马飞奔前进的运动形态的一种新型机

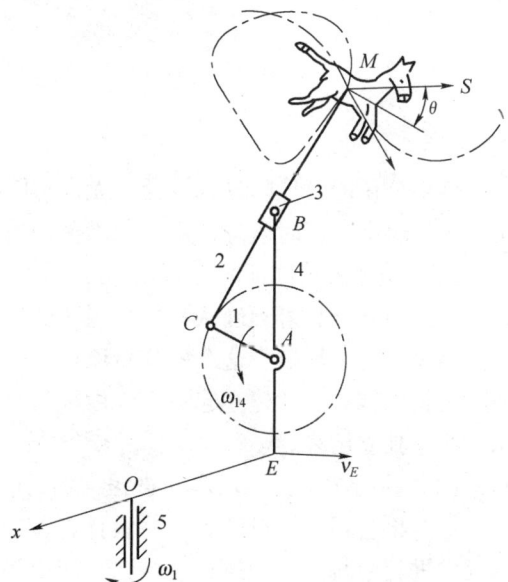

图 0.6　电动玩具马的运动机构

构。它采用叠加式机构组合，即将一个机构安装在另一个机构的某个运动构件上，其功能是实现特定的输出，完成复杂动作。该机构是将曲柄摇块机构 *ABC* 安装在两杆机构（4－5）的转动导杆 4 上组合而成的。工作时由转动导杆 4 和曲柄 1 输入转动，使曲柄摇杆机构中导杆 2 摇摆，其上 *M* 点的轨迹改变以实现马的俯仰和升降（跳跃），该机构以两杆机构作为基础机构，实现马前进的运动。三种运动形态合成马飞奔前进的运动状态。

3. 创新设计案例

1）苹果公司的创新策略

苹果公司的策略非常简单：平庸是卓越的敌人。

即便有一些运气的原因，但苹果公司的成功也并不是靠机遇或者运气好。苹果公司在过去的 10 多年中始终坚持一个策略：让硬件、软件和服务的融合毫无瑕疵。苹果公司的产品实现了操作简便和功能强大的目标。它的产品内敛、诱人，并且鼓励用户自主发挥。

苹果公司的哲学始终是设计便于操作和外形美观的产品。长期坚持"就是好用"原则成为苹果公司的一张名片。此外，苹果公司的绝大部分产品都设计直观，无须通过阅读用户手册来学习使用。如果你问大多数苹果公司笔记本计算机用户是否阅读用户指南，一定会听到"不!"的响亮回答。

苹果公司在产品开发时遵从的原则和要求如下。

（1）设计驱动产品

苹果公司崇尚设计师就是上帝，所有的产品都需要符合他们的要求。这一点可能与其他公司恰好相反。图 0.7 所示为设计师在进行创意活动。

图 0.7　创意活动

苹果公司的设计师只管设计，无须与财务部门打交道或考虑成本问题，也不用考虑设计所使用材料在生产时该怎样用。苹果公司的所有产品都孕育自工业设计工作室。

（2）构建公司内部的"start－up"

一旦当新产品得到确认，整个团队的成员都会被组织起来签订保密协议，有时甚至可能会被隔离。为了给负责这个敏感新项目的团队腾出空间，部分办公区域会被封锁或警戒。这就在公司内部有效地建立起一个仅由执行团队负责的"start－up"，并使其从整个公司的组织结构中独立出来。

（3）执行苹果公司新产品进程（Apple New Product Process，ANPP）

在苹果公司，一旦开始产品设计，ANPP 便进入执行阶段。ANPP 是一个详细描述新产品开发进程中每一步的执行文档，它详细筹划了产品开发的各个阶段，例如：谁负责完成，各自在每个阶段负责什么内容以及在什么时候完成等。

（4）每周一次产品评估

公司高层会在每周一仔细检查进入开发流程的每个产品。因为苹果公司任何时候都只有少数产品在生产，所以这一点是完全能够做到的，不会让任何一个评估延后到下次，这意味着产品的关键性决定决不会超过 2 周的时间。

（5）EPM 绝对控制生产

产品在生产时，需要一个工程项目经理（Engineering Program Manager，EPM）和一个全球采购经理（Global Supply Manager，GSM）来共同管理，并负责完成。前者在产品生产过程中拥有绝对的控制权，且因其权力很大，所以也被称为"EPM 黑帮"。这两个职位一般都由公司高层担任，其大部分时间都在监督工厂的生产流程。EPM 和 GSM 会相互合作，也经常会因抉择"什么最适合产品"而倍感压力。

（6）反复设计、生产和测试

苹果公司在制作好产品原型后，往往将再次进行设计，然后将其投入生产，如图 0.8 即为处于测试的 iPod 产品原型。这也解释了为什么有时在我们看到一些泄露版本的产品后，却始终不见其发布的原因。这个过程大概会持续 4~6 周。

EPM 会带着测试版设备返回总部接受测试和评估，然后再返回工厂监督下一个产品。这意味着很多版本的产品实际都已经"完成"，但只不过是部分的原型。这是一种极其昂贵的新产品开发方式，但在苹果公司这就是标准模式。

图 0.8 iPod 产品测试和评估

（7）独立的包装设计区域

在营销大楼里还有一个完全专注于设备包装设计的区域，与专注新产品和设计的专用区域相当。曾经有员工在某款 iPod 发布前的数月里，每天要花费数小时打开数百个包装原型，以此了解打开包装这一过程的用户体验。

（8）绝密的产品发布计划

产品的发布计划被称作"the Rules of the Road"。这是一个高度机密的文件，上面列出了产品从开发到最终发布过程中所有的重大阶段目标，且每一个目标都注释有主管该目标实现的直接负责人（Directly Responsible Individual，DRI）。丢失或泄露这个文件的人将被立即解雇。

由此可见，苹果公司为了追求产品的卓越，经常会做出一些增加成本和降低效率的决定。一般公司做事太过复杂，或过于墨守成规，或试图把苹果公司的流程完全照搬，都是不行的。苹果公司的责任制方案可被简单地归纳为"致力于好的产品是第一位的"，正因为此才造就了苹果公司 10 多年的财富神话。

2）倒车灯开关的改进设计

（1）任务动机

JK612A 倒车灯开关是日本 20 世纪 80 年代初的产品，装在汽车发动机变速箱上，当排挡挂在倒车挡时，开关闭合，接通电路，倒车灯点亮。某发动机制造厂对该厂从日本引进的 JK612A 倒车灯开关进行相似功能产品设计制造，开始设计时完全仿原样品结构设计制造，结构如图 0.9 所示，但由于两个弹簧的变形和力的参数难以保证，装配工艺性差，质量不稳定，影响了生产的正常进行。因此其必须结合目前实际工艺水平，进行重新研究分析，根据产品功能进行反求设计，对改进开关结构要求如下。

①开关内 2 只弹簧在受力后的变形必须满足产品的技术要求；

②保证产品质量的可靠性，即重复断开和闭合动作的寿命要大于 1×10^4 次（此时开关顶杆仍能自动复位而无轴向窜动）。

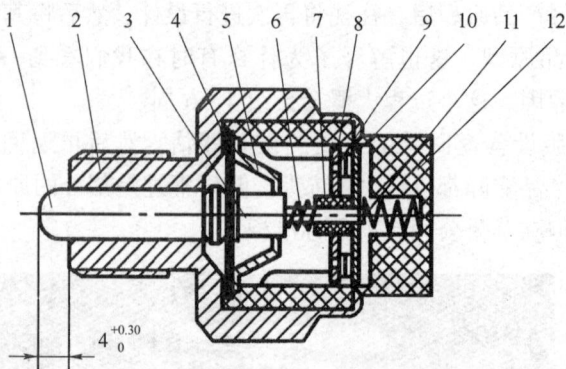

图 0.9　原样品结构

1—顶杆；2—外壳；3—铜顶柱；4—密封圈；5—钢碗；6—小弹簧；7—顶圈；
8—导电片；9—银触片；10—接触片；11—回位弹簧；12—底座

（2）方案设计

①功能分析

采用功能分析法对开关主要功能进行分析，绘出功能系统图，如图 0.10 所示。按功能系统分解出各个功能零部件，根据产品技术要求或有关资料，对产品性能、结构、功能、特性等进行消化、吸收，找出设计中需解决的关键问题。由此可见，通断电路是开关的基本功能；保证复位、密封防油是实现基本功能所不可缺少的辅助功能。

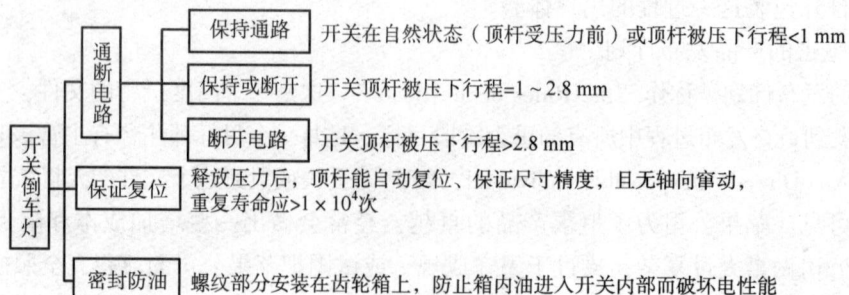

图 0.10　功能系统图

②原理分析

分析实物样品结构（图0.9），其原理是压力经顶杆1、密封圈4、铜顶柱3、小弹簧6、顶圈7、接触片10传至回位弹簧11，顶杆1受力压下行程在1mm以内时，铜顶柱3推动小弹簧6而使其产生变形，回位弹簧11则因预加载荷，其弹力仍大于小弹簧，维持原来的形状尺寸，使触点对导电片8保持闭合；只有当顶杆1继续受压，其行程大于1mm后，才允许回位弹簧11产生压缩变形使触点对导电片8张开。在了解工作原理的基础上，进行功能分析，找出实现必要功能的关键零件和改进目标。各零件的功能分析如表0.1所示。可以看出，实现基本功能的关键零件是两个弹簧，弹簧是保证质量可靠性的关键零件，且决定了在装配过程中调整顶杆行程、保证通断要求的难度。

表0.1　倒车灯开关零件功能分析

产品功能		通断电路			保证复位			密封防油		
实现功能作用		关键件	执行件	辅助件	关键件	执行件	辅助件	关键件	执行件	辅助件
零件名称	顶杆		√							
	外壳		√			√			√	
	铜顶柱			√			√			
	密封圈			√			√	√		
	钢碗			√						
	小弹簧	√			√					
	顶圈		√				√			
	导电片		√							
	银触点		√							
	接触片		√							
	回位弹簧	√			√					
	底座		√						√	

③方案优选

通过系统功能分析、样品结构原理分析和零件在实现产品功能中的地位和作用分析，消化和吸收原样品中的优点，并根据实际的工艺技术水平状况，对产品结构进行改进设计。

设计的原则是在不改变产品安装和外形尺寸的条件下，保证产品功能要求；保证质量可靠性；改善装配工艺性；尽可能利用原有零件，设法降低成本，提高经济效益。改善装配工艺性是将原结构依靠装配工调整顶圈的位置来改变两个弹簧的力以满足产品技术要求的状况变为依靠改变零件制造尺寸来满足产品技术的需求。

在改进方案设计中，以满足实现产品必要功能为前提，拟出三种不同的改进结构方案，并组织技术、质检、生产、财务等部门人员，对方案进行评价，挑选出最佳方案。其结构原理如图0.11所示。显然，改进后的结构在质量可靠性和工艺性方面要比国外产品好。

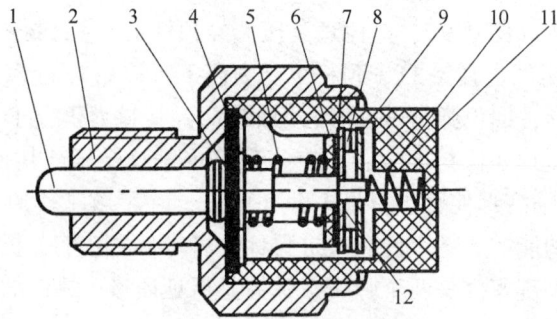

图 0.11 改进后的结构

1—顶杆；2—外壳；3—顶柱；4—密封圈；5—弹簧；6—垫片；7—导电片；
8—银触点；9—接触片；10—回位弹簧；11—底座；12—台肩面

当最佳结构方案确定后，为合理地确定零件精度，保证产品的可装配性和互换性，使产品具有良好的装配工艺性和经济性，还要进行必要的装配尺寸链计算。

（3）讨论与分析

将改进后的倒车灯开关与原样品相比较，进行经济分析，结果如表 0.2 所示。

表 0.2 倒车灯开关方案评价表

项目	样品	改进后	备注
产品零件数	12	11	取消钢碗，大弹簧同时起支撑作用
顶柱材料	铜	Q235 钢	节省铜材，材料及加工费降低
弹簧	小弹簧	大弹簧	成本略有增加，质量可靠性提高，寿命提高
不同零件	顶圈（尼龙注塑成型）	垫片（环氧布板冲压件）	加工成本降低
装配工艺性	差	好	提高装配功效 2 倍

3）爬杆（绳）机器人——北京航空航天大学参加第一届全国大学生机械创新设计大赛作品

（1）设计目的

本方案的目的是设计一种小型遥控机器人，攀爬现场已有（或临时设置）的杆、绳、管、线等物体，代替作业人员进入各种危险场所或人员不易到达的地方，配合各种仪器及工具，完成自然人难以完成的作业任务。

（2）工作原理

利用一个曲柄滑块机构和两个单向自锁器，模拟爬行而完成上行运动；（在解除自锁状态下）利用滚轮完成下行运动。

（3）设计方案

设计方案见图 0.12。

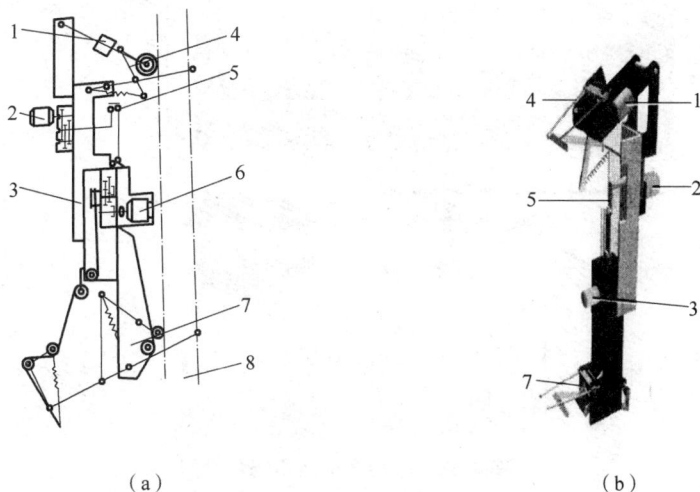

（a）　　　　　　　　　　　　　　（b）

图 0.12　设计方案简图

1—1 号电动机；2—2 号电动机；3—机架；4—上端自锁器；
5—曲柄滑块机构；6—3 号电动机；7—下端自锁器；8—杆状物体

装置结构由原动部分（电动机）、传动部分（减速器）、执行部分（曲柄滑块机构、上端自锁器、下端自锁器）、控制部分（遥控装置）组成。其中：1 号电动机安装在上端自锁器 4 上，为装置向下爬行提供动力；2 号电动机安装在机架 3 上，为装置向上爬行提供动力；3 号电动机安装在下端自锁器 7 上，为其解除自锁提供动力。3 个减速器分别配合 3 个电动机，为执行部分调整运动速度和传递动力。曲柄滑块机构 5 作为装置的核心部分，在 2 号电动机的带动下完成装置向上爬行的主要功能。上端自锁器 4 单向自锁时，只允许装置向上运动，装置向下运动时依靠工作位置的变化改变自锁状态，并由 1 号电动机带动驱动轮向下运转。下端自锁器 7 也是单向自锁，只允许装置向上运动，装置向下运动时依靠 3 号电动机解除自锁，配合上端自锁器 4 向下运行。

装置可以攀爬的物体包括：圆杆、方杆、弯杆、变径杆、柔性杆以及钢丝绳、麻绳、电缆等现场已有（或临时设置）的刚性或柔性的杆、绳、管、线等物体。

装置自带动力（电池组），通过遥控装置控制升降。在杆状物体的端点或中途遇到运行障碍时，装置能够自动识别并做出相应反应，可保证装置的运行安全。

装置的主要设计参数如下：

总体尺寸：$460 \times 200 \times 100$（mm）

机体质量：600 g（含电池）

电动机：功率 15 W；电压 3~6 V；

曲柄滑块机构：曲柄 25~35 mm，连杆 55 mm，滑块行程 50~70 mm；

最大爬行速度：16.6~23.3 mm/s

（4）功能及特点

本装置具有以下功能及特点（图 0.13）。

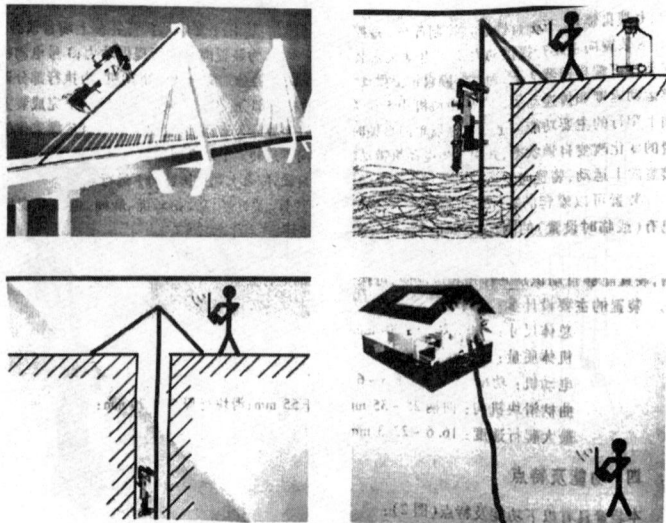

图 0.13　本装置的运用场合举例

①井筒、吊桥等特殊地点的钢索检测探伤。

②气体、液体的远距离取样。

③深孔、绝壁、高障碍等特殊场所的观测、拍摄。

④高处、深处、远处、有毒、高（低）温场所及各种危险场所等人员不易到达之处的工程作业项目。

⑤侦查、防暴、营救等场合下以特殊方法接近目标的作业任务。

⑥非返回式作业，如自毁式爆破等。

（5）主要创新点

本设计的主要创新点如下：

①以最简单的结构实现规定功能。与各种爬杆机器人相比较，该装置体积小，不拖带电缆，可遥控操作。

②功能扩展能力强。可配合各类仪器和各种先进技术手段，完成高难作业项目。

③紧密结合课堂知识。作品技术难度适宜，便于学生自己动手制作，体现学生在创作中的主体作用。

（6）作品外形照片

作品外形如图 0.14 所示。

图 0.14　作品外形照片

第一章

平面机构的结构分析与运动分析

内容提要

本章主要介绍平面机构的组成、运动简图的绘制、自由度的计算以及速度的分析。本章重点是平面机构的自由度计算（计算公式 $F = 3n - 2P_L - P_H$）及机构具有确定运动的条件，难点是机构运动简图的绘制。

✦ 第一节　机构的组成

机器是由零件组成的。不考虑机械在做功和转换能量方面所起的作用，仅从结构和运动上来看，机器与机构之间并无区别。所以，机械是机器和机构的总称，是人类在生产中用以减轻或代替人的体力（或脑力）劳动和提高生产率的主要工具。

资源 1-1
内燃机工作原理

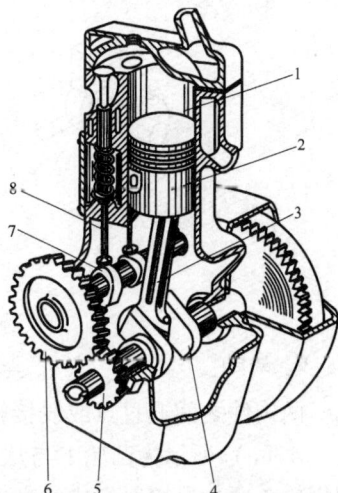

机器的种类繁多，形式多样。一部完整的机器主要由以下四大部分组成。

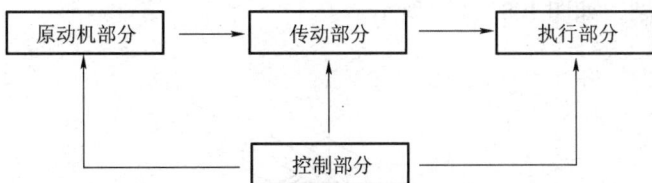

```
┌─────────┐     ┌─────────┐     ┌─────────┐
│ 原动机部分 │ ──→ │  传动部分  │ ──→ │  执行部分  │
└─────────┘     └─────────┘     └─────────┘
     ↑               ↑               ↑
     │          ┌─────────┐          │
     └──────────│  控制部分  │──────────┘
                └─────────┘
```

从运动的观点看，机构是由构件组成的，各构件之间具有确定的相对运动。机构是具有各自运动特点、能实现运动和力的传递与转换的基本运动系统。机器也是由构件组成的。构件是组成机构的基本运动单元。构件可以是一个零件，如凸轮、齿轮、轴承、轴等；也可以是几个零件通过刚性连接组成的一个整体，在机械工程上通常称其为部件。部件是机器的运动单元。零件是组成机器的基本制造单元。图1.1所示的单缸内燃机是由多个零件组成的，其中的连杆3就是由多个零件组成的。这些零件被分别加工制造，但是当它们装配成连杆后则作为一个整体运动，相互之间不产生相对运动。

图 1.1　单缸内燃机
1—气缸体；2—活塞；3—连杆；
4—曲轴；5, 6—齿轮；
7—凸轮；8—顶杆

一、运动副

当构件组成机构时，两个或两个以上构件直接接触而形成的可动连接，称为运动副。在平面机构中，由于组成运动副构件的运动均为平面运动，故该运动副称为平面运动副。

构成运动副时直接接触的点、线、面称为运动副元素。运动副接触形式如图 1.2 所示。

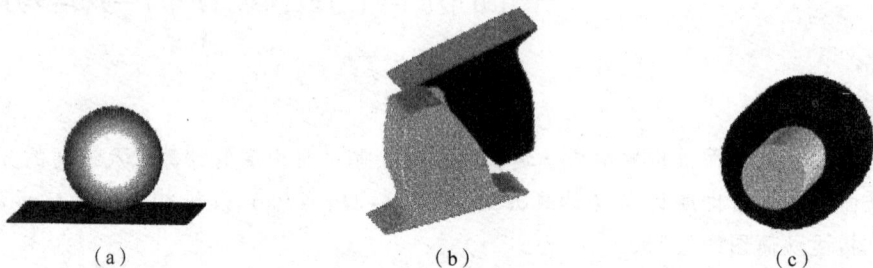

（a）　　　　　　　　　　（b）　　　　　　　　　　（c）

图 1.2　运动副接触形式

（a）点接触；（b）线接触；（c）面接触

1. 低副

两构件之间通过面接触构成的运动副称为低副。根据构件的相对运动形式，低副又分为移动副和转动副。

若组成运动副的两个构件只能沿着某一轴线做相对转动，则这种运动副就称为转动副或回转副，又称为铰链，如图 1.3（a）所示。若组成运动副的两个构件只能沿着某一直线做相对移动，则这种运动副称为移动副，如图 1.3（b）所示。

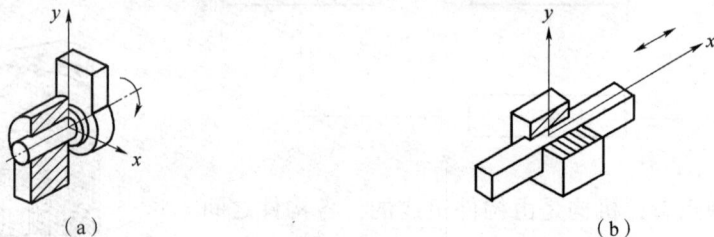

（a）　　　　　　　　　　　　　　　　　（b）

图 1.3　低副

（a）转动副；（b）移动副

2. 高副

两构件之间通过点或线接触组成的运动副称为高副。高副一般分为凸轮副和点轮副，如图 1.4（a）所示为凸轮 1 与从动件 2 通过点接触组成的高副。如图 1.4（b）所示为齿轮 1 和齿轮 2 通过线接触组成的高副。当两个构件之间组成高副时，构件 1 相对构件 2 既可沿接触点 A 的公切线 $t—t$ 方向做相对移动，又可在接触点 A 绕垂直于运动平面的轴线做相对转动，即两个构件之间可产生两个独立的相对运动。

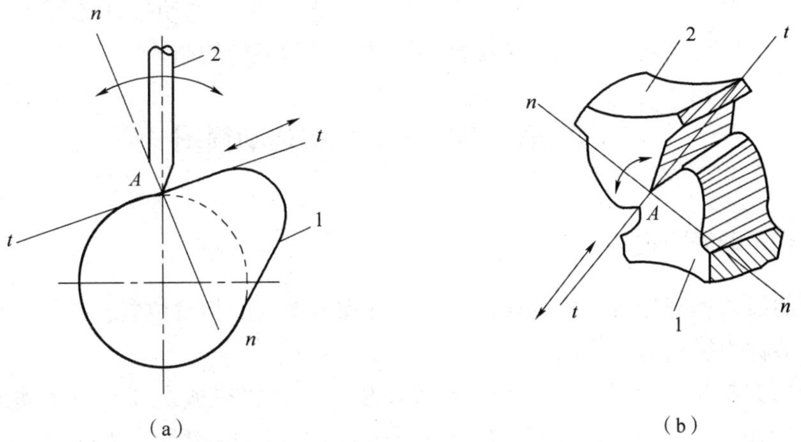

图 1.4　高副

(a) 点接触；(b) 线接触

二、运动链

两个以上的构件通过运动副连接而成的系统称为运动链。若运动链中各构件组成首尾封闭的系统，则称其为闭式运动链，如图 1.5 (a) 所示；否则，称为开式运动链，如图 1.5 (b) 所示。闭式运动链被广泛应用于各种机构中，仅有少数机构采用开式运动链（如机械手、颚式破碎机等）。

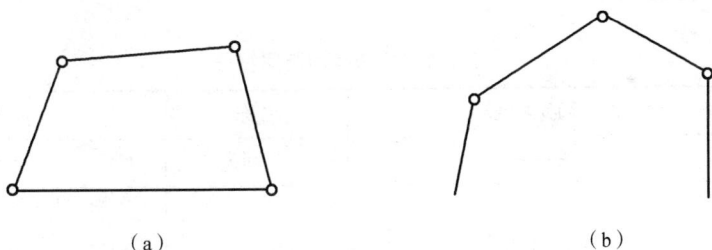

图 1.5　运动链

(a) 闭式运动链；(b) 开式运动链

三、机构中构件的分类及组成

组成机构的构件一般分为以下三类。

(1) 固定构件（机架）。机构中固接于定参考系的构件称为固定构件。它用来支承机构中的可动构件（机构中可相对于机架运动的构件）。

(2) 主动件（原动件）。机构中有驱动力或力矩的构件，或运动规律已知的构件称为主动件或原动件。它是机构中输入运动或动力的构件，又称为输入构件。

(3) 从动件。除机架和主动件外，机构中随主动件的运动而运动的其余可动构件均称为从动件。

综上所述，机构可由机架、主动件和从动件（除机架与主动件外的所有从动件）系统所组成。从动件的运动规律取决于主动件的运动规律和机构的结构。

第二节　平面机构运动简图

一、机构运动简图定义

用规定的线条和符号按一定的比例表示构件和运动副的相对位置，并能完全反映机构运动特征的图形称为机构运动简图。

为便于研究机构的运动，在机构运动简图中，往往将机械中那些与运动无关的实际外形和具体结构简化，但机构运动简图与它所表示的实际机构具有完全相同的运动特性。我们从机构运动简图中可以了解机构中构件的类型和数目、运动副的类型和数目、运动副的相对位置；还可以利用机构运动简图来表达一台复杂机器的传动原理，并进行对机构的运动和动力分析。

二、机构运动简图绘制

1. 机构运动简图符号

不论平面机构中的构件形状多么复杂，在机构运动简图中，都只需将构件上的所有运动副元素按照它们在构件上的位置用规定的符号表示出来，再用直线进行连接即可。常用机构运动简图符号如表1.1所示。

表1.1　机构运动简图符号

名称		简图符号	名称	简图符号
构件	轴、杆	 ——————	固定件	 ⁄⁄⁄⁄⁄⁄⁄
	三副元素构件	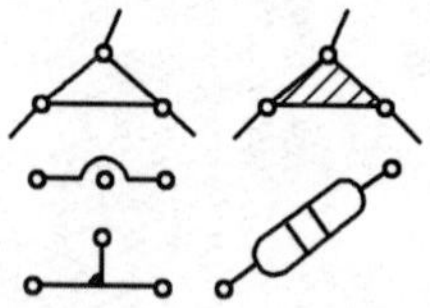	机架是转动副的一部分	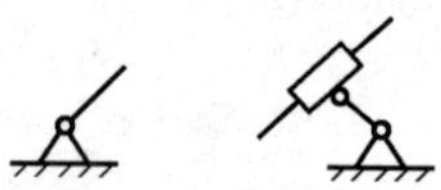
	构件的永久连接	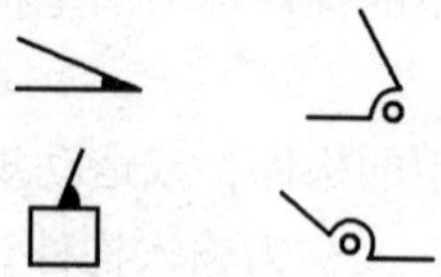	机架是移动副的一部分	

名称		简图符号	名称		简图符号
平面低副	转动副		平面高副	齿轮副 外啮合	
				齿轮副 内啮合	
	移动副			凸轮副	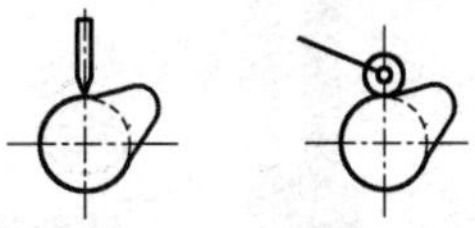

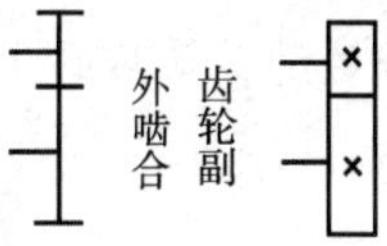

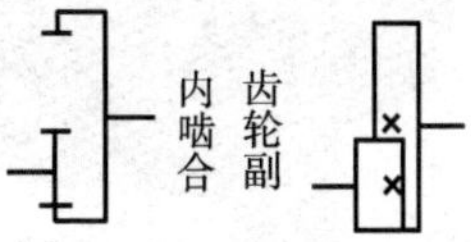

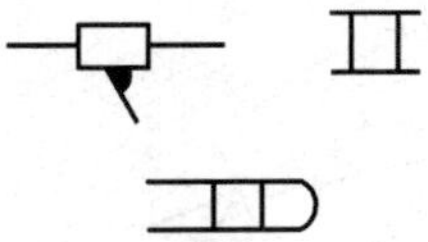

2. 机构运动简图绘制步骤（五步绘图法）

（1）分析机构的组成，找出机构中的机架、主动件和从动件。

（2）从主动件开始，沿着运动传递路线，分析各构件间的相对运动，从而确定构件数目、运动副的类型及数目。

（3）根据运动副间的相对位置，按照图纸幅面和构件实际尺寸选择适当的比例尺 μ。

$$\mu = \frac{构件实际长度（m）}{构件图示长度（mm）}$$

（4）合理选择视图，按照适当的比例，用规定的符号和线条画出机构中的所有运动副及构件，最后得到的图形即为机构运动简图。

（5）标注构件代号（用阿拉伯数字表示）、运动副代号（用大写英文字母表示）、用箭头表示主动件运动。

例 1.1 试绘制图 1.6 所示的缝纫机脚踏板机构的运动简图。

解：（1）分析机构的组成，确定机架、主动件与从动件。

从图 1.6（a）可知，该机构由 4 个构件组成。缝纫机体为机架，脚踏板为主动件，连杆和曲轴为从动件。

（2）从主动件开始，顺着运动传递路线，分析各构件之间相对运动的性质和接触情况，确定构件数目、运动副的类型和数目。

脚踏板 1 与连杆 2、连杆 2 与曲轴 3、曲轴 3 与机架 4、机架 4 与脚踏板 1 分别组成转动副，即有 4 个转动副。

（3）选择合适的比例尺 μ_1。

测量并按比例确定各运动副之间的相对位置，用规定的符号和线条画出机构中的所有运动副及构件。

（4）选择合理的视图平面。

因该机构为平面机构，故选择与各构件运动平面相平行的平面为视图平面。

（5）标注构件代号（用阿拉伯数字表示）、转动副代号（A、B、C、D），用箭头表示主动件运动，最后画出机构的运动简图如图1.6（b）所示。

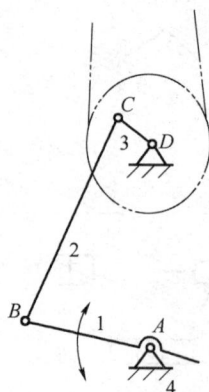

（a）   （b）

资源 1–2
缝纫机

图1.6　缝纫机脚踏板机构

（a）实物图；（b）运动简图

❋ 第三节　平面机构的自由度

一、机构确定的概念

运动链成为机构的条件取决于机构的自由度和主动件的数目。

机构是具有确定的相对运动的构件系统，但不是任何构件系统都能具有确定的相对运动。无相对运动的杆件组合或者是无规则乱动的运动链都不能称为机构。

如图1.7（a）所示，三个构件首尾相连，构成稳定的三角形。当其中一个构件固定时，其他两构件在平面内位置固定，也就不具备运动的可能性。在图1.8所示的五杆系统中，若选取构件1作为主动件，当给定夹角为φ_1时，构件2、3、4既可以处在实线位置，也可以处在虚线或者其他的位置，所以从动件的运动是不确定的。若构件1、4的位置参数都确定，则其余构件的位置也就确定了。

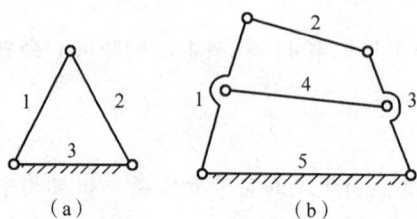

（a）   （b）

图1.7　运动的可能性

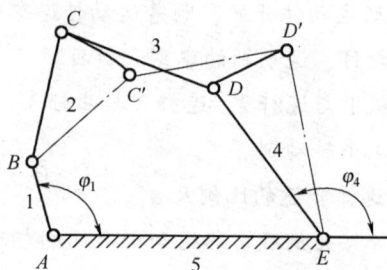

图1.8　运动的确定性

因此，无相对运动或者是无规则乱动的构件组合都不能实现预期的运动。将构件系统的一个构件固定，当其中一个或几个主动件位置确定时，其余从动件的位置也随之确定，这种构件系统具有确定的相对运动，便称为机构。机构需要一个还是多个主动件，或者具备什么条件才可以使其具有唯一确定的运动取决于机构的自由度（通常用 F 来表示）。

自由度定义：机构的自由度就是机构具有独立运动参数的数目。

平面运动的自由构件具有三个自由度：沿 x 轴和 y 轴的移动以及绕垂直于 xOy 平面的 A 轴的转动，如图 1.9 所示。

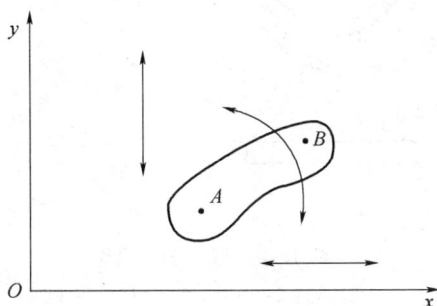

图 1.9　平面自由构件的自由度

约束定义：运动副对成副的两构件间相对运动所加的限制称为约束。引入一个约束条件将减少一个自由度。约束数目的多少以及约束的特点取决于运动副的形式。由此可知，一个低副（移动副、转动副）将引入两个约束，减少两个自由度；一个高副将引入一个约束，减少一个自由度。

二、平面机构的自由度计算

一个平面机构包含 N 个构件，其中必有一个构件是机架，则该机构有 $n = N - 1$ 个活动构件。由于一个活动构件具有 3 个自由度，假设有 P_L 个低副和 P_H 个高副，一个低副引入 2 个约束，一个高副引入 1 个约束，则机构的自由度计算公式为

$$F = 3n - 2P_L - P_H \tag{1-1}$$

在图 1.8（a）中，$F = 3 \times 2 - 2 \times 3 = 0$。在图 1.8（b）中，$F = 3 \times 4 - 2 \times 6 = 0$。机构自由度为 0，这些系统各构件间就没有相对运动，不具备运动性。如图 1.9 所示，$F = 3 \times 4 - 2 \times 5 = 2$，因此该机构就需要 2 个主动件才可以具有确定的运动。如果系统只有 1 个主动件，则系统的运动就不具有确定性。由此可知，机构的自由度取决于活动构件的数目以及运动副的性质和个数。

机构的自由度（机构所具有的独立运动参数的数目）可以由主动件数目（通常用 W 表示）给定。

机构具有确定相对运动的条件：机构的自由度大于零，并且主动件的数目与机构的自由度相等。即主动件数目 $W = F > 0$。

例 1.2　计算图 1.10 所示的偏心油泵机构的自由度数 $F > 0$，且机构主动件的数目 W 与其自由度数 F 相等，即 $W = F > 0$。

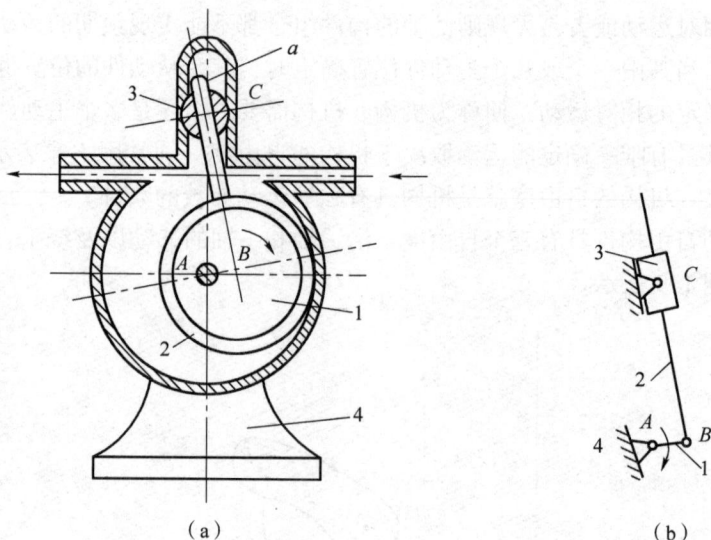

（a） （b）

图1.10 偏心油泵机构

1—偏心轮；2—外环；3—圆柱；4—机架

解：在偏心油泵机构中，有3个活动构件，$n=3$；包含4个低副，$P_L=4$；没有高副，$P_H=0$。由式（1-1）得 $F=3n-2P_L-P_H=3\times3-2\times4=1$。

三、计算平面机构自由度时应注意的问题

1. 复合铰链

定义：由三个或三个以上构件在同一处组成的轴线重合的多个转动副称为复合铰链。如图1.11所示，构件1、2、3在同一轴线上，构成转动副，而从左视图看，该机构实际包含2个转动副。显然，由 m 个构件构成的复合铰链，转动副数目应为 $m-1$ 个。

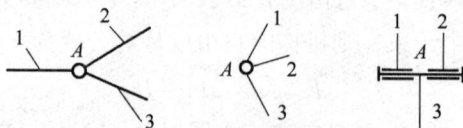

图1.11 复合铰链

例1.3 试计算图1.12所示惯性筛机构的自由度。

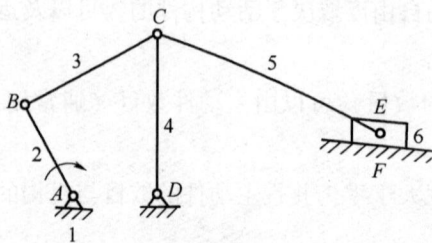

图1.12 惯性筛机构

解：在图1.12所示的惯性筛机构中，C 处为复合铰链，有2个转动副。该机构具有 2，3，4，5，6五个活动构件，转动副 A、B、C（2个）、D、E 和移动副 F，没有高副。即 $n=5$，$P_L=7$，$P_H=0$。

由式（1-1）得

$$F=3n-2P_L-P_H=3\times5-2\times7-0=1$$

2. 局部自由度

定义：在机构中，不影响整个机构运动的局部的独立运动，称为局部自由度。

局部自由度常见于将滑动摩擦变为滚动摩擦时添加的滚子及轴承中的滚子中。图 1.13 所示为对心移动滚子从动件盘形凸轮机构。在计算机构自由度时，局部自由度应当除去不计。

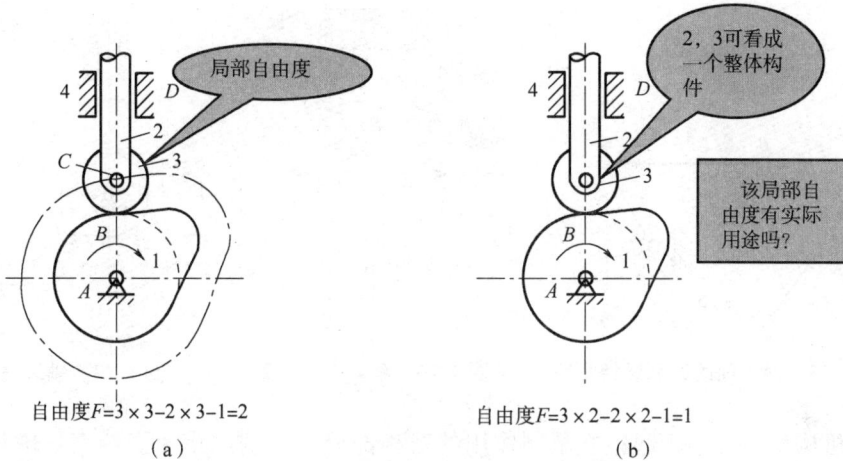

自由度 $F = 3 \times 3 - 2 \times 3 - 1 = 2$　　　　自由度 $F = 3 \times 2 - 2 \times 2 - 1 = 1$

　　　　　　（a）　　　　　　　　　　　　　　　　　（b）

图 1.13　对心移动滚子从动件盘形凸轮机构

3. 虚约束

定义：在运动副引入的约束中，有些约束对机构自由度的影响是重复的，这些重复而对机构运动不起独立限制作用的约束称为虚约束或消极约束。

在计算机构自由度时，虚约束应当除去不计。

平面机构中的虚约束常出现在以下场合。

（1）对构件上某点运动所加的约束与该点本来的运动轨迹相重合时，该约束为虚约束。如图 1.14（b）所示，平行四边形机构中，连杆 3 平动，如果 EF 平行并等于 AB 和 CD，则杆 5 上 E 点的轨迹与杆 3 上 E 点的轨迹重合。因此，EF 杆引入的约束为虚约束，计算时应把它简化成图 1.14（a）。如果不满足上述几何条件，如图 1.14（c）所示，EF 杆引入的约束为有效约束，此时该机构的自由度为零，不具有确定的相对运动。

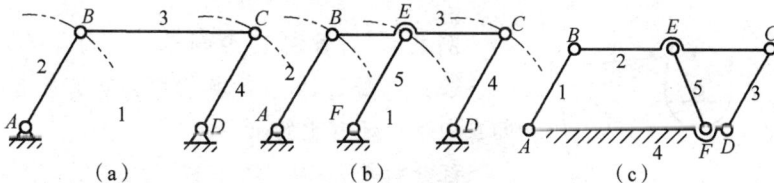

图 1.14　约束

（2）不同构件上两点间的距离保持恒定，将此两点用构件和运动副连接，会带入虚约束，如图 1.15 所示的机构中的两点 E、F。

（3）如果两个构件组成多个移动方向一致的移动副（图 1.16），或两个构件组成多个轴线重合的转动副（图 1.17），则只需考虑其中一处的约束，其余各处引入的约束均为虚约束。

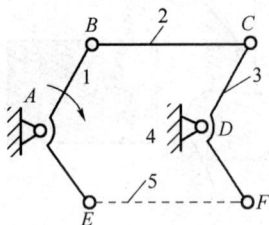

图 1.15　两点间的距离保持恒定　　　图 1.16　移动方向一致　　　图 1.17　轴线重合

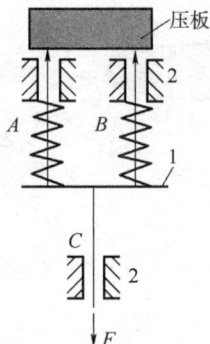

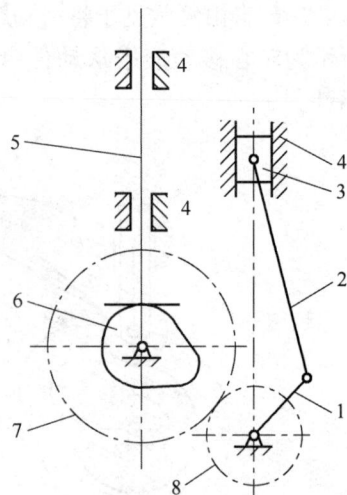

（4）机构中对运动不起独立限制作用的对称部分引入的约束为虚约束。虚约束是构件间几何尺寸满足某些特殊条件的产物。工程应用中，如果制造、安装误差过大，则虚约束将成为实际约束。虚约束虽不影响机构的运动，但能增加机构的刚性，改善其受力状况，因而有较广泛的应用，如图 1.18 所示的差动齿轮系。

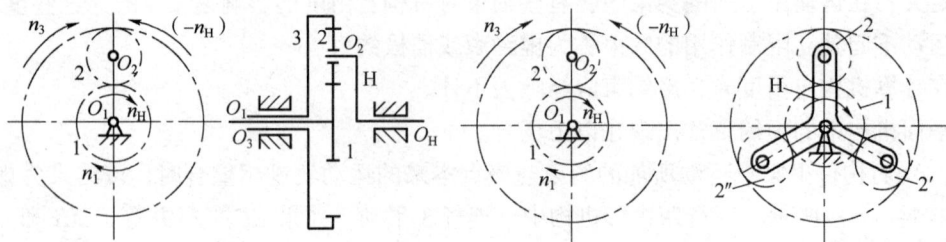

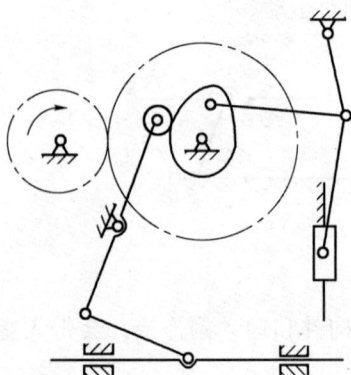

图 1.18　差动齿轮系

图 1.19　例 1.4 图

例 1.4　计算图 1.19 所示机构的自由度。

解：在图 1.19 所示机构中，既有复合铰链，又有局部自由度，还有虚约束。

经分析得 $n = 9$，$P_L = 12$，$P_H = 2$，则 $F = 3n - 2P_L - P_H = 3 \times 9 - 2 \times 12 - 2 = 1$。

✳ * 第四节 用速度瞬心法进行机械的速度分析

一、速度瞬心及其求法

1. 速度瞬心的概念

在任意两个做平面运动的构件上，都可以找到某一瞬时的重合点，使在这个重合点上两个构件的相对速度为 0，而绝对速度相同。则该重合点称为两个构件在这一瞬时的速度瞬心（同速点），简称瞬心。两构件之一为固定件所构成的瞬心称为绝对瞬心，其绝对速度为 0。两构件均为运动件所构成的瞬心称为相对瞬心，其绝对速度不为 0。

2. 机构瞬心的数目

在做相对运动的任意两构件之间都有一个瞬心，若一个机构是由 K 个构件组成的，则机构瞬心的数目 N 为

$$N = \frac{K(K-1)}{2}$$

3. 瞬心位置的确定

（1）当两个自由构件做相对运动，且已知相对运动的规律时，其瞬心的位置可根据瞬心的定义求出。如图 1.20 所示，设某一瞬时，已知在重合点 A 和 B 处构件 1 和构件 2 的相对速度分别为 v_{A2A1} 和 v_{B2B1}，过点 A 作相对速度 v_{A2A1} 的垂线，过点 B 作相对速度 v_{B2B1} 的垂线，这两条垂线交于点 P_{12}，则该交点就是两个构件的瞬心。

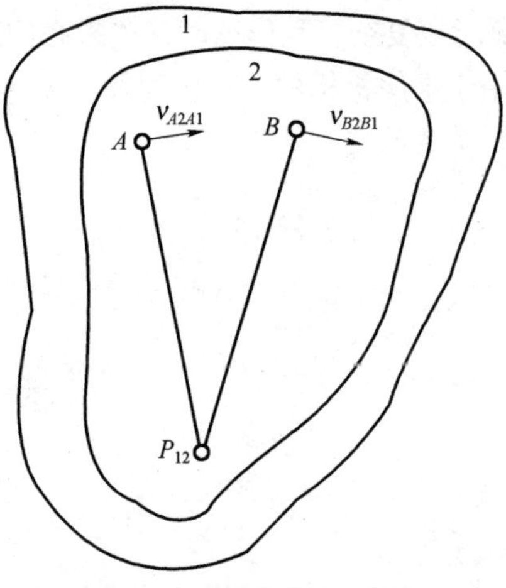

图 1.20 两个自由构件之间的瞬心

（2）若两个构件之间直接接触而组成运动副时，瞬心位置可根据运动副的类型来确定。若两个构件组成转动副时，则转动副的中心就是它们的瞬心；若两个机构组成移动副时，由于所有重合点的相对速度方向都平行于移动方向，因此其瞬心位于导路垂线的无穷远处。两个构件之间组成运动副时的瞬心如表 1.2 所示。

表 1.2　两个构件之间组成运动副时的瞬心

运动副类型	转动副	移动副	高副	
			纯滚动	滚动兼滑动
瞬心的位置	转动副的中心处	导路垂线的无穷远处	高副接触点上	过接触点的公法线 n—n 上

（3）当机构中任意两个构件不以运动副相连，其瞬心的位置可用三心定理来求出。三心定理：做平面运动的三个构件共有三个瞬心，且这三个瞬心位于同一直线上。

三心定理常用于求机构中两个构件之间不以运动副相连或组成滚动兼滑动的高副时的瞬心。

二、瞬心在机构速度分析中的应用

利用瞬心来进行机构速度分析的方法称为瞬心法。在用这种方法进行机构速度分析时，首先要确定出机构中相关构件在给定位置时的瞬心，然后再用瞬心的概念来进行求解。瞬心法的特点：（1）用瞬心对简单的平面机构进行速度分析是很简便的；（2）对数目繁多的复杂机构，瞬心数目多，求解时较复杂，且作图时某些瞬心的位置还会超出图纸，将给求解造成困难；（3）瞬心法不能用于求解机构的加速度问题。

例 1.5　求图 1.21 所示机构的全部速度瞬心。

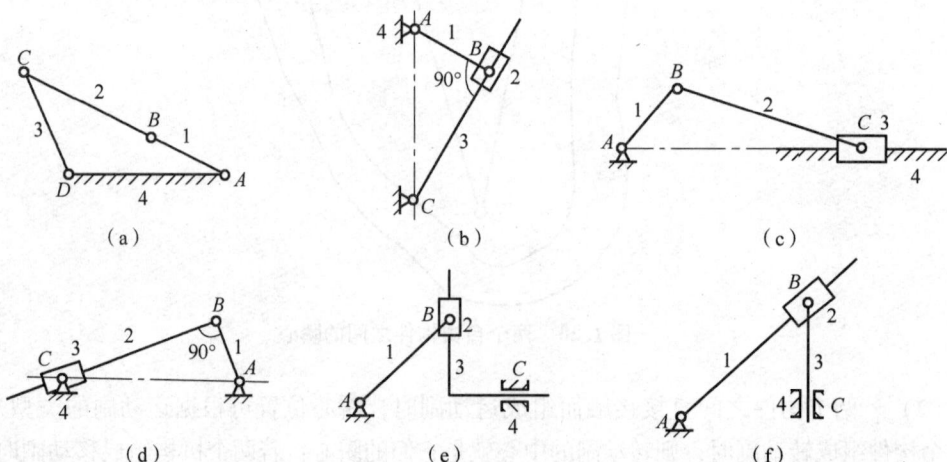

图 1.21　例 1.5 图

解：（1）如图 1.22（a）所示，P_{13} 位于构件 1 上速度为零的点，而 P_{34} 速度也为零，所以构件3存在两点的速度为零，可知构件3在此位置瞬时静止。P_{24}在C点，说明构件2瞬时绕C点转动，而构件2上C点速度为零，也同样说明构件3瞬时静止。

（2）如图1.22（b）所示，P_{13}位于构件1上速度为零的点，而P_{34}速度也为零，所以构件3存在两点的速度为零，可知构件3在此位置瞬时静止。选构件1、2、4和构件2、3、4两组，都包括构件2、4。在第一组中的三个同速点中，连接P_{12}和P_{14}，作直线，则P_{24}应位于该直线上；在第二组中的三个同速点中，连接P_{23}和P_{34}，作直线，则P_{24}应位于该直线上，但两直线平行而没有交点，这种情况说明交点位于无穷远处。如果两构件的同速点位于无穷远处，说明该两构件角速度相同。这里的构件2与机架角速度相同，即瞬时平动。

（3）解答如图1.22（c）所示。

（4）解答如图1.22（d）所示，P_{24}在无穷远处，说明构件2相对于机架是瞬时平动。

（5）如图1.22（e）所示，选构件1、2、4，根据三心定理，连接P_{12}和P_{14}，则P_{24}应位于该直线上，再取构件2、3、4，但P_{23}和P_{34}分别位于水平和垂直方向的无穷远处。在这种情况下，构件2与机架4的同速点就是P_{12}和P_{14}连线上的无穷远处，即瞬时平动。

（6）解答如图1.22（f）所示。

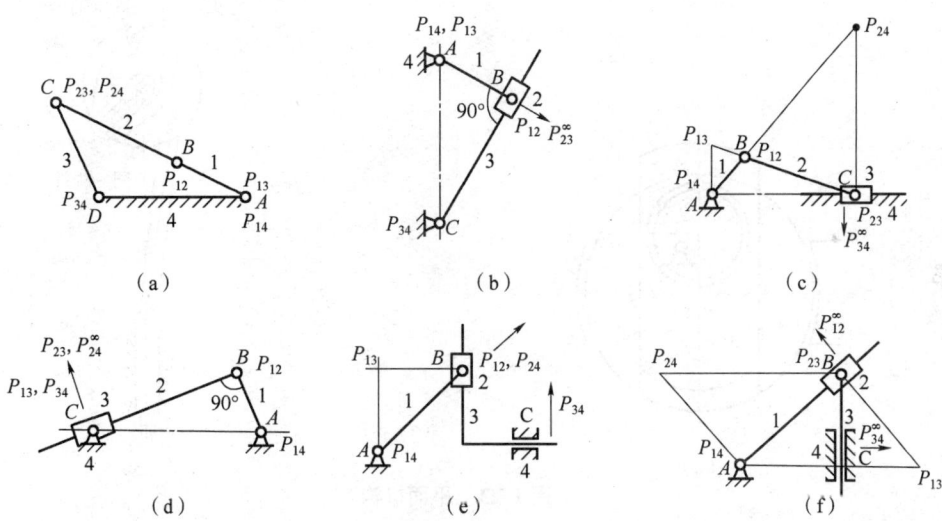

图1.22 例1.5图解

一、填空题

（1）构件在_____的平面内运动的机构称为平面机构。

（2）组成运动副的两构件只能沿着某一直线做_____的低副称为移动副。

（3）组成运动副的两构件只能沿着某一轴线做_____的低副称为转动副或铰链。

（4）构件通过_____构成的运动副称为高副。

（5）平面机构自由度的计算公式为_____。

二、选择题

（1）铰链四杆机构中各构件以＿＿＿＿＿相连接。

A. 螺旋副   B. 移动副   C. 转动副

（2）机构具有确定运动的条件是＿＿＿＿＿。

A. $W = F > 0$ B. $F < 0$，$F \neq W$ C. $F = 0$，且 $F = W$

（3）m 个构件组成的复合铰链存在＿＿＿＿＿个低副。

A. $m - 1$ B. m C. $m + 1$

三、判断题（正确的打"√"，错误的打"×"）

（1）不影响机构整体运动的、局部独立运动的自由度，称为局部自由度。（　　）

（2）两构件组成多个移动副，其导路互相平行或重合时，只有一个移动副起约束作用。

（　　）

（3）速度瞬心法可以用于求解机构的加速度问题。（　　）

四、问答题

（1）机构若不满足确定运动的条件，会出现什么情况？

（2）绘制平面机构（图 1.23）的运动简图。

（a）   （b）

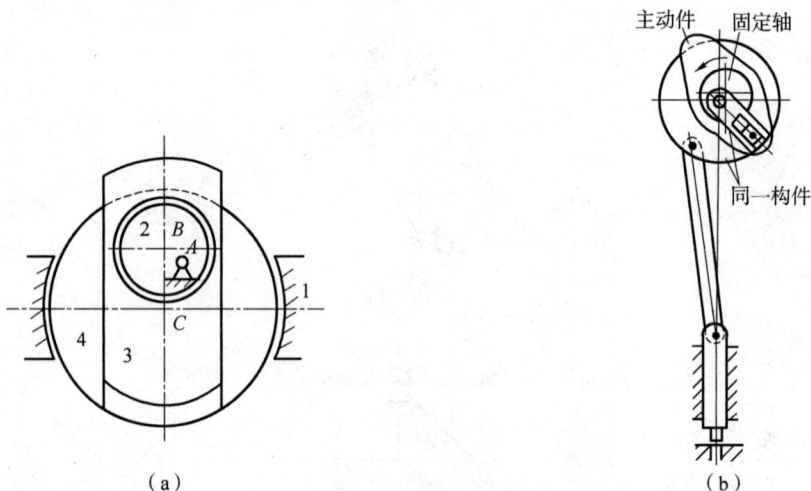

图 1.23　平面机构

（3）计算图 1.24 平面机构的自由度（若机构中有复合铰链、局部自由度、虚约束，则予以指出）。

（a）   （b）

图 1.24　平面机构

（c）

（d）

（e）

（f）

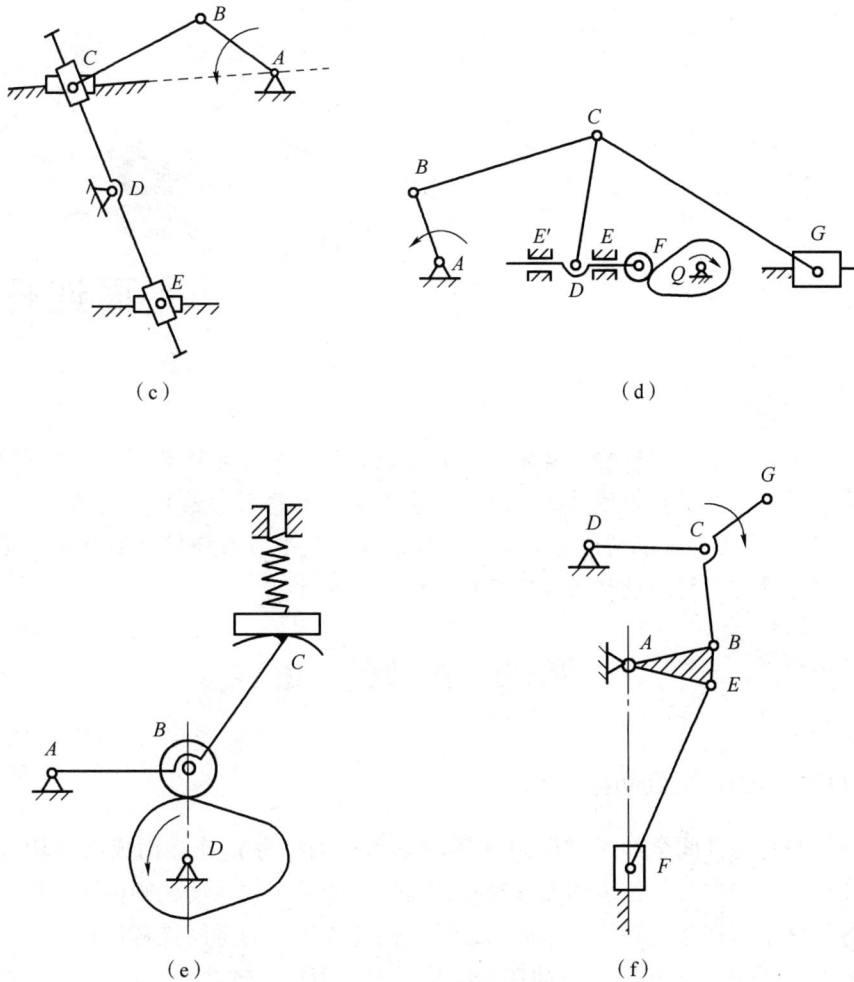

图 1.24　平面机构（续）

（4）图 1.25 所示的四杆机构中，原动件 1 以等角速度 $\omega_1 = 3$ rad/s 逆时针转动，通过构件 2 带动构件 3 做上下直线移动。已知机构尺寸 $l = 1.75$ m，$s = 0.6$ m，且比例尺 $\mu_1 = 0.05$ m/mm。试用瞬心法确定机构在 $\phi = 45°$ 位置时构件 3 的速度 v_3。

（a）

（b）

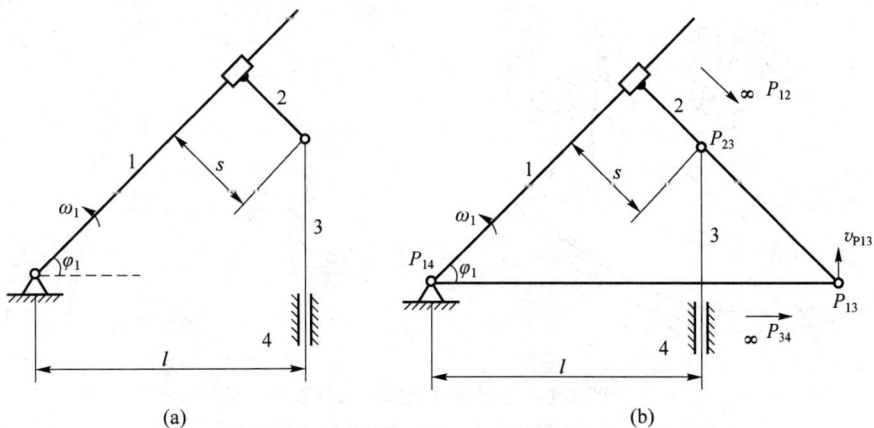

图 1.25　四杆机构

第二章
平面连杆机构

🏁 内容提要

连杆机构是一种常用的机构。本章主要介绍连杆机构的传动特点、平面四杆机构的基本形式及演化、平面四杆机构的运动特性（曲柄存在条件和急回特性）及传力特性（压力角、传动角和死点）、平面四杆机构的运动设计。本章重点是平面四杆机构的类型、运动特性和传力特性；难点是用图解法设计平面四杆机构的运动尺寸。

✸ 第一节 概 述

一、连杆机构的定义和应用

连杆机构是指构件间全部通过低副（转动副和移动副等）连接而成的机构，又称为低副机构。在连杆机构中，若各运动构件都在相互平行的平面内运动，则称该机构为平面连杆机构；若各构件不都在相互平行的平面内运动，则称该机构为空间连杆机构。

图2.1（a）所示为该机构单万向铰链机构（又称万向联轴器），轴 Ⅰ 及轴 Ⅱ 的末端各有一叉，用转动副与中间十字形构件相连，构成一个空间连杆机构，使两轴间的夹角 α 可以变动，单万向铰链机构是一种常用的变角传动机构，被广泛应用于汽车、机床等机械传动系统中。图2.1（b）所示为微创外科手术机械手，由多个平行四边形机构构成一个空间多杆机构，其有四个主动运动（其中三个是转动，一个是工具的往复移动），使不管机械手如何运

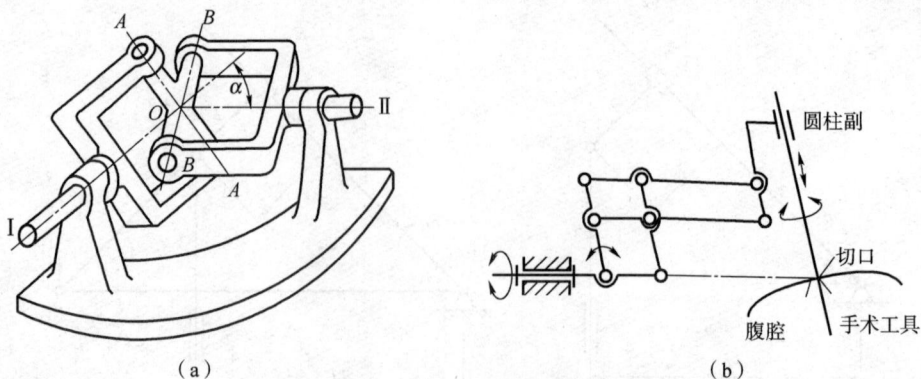

（a） （b）

图2.1 空间连杆机构的应用实例

（a）单万向铰链机构；（b）微创外科手术机械手

动，手术工具都只能以腹腔切口为结点做各向转动或往复移动，而不会伤及切口，因此，微创腹腔外科技术的应用日益普及。空间连杆机构常用较少数量的构件就能实现空间复杂运动，运动多样性和灵活性好，但分析和设计都较为复杂。

在一般机械中应用最多的是平面连杆机构，其构件的运动形式多种多样，可实现多种运动形式的转换、多种运动规律或运动轨迹。图 1.1 所示内燃机中的曲柄滑块机构，把活塞 2 的往复直线运动转换为曲轴 4 的旋转运动向外输出；图 2.2（a）所示颚式破碎机中的平面四杆机构，把偏心轮 2 的匀速转动转换为动颚板 3 相对定颚板时而靠近、时而离开的复杂平面运动，以实现矿石的破碎和排料动作；图 2.2（b）所示牛头刨床中的平面六杆机构，把齿轮 3 的匀速转动转换为滑块 7（刨刀）的往复直线运动，以实现刀具的往复刨削运动；图 2.2（c）所示的鹤式起重机中，为避免货物做不必要的上下起伏运动，连杆 BC 上吊钩滑轮的中心点 E 沿水平直线轨迹移动；图 2.2（d）所示搅拌器，利用做平面运动的连杆上 E 点的轨迹的改变来实现对物料的搅拌。

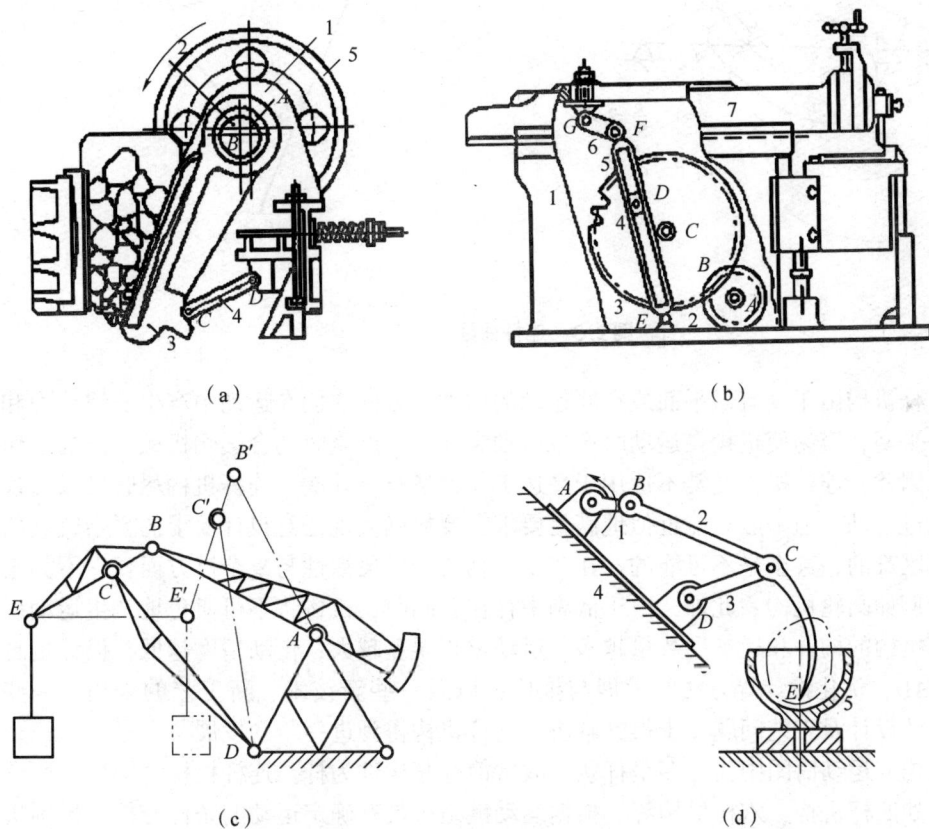

（a）　　　　　　　　　　　　　　　　（b）

资源 2－1
颚式破碎
机工作原理

资源 2－2
牛头刨床

（c）　　　　　　　　　　　　　　　　（d）

图 2.2　平面连杆机构的应用实例

（a）颚式破碎机；（b）牛头刨床；（c）鹤式起重机；（d）搅拌器

二、连杆机构的特点

（1）相对高副机构而言，低副机构的零件形状简单，加工方便，制造容易，生产成本较低；构件之间的接触是由构件本身的几何约束来实现的，所以构件工作可靠。

（2）由于低副是面接触，接触应力相对高副来说较小，故承载能力较强；且面接触便于润滑，故耐磨损，使用寿命较长。

（3）连杆机构可以实现多种运动的要求，例如转动、摆动、移动、平面或空间的复杂轨迹运动以及间歇运动等。

（4）连杆机构的连杆上各点的运动轨迹是各种不同形状的曲线，如图 2.3（a）所示，其形状随着各构件相对长度的改变而改变，如图 2.3（b）所示，故连杆曲线的形式多样，可用来满足不同轨迹的工作要求。

（5）连杆机构还可方便达到改变运动传递方向、扩大行程、实现增力和远距离传动的目的。

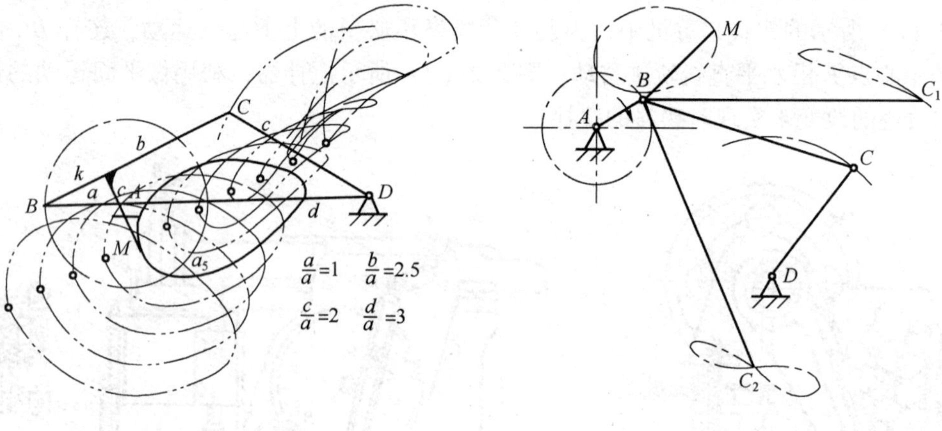

$\dfrac{a}{a}=1$ $\dfrac{b}{a}=2.5$

$\dfrac{c}{a}=2$ $\dfrac{d}{a}=3$

（a）　　　　　　　　　　　　　（b）

图 2.3　连杆曲线

首先，连杆机构由于没有做平面或空间运动的构件，因此它们在运动中产生的惯性力和惯性力矩不易平衡，容易使机构在运动时产生振动和冲击，严重时还会影响机械产品的工作精度与寿命，因此，连杆机构通常不适用于高速工作的场合。其次，连杆机构尽管可以实现一些复杂的轨迹运动，但一般只能近似地满足要求，要精确实现任意设计要求的复杂轨迹曲线运动是相当困难的，甚至是不可能的。在实现运动要求的灵活性与复杂性方面，它不如某些高副机构，例如凸轮机构。此外，由于低副中存在着间隙，机构将不可避免地产生运动误差，而且连杆机构的构件和运动副数量越多，运动累积误差越大，传动精度越低，设计也越复杂。随着 CAD、优化设计等方法的发展与推广，以及一些新技术、新工艺的采用，一些过去难以解决的设计及工艺问题逐步得到解决，连杆机构得到进一步的发展。

在连杆机构的运动简图中构件多呈杆状，故常简称其构件为杆。连杆机构常根据其所含杆数而命名，如四杆机构、六杆机构等。根据运动链是否具有确定运动的条件分析，低副机构的最少杆数是四杆，所以平面四杆机构是最简单、最基本的平面连杆机构，它是多杆机构的基础。四杆以上的平面多杆机构可看作在平面四杆机构基础上依次增加杆组而构成的，能实现比四杆机构更复杂的运动要求，但其设计也更复杂。

在能满足设计要求的前提下，我们应尽量采用简单的机构。和多杆机构比较，平面四杆机构是能实现运动形式转换最简单的连杆机构，且其运动副和构件数目少，传动效率和传动精度相对较高，成本相对较低，设计制造容易。所以本章主要介绍平面四杆机构的类型、应用、工作特性和运动设计问题。

第二节 平面四杆机构的类型及应用

平面四杆机构种类繁多，按照所含移动副数目的不同，可分为全转动副的铰链四杆机构、含一个移动副的四杆机构和含两个移动副的四杆机构。其中，铰链四杆机构是平面四杆机构最基本的形式，其他形式的四杆机构可以由它演化而成。

一、铰链四杆机构

全部用转动副连接而成的平面四杆机构称为铰链四杆机构。

如图 2.4 所示，机构的固定构件 4 称为机架，与机架用转动副相连的构件 1 和 3 称为连架杆。能绕机架做整周转动的连架杆 AB 称为曲柄，连接曲柄 AB 与相邻构件 4、2 的转动副（铰链 A 或 B）能使两构件相对转动 360°，称为整转副。只能绕机架在小于 360° 范围内做往复摆动的连架杆 CD 称为摇杆，连接摇杆和相邻构件 4、2 的转动副（铰链 D 或 C）只能使两构件在小于 360° 范围内相对摆动，称为摆动副。

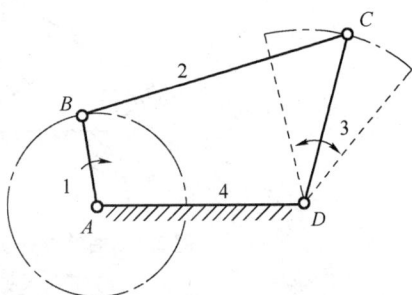

图 2.4　铰链四杆机构

不与机架直接连接的构件 2 称为连杆（连接连架杆的杆，故称连杆）。连杆在一般情况下做复杂的平面运动，特殊条件下也可做平动。连杆上不同位置的点的运动轨迹是形状各异的复杂曲线，称为连杆曲线，如图 2.3 所示。连杆曲线极具有应用价值，工程上将不同相对杆长产生的一系列连杆曲线编为《四连杆机构分析图谱》，用它来设计平面四杆机构。

由于连架杆与机架相连，便于运动的输入与输出，因此它们常作为平面连杆机构运动和动力的输入与输出构件。运动输入的构件称为机构的主动件（在机构运动简图中用实线箭头表示其转向，如图 2.4 中的 AB 杆），运动输出的构件称为机构的从动件。机构的运动形式、运动参数的转换特征，通常是通过主动件与从动件的运动来体现的，机构主动件与从动件的运动学性质在很大程度上决定了机构的性质与用途。故平面四杆机构常以连架杆，尤其是从动件的运动特征来定义机构的名称。

铰链四杆机构根据两连架杆是曲柄或摇杆分为三种基本形式：曲柄摇杆机构、双曲柄机构和双摇杆机构，如图 2.5 所示。

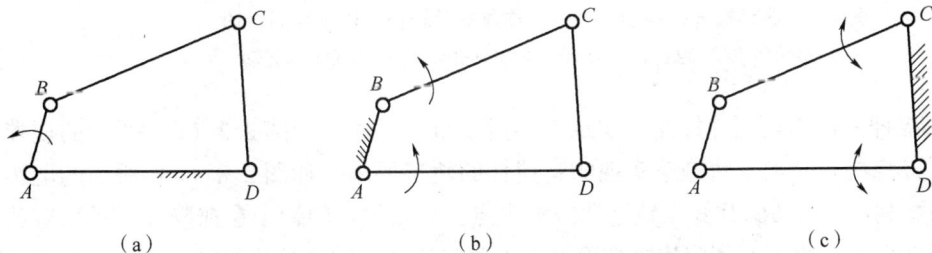

（a）　　　　　　　　　　（b）　　　　　　　　　（c）

图 2.5　铰链四杆机构的三种形式

（a）曲柄摇杆机构；（b）双曲柄机构；（c）双摇杆机构

第二章　平面连杆机构

1. 曲柄摇杆机构

铰链四杆机构的两个连架杆，若一个是曲柄，另一个是摇杆，则称其为曲柄摇杆机构，如图2.5（a）所示，其运动特点如下所述。

（1）在曲柄摇杆机构中，若以曲柄为主动件时，可将曲柄的连续转动转变为摇杆的往复摆动，其应用很广泛。如图2.2（a）所示的颚式破碎机、图2.6（a）所示的雷达天线俯仰搜索机构和图2.6（b）所示的汽车前窗刮水器等应用实例。

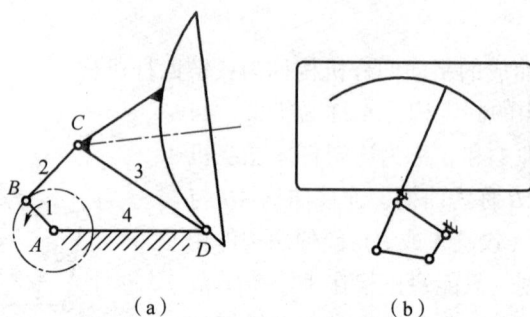

（a）　　　　　　　　　　　　（b）

图2.6　曲柄摇杆机构的应用——连续转动转变为往复摆动

（a）雷达天线俯仰搜索机构；（b）汽车前窗刮水器

（2）在曲柄摇杆机构中，若以摇杆为主动件时，可将摇杆的往复摆动转变为曲柄的整周转动，在以人力为动力的机械中应用较多，如图2.7（a）所示缝纫机脚踏板机构、图2.7（b）所示的脚踏砂轮机机构和图2.7（c）所示的人骑自行车的运动等应用实例。

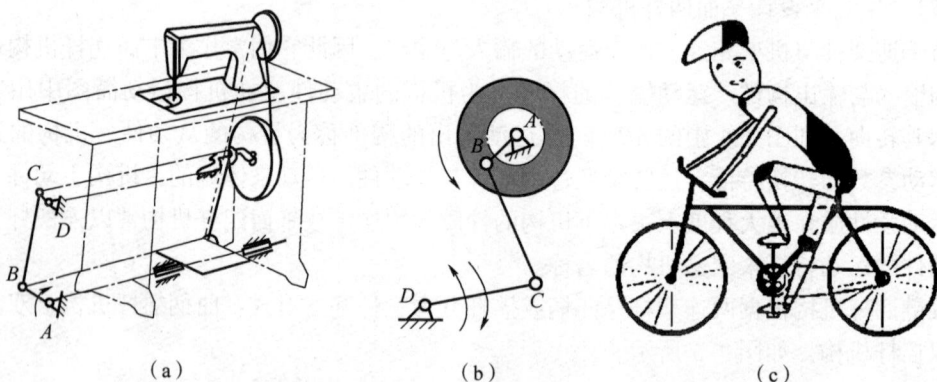

（a）　　　　　　　　　（b）　　　　　　　　　（c）

图2.7　曲柄摇杆机构的应用——往复摆动转变为连续整周转动

（a）缝纫机脚踏板机构；（b）脚踏砂轮机机构；（c）骑自行车运动

（3）曲柄摇杆机构常运用连杆曲线实现多种运动轨迹要求，如图2.2（d）所示的搅拌器利用连杆上 E 点的复杂运动轨迹来实现物料搅拌的轨迹要求；如图2.8（a）所示的电影机的抓片机构，利用连杆 BC 上 E 点轨迹曲线的尖点，可使抓片的钩子在抓胶片时平稳减速为零，然后再平稳退出片孔，使胶片能准确停在光源穿过处，实现胶片的平稳启动及间歇运动的要求；如图2.8（b）所示的曲柄摇杆机构，当满足 $BC = CD = CE$ 时，连杆 BC 上 E 点的轨迹为对称连杆曲线，其对称轴垂直于机架 AD，对称曲线在 $aE'b$ 段能做近似于等速的直线运动，在 aEb 段做近似圆弧轨迹的运动，常用于步行机器人的腿部结构。

图2.8 曲柄摇杆机构的应用——连杆曲线实现多种轨迹要求

（a）抓片机构的连杆曲线；（b）对称连杆曲线

2. 双曲柄机构

若铰链四杆机构的两个连架杆都是曲柄，则称其为双曲柄机构，如图2.5（b）所示。其运动特点如下。

（1）在双曲柄机构中，当主动曲柄 AB 做匀速转动时，从动曲柄则做变速转动。如图2.9（a）所示惯性筛机构及图2.9（b）所示双曲柄插床的应用实例，它们的从动曲柄因变速转动而具有较大的加速度，从而产生较大惯性力。

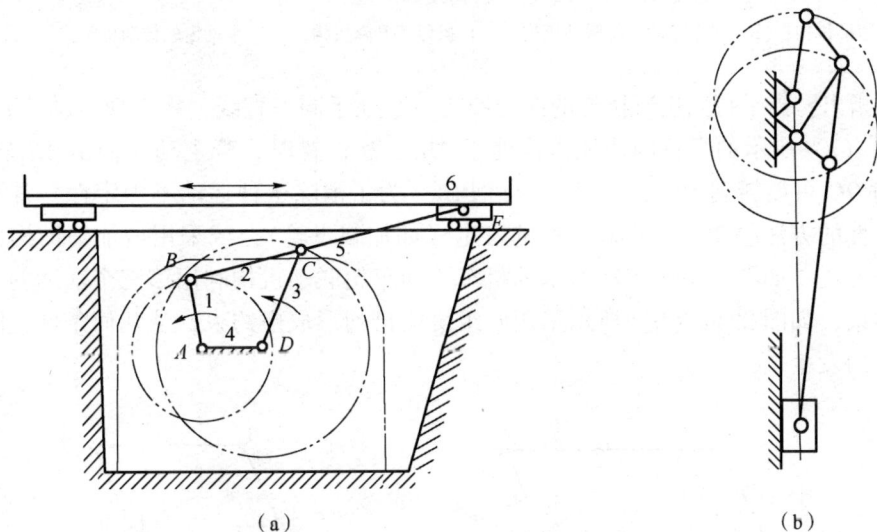

图2.9 双曲柄机构的应用——匀速连续转动转变为变速连续转动

（a）惯性筛机构；（b）双曲柄插床

（2）双曲柄机构的特例之一——平行四边形机构

在双曲柄机构中，若相对两杆平行且长度相等时，则称其为平行四边形机构，如图2.10（a）所示。它有三个显著运动特点：一是两曲柄以相同速度同向转动，如图2.10（b）

所示的机车驱动车轮联动机构，使被联动车轮与主动轮同速同向转动；二是连杆始终做与机架平行的平移运动，如图 2.10（c）所示的摄影车升降机构，使摄影斗始终保持垂直平移；三是连杆上任一点的轨迹均是以曲柄长度为半径的圆，如图 2.10（d）所示的平动齿轮传动机构，使与连杆固接的行星齿轮 1 绕 O_2 做公转。

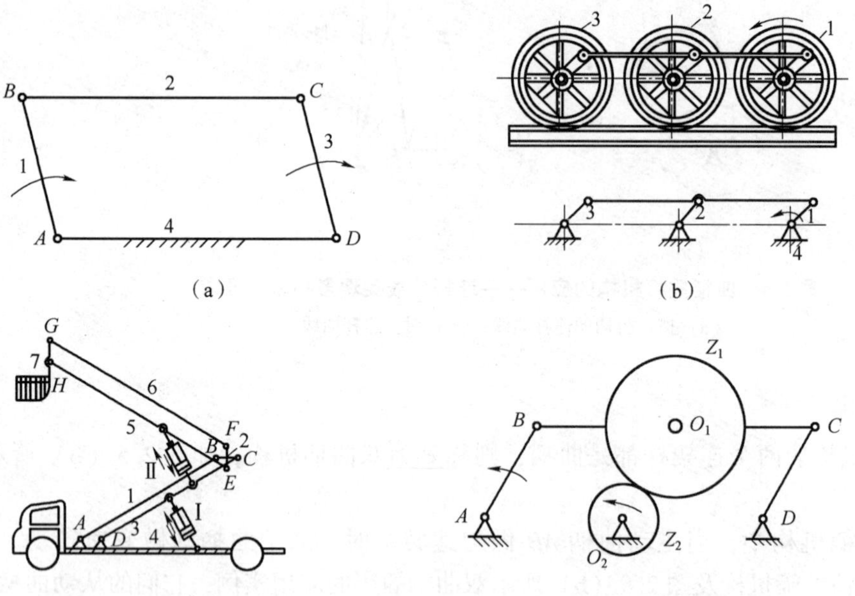

（a）

（b）

资源 2 – 4
机车车轮
联动机构

（c）

（d）

图 2.10　平行四边形机构及其应用

（a）平行四边形机构；（b）机车驱动车轮联动机构；（c）摄影车升降机构；（d）平动齿轮传动机构

必须指出：当平行四边形机构的四个铰链中心处于同一直线，将出现运动不确定现象。如图 2.11（a）所示的平行四边形机构处于 AB_1C_1D 位置时，若主动曲柄由 AB_1 转到 AB_2，从动曲柄 DC_1 可能转到 DC_2，也可能转到 DC_2'。为了消除这种运动不确定性，常采用加大从动件惯性的方法限制运动不确定性的发生（如加装飞轮），或采用增加辅助构件以形成虚约束的方法，如图 2.10（b）所示的机车驱动车轮联动机构利用第三个辅助的平行曲柄形成虚约束，如图 2.11（b）所示采用两组机构错列形成虚约束，从几何条件上限制运动不确定性的发生。

（a）

（b）

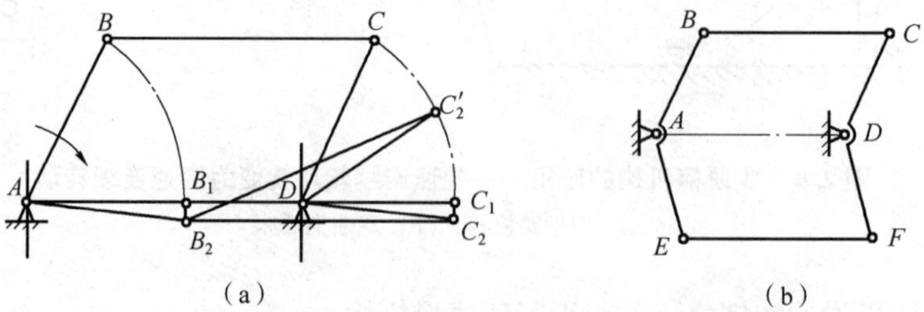

图 2.11　平行四边形机构的运动不确定性及其解决措施

（a）平行四边形机构的运动不确定性；（b）两组错列的平行四边形机构

（3）双曲柄机构的特例之二——逆平行四边形机构

在双曲柄机构中，若两相对杆的长度分别相等，但不平行，则称其为逆平行（或反平行）四边形机构。如图 2.12（a）所示，当以其长边为机架时，两曲柄沿相反的方向转动。如图 2.12（b）所示的车门启闭机构就是利用两曲柄反向转动来开启对开门。

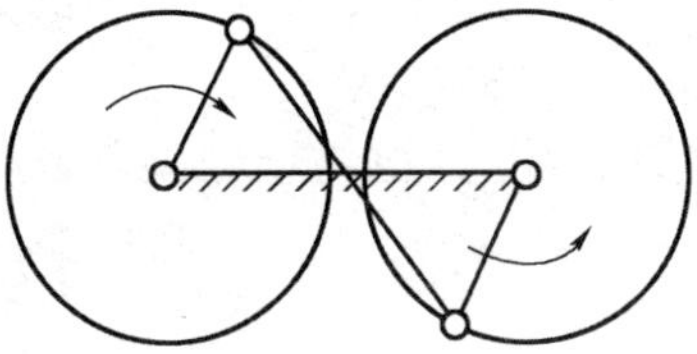

图 2.12　逆平行四边形机构及其应用

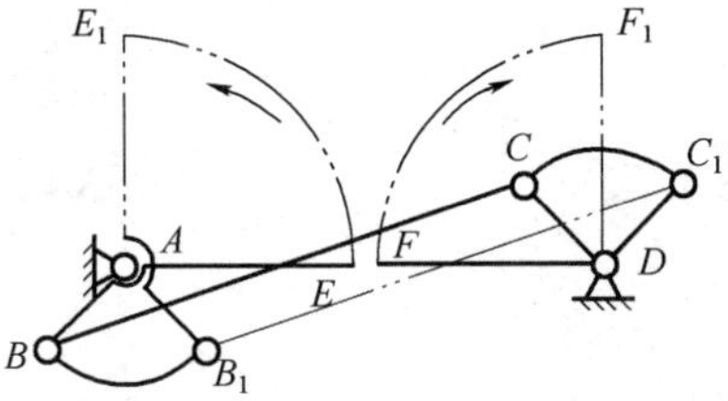

（a）两曲柄反向的逆平行四边形机构；（b）车门启闭机构

3. 双摇杆机构

若铰链四杆机构的两个连架杆都是摇杆，则称其为双摇杆机构，如图 2.5（c）所示。其运动特点如下。

（1）通过适当的设计，将主动摇杆的摆角放大或缩小，使从动摇杆得到所需要的摆角。如图 2.13（a）所示的飞机起落架机构，在飞机着陆前，需要将着陆轮从机翼中推放出来（图中实线 CD_1E_1F 所示）；起飞后，为了减小空气阻力，又需要将着陆轮收入机翼中（图中虚线 CD_2E_2F 所示）。这些动作由主动摇杆 CD 通过连杆 DE、从动摇杆 EF 带动着陆轮来实现；主动摇杆 CD 不大的摆角可使着陆轮在较大范围运动。

（2）设计合适的杆长尺寸，可使连杆相对于两摇杆做整周转动。如图 2.13（b）所示电风扇的摇头机构，电机安装在摇杆 4 上，铰链 A 处装有一个与连杆 1 固接在一起的蜗轮。电机转动时，电机轴上的蜗杆带动蜗轮迫使连杆 1 绕 A 点做整周转动，从而使摇杆 2 和 4 做往复摆动，达到风扇摇头的目的。

（3）利用连杆上某点运动轨迹实现所需的运动。如图 2.2（c）所示鹤式起重机的主体机构就是一个双摇杆机构，摇杆 AB 摆动时，连杆 BC 上悬挂重物的 E 点在近似水平直线上移动，以避免被吊重物做不必要的上下运动而造成功耗。

双摇杆机构的连杆曲线最常见的一种应用是生成近似直线，如图 2.13（c）、（d）、（e）所示直线机构的连杆上 E 点的轨迹 EE' 为近似直线。

（4）双摇杆机构的特例——等腰梯形机构。

在双摇杆机构中，若两摇杆长度相等并最短，则构成等腰梯形机构。如图 2.13（f）所示的汽车前轮转向机构，在汽车转弯时，与前轮轴固连的两个摇杆的摆角 β 和 α 不等，从而使两前轮轴线的交点 O 落在后轮轴线的延长线上，这样转弯时四个车轮都能在地面上纯滚动，避免轮胎因滑动而磨损。

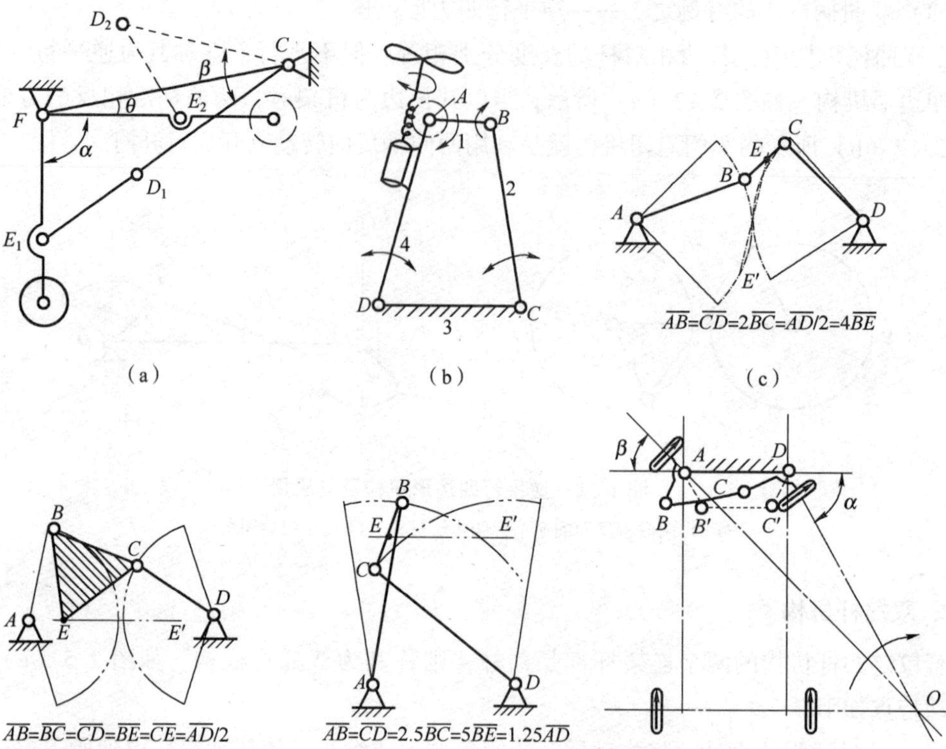

图 2.13 双摇杆机构的应用

(a) 飞机起落架机构；(b) 电风扇的摇头机构；(c) Watt 直线机构；

(d) Robert 直线机构；(e) Chebyscher 直线机构；(f) 汽车前轮转向机构

二、铰链四杆机构存在曲柄的条件

对设计者来说，机构中有没有曲柄和有几个曲柄是十分重要的问题，因为它们与机构的运动特性和类型有直接的关系；更重要的是，只有具有曲柄的机构才能用电动机等输出转动的原动机来直接驱动。

铰链四杆机构有曲柄的前提是其运动副中必有整转副存在，而铰链四杆机构是否具有整转副取决于各杆的相对长度（运动尺寸）。

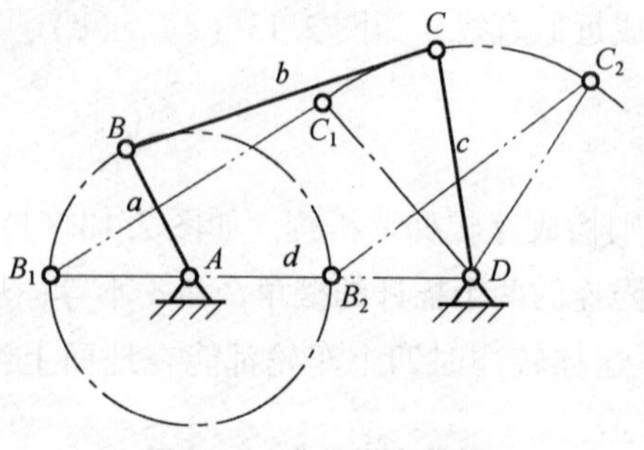

图 2.14 曲柄存在条件

在图 2.14 所示的铰链四杆机构 $ABCD$ 中，设各杆长度分别为 a、b、c、d，且 $a < d$，并设 AD 为机架。若以构件 AB 为曲柄，那么 AB 杆应能绕铰链 A 转动至任意位置而不会被卡死。即要使铰链 A 成为整转副，则 AB 杆在其回转过程中，一定会出现和 AD 杆拉直共线（B 能转过 B_1 点，距离 D 点最远）和重叠共线（B 能转过 B_2 点，距离 D 点最近）两个特殊位置，从而构成 $\triangle B_1 C_1 D$ 和 $\triangle B_2 C_2 D$。由三角形的两边长度之和大于第三边长度的边长关系

可得

$$a + d \leqslant b + c \qquad (2-1)$$

$$b \leqslant (d-a) + c \qquad (2-2)$$

$$c \leqslant (d-a) + b \qquad (2-3)$$

式中，等号是考虑到平行四边形等特殊机构的曲柄与机架共线时的情况。

将以上三式分别两两相加，则得

$$a \leqslant b, a \leqslant c, a \leqslant d \qquad (2-4)$$

即 AB 杆最短且为曲柄，此时机构的连架杆只有一个曲柄，为曲柄摇杆机构。

同理，若 $d < a$，用同样的方法可以得到 AB 杆绕铰链 A 做整周转动的条件是

$$d + a \leqslant b + c \qquad (2-5)$$

$$b \leqslant (a-d) + c \qquad (2-6)$$

$$c \leqslant (a-d) + b \qquad (2-7)$$

则得

$$d \leqslant a, d \leqslant b, d \leqslant c \qquad (2-8)$$

即 AD 杆最短且为机架，此时机构的两个连架杆都是曲柄，为双曲柄机构。

分析上述各式，可得出铰链 A 为整转副的条件。

1. 铰链四杆机构有整转副的条件（曲柄存在的条件）

（1）最短杆和最长杆长度之和应小于或等于其他两杆长度之和。此条件称为杆长条件。

（2）连架杆和机架中必有一杆为最短杆（整转副是最短邻边相连构成的）。

上述条件表明，当铰链四杆机构各杆的长度满足杆长条件时，有最短杆参与构成的转动副都是整转副，而其余的转动副则是摆动副。

2. 具有整转副的铰链四杆机构存在曲柄的条件

曲柄是连架杆，整转副处于机架上才能形成曲柄。因此，具有整转副的铰链四杆机构是否存在曲柄，还应根据选择哪个构件为机架来判断。

（1）取最短杆为机架时，机架上有两个整转副，故得双曲柄机构，如图 2.5（b）所示。

（2）取最短杆的邻边为机架时，机架上只有一个整转副，故得曲柄摇杆机构，如图 2.5（a）所示。

（3）取最短杆的对边为机架时，机架上没有整转副，故得双摇杆机构，如图 2.5（c）所示。但这时由于连杆上的两个转动副都是整转副，故该连杆能相对于两连架杆做整周转动，这种具有整转副而没有曲柄的双摇杆机构常用于电风扇摇头机构，如图 2.13（b）所示。

3. 如果铰链四杆机构各杆的长度不满足杆长条件，则无整转副，此时不论取哪个构件为机架，均为双摇杆机构

图 2.15（a）所示为铰链四杆机构，因最短杆（40）+最长杆（110）<其余两杆长度之和（70+90），满足杆长条件，则机构有整转副；且以最短杆为机架，则机架上的两个铰链都是整转副，故判断该机构为双曲柄机构。同理，可判断图 2.15（b）、（c）、（d）所示机构分别为曲柄摇杆机构、双摇杆机构、双摇杆机构。

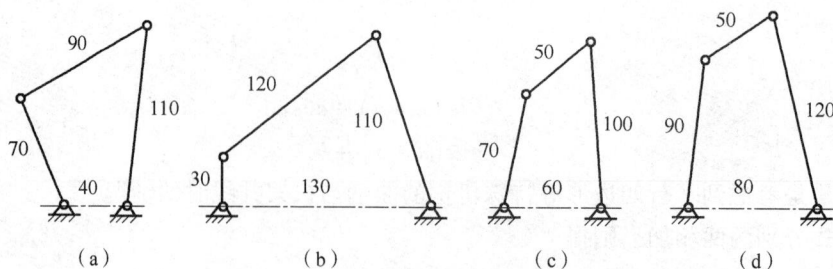

图 2.15　判断铰链四杆机构的类型

（a）铰链四杆机构；（b）曲柄摇杆机构；（c）双摇杆机构；（d）双摇杆机构

三、平面四杆机构的演化

机械中还广泛采用含一个移动副或含两个移动副的平面四杆机构，它们都可由铰链四杆机构演化而来。机构演化可以满足更多运动方面的要求，改善机构的受力状况及满足结构设计的需要，有利于机构的创新。平面四杆机构的演化方法一般包括如下几种方法。

1. 改变构件的形状和运动尺寸

1）由铰链四杆机构演化得到含一个移动副的曲柄滑块机构

图 2.16（a）所示的曲柄摇杆机构运动时，铰链 C 沿圆弧 β 往复运动。将摇杆 3 做成滑块形式，并使其沿圆弧 β 导轨往复滑动，如图 2.16（b）所示，显然，C 点运动性质并未发生改变，但此时铰链四杆机构已演化为具有曲线导轨的曲柄滑块机构。

若将图 2.16（a）中摇杆 3 的长度增至无穷大，则图 2.16（b）中的曲线导轨就变成直线导轨，于是机构就演化为曲柄滑块机构，如图 2.16（c）所示。此时滑块移动方位线 β 不通过曲柄回转中心，故称其为偏置曲柄滑块机构，曲柄转动中心至滑块移动方位线的垂直距离 e 称为偏距。当滑块移动方位线 β 通过曲柄转动中心 A 时（即 $e=0$），则称其为对心曲柄滑块机构，如图 2.16（d）所示。对心曲柄滑块机构是含有一个移动副的平面四杆机构的基本形式。

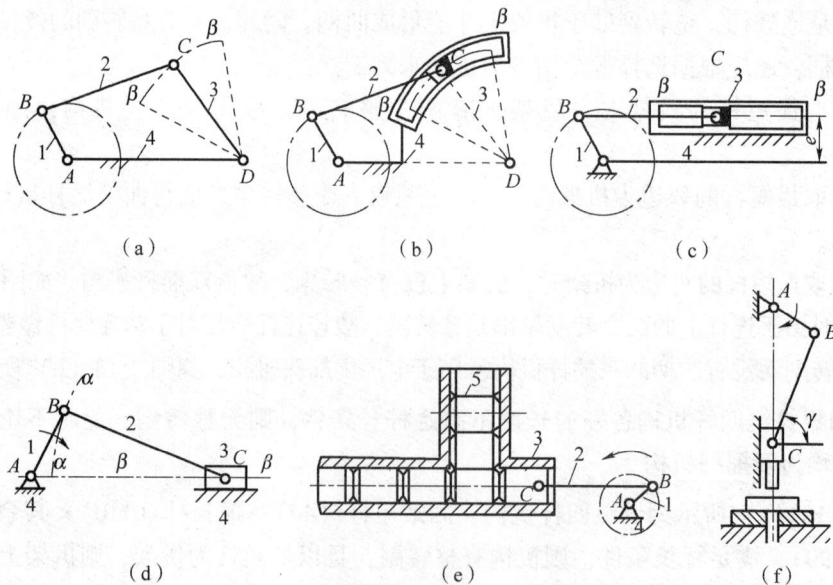

图 2.16　曲柄滑块机构及其应用

（a）曲柄摇杆机构；（b）具有曲线导轨的曲柄滑块机构；（c）偏置曲柄滑块机构；
（d）对心曲柄滑块机构；（e）自动送料机构；（f）冲压机构

曲柄滑块机构的用途很广，其运动特点如下。

（1）将回转运动转变为往复直线运动，如图 2.16（e）所示的自动送料机构是偏置曲柄滑块机构的应用实例；如图 2.16（f）所示的冲压机构，当对心曲柄滑块机构的曲柄与连杆运动至共线附近时，作用在曲柄上较小的力矩能在滑块上产生很大的力对外输出，故曲柄滑块机构也被广泛应用于各种冲压机械中。

（2）将往复直线运动转变为回转运动（如内燃机中的曲柄滑块机构）。

2）由曲柄滑块机构演化得到含两个移动副的曲柄移动导杆机构

在图 2.16（d）所示的曲柄滑块机构中，连杆 2 上的 B 点相对于铰链 C 的运动轨迹为圆弧 α。同理，将连杆 2 做成滑块并使之沿圆弧导轨 α 滑动，如图 2.17（a）所示，该机构的运动特性并未发生改变。若将圆弧 α 导轨的半径增至无穷大，则圆弧 α 导轨变成直线导轨，如图 2.17（b）所示，此时曲柄滑块机构便演化为具有两个移动副的曲柄移动导杆机构，是含有两个移动副的平面四杆机构的基本形式。

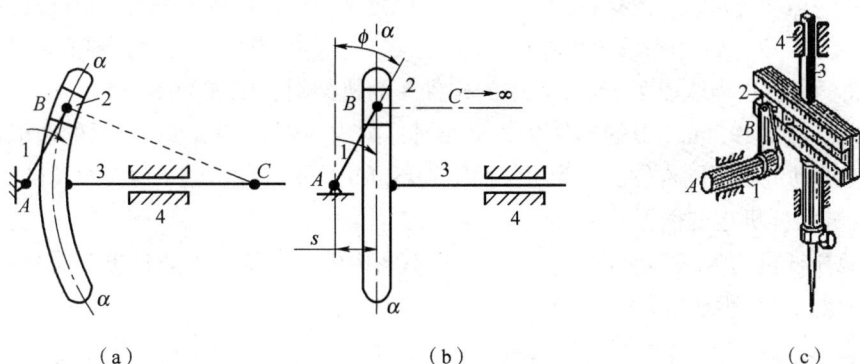

图 2.17　曲柄移动导杆机构

（a）具有曲线导轨的曲柄移动导杆机构；（b）曲柄移动导杆机构；（c）缝纫机针杆机构

在图 2.17（b）所示的曲柄移动导杆机构中，从动件 3（移动导杆）的位移 s 与主动件 1（曲柄）的转角 φ 的正弦成正比（$s = l_{AB} \cdot \sin\varphi$），故该机构又称为正弦机构。其运动特点是将曲柄的整周转动转变为导杆的直线移动，如用于图 2.17（c）所示的缝纫机针杆运动。正弦机构也可用于机械式计算器中作三角函数的运算机构。

2. 改变运动副的尺寸

在图 2.18（a）所示的曲柄滑块机构中，若曲柄 AB 的尺寸较小，可将曲柄改为图 2.18（b）所示的偏心盘，其回转中心 A 至几何中心 B 的偏心距等于曲柄的长度，这种机构称为偏心轮机构，其运动特性与曲柄滑块机构完全相同。偏心轮机构可认为是将曲柄滑块机构中的转动副 B 的半径扩大，使之超过曲柄长度演化而成。

曲柄被做成偏心轮，增大了轴径的尺寸，提高了偏心轴的强度和刚度。所以偏心轮机构被广泛应用于传力较大的剪床、冲床、颚式破碎机、内燃机等机械中。但由于偏心轮半径增大，机构运动时，摩擦力矩和磨损也增大。

图 2.18（c）所示的滑块内置式偏心轮机构是将移动副的滑块尺寸扩大，使之超过整个偏心轮机构的尺寸演化所得，以改善移动副的受力情况。

图 2.18　偏心轮机构

（a）曲柄滑块机构；（b）偏心轮机构；（c）滑块内置式偏心轮机构

3. 选用不同的构件为机架

低副机构中，不论以哪一个构件为机架，各构件间的相对运动关系和运动链尺寸都不变，被称为运动的可逆性，其是低副机构的一个重要特性。

但对同一运动链来说，改换机架后，连架杆随之变更，活动构件相对于机架的绝对运动发生了变化。图 2.19（a）所示曲柄摇杆机构的机架 4 被改换为构件 1 时，则成为图 2.19（b）所示的双曲柄机构；当取图 2.19（a）中的构件 3 为机架时，则成为图 2.19（c）所示的双摇杆机构；当取图 2.19（a）中的构件 2 为机架时，则成为图 2.19（d）所示的曲柄摇杆机构。这种通过将运动链中不同构件更换为机架而得到不同机构的演化方法，称为机构的倒置。

1）铰链四杆机构的倒置

以曲柄摇杆机构为基本形式，分别选取其不同构件为机架，可演化出双曲柄机构和双摇杆机构，如图 2.19 所示。

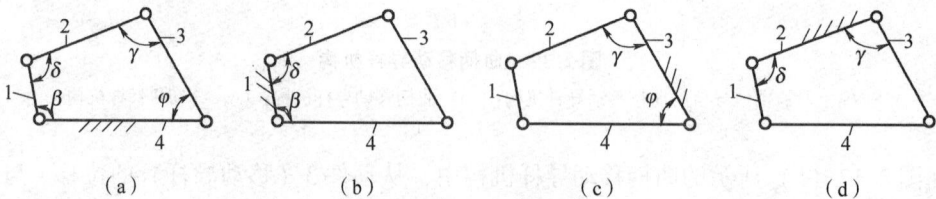

图 2.19　铰链四杆机构的倒置

（a）曲柄摇杆机构；（b）双曲柄机构；（c）双摇杆机构；（d）曲柄摇杆机构

2）曲柄滑块机构的倒置

以曲柄滑块机构为基本形式，分别选取其不同构件为机架进行演化，得到导杆机构、摇块机构和定块机构，如图 2.20 所示。

（1）导杆机构。

图 2.20（a）所示的曲柄滑块机构，选取构件 1 为机架时，则演化为图 2.20（b）所示的导杆机构。杆 4 称为导杆，滑块 3 相对导杆滑动并随导杆一起绕铰链 A 转动，通常取杆 2 为主动件。

当 $l_1 < l_2$ 时［图 2.20（b）］，导杆能做整周转动，称该机构为曲柄转动导杆机构（简称转动导杆机构）。其运动特点是将曲柄的匀速整周转动转变为导杆的变速整周转动。其可被应用于图 2.21 所示简易刨床的 ABC 部分，曲柄 BC 匀速转动一周，刨刀完成进刀、退刀一个工作循环，但进刀耗时长而退刀耗时短，刨刀在进刀时平均速度较慢，速度变化相对较小而较平稳；退刀时刨刀速度较快，返回迅速。

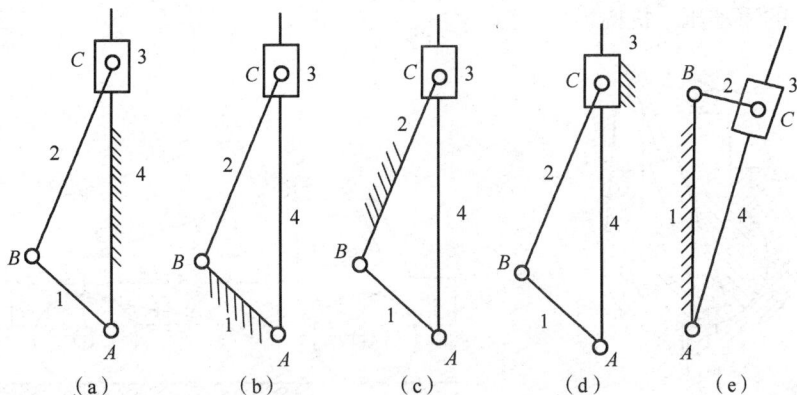

图 2.20　曲柄滑块机构的倒置

（a）曲柄滑块机构；（b）转动导杆机构；（c）摇块机构；（d）定块机构；（e）摆动导杆机构

当 $l_1 > l_2$ 时［图 2.20（e）］，导杆仅能在一定角度范围内往复摆动，称该机构为曲柄摆动导杆机构（简称摆动导杆机构）。其运动特点是将曲柄的整周转动转变为导杆的往复摆动，其可被应用于图 2.22 所示牛头刨床的 *ABC* 部分。

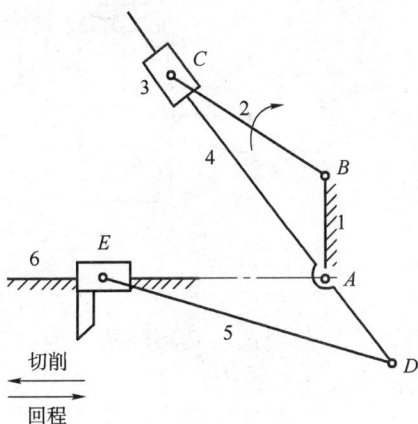

图 2.21　简易刨床

图 2.22　牛头刨床

（2）摇块机构。

图 2.20（a）所示的曲柄滑块机构，选取构件 2 为机架时，则演化为图 2.20（c）所示的曲柄摇块机构（简称摇块机构），滑块 3 仅能绕铰链 *C* 摆动。其运动特点：一是将曲柄转动转变为摇块的摆动，如被用于图 2.23 所示的柱塞式油泵，曲柄 1 回转时，带动导杆 2（活塞杆）在摇块 3 的滑槽中往复移动，并带动摇块左右摆动，从而将油从机架底部右边的圆柱孔中吸入滑槽油腔，再将油从底部左边的圆柱孔压出；二是将导杆相对于摇块的移动转变为曲柄转动，如被应用于图 2.24 所示的自卸卡车车厢举升机构，其中油缸 3 是摇块，用压力油推动活塞 2（导杆）移动，使车厢 1（曲柄）翻转。图 2.25 所示的液压挖掘机机构也是利用可摆动的油缸通过活塞杆推动其上臂 4、下臂 7 和料斗 10 翻转的。

（3）定块机构。

图 2.20（a）所示的曲柄滑块机构，选取构件 3 为机架时，则演化为图 2.20（d）所示的固定滑块机构（简称定块机构）。其运动特点是将转动转变为导杆的直线移动，常被用于

图 2.26 所示的手动压水机构。

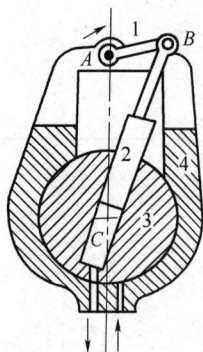

图 2.23　柱塞式油泵

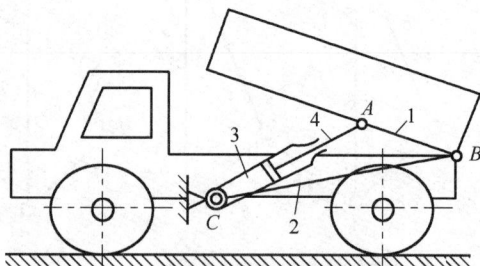

图 2.24　自卸卡车车厢举升机构

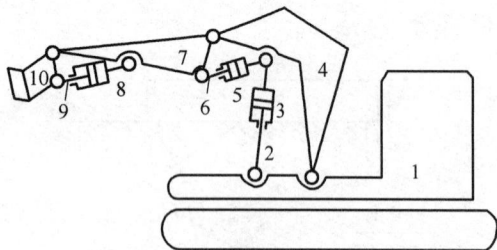

图 2.25　液压挖掘机机构

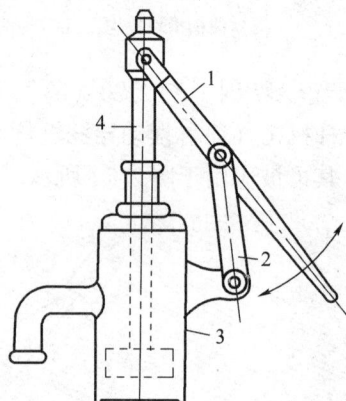

图 2.26　手动压水机构

3）曲柄移动导杆机构的倒置

以曲柄移动导杆机构（正弦机构）为基本形式，分别选取其不同构件为机架进行演化，得到双转块机构、双滑块机构和摆动导杆滑块机构（正切机构），如图 2.27 所示。

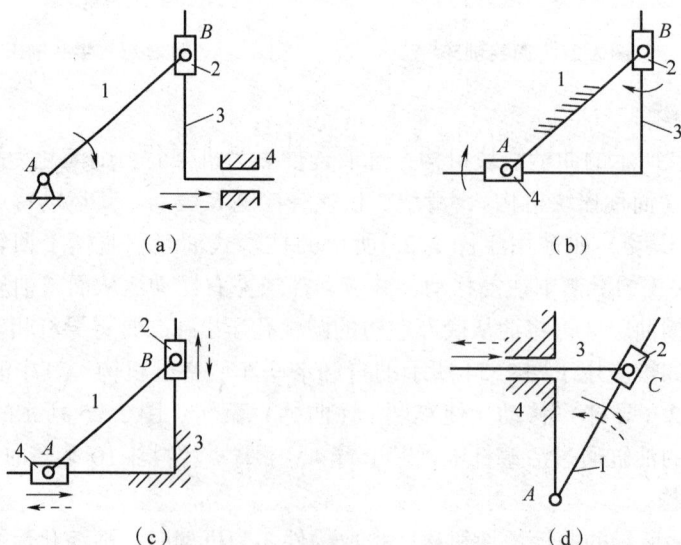

（a）

（b）

（c）

（d）

图 2.27　曲柄移动导杆机构的倒置

（a）曲柄移动导杆机构（正弦机构）；（b）双转块机构；（c）双滑块机构；（d）摆动导杆滑块机构（正切机构）

（1）双转块机构

图 2.27（a）所示的曲柄移动导杆机构，选取构件 1 为机架时，则演化为图 2.27（b）所示的双转块机构。此时两个连架杆（滑块）与机架都以整转副相连，则两滑块都可绕机架做整周转动（故称其为双转块），且同速同向。其可被用于图 2.28 所示的十字滑块联轴器，两个转块 2、4（圆盘形状）分别与轴线互相平行但不同心的两轴固接，连杆 3（圆盘形状，又称为十字连杆）两侧呈十字排列的两个滑轨分别嵌入两个转块的滑槽。当主动转块转动时，其滑槽推着滑轨（连杆）一起同速同向转动，同时连杆另一侧滑轨推着从动转块的滑槽同速同向转动，从而实现主、从动轴的

图 2.28　十字滑块联轴器

同速同向转动。因滑轨可沿滑槽移动，即便两轴不同心，也能实现运动连接，故十字滑块联轴器能补偿两轴间一定的径向位移，其在实际应用中主要用来连接两个互相平行、但有较小径向错位的转轴。但由于十字连杆的转速与输入、输出转速相同，而连杆质量在转动时产生的惯性力又不能实现完全平衡，其离心惯性力较大，故其通常只用来连接低速转轴。

（2）双滑块机构

图 2.27（a）所示的曲柄移动导杆机构，选取构件 3 为机架时，则演化为图 2.27（c）所示的双滑块机构。此时两个连架杆（滑块）与机架都以移动副相连（故称其为双滑块），连杆 1 上除中点外，其他各点的轨迹都是椭圆，可被用于图 2.29 所示的椭圆仪。当滑块 2、4 沿机架十字槽滑动时，连杆 1 上各点走过的轨迹就是长、短径不同的椭圆。

（3）摆动导杆滑块机构（正切机构）

图 2.27（a）所示的曲柄移动导杆机构，选取构件 2 为机架时，则演化为图 2.27（d）所示的摆动导杆滑块机构。此时每个构件都分别有一个移动副和转动副，其常见形式为图 2.30 所示的交叉滑块机构。由图 2.30 可见，滑块 3 的位移 $x = a\tan\alpha$，故该机构又称为正切机构。

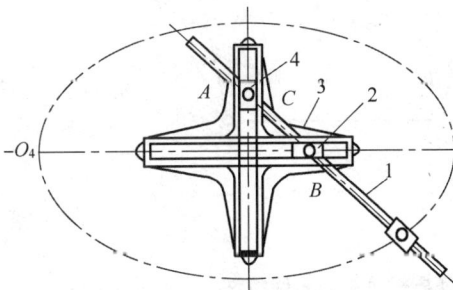

图 2.29　椭圆仪

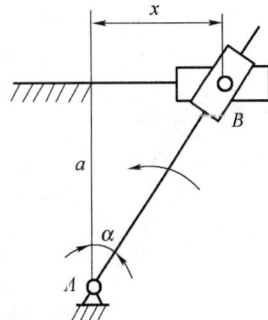

图 2.30　交叉滑块机构

综上所述，平面四杆机构能实现运动形式转换的类型有以下几种。

（1）实现转动→转动的运动转换

①实现主、从动件的同速同向转动，如平行四边形机构、双转块机构。

②实现主动件等速转动，从动件做变速或反向转动，如双曲柄机构、转动导杆机构、逆

平行四边形机构。

（2）实现转动→往复的运动转换

①实现主动件转动，从动件做往复摆动，如曲柄摇杆机构、摆动导杆机构和摇块机构。

②实现主动件转动，从动件做往复直线运动，如曲柄滑块机构、正弦机构、定块机构。

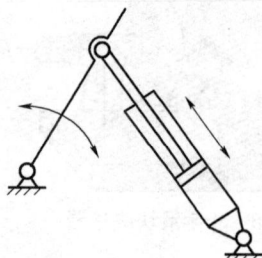

图2.31　摆缸机构

（3）实现摆动→直线的运动，如正切机构。

（4）实现直线运动→转动、直线运动、摆动的转换。

当主动件由内燃机、液压缸或直线电机等驱动做直线运动时，从动件有以下几种运动形式。

①从动件做转动，如曲柄滑块机构。

②从动件做直线运动，如双滑块机构。

③从动件做摆动，如增加摇块机构的曲柄长度而演化得到的摆缸机构，如图2.31所示。

🏵 第三节　平面四杆机构的工作特性

平面四杆机构的工作特性包括运动特性（曲柄存在条件和急回特性）和传力特性（压力角、传动角和死点）两个方面，这些特性反映了机构传递和变换运动与力的性能，也是平面四杆机构类型选择和运动设计的主要依据。

一、急回特性与行程速度变化系数

在图2.32所示的曲柄摇杆机构中，设曲柄AB为主动件，在曲柄匀速回转时，通过连杆带动从动摇杆做往复变速摆动。曲柄在回转一周的过程中，有两次与连杆共线。

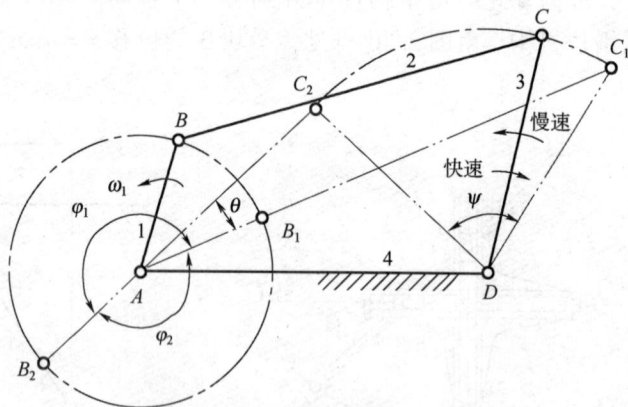

图2.32　曲柄摇杆机构的急回特性

当曲柄到达AB_1位置时，连杆位于B_1C_1，曲柄与连杆处于拉直共线的位置（铰链A与C的距离AC_1为最长），此时摇杆处于右边极限位置C_1D。当曲柄继续逆时针转到AB_2位置时，连杆位于B_2C_2，曲柄与连杆处于重叠共线的位置（铰链A与C的距离AC_2为最短），此时摇杆处于左边极限位置C_2D。机构所处的这两个极限位置称为极位。

1. 摆角

摇杆在两极限位置间摆动的角度 ψ 称为摇杆的摆角。

2. 极位夹角

在从动件处于两个极限位置时，对应曲柄所在两个位置之间所夹的锐角 θ 称为极位夹角。

3. 急回特性

当曲柄以匀速 ω_1 逆时针转过 $\varphi_1 = 180° + \theta$ 时，摇杆由右极限位置 C_1D 摆动到左极限位置 C_2D，摆角为 ψ，设所需的时间为 t_1，此行程（工作行程）中摇杆上 C 点的平均速度为 v_1。

当曲柄继续逆时针转过 $\varphi_2 = 180° - \theta$ 时，摇杆又从左极限位置 C_2D 摆动到右极限位置 C_1D，摆角仍然为 ψ，设所需的时间为 t_2，此行程（空回行程）中摇杆上 C 点的平均速度为 v_2。

虽然摇杆来回摆动的摆角相同，但对应的曲柄转角不同（$\varphi_1 > \varphi_2$）；当曲柄匀速转动时，对应的时间也不等（$t_1 > t_2$），从而反映了摇杆往复摆动的快慢不同，返回时用时少、速度快（$v_1 < v_2$），表面摇杆有急回特性。

机构工作行程速度较慢、空回行程速度较快的特性称为机构的急回特性。使机构的执行构件在往复运动过程中具有急回特性是工程中用来改善机构受力、提高执行构件运动的平稳性、节省空回时间（即缩短非生产时间）、提高机械的生产率常采用的一种设计手段。

4. 行程速度变化系数

机构急回特性的急回程度可用从动件在空回行程中的平均速度与工作行程中的平均速度之比值 K 来衡量，K 称为行程速度变化系数（简称行程速比系数）。

$$K = \frac{v_2}{v_1} = \frac{\omega_2}{\omega_1} = \frac{\psi/t_2}{\psi/t_1} = \frac{\varphi_1}{\varphi_2} = \frac{180° + \theta}{180° - \theta} \tag{2-9}$$

式（2-9）表明，当机构存在极位夹角 $\theta > 0$ 时，机构便具有急回特性。θ 角越大，K 值越大，机构的急回程度也越显著。

5. 机构急回特性在工程上的应用

（1）工作行程要求慢速前进，以利于切削、冲压等工作的进行，而为节省空回行程时间，则要求快速返回，如牛头刨床、插床等机械。

（2）对颚式破碎机，要求其动颚快进慢退，使已被破碎的矿石有时间排出颚板，避免矿石因被多次破碎而形成过度粉碎。

（3）一些设备在正、反行程中均在工作，故无急回要求。如雷达天线俯仰搜索机构，因雷达在来回搜索时都是工作行程，无须急回运动。

6. 设计机构的急回特性

对于有急回运动要求的机械，在设计时，应先确定行程速比系数 K 值，算出极位夹角 θ 后，再设计各杆的运动尺寸。

$$\theta = \frac{K-1}{K+1} \times 180° \tag{2-10}$$

7. 机构急回特性的判定

综上所述，连杆机构的从动件具有急回特性的条件有以下三个。

（1）主动件匀速整周转动。

（2）从动件往复移动或摆动。

（3）极位夹角 $\theta > 0°$（$K > 1$）。

如图 2.33（a）所示的对心曲柄滑块机构，因 $\theta = 0°$，故无急回特性。图 2.33（b）所示的偏置曲柄滑块机构，因 $\theta \neq 0°$，故具有急回特性。图 2.33（c）所示的摆动导杆机构，当主动曲柄两次转到与从动导杆垂直时，导杆就摆动到两个极限位置，$\theta = \psi > 0°$，恒具有急回特性。

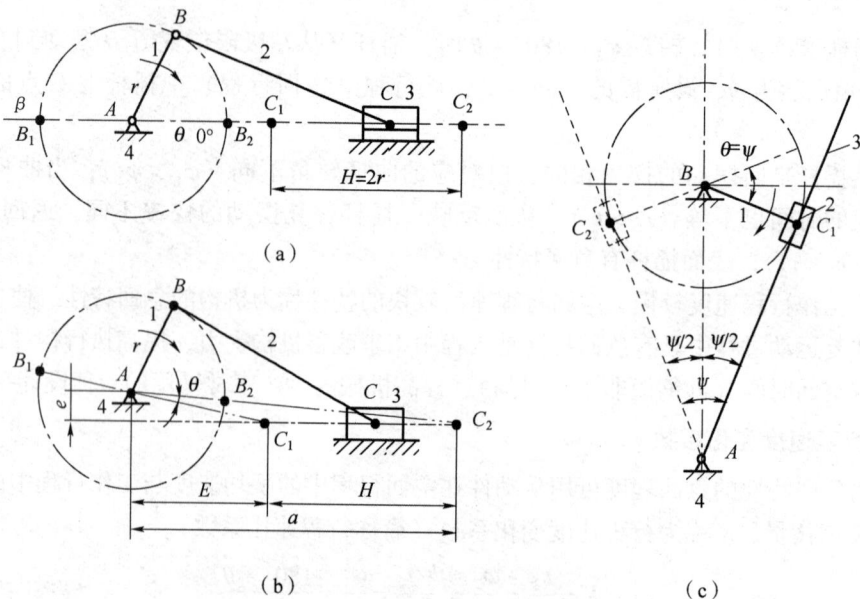

（a）

（b）

（c）

图 2.33　机构急回特性的判定

（a）对心曲柄滑块机构；（b）偏置曲柄滑块机构；（c）摆动导杆机构

二、压力角与传动角

在设计平面四杆机构时，不仅要考虑运动要求，实现预期的运动规律，还必须注意机构的传力性能，使机构运转轻便，不至于自锁。

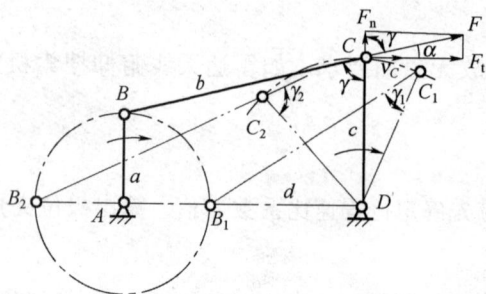

图 2.34　曲柄摇杆机构的压力角与传动角

图 2.34 所示的曲柄摇杆机构中，若不考虑各运动副中的摩擦力及构件重力和惯性力的影响，则连杆为二力杆。由主动曲柄 AB 经连杆 BC 传递到从动摇杆 CD 上 C 点的驱动力 F 沿 BC 方向；此时摇杆上受力点 C 的绝对速度 v_C 的方向与 CD 杆垂直。

1. 压力角

在机构传动过程中，从动件所受到的作用

力与该力作用点处的绝对速度之间所夹的锐角 α 称为机构在此位置时的压力角。

力 F 在沿 C 点速度 v_C 方向的切向分力 $F_t = F\cos\alpha$ 是推动从动摇杆 CD 绕铰链 D 转动的有效分力，显然，F_t 越大越好。而力 F 在垂直于 v_C 方向上的法向分力 $F_n = F\sin\alpha$，无助于从动摇杆的转动，仅增加铰链 D 中的径向压力，并使摩擦力增大，是有害分力，该分力应越小越好。因此在力 F 大小一定的情况下，压力角 α 越小，有效分力 F_t 就越大，而有害分力 F_n 就越小，机构传动效率就越高，机构运转就越轻便。所以压力角 α 反映力的有效利用程度，是判断机构传力性能好坏的一个重要参数。

2. 传动角

压力角的余角 γ 称为传动角。$\gamma = 90° - \alpha$，α 越小，γ 越大，机构传力性能越好；反之，α 越大，γ 越小，机构传力越费劲，传动效率越低。

如图 2.34 所示，连杆 BC 与从动摇杆 CD 之间所夹的锐角也等于传动角 γ，可见传动角易于观察和测量，在连杆机构中，常用传动角的大小及变化情况来衡量机构传力性能的好坏。

机构在运转过程中，压力角和传动角的大小是不断变化的。为了保证机构传力性能良好，应使 $\gamma_{min} \geqslant 40° \sim 50°$；对于一些受力很小或不常使用的操纵机构，则可允许传动角小些，只要不发生自锁即可。

对于曲柄摇杆机构，最小传动角 γ_{min} 出现在主动曲柄与机架共线的两个位置之一处，如图 2.34 所示，这时有

$$\gamma_1 = \angle B_1 C_1 D = \arccos \frac{b^2 + c^2 - (d-a)^2}{2bc} \tag{2-11}$$

$$\gamma_2 = \angle B_2 C_2 D = \arccos \frac{b^2 + c^2 - (d+a)^2}{2bc} (\angle B_2 C_2 D < 90°) \tag{2-12}$$

或
$$\gamma_2 = 180° - \arccos \frac{b^2 + c^2 - (d+a)^2}{2bc} (\angle B_2 C_2 D > 90°) \tag{2-13}$$

γ_1 与 γ_2 中的小者即为 γ_{min}。

对于曲柄滑块机构，当主动件为曲柄时，γ_{min} 出现在曲柄与滑块导轨相垂直的位置，如图 2.35 所示。

对于导杆机构，如图 2.36 所示，当曲柄为主动件且不考虑摩擦时，由于滑块对从动导杆的作用力 F 的方向始终垂直于导杆，与导杆上受力点的速度方向始终一致，因此压力角恒等于 $0°$，传动角恒等于 $90°$，这说明导杆机构具有良好的传力性能。

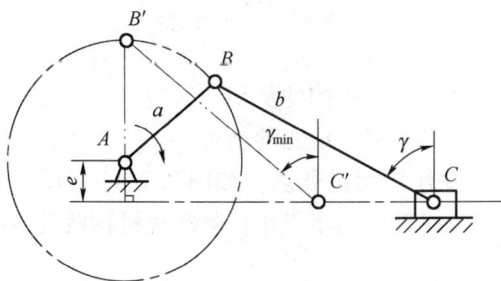

图 2.35　曲柄滑块机构中的传动角

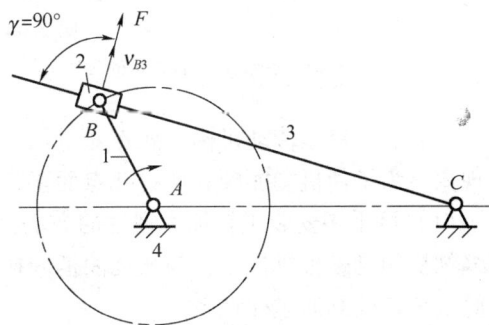

图 2.36　导杆机构中的传动角

三、死点

在图 2.37 所示的曲柄摇杆机构中，设摇杆 CD 为主动件，则当连杆与从动曲柄共线时，机构的传动角 $\gamma = 0°$。此时主动摇杆 CD 通过连杆作用在从动曲柄 AB 上的力恰好通过曲柄的回转中心 A，对曲柄 AB 的力矩为零，无论施加的力有多大也不能使从动件转动，出现"顶死"现象。机构的这种连杆与从动件共线的位置称为死点。

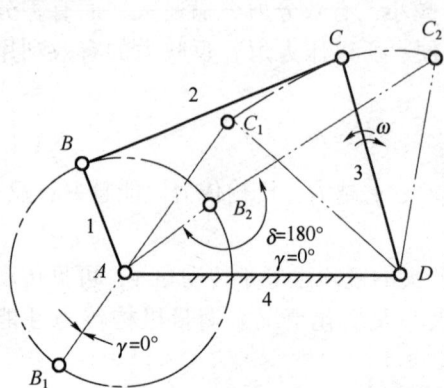

图 2.37 曲柄摇杆机构的死点

平面四杆机构是否存在死点，取决于从动件是否与连杆共线。对于曲柄摇杆机构，当曲柄为主动件时，从动摇杆与连杆无共线位置，不会出现死点；但以摇杆为主动件时，从动曲柄与连杆有两个共线位置，会出现两个死点（图 2.37 的 A_1B_1、A_2B_2 两个位置）。家用缝纫机的脚踏板机构 [图 2.38（a）] 是以脚踏板（摇杆）为主动件，故有两个死点。同理，活塞式内燃机的曲柄滑块机构 [图 2.38（b）] 是以活塞（滑块）为主动件，故有两个死点。

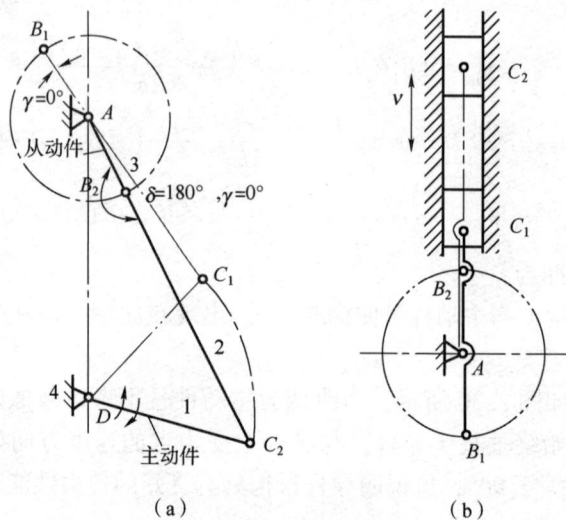

图 2.38 机构的死点
（a）缝纫机脚踏板机构的两个死点；（b）活塞式内燃机曲柄滑块机构的两个死点

一方面，对于传动机构，死点对机构运动不利，会使机构的从动件出现卡死或运动不确定现象。为了使机构能顺利通过死点而正常运转，必须采取适当的措施。

（1）可采用安装飞轮加大惯性的方法，借惯性作用闯过死点。如图 2.7（a）所示，家用缝纫机的脚踏板机构中，与从动曲柄固接的大带轮就相当于飞轮，脚踏板机构就是借助大带轮的惯性顺利通过死点。

（2）采用多组相同机构错位排列的方式，使各组机构处于死点的时间错开。如图 2.39（a）所示的 V 形发动机，其六个气缸中的曲柄滑块机构交错成 V 形排列，使曲轴不会出现运动不确定现象；如图2.39（b）所示的蒸汽机车车轮联动机构，其两侧的曲柄滑块机构的曲柄位置相互错开了90°，从而使曲柄能始终获得有效的驱动力矩。

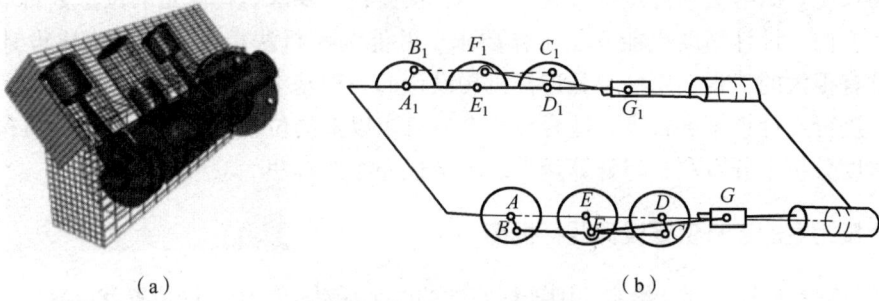

图2.39 消除死点对运动不利影响的措施

（a）V形发动机；（b）蒸汽机车车轮联动机构

另一方面，在工程实践中也常利用机构的死点来实现特定的工作要求。如飞机起落架机构，当飞机着陆时，机构处于图2.13（a）中实线位置，此时着陆轮接触地面产生的冲击力为主动力，摇杆 E_1F 为主动件，而连杆 E_1D_1 与从动摇杆 CD_1 处于一直线，即机构处于死点，可顶住巨大的冲击力，不会反转折回，从而始终保持支承状态，使飞机得以安全着陆。

图2.40所示的钻床夹具在工件被夹紧时，BC 杆和 CD 杆共线，机构处于死点，此时无论工件反力多大，都不能使机构反转，可保证钻削时工件不松脱。当需要取出工件时，向上扳动手柄，即能松开夹具。

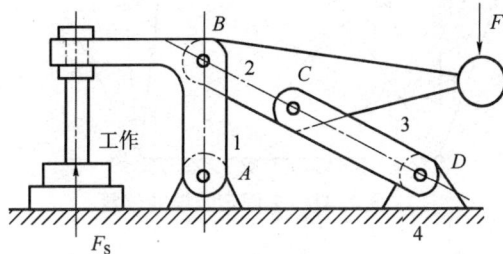

图2.40 钻床夹具的死点

❋ 第四节　平面四杆机构的运动设计

平面四杆机构的运动设计主要是按运动等方面要求，在选定机构形式后确定各构件的运动尺寸，而不涉及构件的具体结构和强度等问题。

根据机械的用途和性能要求不同，对连杆机构设计的要求是多种多样的，但这些设计要求可归纳为以下三类问题。

（1）实现预定的连杆位置要求，即要求连杆能占据一系列的预定位置。

（2）实现预定的运动规律要求，如满足给定的行程速比系数 K 等。

（3）实现预定的轨迹要求，即要求连杆上某些点的运动轨迹符合预定轨迹。

平面连杆机构的设计方法有图解法、解析法和实验法。

对于平面四杆机构来说，当其铰链中心位置确定后，各杆的长度也就确定了。用图解法进行设计，就是利用各铰链之间相对运动的几何关系，通过作图确定各铰链的位置，从而定出各杆的长度。图解法的优点是直观、简单、快捷，当要求机构满足的位置数目不多于三个时，设计方便，设计精度也能满足工作要求，并能为解析法精确求解和优化设计提供初始值，故具有很大的工程实用性，是连杆机构设计的一种基本方法。解析法设计需编制程序在计算机上进行，计算精度较高，适合对三个或三个以上的位置设计，尤其是对机构进行优化设计和精度分析十分有利，但计算量大。本章仅介绍图解法。

一、按给定的连杆位置设计四杆机构

连杆位置及连杆长度已给定，则连杆两端的两个活动铰链中心的位置就已确定，设计的任务是要确定两固定铰链中心的位置。在铰链四杆机构中，活动铰链的轨迹是圆弧，其圆心就是固定铰链，所以，可通过作活动铰链中心两位置连线的垂直平分线，找到固定铰链的位置。

1. 按给定连杆的三个位置及连杆长度设计四杆机构

如图 2.41 所示，设连杆上两活动铰链中心 B、C 的位置已经确定，要求在机构运动过程中连杆能依次占据 B_1C_1、B_2C_2、B_3C_3 三个位置。

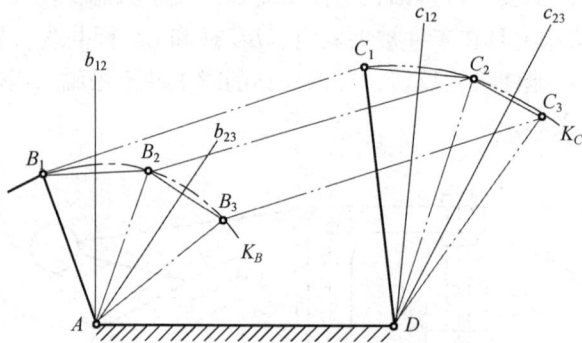

图 2.41 求固定铰链的位置

根据三点确定一个唯一的圆，铰链 B 的三个位置 B_1、B_2、B_3 确定了，B 点的圆弧轨迹就唯一确定了，其圆心 A 的位置也就确定了。同理，活动铰链 C 的三个位置确定，则其圆弧轨迹及圆心 D 的位置也就确定了。

设计步骤如下。

（1）选定作图的长度比例尺 μ，在图纸上选定 B、C 点的位置。

（2）确定 A、D 位置。

连接 B_1B_2、B_2B_3，分别作其垂直平分线 b_{12}、b_{23}，这两条垂直平分线的交点就是 B 点的转动中心（铰链 A）的位置。同理，连接 C_1C_2、C_2C_3，分别作其垂直平分线 c_{12}、c_{23}，这两条垂直平分线的交点就是 C 点的转动中心（铰链 D）的位置。

（3）连接 A、B_1、C_1、D，即得所求四杆机构。

（4）测量 AB_1、C_1D 和 AD 长度，按比例尺算出各杆真实长度。

2. 按给定连杆的两个位置及连杆长度设计四杆机构

如果只给定连杆的两个位置，将有无穷多解，此时可根据其他条件来选定一个解。

如图 2.42（a）所示，要求设计炉门启闭机构，使炉门 BC 能位于关闭（B_1C_1）和开启（B_2C_2）两个位置。

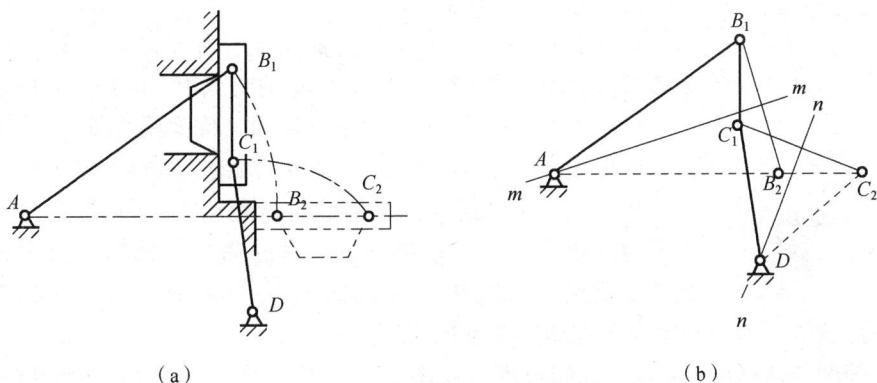

图 2.42　锅炉门启闭机构设计

因连杆上 B、C 两个活动铰链的运动轨迹是分别以 A、D 为圆心的圆弧，所以 A 点必在 B_1B_2 的垂直平分线上，同理 D 点必在 C_1C_2 的垂直平分线上，而且 A、D 点位置有无穷多个解。

根据具体情况，结合附加要求（如最小传动角、各杆尺寸允许范围或其他合理结构要求等），确定 A、D 点位置。

若炉门设计的附加要求：一是 A 点须在 B_2C_2 的延长线上，那么 B_2C_2 延长线与 B_1B_2 垂直平分线 $m-m$ 的交点，即是铰链 A 的确定位置；二是必须保证机架 AD 的长度，那么以 A 为圆心、以 AD 为半径的圆弧与 C_1C_2 的垂直平分线 $n-n$ 的交点，即是铰链 D 的确定位置。然后连接 AB_1、C_1D，即得所求的四杆机构 AB_1C_1D，如图 2.42（b）所示。

二、按给定的行程速比系数 K 设计四杆机构

由给定行程速比系数 K 可算出极位夹角 θ，所以主要利用机构在极位时的几何关系，结合有关辅助条件，确定铰链 A、C_1、C_2、D 的位置，如图 2.43 所示，然后测量出 AC_1、AC_2 等长度，利用极位时 $AC_1 = BC - AB$，$AC_2 = BC + AB$ 的尺寸关系，即可求出曲柄、连杆的长度，设计出满足急回要求的四杆机构。

平面四杆机构中有急回特性的机构主要有曲柄摇杆机构、偏置式曲柄滑块机构和摆动导杆机构。其图解设计方法如下。

1. 按急回要求设计曲柄摇杆机构

设已知摇杆的长度 CD、摆角 ψ 及行程速比系数 K，试设计一曲柄摇杆机构。

（1）首先计算极位夹角 $\theta = 180° \times \dfrac{K-1}{K+1}°$。

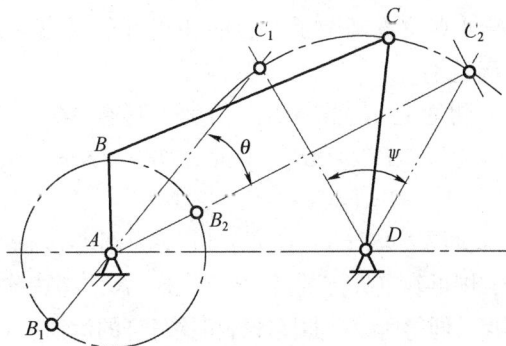

图 2.43　曲柄摇杆机构的极位

（2）确定 D、C_1、C_2 的位置。

选定作图的长度比例尺 μ，在图纸上任

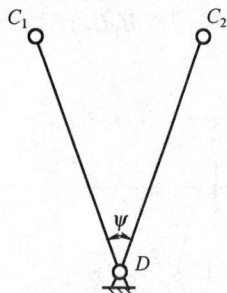

图 2.44　确定 D、C_1、C_2 的位置

选铰链 D 的位置，根据摇杆长度 CD 及摆角 ψ 作出摇杆的两极限位置 C_1D 及 C_2D，如图 2.44 所示。

（3）确定 A 点的位置。

如图 2.45（a）所示，连接 C_1C_2，作 $C_1N \perp C_1C_2$，作 C_2M 使 $\angle C_1C_2M = 90° - \theta$，得 C_1N 和 C_2M 的交点 P，可知 $\angle C_1PC_2 = \theta$。

以 C_2P 为直径作 $\triangle C_1C_2P$ 的外接圆（称为辅助圆），可知此圆上任意一点与 C_1、C_2 点连线的夹角均为 θ，故铰链 A 的位置应在此圆上选取。

由于此圆上任意 A 点都能满足行程速比系数 K 的要求，因此解有无穷多个。要确定铰链 A 的具体位置，还需给定其他辅助条件。如给定机架 AD 的长度，或曲柄长度，或连杆长度，或要求机架与摇杆的相对位置等，即可确定 A 点在辅助圆上的位置。

①若辅助条件是给定机架 AD 的长度，如图 2.45（b）所示，则可以 D 为圆心，以 AD 为半径作圆，与 A 点所在辅助圆的交点就是铰链 A 的确定位置。

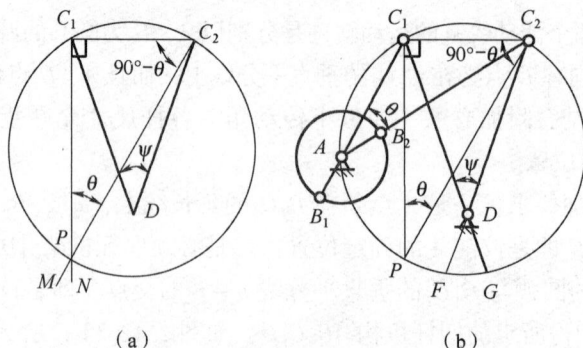

（a）　　　　　　　　（b）

图 2.45　确定固定铰链 A 的位置

（a）作出 A 点所在的辅助圆；（b）给定机架长度确定 A 点位置

②若辅助条件是给定曲柄 AB 的长度，如图 2.46 所示，则以 C_1C_2 圆弧段的中点 O 为圆心、以 OC_1 为半径作圆弧；再以 C_2 为圆心、以曲柄的两倍长度 $2AB$ 为半径作圆弧，与 OC_1 圆弧交于 K 点；连接 C_2K 至与 A 点所在辅助圆相交，交点就是铰链 A 的确定位置。

（4）确定 B 点的位置。

A 点位置确定了，曲柄和连杆的长度也就随之确定了。

测量出 AC_1 和 AC_2 的长度，则有 $AC_1 = BC - AB$，$AC_2 = BC + AB$，由此求得：$AB = (AC_2 - AC_1)/2$，$BC = (AC_2 + AC_1)/2$。

如图 2.45（b）所示，以 A 为圆心、AB 为半径，即可确定 B 点的极位位置 B_1、B_2。考虑作图比例尺，即得所设计曲柄摇杆机构各杆的运动尺寸。

注意，铰链 A 的位置不能选在辅助圆的劣弧段 FG 上，否则机构运动不连续；而且铰链 A 的位置应适当远离 FG 弧段，以保证最小传动角的要求。

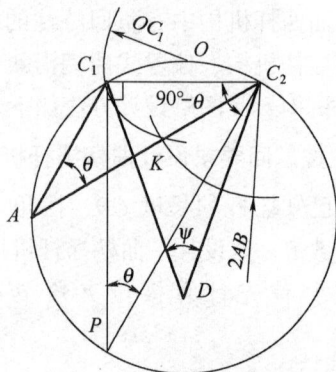

图 2.46　给定曲柄长度确定 A 点位置

同理，也可采用相似方法，按给定 K 值设计偏置曲柄滑块机构或摆动导杆机构。

2. 按急回要求设计偏置式曲柄滑块机构

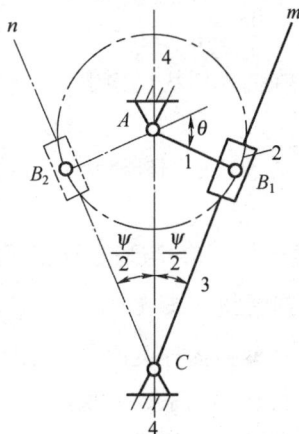

设已知滑块的行程 H、偏距 e 及行程速比系数 K，试设计一曲柄滑块机构。

在算出极位夹角 θ 后，按作图比例尺作一直线 $C_1C_2 = H$，以它代替曲柄摇杆机构中的弦线 C_1C_2，然后即按上述完全相同的方法作出铰链 A 所在的辅助圆。再按比例尺作与直线 C_1C_2 的距离等于偏距 e 的平行线，它与辅助圆的交点即为铰链 A 的确定位置。然后测量 AC_1 和 AC_2 的长度，计算出曲柄 AB 和连杆 BC 的运动尺寸。如图 2.47 所示。

3. 按急回要求设计摆动导杆机构

设已知机架的长度 AC 及行程速比系数 K，试设计一摆动导杆机构。

主要利用摆动导杆机构的极位夹角 θ 等于导杆的摆角 ψ 这一几何关系进行设计。

算出极位夹角 θ 后，作图时，在图纸上任选一点为 C，作出摆角 $\psi = \theta$，并作该角的角平分线；再由已知的机架长度，按作图的长度比例尺，在该角平分线上定出铰链 A 的位置。由 A 作出导杆极限位置的垂线 AB_1，即为曲柄长度。如图 2.48 所示。

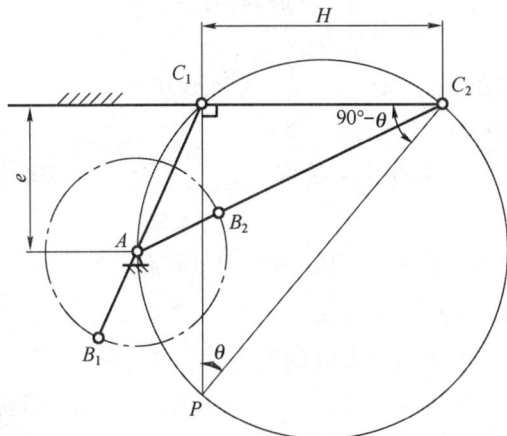

图 2.47　按急回要求设计偏置式曲柄滑块机构　　图 2.48　按急回要求设计摆动导杆机构

一、填空题

（1）平面连杆机构是由一些构件用＿＿＿＿＿＿和＿＿＿＿＿＿连接而成的在同一平面内或互相平行的平面内运动的机构。铰链四杆机构中的运动副都是＿＿＿＿＿＿＿。

（2）根据两连架杆中的曲柄数目，铰链四杆机构分为三种基本形式，即＿＿＿＿＿、＿＿＿＿＿、＿＿＿＿＿。

（3）我们把四杆机构中＿＿＿＿的平均速度大于＿＿＿＿的平均速度的性质，称为急回特性。机构具有急回特性时，行程速比系数 K＿＿＿＿1，极位夹角 θ＿＿＿＿0°。实际生产中常利用急回特性来缩短＿＿＿＿时间，以提高＿＿＿＿。

（4）连杆机构的压力角 α 是指＿＿＿＿（主动、从动）构件上所受的作用力与该力作用点处的＿＿＿＿之间所夹的锐角。传动角 γ 是压力角的＿＿＿＿。机构的压力角 α 越＿

_____，传动角 γ 越_____，则机构的传力性能就越好。

（5）平面四杆机构中能将匀速转动转换为匀速转动的机构有_____和_____；能将匀速转动转换为变速但同向的机构有_____和_____；能实现主、从动件反向转动的机构是_____。

（6）平面四杆机构中能将转动转换为往复摆动的机构有_____、_____和_____；能将转动转换为往复直线运动的机构有_____、_____和_____。

二、选择题

（1）铰链四杆机构中，不与机架相连的构件，称为_____。

A. 曲柄　　B. 连杆　　C. 连架杆　　D. 摇杆

（2）为保证四杆机构良好的力学性能，_____不应小于最小许用值。

A. 压力角　B. 传动角　C. 极位夹角　D. 螺旋角

（3）对心曲柄滑块机构中曲柄 l_1 与滑块动程 s 的关系是_____。

A. $s = l_1$　　B. $s = 2l_1$　C. $s = 3l_1$

（4）平面连杆机构当行程速度变化系数 K _____时，机构具有急回运动。

A. >1　　　B. $=1$　　　C. <1

（5）在曲柄滑块机构中，当取滑块为主动件时，有_____个死点位置。

A. 0　　　　B. 1　　　　C. 2　　　　D. 3

（6）对于铰链四杆机构，当满足杆件长度和条件时，若取_____为机架，将得到双曲柄机构。

A. 最长杆　B. 与最短杆相邻的构件　　C. 最短杆　D. 与最短杆相对的构件

三、判断题（正确的打"√"，错误的打"×"）

（1）在曲柄摇杆机构中，摇杆两极限位置的夹角称为极位夹角。　　　　　　（　　）

（2）行程速比系数 K 值越大，机构的急回特性越显著；当 $K=1$ 时，机构无急回特性。（　　）

（3）曲柄的极位夹角 θ 越大，机构的急回特性越显著。　　　　　　　　　（　　）

（4）在铰链四杆机构中，若最短杆与最长杆长度之和大于或等于其他两杆长度之和，以最短杆的相邻杆为机架时，可得到曲柄摇杆机构。　　　　　　　　　　　　　（　　）

（5）在平面连杆机构中，连杆与曲柄是同时存在的，即有连杆就有曲柄。　（　　）

（6）铰链四杆机构中，取最短杆为机架时，机构为双曲柄机构。　　　　　（　　）

四、问答题

（1）画出图 2.49 所示各机构在图式位置时的压力角 α。

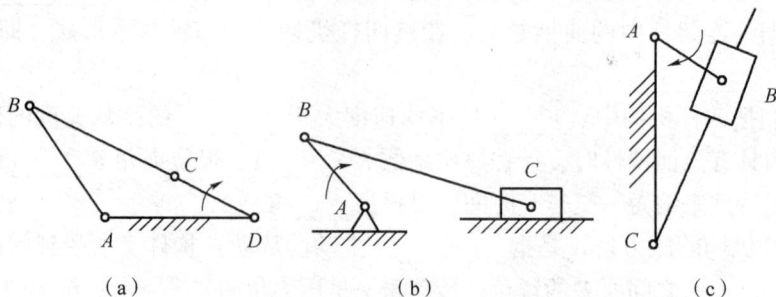

　　　（a）　　　　　　　　　（b）　　　　　　　　（c）

图 2.49　问答题（1）图

（2）什么是连杆机构的压力角和传动角？

（3）什么是"死点位置"？在什么情况下会发生"死点"？

（4）图 2.50 所示为轧棉机的铰链四杆机构。已知脚踏板 CD 在水平位置上、下各摆 $10°$，$l_{CD} = 500$ mm，$l_{AD} = 1\ 000$ mm，试用图解法设计该四杆机构，确定曲柄 l_{AB} 和连杆 l_{BC} 的长度。

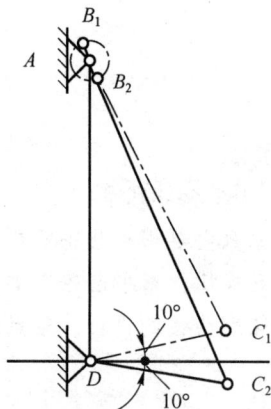

图 2.50　轧棉机的铰链四杆机构

（5）图 2.51 所示为偏置曲柄滑块机构 ABC，已知偏距为 e。试求：

1）在图上标出机构的压力角 α 和传动角 γ。

2）标出极位夹角 θ。

3）标出最小传动角 γ_{min}。

4）求出该机构有曲柄的条件。

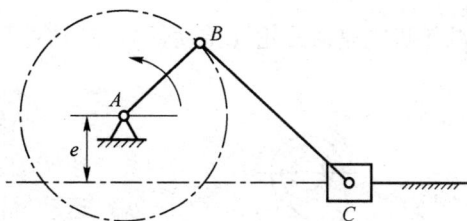

图 2.51　偏置曲柄滑块机构

第二章　平面连杆机构

第三章

凸轮机构

内容提要

本章主要根据凸轮机构的类型与应用，学习凸轮机构运动的基本概念及从动件的三种常用运动规律，掌握凸轮轮廓曲线设计的基本原理与方法，并能分析其运动特性。本章重点是凸轮轮廓曲线的设计，难点是从动件位移线图的绘制。

第一节 概 述

一、凸轮机构的定义

凸轮机构是机械中的常用机构，通过高副将构件连接而成，实现运动的变换和动力的传递。

二、凸轮机构的组成

凸轮机构是由凸轮（主动件）、从动件和机架三部分组成的（内燃机配气机构如图 3.1 所示）。

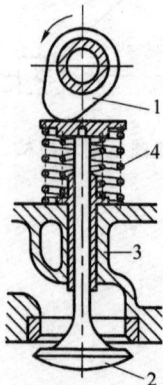

图 3.1 内燃机配气机构
1—凸轮；2—推杆；3—机架；4—弹簧

凸轮是一个具有曲线轮廓的构件，通常做连续的等速转动或移动，从动件在凸轮轮廓的控制下，按预定的运动规律做往复移动或摆动，以实现各种复杂的运动要求，机架是用来支承机构中的可动构件的固定构件。

三、凸轮机构的应用

1. 内燃机配气机构

图 3.1 所示为内燃机配气机构，凸轮 1 做等速回转时，其轮廓驱使推杆 2 做往复移动，以达到控制气门开启和关闭（关闭靠弹簧 4 的作用）的目的，使可燃物质进入气缸或排出废气，机架 3 起支承作用。

2. 仿型车刀架机构

图 3.2 所示为仿型车刀架机构，凸轮 3 作为靠模被固定在机床床身上，刀架在弹簧力作

用下与凸轮轮廓紧密接触，工件1回转。当从动件2随刀架水平移动时，其凸轮3轮廓驱使从动件2带动刀具按相同轨迹移动，从而加工出与凸轮轮廓相同的旋转曲面工件1。

3. 自动进刀机构

图3.3所示为自动进刀机构，带凹槽的圆柱凸轮1等速转动时，槽中的滚子带动从动件2绕轴O往复摆动，再通过扇形齿轮与齿条的啮合运动使刀架3做往复运动。

图3.2　仿形车刀架机构

1—工件；2—从动件；3—凸轮

资源3－1
凸轮机构

图3.3　自动进刀机构

1—圆柱凸轮；2—从动件；3—刀架

资源3－2
自动进刀机构

四、凸轮机构的特点

1. 优点

（1）只要设计出适当的凸轮轮廓，就可以使从动件得到预期的运动规律。

（2）结构简单、紧凑，易于设计。

2. 缺点

（1）凸轮轮廓与从动件之间为高副接触，接触应力较大，易于磨损。

（2）凸轮机构多用于传递动力不大的场合。

五、凸轮机构的分类

凸轮机构种类很多，通常按以下五种形式进行分类。

1. 按凸轮形状分类

（1）盘形凸轮。如图3.4（a）所示，这种凸轮是一个绕固定轴转动且具有变化半径的盘形构件。这是凸轮的最基本形式。

（2）移动凸轮。如图3.4（b）所示，当盘形凸轮的移动中心在无穷远处时，凸轮相对于机架做往复直线移动，这种凸轮称为移动凸轮。

（3）圆柱凸轮。如图3.4（c）所示，将移动凸轮卷成圆柱体即成为圆柱凸轮。这种凸轮的运动平面与从动件的运动平面不平行，所以属于空间凸轮机构。

（a）　　　　　　　　（b）　　　　　　　　（c）

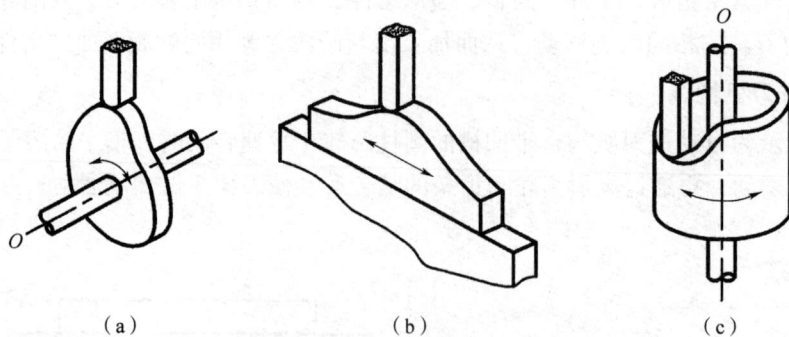

图 3.4　凸轮形状分类

（a）盘形凸轮；（b）移动凸轮；（c）圆柱凸轮

2. 按从动件的末端形状分类

根据从动件的末端形状，凸轮机构分为尖顶、滚子和平底从动件三种类型，其基本类型及特点如表 3.1 所示。

表 3.1　凸轮机构按从动件的末端形状分类

从动件末端形式	运动形式		特点及应用
	直动	摆动	
尖顶从动件			从动件尖端能够与复杂的凸轮轮廓保持接触，从而使从动件实现任意的运动规律。其结构简单，但尖端处磨损较大，故只适用于速度较低和传力不大的场合
滚子从动件			为减小摩擦磨损，在从动件端部安装了滚子，将从动件与凸轮间的滑动摩擦变成了滚动摩擦。这种形式的从动件可传递较大的动力，应用较广

从动件末端形式	运动形式		特点及应用
	直动	摆动	
平底从动件			从动件与凸轮轮廓间为线接触，在接触处易形成油膜，润滑状况较好。在不计摩擦时，凸轮对从动件的作用力始终垂直于从动件的平底，受力平稳，传动效率高，常用于高速场合

3. 按从动件相对于凸轮的位置分类

（1）对心凸轮机构：从动件中心与凸轮转动中心 O 处在同一直线上，如图 3.5（a）所示。

（2）偏置凸轮机构：从动件中心与凸轮转动中心 O 不在同一直线上，有一偏心距 e，如图 3.5（b）所示。

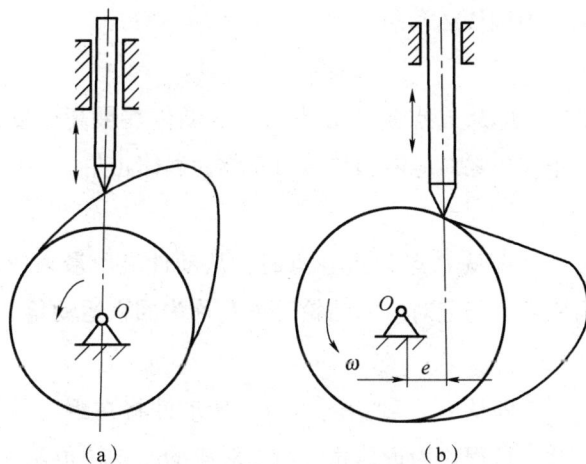

图 3.5 凸轮机构对心形成

（a）对心凸轮机构；（b）偏置凸轮机构

4. 按从动件运动形式分类

（1）直动从动件凸轮机构：如表 3.1 中运动形式为直动的凸轮机构。

（2）摆动从动件凸轮机构：如表 3.1 中运动形式为摆动的凸轮机构。

5. 按凸轮与从动件保持接触的方式分类

（1）力封闭。这类凸轮机构主要利用弹簧力、从动件自重等外力使从动件与凸轮始终保持接触，图 3.1 所示的内燃机配气凸轮机构即采用力封闭的接触方式。

（2）形封闭。这类凸轮机构利用凸轮和从动件的特殊几何结构使两者始终保持接触，图 3.3 所示的自动进刀凸轮机构即采用形封闭的接触方式。

❀ 第二节　常用从动件的运动规律

一、从动件的运动规律

定义：从动件的运动规律是指其运动参数（位移 s、速度 v 和加速度 a）随时间 t 变化的规律。凸轮一般做匀速转动，其转角 δ 与时间 t 成正比（$\delta = \omega t$），因此从动件的运动规律也可用从动件的运动参数随凸轮转角 δ 的变化规律来表示。

二、盘形凸轮机构的运动过程及基本概念

在如图 3.6（a）所示的对心尖顶盘形凸轮机构中，以凸轮轮廓最小向径 r_b 为半径所作的圆称为基圆，r_b 称为基圆半径。凸轮机构进行一次完整的工作循环，一般包括以下 4 个运动过程。

1. 推程

从动件与凸轮在 A 点处相接触时，从动件处于最低位置；当凸轮以等角速度 ω 顺时转过 δ_0 到达 B 点时，其向径增加，从动件被推到最高位置，从动件的这一行程称为推程 h。与之对应的凸轮转角 δ_0 称为推程运动角。

2. 远休止

当凸轮继续转过 δ_s，即从 B 点到达 C 点时，从动件在最高位置保持静止不动，从动件的这一行程称为远休止。与之对应的凸轮转角 δ_s 称为远休止角。

3. 回程

当凸轮继续转过 δ_h，即从 C 点到达 D 点时，从动件又由最高位置下降至最低位置，从动件的这一行程称为回程。与之对应的凸轮转角 δ_h 称为回程运动角。

4. 近休止

当凸轮继续转过 δ_s'，即从 D 点到达 A 点时，从动件将在距离凸轮回转中心最近的位置保持静止，从动件的这一行程称为近休止。与之对应的凸轮转角 δ_s' 称为近休止角。

当凸轮转过一周（即 2π）时，机构完成一个工作循环。当凸轮继续回转时，从动件又重复进行着升—停—降—停的运动循环。按照实际需要，从动件的一个工作循环还可以设计成：升—降；升—降—停；升—停—降等多种形式。凸轮轮廓组成如图 3.6（a）所示，是由非圆弧曲线 AB、CD 和圆弧曲线 BC、DA 组成的。

三、从动件的运动线图

在平面直角坐标系中，以纵坐标表示从动件的运动参数（位移 s_2、速度 v_2、加速度 a_2），横坐标表示凸轮转角 δ，则可以画出从动件位移 s_2、速度 v_2、加速度 a_2 与凸轮转角 δ 之间的

关系曲线，称其为从动件的运动线图。从动件的运动曲线取决于凸轮轮廓曲线的形状。即从动件的不同运动规律要求凸轮具有不同的轮廓形状。在凸轮机构完成一次完整的工作循环中，描述从动件位移 s_2 与凸轮转角 δ 之间关系的曲线，称为从动件位移线图，如图 3.6（b）所示。

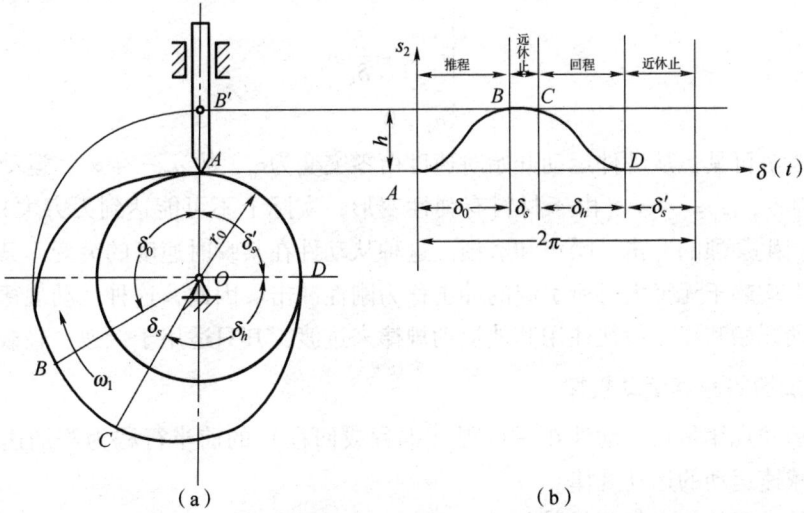

图 3.6 凸轮机构运动过程

（a）凸轮轮廓；（b）从动件位移线图

1. 等速运动规律

定义：从动件速度为定值的运动规律称为等速运动规律。

推程时，凸轮转过运动角 δ_0，从动件推程为 h。若以 t_0 表示推程运动时间，则

从运件的速度为

$$v_2 = v_0 = \frac{h}{t_0} = C \text{（常数）}$$

从动件的位移为

$$s_2 = v_0 t = \frac{ht}{t_0}$$

从动件的加速度为

$$a_2 = \frac{\mathrm{d}\,v_2}{\mathrm{d}t} = 0$$

其运动线图如图 3.7 所示。

凸轮匀速转动时，ω_1 为常数，故 $\delta = \omega_1 t$，$\delta_0 = \omega_1 t_0$，代入上式可得在用凸轮转角 δ 表示的推程时从动件的运动方程

$$\begin{cases} s_2 = \dfrac{h}{\delta_0}\delta \\[2mm] v_2 = \dfrac{h}{\delta_0}\omega_1 \\[2mm] a_2 = 0 \end{cases} \qquad (3-1)$$

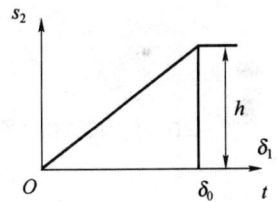

（a）

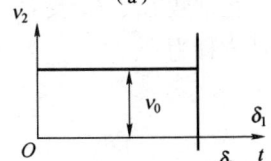

（b）

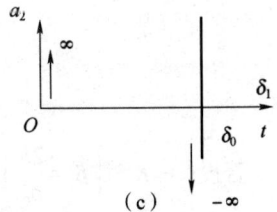

（c）

图 3.7 等速运动

回程时，凸轮转过回程运动角 δ_h，从动件位移相应由 $s_2 = h$ 逐渐减少到零。参照式（3-1），可导出回程时从动件的运动方程为

$$\begin{cases} s_2 = h\left(1 - \dfrac{\delta}{\delta_h}\right) \\[3mm] v_2 = -\dfrac{h}{\delta_h}\omega_1 \\[3mm] a_2 = 0 \end{cases} \tag{3-2}$$

由图 3.7 可见，从动件运动开始时速度由零突变为 v_0，故 $a_2 = +\infty$；运动终止时，速度由 v_0 突变为零，$a_2 = -\infty$（由于材料有弹性变形，实际上不可能达到无穷大），导致极大的惯性力，产生强烈的冲击、噪声和磨损。这种从动件在某瞬时速度的突变，其加速度及惯性力在理论上均趋于无穷大时所引起的冲击称为刚性冲击。因此，这种运动规律不宜被单独使用，在运动开始和终止段往往用其他运动规律来过渡，其只适用于低速、轻载的场合。

2. 等加速等减速运动规律

这种运动规律是指从动件在一行程（推程或回程）的前半行程为等加速运动，而后半行程为等减速运动的运动规律。

从动件推程的前半行程做等加速运动时，经过的运动时间为 $t_0/2$，对应的凸轮转角为 $\delta_0/2$。后半行程做等减速运动时，与之相应的凸轮的转角也相等，即各为 $\delta_0/2$；两段推程也必相等，即均为 $h/2$。因此从动件在前半行程做等加速运动的运动方程可被写为

$$\begin{cases} a_2 = C_1 = 常数 \\[2mm] v_2 = \displaystyle\int a_2 \mathrm{d}t = C_1 t + C_2 \\[2mm] s_2 = \displaystyle\int v_2 \mathrm{d}t = \dfrac{1}{2} C_1 t^2 + C_2 t + C_3 \end{cases}$$

当 $t = 0$ 时，$v_2 = 0$，则 $C_2 = 0$；当 $t = 0$ 时，$s_2 = 0$，则 $C_3 = 0$；当 $t = \dfrac{t_0}{2}$ 时，$s_2 = \dfrac{h}{2}$，则 $C_1 = \dfrac{4h}{t_0^2}$。

将常数 C_1、C_2 及 C_3 代入上面的方程，并由 $\delta = \omega_1 t$，$\delta_0 = \omega_1 t_0$ 可得从动件在前半推程的运动方程为

$$\begin{cases} s_2 = \dfrac{2h}{\delta_0^2}\delta^2 = K\delta^2 \\[3mm] v_2 = \dfrac{4h\,\omega_1}{\delta_0^2}\delta \\[3mm] a_2 = \dfrac{4h\,\omega_1^2}{\delta_0^2} \end{cases} \tag{3-3}$$

若设 $s_2 = K\delta^2 \left(K = \dfrac{2h}{\delta_0^2}\right)$，将凸轮转角 $\dfrac{\delta_0}{2}$ 分成三等分，则对应位移 s_2 比值为 $1:4:9$，其位移线图就可以此作辅助线 OO'，并按比例作图找到对应交点 $1'$、$2'$、$3'$，光滑连接可得图 3.8（a）所示曲线。同理可得后半推程的运动方程

$$\begin{cases} s_2 = h - \dfrac{2h}{\delta_0^2}(\delta_0 - \delta)^2 \\ v_2 = \dfrac{4h\,\omega_1}{\delta_0^2}(\delta_0 - \delta) \\ a_2 = \dfrac{4h\,\omega_1^2}{\delta_0^2} \end{cases} \qquad (3-4)$$

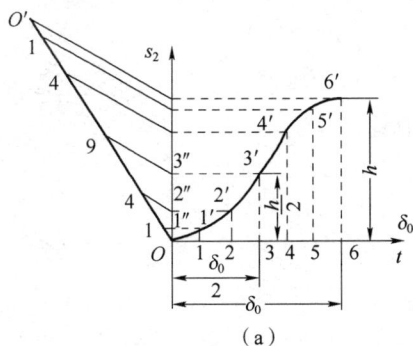

（a）

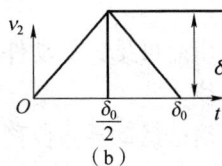

（b）

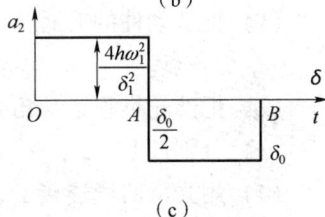

（c）

图 3.8　等加速等减速运动

可见从动件的位移 s_2 与凸轮转角 δ 的平方成正比，所以其位移曲线为一抛物线。

前半段等加速运动的位移曲线可按以下"六步绘图法"步骤作图绘制。

（1）在横坐标轴上将长度为 $\delta_0/2$ 的线段分成若干等份，如 3 等分得 1、2、3 三点。

（2）过这些点作横轴的垂直线，并从点 3 截取 $h/2$ 高得点 3′。

（3）过 3′点作水平线交纵坐标轴于点 3″。

（4）过 O 点作一斜线 OO'，任意以适当间距截取 9 个等分点，连接点 9 和点 3″，再分别过点 1、4 作其平行线交纵轴于点 1″和 2″。

（5）过 1″和 2″分别作水平线交过 1、2 点的横轴垂线于 1′、2′点。

（6）将 1′、2′、3′点连成光滑曲线便得到前半段等加速运动的位移曲线如图 3.8（a）所示。用同样方法可求得 4′、5′、6′点，连成光滑曲线得到后半段等减速运动的位移曲线。

如图 3.8（b）所示，这种运动规律在凸轮转角为 $\delta_0/2$ 时，速度达到最大值。

如图 3.8（c）所示，这种运动规律在 O、A、B 各点加速度出现有限的突变，这将产生有限惯性力的突变，而引起冲击。这种从动件在某瞬时加速度发生有限值的突变时所引起的冲击称为柔性冲击。所以等加速等减速运动规律只适用于中速轻载的场合。

与上相仿，不难导出从动件回程做等加速等减速运动时的运动方程，并绘出位移线图。

3．简谐（余弦加速度）运动规律

从动件的加速度按余弦规律变化的运动规律称为简谐运动规律。如图 3.9 所示，从动件前半推程做加速运动，后半推程做减速运动，其运动方程可写为

$$\begin{cases} a_2 = C_1 \cos\left(\dfrac{\pi t}{t_0}\right) \\ v_2 = \displaystyle\int a_2 \mathrm{d}t = C_1\dfrac{t_0}{\pi}\sin\left(\dfrac{\pi t}{t_0}\right) + C_2 \\ s_2 = \displaystyle\int v_2 \mathrm{d}t = -C_1\dfrac{t_0^2}{\pi^2}\cos\left(\dfrac{\pi t}{t_0}\right) + C_2 t + C_3 \end{cases}$$

当 $t=0$ 时，$v_2=0$，则 $C_2=0$；当 $t=0$ 时，$s_2=0$，则 $C_3=C_1\dfrac{t_0^2}{\pi^2}$；当 $t=t_0$ 时，$s_2=h$，则

$$C_1 = \frac{\pi^2 h}{2 t_0^2}。$$

将常数 C_1、C_2 及 C_3 代入上面方程，并由 $\delta = \omega_1 t$，$\delta_0 = \omega_1 t_0$ 可得从动件做简谐运动的运动方程

$$\begin{cases} s_2 = \dfrac{h}{2}\left[1 - \cos\left(\dfrac{\pi\delta}{\delta_0}\right)\right] \\[3mm] v_2 = \dfrac{\pi h\omega_1}{2\delta_0}\sin\left(\dfrac{\pi\delta}{\delta_0}\right) \\[3mm] a_2 = \dfrac{\pi^2 h\omega_1^2}{2\delta_0^2}\cos\left(\dfrac{\pi\delta}{\delta_0}\right) \end{cases} \tag{3-5}$$

由此可见，从动件的位移 s_2 与凸轮转角 δ 是成余弦关系的，所以其位移曲线近似于一余弦曲线。

简谐运动规律位移线图可按以下"四步绘图法"步骤作图绘制。

（1）把从动件的升程 h 作为直径画半圆，将此半圆分成若干等份，如 6 等分可得 $1''$，$2''$，…，$6''$ 各点。

（2）把凸轮推程运动角 δ_0 也分成相应等份，可得 1，2，…，6 各点。

（3）分别过 $1''$，$2''$，…，$6''$ 和 1，2，…，6 各点作水平线和铅垂线得交点 $1'$，$2'$，…，$6'$。

（4）用光滑曲线连接 $1'$，$2'$，…，$6'$ 各点，即得从动件的位移线图如图 3.9（a）所示。

如图 3.9（b）所示，这种运动规律的速度线图是一正弦曲线。由图 3.9（c）可见，一般情况下，这种运动规律的从动件在行程的始点和终点有柔性冲击；只有当加速度曲线保持连续如图 3-9（c）虚线所示时，这种运动规律才能避免冲击。所以简谐运动规律一般仅适用于中低速、中载或重载的场合。

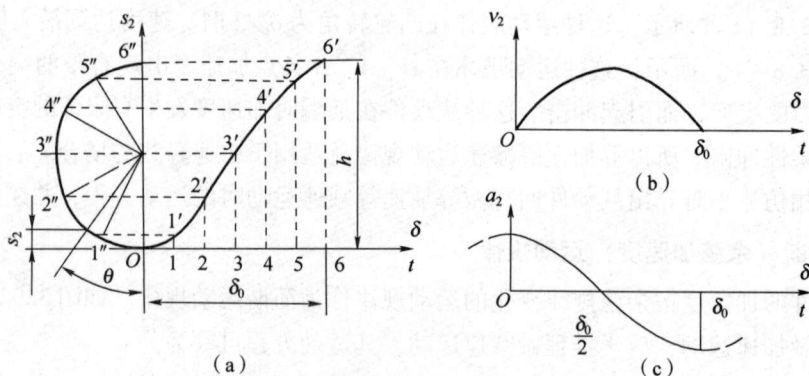

图 3.9　简谐运动

（a）从动件位移线图；（b）速度线图；（c）加速度线图

四、选择从动件运动规律时应考虑的问题

（1）若机器工作过程只对从动件工作行程有要求，而对运动规律无特殊要求，从动件的运动规律选择应从便于加工和具有良好的动力特性方面来考虑。对低速轻载凸轮机构，可采用圆弧、直线或其他易于加工的曲线作为凸轮的轮廓曲线；对高速凸轮机构，则应首先考

虑动力特性，以避免产生过大的冲击（如刚性冲击）。

（2）若机器工作过程对从动件的运动规律有特殊要求，当凸轮转速不高时，可直接按工作要求选择运动规律；当凸轮转速较高时，在选择主运动规律后，还需进行组合改进来确定。

为便于选择从动件运动规律，常用的从动件运动规律特点和适用范围如表3.2所示。

表 3.2　常用的从动件运动规律

运动规律	最大速度 v_{max}	最大加速度 α_{max}	冲击性质	适用范围
等速	$1.00 \times \dfrac{h}{\delta_0}\omega_1$	∞	刚性冲击	低速、轻载
等加速等减速	$2.00 \times \dfrac{h}{\delta_0}\omega_1$	$4.00 \times \dfrac{h}{\delta_0^2}\omega_1^2$	柔性冲击	中速、轻载
简谐 （余弦加速度）	$1.57 \times \dfrac{h}{\delta_0}\omega_1$	$4.93 \times \dfrac{h}{\delta_0^2}\omega_1^2$	柔性冲击	中低速、 中载或重载

✿ 第三节　凸轮轮廓曲线的设计

一、凸轮轮廓曲线的设计过程

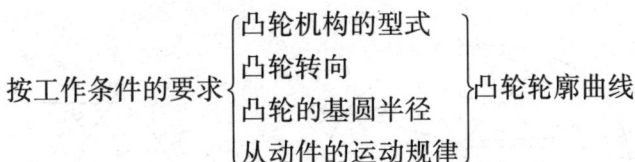

$$\text{按工作条件的要求}\left\{\begin{array}{l}\text{凸轮机构的型式}\\\text{凸轮转向}\\\text{凸轮的基圆半径}\\\text{从动件的运动规律}\end{array}\right\}\text{凸轮轮廓曲线}$$

二、凸轮轮廓曲线的设计方法

一般凸轮轮廓曲线的设计方法有图解法和解析法两种。图解法较简便、直观，但设计精度较低；解析法的设计精度较高，但计算工作量较大。本节主要学习用图解法设计凸轮轮廓曲线。

图3.10所示为一对心移动尖顶从动件盘形凸轮机构，当凸轮以等角速度 ω_1 绕轴心 O 逆时针转动时，将推动从动件沿其导路做往复移动。假设给整个凸轮机构（含机架、凸轮及从动件）加上一个绕凸轮轴心的公共角速度 $-\omega_1$，根据相对运动原理，这时凸轮将静止不动，机架将绕轴心转动，而从动件将做复合运动：即随机架以角速度 $-\omega_1$ 绕凸轮轴心转动和以原运动规律做相对于机架导路的往复运动。由于从动件尖顶在这一复合运动中始终与凸轮轮廓保持接触，所以从动件尖顶的轨迹就是凸轮轮廓曲线。这种应用相对运动原理设计凸轮轮廓曲线的方法称为"反转法"。

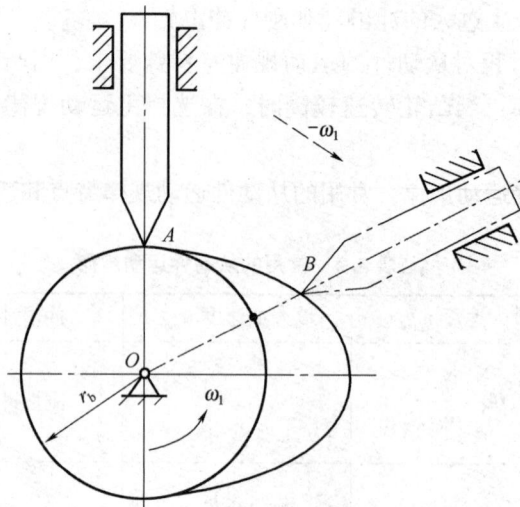

图 3.10 反转法

下面介绍应用反转法原理绘制凸轮轮廓曲线的方法和步骤。

1. 对心直动尖顶从动件盘形凸轮轮廓曲线的绘制

图 3.11（a）所示为从动件导路通过凸轮回转中心的对心直动尖顶从动件盘形凸轮机构。已知从动件的位移线图如图 3.11（b）所示，凸轮的基圆半径 r_b（最小半径 r_{min}），凸轮以等角速度 ω_1 顺时针回转，要求绘出此凸轮轮廓曲线。

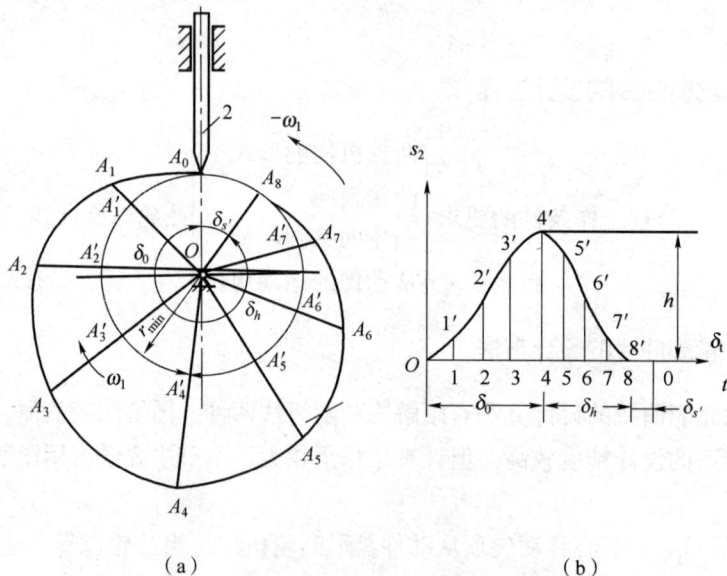

（a）   （b）

图 3.11 对心直动尖顶从动件盘形凸轮
（a）凸轮轮廓曲线；（b）位移线图

凸轮轮廓曲线可按以下"四步绘图法"步骤作图绘制。

（1）确定凸轮机构初始位置。选取与位移线图相同的长度比例尺 μ_l（实际尺寸/图示尺寸）和角度比例尺 μ_δ（实际角度/图示尺寸），以 O 为圆心、r_b 为半径作基圆，取 A_0 为从动件初始位置，如图 3.11（a）所示。

（2）等分位移曲线，得各等分点位移量。在位移线图上，将 δ_0、δ_h 分段等分，得分点 1、2、3、4 和 5、6、7、8；由各等分点作垂线，与位移曲线相交，得转角在各等分点对应的位移量 $11'$，$22'$，$33'$，$\cdots$，$77'$，如图 3.12（b）所示。

（3）作从动件尖顶轨迹点。在基圆上，自初始位置 A_0 开始，沿 $-\omega$ 方向，依次取角度 δ_0、δ_h、$\delta_{s'}$，按位移线图中相同等分，过 O 点对 δ_0、δ_h 作等分线，分别交基圆于 A_1'、A_2'、A_3'、A_4'、A_5'、A_6'、A_7'、A_8'；在各位置线上，分别截取位移量：$A_1A_1' = 11'$，$A_2A_2' = 22'$，$A_3A_3' = 33'$，$\cdots$，$A_7A_7' = 77'$，则点 A_0，A_1，A_2，A_3，$\cdots$，A_8 便是从动件尖顶的轨迹点，如图 3.11（a）所示。

（4）绘制凸轮轮廓，在 δ_0、δ_h 范围内，将 A_0，A_1，A_3，$\cdots$，A_8 等各点连成光滑的曲线；在 $\delta_{s'}$ 范围内作基圆弧 $\overset{\frown}{A_0 A_\delta}$。三段曲线围成的封闭曲线便是凸轮轮廓曲线，如图 3.11（a）所示。

2. 对心直动滚子从动件盘形凸轮轮廓曲线的绘制

若把尖顶从动件改为滚子时，其凸轮轮廓设计方法如下。

（1）首先把滚子中心看作尖顶从动件的尖顶，按照前述方法求出一条轮廓曲线 β_0（也即滚子中心的轨迹），称为此凸轮的理论轮廓曲线。

（2）再以曲线 β_0 上各点为圆心，以滚子半径 r_T 为半径作系列圆，最后作这些圆的内包络线 β，即为改用滚子从动件时凸轮的实际轮廓曲线，如图 3.12 所示。由作图过程可知滚子从动件凸轮的基圆半径和压力角均应在理论轮廓曲线上度量。

3. 对心平底直动从动件盘形凸轮轮廓曲线的绘制与上述方法相似

如图 3.13 所示，将平底与导路中心线的交点 A_0 视为尖顶从动件的尖顶，按照尖顶从动件凸轮轮廓曲线绘制的方法，求出理论轮廓上一系列点 A_1，A_2，A_3，$\cdots$，A_8，然后，过这

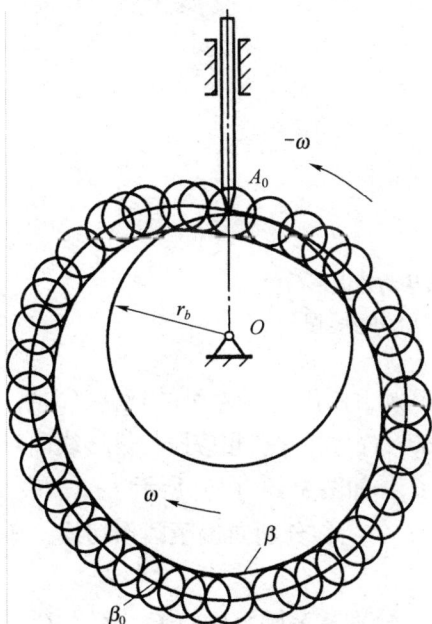

图 3.12 对心直动滚子从动件盘形凸轮

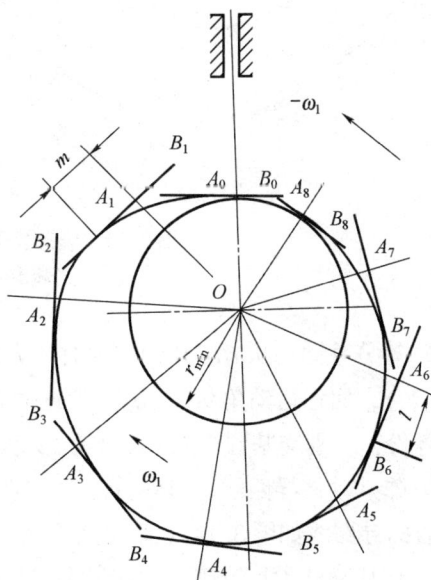

图 3.13 对心平底直动从动件盘形凸轮

些点画出各个位置的平底 A_1B_1，A_2B_2，A_3B_3，…，A_8B_8，之后作这些平底的包络线，便得到凸轮的实际轮廓曲线。图中位置 1、6 分别是平底与凸轮轮廓相切点与导路中心的距离的左最远位置和右最远位置。为了保证平底始终与凸轮轮廓接触，平底左侧长度应大于 m，右侧长度应大于 l。

4. 偏置直动尖顶从动件盘形凸轮轮廓曲线的绘制

如图 3.14 所示，从动件导路的轴线与凸轮轴心 O 的偏距为 e。基圆半径为 r_b；凸轮以角速度 ω_1 顺时针转动，从动件位移线图如图 3.14（b）所示，要求绘出此凸轮轮廓曲线。

凸轮轮廓曲线可按以下"五步绘图法"步骤作图绘制。

（1）确定凸轮机构初始位置。选取长度比例尺 μ_1（通常与位移线图比例尺相同），作出偏距圆（以 e 为半径的圆）及基圆，过偏距圆上一点 K 作偏距圆的切线作为从动件导路，并与基圆相交于 B_0（也是 C_0）点，该点也就是从动件尖顶的起始位置，如图 3.14（a）所示。

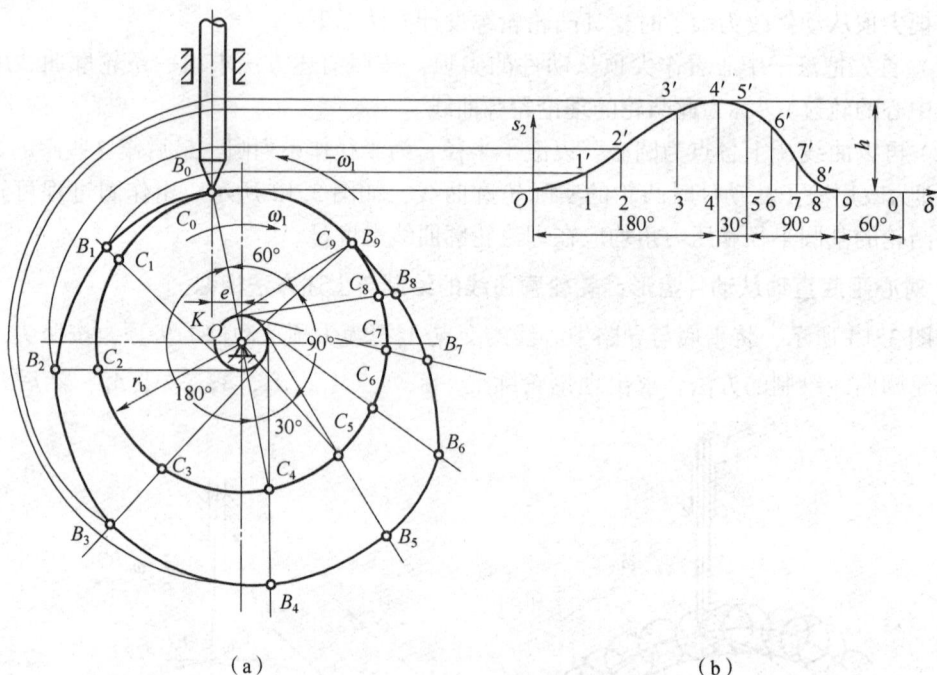

图 3.14 偏置直动尖顶从动件盘形凸轮

（a）凸轮轮廓曲线；（b）位移线图

（2）等分基圆。从 OB_0 开始按逆时针方向在基圆上画出推程运动角 180°（δ_0），远休止角 30°（δ_s），回程运动角 90°（δ_h'）和近休止角 60°（δ_s'），并在相应段与位移线图对应划分出若干等份，分别交基圆于点 C_1，C_2，C_3，…，C_9，如图 3.14（a）所示。

（3）作从动件导路线。过各分点 C_1，C_2，C_3，…C_9，分别向偏距圆作切线，作为从动件反转后的导路线如图 3.14（a）所示。

（4）作从动件尖顶轨迹点。在以上导路线上，分别从基圆上的点 C_1，C_2，C_3，…，C_8 向外截取相应的位移量 $B_1C_1=11'$，$B_2C_2=22'$，$B_3C_3=33'$，…，$B_8C_8=88'$，从而得到反转

后从动件尖顶轨迹点 B_0，B_1，B_2，…，B_9，如图 3.14（a）所示。

（5）绘制凸轮轮廓曲线。将 B_0，B_1，B_2，…，B_9等各点连成光滑的曲线，即得到该凸轮的轮廓曲线如图 3.14（a）所示。

✿ 第四节　凸轮机构基本尺寸设计

凸轮机构的设计既要求满足从动件能实现预期的运动规律，又要求机构的结构紧凑和传力性能良好。这就需要综合考虑，使凸轮机构的滚子半径r_T、基圆半径r_b和压力角 α 都要有一个合理的取值。

一、滚子半径的选择

从接触强度来看，滚子半径选得大些，有利于减少滚子与凸轮间的接触应力；但滚子半径的增大将给凸轮实际轮廓曲线带来较大的影响，有时甚至使从动件不能完成预期的运动规律。

如图 3.15 所示，设滚子半径为 r_T，凸轮理论轮廓上最小曲率半径为 ρ_{min}，对应的工作轮廓曲率半径为 ρ_α，它们之间有以下关系。

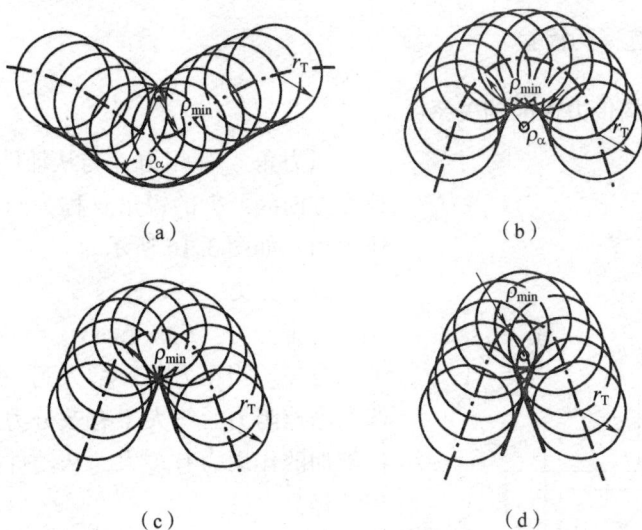

（a）　　　　　　　　　　　　（b）

（c）　　　　　　　　　　　　（d）

图 3.15　滚子半径的选择

（a）工作轮廓曲率半径与理论轮廓曲率半径；（b）$\rho_{min} > r_T$；

（c）$\rho_{min} = r_T$；（d）$\rho_{min} < r_T$

1. 凸轮理论轮廓的内凹部分

由图 3.15（a）得

$$\rho_\alpha = \rho_{min} + r_T \tag{3-6}$$

由此说明，工作轮廓曲率半径总是大于理论轮廓曲率半径，不论选择多大的滚子都能作出工作轮廓。

第三章　凸轮机构

2. 凸轮理论轮廓的外凸部分

由图 3.15（b）得

$$\rho_\alpha = \rho_{\min} - r_T \tag{3-7}$$

（1）当 $\rho_{\min} > r_T$ 时，$\rho_\alpha > 0$，工作轮廓为一平滑的曲线。

（2）当 $\rho_{\min} = r_T$ 时，$\rho_\alpha = 0$，如图 3.15（c）所示，在凸轮工作轮廓曲线上产生了尖点。这种尖点极易磨损，磨损后会改变从动件预定的运动规律。

（3）当 $\rho_{\min} < r_T$ 时，$\rho_\alpha < 0$，如图 3.15（d）所示，凸轮工作轮廓曲线相交，阴影部分的轮廓在实际加工时会被切去。出现这部分运动规律无法实现的现象称为运动失真。

因此，滚子半径的选择应综合考虑以下因素。

（1）为保证从动件运动不失真，应使滚子半径 r_T 小于凸轮理论轮廓外凸部分的最小曲率半径 $\rho_{\min}$，可取 $r_T \leqslant 0.8 \rho_{\min}$。

（2）从滚子的强度、接触应力和凸轮结构的合理性等方面考虑，滚子半径也不宜过小，可取 $r_T \leqslant 0.4 r_0$。

（3）为保证滚子结构合理及滚子轴强度足够，还应使 $r_T \geqslant (2 \sim 3)\, r$（$r$ 为滚子轴的半径）。

注意：如果所设计出的凸轮理论轮廓的最小曲率半径过小，不能综合满足上述条件，此时则应加大基圆半径。

二、压力角的选择和检验

1. 压力角与机构传力性能的关系

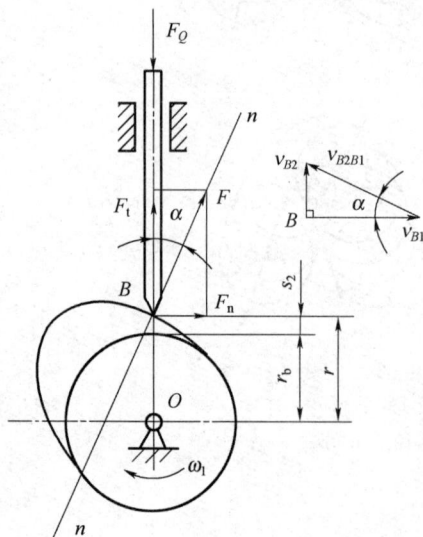

图 3.16　凸轮机构的压力角

压力角：作用力 F 与从动件上该力作用点的线速度方向间所夹的锐角 α 称为凸轮机构在该位置的压力角，如图 3.16 所示。

有效分力：$F_t = F\cos\alpha$。

有害分力：$F_n = F\sin\alpha$。

自锁：当压力角 α 增大到一定程度时，由于引起的摩擦阻力始终大于有效分力，无论凸轮给从动件施加的作用力有多大，从动件都不能运动，这种现象称为自锁。

从改善受力情况、提高传动效率、避免自锁的观点看，压力角越小越好（基圆半径就越大）。所以，平底直动从动件盘形凸轮机构的压力角始终不变（为 0），不会发生自锁。

2. 压力角与机构尺寸的关系

由速度合成定理作出 B 点的速度三角形，可知

$$v_2 = v_{B_2} = v_{B_1}\tan\alpha = r\omega_1\tan\alpha$$

$$r = \frac{v_2}{\omega_1\tan\alpha}$$

则

$$r_b = r - s_2 = \frac{v_2}{\omega_1 \tan \alpha} - s_2 \tag{3-8}$$

式（3-8）说明：当压力角 α 越大时，则其基圆半径越小，相应机构尺寸也越小。因此，从机构尺寸紧凑的观点看，压力角较大为好。

3. 压力角的许用值

要求有良好的传力性能时，压力角取小值。

要求有紧凑的结构尺寸，压力角取大值。

综合考虑：在满足 $\alpha_{max} \leq [\alpha]$ 的前提下，尽量采用较小的基圆半径。

直动尖顶从动件盘形凸轮机构许用压力角推荐值如表3.3所示。

表3.3　直动尖顶从动件盘形凸轮机构许用压力角 $[\alpha]$

从动件种类	推程	回程	
		力封闭	形封闭
移动从动件	$\leq 30°$，当要求凸轮尽可能小时，可用到45°	$70° \sim 80°$	$\leq 30°$（可用到45°）
摆动从动件	$35° \sim 45°$	$70° \sim 80°$	$35° \sim 45°$
注：如果用滚子从动件、润滑良好及支承刚度较大或受力不大而要求结构紧凑时，可取上述数据较大值；否则，取较小值			

4. 检验压力角

在绘制出凸轮轮廓曲线后，为保证其运动性能，通常需对凸轮推程中各处的压力角进行检验，检验其最大压力角是否在许用值范围内。

如图3.17所示为用图解法检验压力角。在凸轮轮廓曲线上最陡的地方取几点，作这几点的法线，再用量角器检验各点法线与向径之间的夹角是否超过许用压力角。若测量结果超过许用值，应考虑修改设计，常用加大凸轮基圆半径的方法来使 α_{max} 减小。

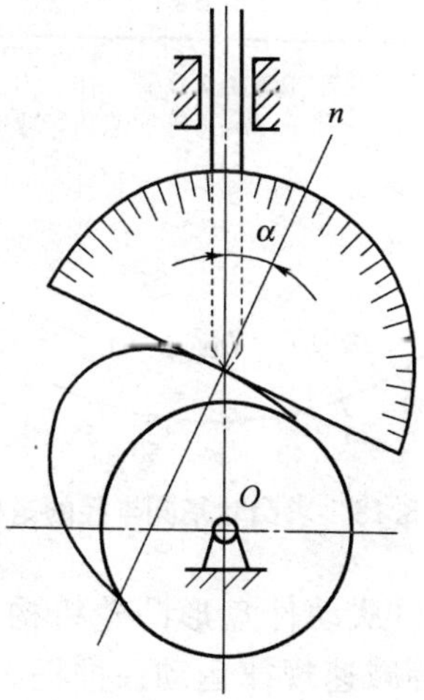

图 3.17　检验压力角

三、基圆半径的确定

设计凸轮轮廓时，首先应确定凸轮的基圆半径 r_b。由前述可知，基圆半径 r_b 的大小不但直接影响凸轮的结构尺寸，而且还影响到从动件的运动是否失真和凸轮机构的传力性能。因此，对凸轮基圆半径的选取必须给予足够重视。

凸轮基圆半径常用以下两种方法选取。

1. 根据凸轮的结构确定 r_b

当凸轮与轴为一体（凸轮轴）时：

$$r_b = r_s + r_T + (2 \sim 5) \tag{3-9}$$

当凸轮装在轴上时：

$$r_b = (1.5 \sim 1.7)r_s + r_T + (2 \sim 5) \tag{3-10}$$

式中，r_s 为凸轮轴的半径（mm）；r_T 为从动件滚子的半径（mm）。

若凸轮机构为非滚子从动件，在计算基圆半径时，式（3-9）和式（3-10）中的 r_T 可不计。

2. 根据 $\alpha_{max} \le [\alpha]$ 确定基圆最小半径 r_{bmin}

图 3.18 所示为工程上常用的诺模图，图 3.18 中上半圆的标尺代表凸轮转角 δ_0，下半圆的标尺为最大压力角 α_{max}，直径的标尺代表从动件规律的 $\dfrac{h}{r_b}$ 的值（h 为从动件的推程，r_b 为基圆半径）。下面举例说明该图的使用方法。

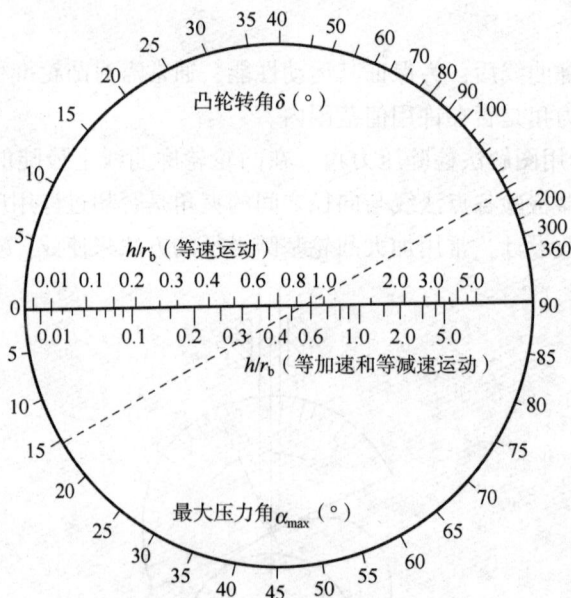

图 3.18　求凸轮基圆半径的诺模图

例 3.1　设计一对心直动尖顶从动件盘形凸轮机构，已知凸轮的推程运动角为 $\delta_0 = 175°$，从动件在推程中按等加速等减速规律运动，推程 $h = 18$ mm，最大压力角 $\alpha_{max} = 16°$。试确定凸轮的基圆半径 r_b。

解：（1）按已知条件将位于圆周上的标尺 $\delta_0 = 175°$、$\alpha_{max} = 16°$ 的两点，以直线相连，如图 3.18 中虚线所示。

（2）由虚线与直径上等加速等减速运动规律的标尺的交点得：$\dfrac{h}{r_b} = 0.6$。

（3）计算最小基圆半径得

$$r_{bmin} = h/0.6 = 18/0.6 \text{ mm} = 30 \text{ mm}$$

（4）基圆半径 r_b 可按 $r_b \geqslant r_{bmin}$ 选取。

习题

一、填空题

（1）凸轮机构按凸轮形状分为_____、_____和_____三种类型。

（2）凸轮机构从动件等速运动规律时，在推程运动的起点和终点存在_____冲击；等加速等减速运动规律时，在推程的起点和终点存在_____冲击。

（3）凸轮机构中的压力角是_____和_____所夹的锐角。

（4）在滚子从动件盘形凸轮机构中，滚子中心的轨迹称为凸轮的_____曲线，与滚子相包络的凸轮轮廓线称为凸轮的_____曲线。

（5）在凸轮机构中，压力角越_____，基圆半径越_____，传动效率越高。

（6）平底直动从动件盘形凸轮机构的压力角为_____。

二、选择题

（1）凸轮机构当从动件运动规律一定时，其基圆半径 r_b 与机构压力角 α 的关系是____。

A. r_b 越小则 α 越大　　　　B. r_b 越小则 α 越小　　　　C. r_b 变化而 α 不变

（2）做等加速等减速运动的凸轮机构从动件在加速度出现突然变化时，将产生_____冲击，引起机构振动。

A. 刚性　　　　　　　　B. 柔性　　　　　　　　C. 理性

（3）等加速等减速运动规律的位移线图是_____。

A. 斜线　　　　　　　　B. 抛物线　　　　　　　C. 余弦曲线

（4）凸轮机构中磨损最大的是_____从动件。

A. 平底　　　　　　　　B. 滚子　　　　　　　　C. 尖顶

（5）设计滚子传动件盘形凸轮机构时，工作轮廓曲线上产生尖点或相交（交叉）是由于理论轮廓的最小曲率半径 ρ_{min}_____滚子半径 r_T。

A. 小于　　　　　　　　B. 大于　　　　　　　　C. 大于或等于

（6）为保证滚子从动件凸轮机构运动不失真，应使滚子半径 r_T_____凸轮理论轮廓外凸部分的最小曲率半径 ρ_{min}。

A. 小于　　　　　　　　B. 大于　　　　　　　　C. 等于

三、判断题（正确的打"√"，错误的打"×"）

（1）凸轮机构是高副机构，因而与连杆机构相比，更适用于重载场合。（　　）

（2）凸轮机构在工作过程中，可根据需要不设计远休止或近休止运动过程。（　　）

（3）凸轮机构的压力角增大到一定程度时，就会产生自锁现象。　　　　（　　）

（4）从动件作简谐运动时，因加速度有突变，会产生刚性冲击。　　　　（　　）

（5）平底直动从动件盘形凸轮机构中的压力角始终不变，所以不会发生自锁。（　　）

（6）在凸轮机构中，基圆半径越大，压力角越小，能提高传动效率，避免自锁。

（　　）

四、问答题

（1）为什么不能为了机构紧凑而任意减小盘形凸轮的基圆半径？

（2）用作图法求出图 3.19 所示的凸轮机构从图示位置转过 45°时的压力角。

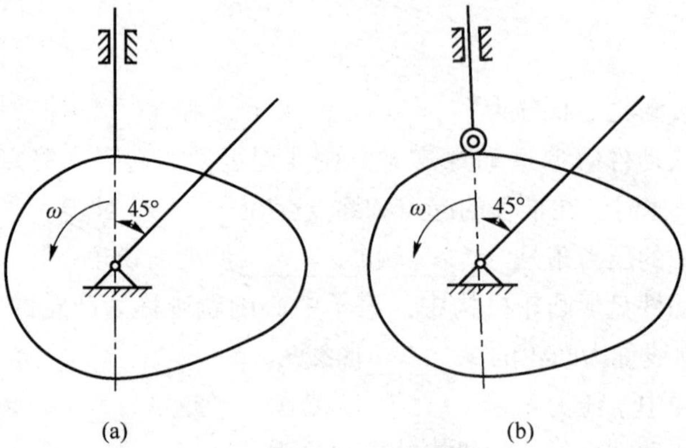

（a）　　　　　　　　　　　　　　　（b）

图 3.19　凸轮机构

（3）绘制尖顶对心直动从动件盘形凸轮廓线。已知：凸轮基圆半径 $r_0 = 40$ mm，从动件升程 $h = 30$ mm，凸轮以 ω_1 角速度顺时针方向转动。$\delta_0 = 180°$，$\delta_s = 30°$，$\delta_h = 120°$，$\delta_s' = 30°$，从动件推程做简谐运动，回程做等速运动。（要求先绘出从动件位移线图，可不写作图步骤，保留辅助线，作图比例 $\mu_s = 1$ mm/mm，$\mu_\delta = 3°/$mm）

（4）有一对心直动滚子从动件盘形凸轮机构，已知凸轮按顺时针方向转动，其基圆半径 $r_{\min} = 30$ mm，滚子半径 $r_T = 10$ mm，从动件的行程 $h = 30$ mm，运动规律如下：

凸轮转角 θ	从动件的运动规律
0°～150°	等加速等减速上升 30 mm
150°～180°	停止不动
180°～300°	等速下降至原来位置
300°～360°停止不动	

试用反转法设计盘形凸轮轮廓曲线。

第四章

齿轮传动

本章主要包括传动原理和传动设计两部分内容。传动原理部分主要介绍齿轮传动的组成、类型、特点和要求，渐开线的形成和性质以及齿轮传动基本参数及几何尺寸计算等。本章重点要求掌握渐开线标准直齿圆柱齿轮的形成、啮合特点、正确啮合条件、连续传动条件、切齿方法及根切等问题。传动设计部分可安排到第五章齿轮系后面学习，主要介绍轮齿失效、设计准则、强度计算及结构设计等问题，难点是结构设计。

✿ 第一节 概 述

齿轮传动是机械传动中最重要、应用最广泛的一种传动形式。它由主动齿轮、从动齿轮和机架组成，是通过轮齿的啮合来传递两轴间的运动和动力的，如图 4.1 所示。

图 4.1 差速器

资源 4 - 1
差速器动作
原理动画

一、齿轮传动的类型

1. 按照齿轮传动轴线的相对位置和齿分类

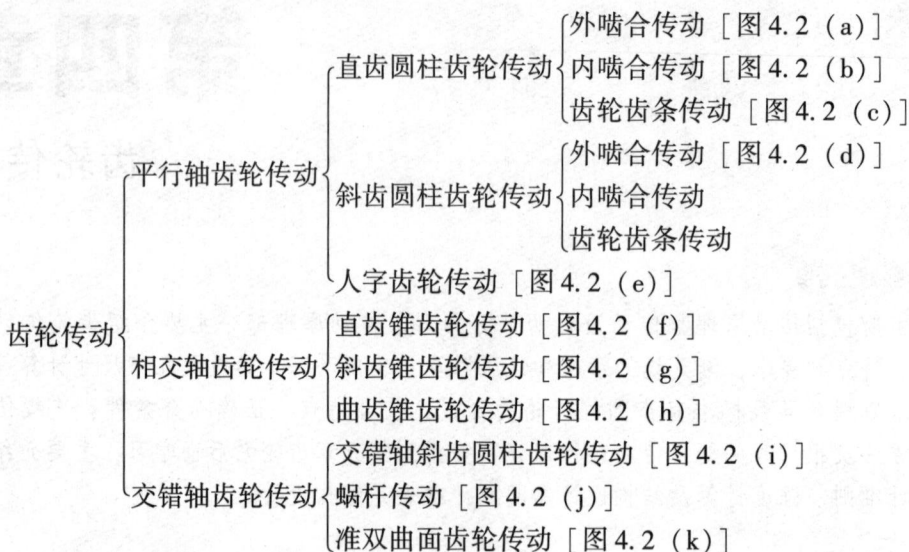

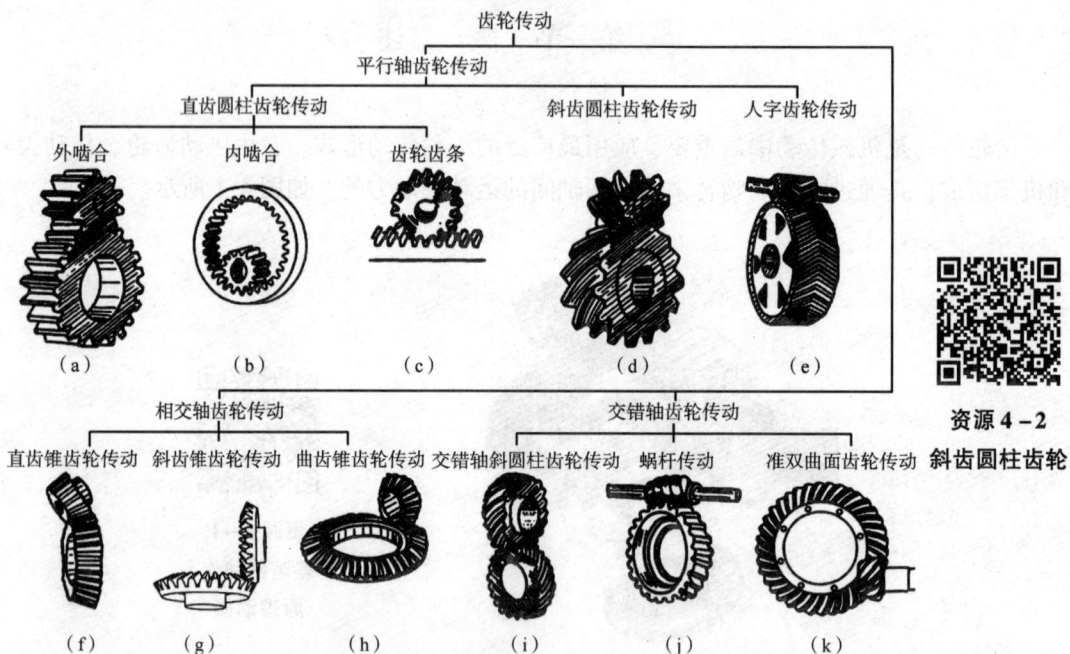

$$
齿轮传动
\begin{cases}
平行轴齿轮传动
\begin{cases}
直齿圆柱齿轮传动
\begin{cases}
外啮合传动 [图4.2(a)] \\
内啮合传动 [图4.2(b)] \\
齿轮齿条传动 [图4.2(c)]
\end{cases} \\
斜齿圆柱齿轮传动
\begin{cases}
外啮合传动 [图4.2(d)] \\
内啮合传动 \\
齿轮齿条传动
\end{cases} \\
人字齿轮传动 [图4.2(e)]
\end{cases} \\
相交轴齿轮传动
\begin{cases}
直齿锥齿轮传动 [图4.2(f)] \\
斜齿锥齿轮传动 [图4.2(g)] \\
曲齿锥齿轮传动 [图4.2(h)]
\end{cases} \\
交错轴齿轮传动
\begin{cases}
交错轴斜齿圆柱齿轮传动 [图4.2(i)] \\
蜗杆传动 [图4.2(j)] \\
准双曲面齿轮传动 [图4.2(k)]
\end{cases}
\end{cases}
$$

资源 4-2
斜齿圆柱齿轮

图 4.2　齿轮传动的类型

2. 按照齿轮传动的工作条件分类

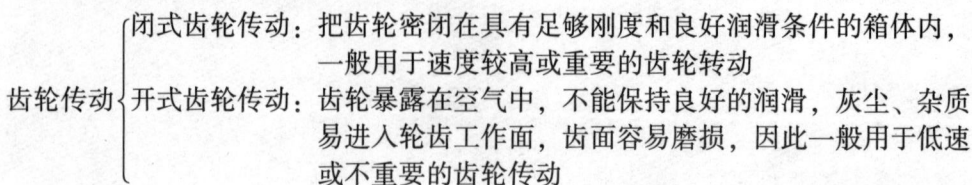

齿轮传动
- 闭式齿轮传动：把齿轮密闭在具有足够刚度和良好润滑条件的箱体内，一般用于速度较高或重要的齿轮转动
- 开式齿轮传动：齿轮暴露在空气中，不能保持良好的润滑，灰尘、杂质易进入轮齿工作面，齿面容易磨损，因此一般用于低速或不重要的齿轮传动

3. 按照齿轮的圆周速度分

$$齿轮传动 \begin{cases} 极低速齿轮传动 \ (v < 0.5 \text{ m/s}) \\ 低速齿轮传动 \ (0.5 \text{ m/s} \leqslant v < 3 \text{ m/s}) \\ 中速齿轮传动 \ (3 \text{ m/s} \leqslant v < 15 \text{ m/s}) \\ 高速齿轮传动 \ (v \geqslant 15 \text{ m/s}) \end{cases}$$

4. 按照齿轮的齿廓曲线形状分

$$齿轮传动 \begin{cases} 渐开线齿轮传动（应用最广泛，本章重点介绍） \\ 圆弧齿轮传动 \\ 摆线齿轮传动 \end{cases}$$

5. 按照齿面硬度分

$$齿轮传动 \begin{cases} 软齿面齿轮传动 \begin{cases} HB_1 < 350HBS \\ HB_2 < 350HBS \end{cases} （全为软齿面齿轮） \\ \qquad\qquad\quad HB_1 > 350HBS（硬齿面齿轮） \\ \qquad\qquad\quad HB_2 < 350HBS（软齿面齿轮） \\ 硬齿面齿轮传动（大、小齿轮齿面硬度 HB > 350HBS） \end{cases}$$

二、齿轮传动的特点

齿轮传动的优点如下。

（1）传动比恒定，因此传动平稳、冲击、振动和噪声较小。

（2）传动效率高、工作可靠且寿命长。齿轮传动的机械效率一般为 0.95～0.99，且齿轮能可靠地连续工作几年甚至几十年。

（3）可传递空间任意两轴间的运动。齿轮传动可传递两轴平行、相交和交错的运动和动力。

（4）结构紧凑，功率和速度范围广。齿轮传动所占的空间位置较小，传递功率可由几千瓦到上百万千瓦，传递的速度可达 300 m/s。

齿轮传动的缺点如下。

（1）制造、安装精度要求较高。

（2）不适于中心距较大的传动。

（3）使用维护费用较高。

（4）精度低时，噪声、振动较大。

三、对齿轮传动的基本要求

1. 传动平稳

要求瞬时传动比不变，保证传动的精度，避免过大冲击、振动和噪声等，这主要依靠渐开线齿形及加工精度来保证。

2. 承载能力强

在尺寸小、重量轻的前提下，要求齿轮的强度高、寿命长，这主要通过合理选择材料、热处理方式及齿轮的传动参数来保证。

四、齿轮的精度等级

国家标准规定了圆柱齿轮的 13 个精度等级，按精度高低依次为 0 ~ 12 级；规定了锥齿轮的 12 个精度等级，按精度高低依次为 1 ~ 12 级。设计时应根据传动用途、平稳性要求、节圆周速度、载荷、运动精度要求等来确定。对于一般用途的齿轮传动，常用的是 6 ~ 9 级精度，如表 4.1 所示。

表 4.1　6 ~ 9 级精度齿轮的应用

精度等级	圆柱齿轮（锥齿轮平均直径处）圆周速度/(m·s⁻¹)			应用
	直齿圆柱齿轮	斜齿圆柱齿轮	直齿锥齿轮	
6 级	≤15	≤30	≤12	高速重载的齿轮传动，如飞机、汽车和机床中的重要齿轮、分度机构中的齿轮
7 级	≤10	≤15	≤8	高速中载或中速重载的齿轮传动，如标准系列减速器中的齿轮、汽车和机床中的齿轮等
8 级	≤6	≤10	≤4	机械制造中对精度无特殊要求的齿轮
9 级	≤2	≤4	≤1.5	低速不重要的齿轮

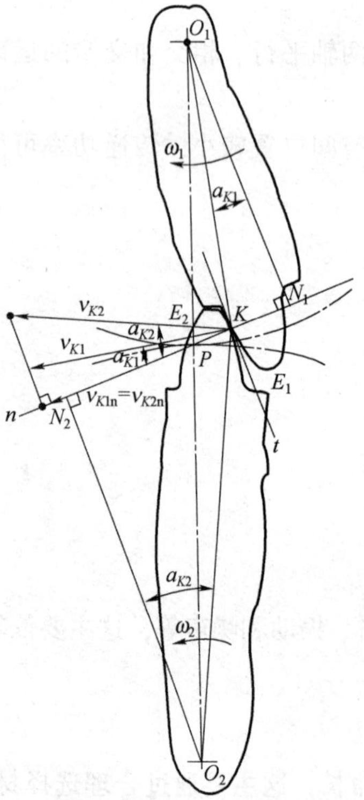

图 4.3　齿廓啮合基本定律示意图

第二节　齿廓啮合基本定律

传动比：齿轮传动时两轮的角速度之比或转速比。其计算公式为

$$i_{12} = \frac{\omega_1}{\omega_2} = \frac{n_1}{n_2}$$

齿轮传动的基本要求：瞬时传动比恒定不变。齿轮传动是以主动齿轮齿廓推动从动齿轮齿廓，要使瞬时传动比恒定，作为齿轮的齿廓曲线应满足一定的条件。如图 4.3 所示，在 K 点接触瞬时，主动轮 1 以 ω_1 顺时针转动，推动从动轮 2 以 ω_2 逆时针转动。E_1 和 E_2 为两齿轮啮合的一对齿廓，两轮齿廓上 K 点的速度分别为 $v_{K1} = \omega_1 O_1 K$，$v_{K2} = \omega_2 O_2 K$，过 K 点作两齿廓的公法线 n 与两齿轮的连心线 $O_1 O_2$ 交于一点 P（P 点是 $O_1 O_2$ 上一固定点，即为齿轮 1、2 的相对速度瞬心），v_{K1}、v_{K2} 在 n 方向的分速度应相等，否则该对齿轮会发生嵌入或分离。

由此得

$$\omega_1 O_1 K \cos \alpha_{K1} = \omega_2 O_2 K \cos \alpha_{K2} \qquad (4-1)$$

分别过 N_1、N_2 点作 n 的垂线 O_1N_1、O_2N_2，则在 $\triangle O_2N_2K$ 中，有

$$O_1N_1 = O_1K \cos \alpha_{K1}, O_2N_2 = O_2K \cos \alpha_{K2} \tag{4-2}$$

将（4-2）代入式（4-1）得

$$\omega_1 O_1 N_1 = \omega_2 O_2 N_2$$

$$i_{12} = \frac{\omega_1}{\omega_2} = \frac{O_2N_2}{O_1N_1} \tag{4-3}$$

又因为 $\triangle O_1N_1P \backsim \triangle O_2N_2P$，所以有

$$\frac{O_2N_2}{O_1N_1} = \frac{O_2P}{O_1P}$$

将上式代入式（4-3）得

$$i_{12} = \frac{\omega_1}{\omega_2} = \frac{O_2N_2}{O_1N_1} = \frac{O_2P}{O_1P} \tag{4-4}$$

式（4-4）表明，一对传动齿轮的瞬时角速度与其连心线 O_1O_2 被齿廓接触点公法线所分割的两线段长度成反比。

齿轮传动要保证瞬时传动比恒定不变，应使两轮的齿廓无论在何处啮合，过啮合点的齿廓公法线都与两轮的连心线交于固定的一点 P（P 点称为节点）。这就是齿廓啮合基本定律。

分别以 O_1、O_2 为圆心，过节点所作的两个相切的圆称为该对齿轮的节圆。

两个节圆的圆周速度相等，故一对齿轮传动时，可被视为两个节圆在做纯滚动（两节圆大小的摩擦轮传动）。

中心距 $a = O_2P + O_1P = r'_2 + r'_1$。

满足齿廓啮合基本定律（定传动比要求）的一对齿廓称为共轭齿廓。

渐开线、摆线和圆弧等满足齿廓啮合基本定律，常作为齿轮的齿廓曲线，渐开线是应用最广泛的。

❋ 第三节　渐开线齿廓

一、渐开线的形成

如图 4.4 所示，一条动直线 L（称为发生线）沿着半径为 r_b 的圆周（称为基圆）做纯滚动时，此动直线上任一点 K 的轨迹称为该圆的渐开线。

二、渐开线的性质

根据渐开线的形成过程，可总结归纳出渐开线的性质如下：

（1）发生线沿基圆滚动的长度 KB 等于基圆上被滚过的弧长 AB，即 $KB = \overset{\frown}{AB}$。

（2）渐开线上任一点 K 的法线必切于基圆；反之，基圆的切线必为渐开线上某一点的法线。

（3）渐开线上各点的曲率半径不相等。BK 是渐开线上 K 点的曲率半径。越靠近基圆，曲率半径越小，基圆上的曲率半径为零。

（4）渐开线的形状取决于基圆半径的大小。基圆半径越小，渐开线越弯曲；基圆半径

越大，渐开线越趋平直；基圆半径趋于无穷大时，渐开线是一条直线。如图 4.5 所示。

（5）基圆内无渐开线。因为渐开线是发生线向基圆外形成的，故基圆内无渐开线。

（6）渐开线齿廓上各点压力角不同。越靠近基圆压力角越小，基圆上的压力角为零。当渐开线齿廓在 K 点啮合时，K 点所受的法向力 F_n 与其圆周速度 v_K 之间所夹的锐角 α_K 称为渐开线齿廓在 K 点的压力角。在 $\triangle OBK$ 中有

$$\cos \alpha_K = \frac{r_b}{r_K} \tag{4-5}$$

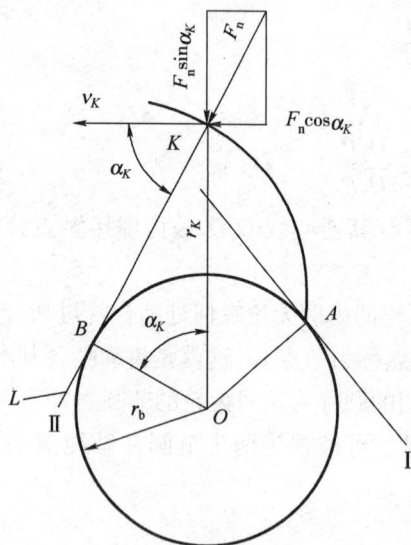

图 4.4　渐开线的形成

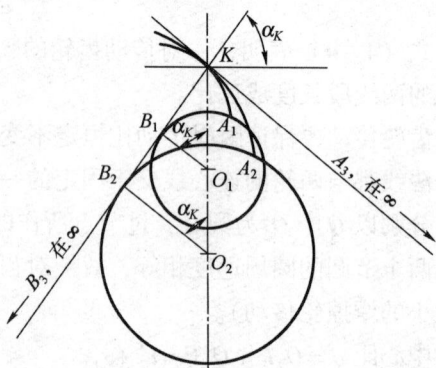

图 4.5　渐开线的形状与基圆半径的关系

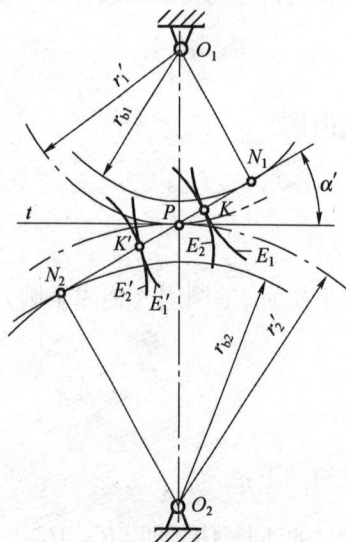

图 4.6　渐开线齿廓满足齿廓
啮合基本定律

三、渐开线齿廓满足齿廓啮合基本定律

如图 4.6 所示，一对齿轮的两渐开线齿廓在 K 点处接触。根据渐开线的性质 2，过 K 点的公法线 N_1N_2 必与两基圆相切，即 N_1N_2 也是两基圆的内公切线。因两基圆在同一方向的内公切线只有一条，所以不论此两轮齿廓在何处接触，过接触点所作两齿廓的公法线都一定和 N_1N_2 相重合。公法线 N_1N_2 与连心线 O_1O_2 的交点 P 为一定点，因此渐开线齿廓满足齿廓啮合基本定律，即满足定传动比的要求

$$i_{12} = \frac{\omega_1}{\omega_2} = \frac{O_2P}{O_1P} = \frac{r_2'}{r_1'} = \frac{r_{h2}}{r_{b1}} = 常数 \tag{4-6}$$

四、渐开线齿廓啮合特点

1. 中心距的可分性

当一对齿轮制成后，其基圆半径是不能改变的，因而传动比是确定的。

在齿轮安装以后，中心距稍有变化，但不会改变传动比的大小和定传动比的性质，这称为中心距的可分性。这给齿轮的制造、安装、调试都提供了方便。

2. 传动的作用力方向不变（啮合角为常数）

如图 4.6 所示，过节点 P 所作节圆公切线 t 与理论啮合线 $N_1 N_2$ 间所夹的锐角称为啮合角 α'。

$$\cos \alpha' = \frac{r_{b1}}{r_1'} = \frac{r_{b2}}{r_2'} = 常数 \qquad (4-7)$$

式（4-7）表明啮合角 α' 为一定值。啮合角不变表示齿廓间作用的压力方向不会改变，这对齿轮传动的平稳性是很有利的。

如果两轮间传递的转矩大小不变，则齿廓间作用的压力不仅方向不变，而且大小也不变。

3. 齿廓间存在相对滑动

例 4.1 如图 4.4 所示，已知渐开线上 K 点的向径 $r_K = 65$ mm，基圆半径 $r_b = 55$ mm。

求：（1）K 点的压力角 α_K 和曲率半径 ρ_K。

（2）基圆上的压力角 α_b 和曲率半径 ρ_b。

解：（1）根据题意，由式（4-5）得

$$\cos \alpha_K = \frac{r_b}{r_K}$$

则 $\alpha_K = \arccos \dfrac{r_b}{r_K} = \arccos \dfrac{55}{65} = 32°11'57''$。

又由渐开线性质 3 得

$$\rho_K = BK = r_b \tan \alpha_K = 55 \times \tan 32.2° = 54.85 \ (\text{mm})$$

（2）因为渐开线在基圆上的向径 r_A 等于基圆半径 r_b。

由式（4-5）得

$$r_A = \frac{r_b}{\cos \alpha_A}$$

则

$$\cos \alpha_A = \frac{r_b}{r_A} = \frac{r_b}{r_b} = 1$$

$$\alpha_A = \arccos 1 = 0$$

所以

$$\alpha_b = \alpha_A = 0$$

$$\rho_A = BA = r_b \tan \alpha_A = 55 \times \tan 0 = 0$$

以上计算结果说明：渐开线在基圆上的压力角和曲率半径都为零。

✿ 第四节　渐开线标准直齿圆柱齿轮的各部分名称、参数和几何尺寸计算

一、标准直齿圆柱齿轮的各部分名称

如图 4.7 所示，标准直齿圆柱齿轮（简称直齿轮）的各部分名称和表示符号说明如下：

（1）齿顶圆（d_a）：齿顶圆柱面与端平面（垂直于齿轮轴线的平面）相交所得的圆，称为齿顶圆。

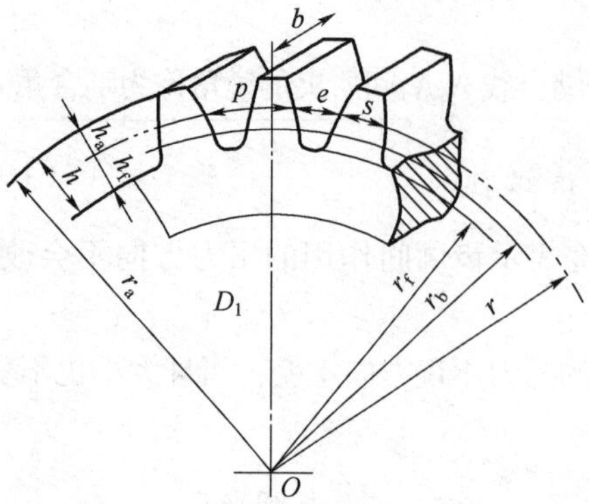

图 4.7　直齿轮

（2）齿根圆（d_f）：齿根圆柱面与端平面相交所得的圆，称为齿根圆。

（3）齿厚（s）：一个齿的两侧端面齿廓之间的弧长称为齿厚。

（4）齿槽宽（e）：相邻两齿间的弧长称为齿槽宽。

（5）分度圆（d）：为了设计、制造的方便，在齿顶圆与齿根圆之间规定了一个圆，将其作为计算齿轮各部分尺寸及强度计算的基准，该圆称为分度圆。在标准齿轮中分度圆上的齿厚 s 与齿槽宽 e 相等。

（6）齿距（p）：相邻两齿同侧齿廓在分度圆上的弧长称为齿距，即 $p = s + e$。

（7）齿高（h）：齿顶圆与齿根圆之间的径向距离。即 $h = h_a + h_f$。

（8）齿顶高（h_a）：齿顶圆与分度圆之间的径向距离。

（9）齿根高（h_f）：齿根圆与分度圆之间的径向距离。

（10）齿宽（b）：齿轮轮齿的宽度。

二、基本参数

1. 模数

对于任一圆周，有 $\pi d = zp$ 或 $d = \dfrac{zp}{\pi}$；在不同直径的圆周上，比值不同且包含无理数 π；在不同直径的圆周上，齿廓各点的压力角也不相等。

为便于设计、制造和检验，我们把齿轮某一圆周上的比值 $\dfrac{p}{\pi}$ 制定成标准值，并使该圆上的压力角也为标准值，则这个圆称为分度圆，$\dfrac{p}{\pi}$ 称为模数，以 m 表示。即

$$m = \frac{p}{\pi}$$

国家标准规定了齿轮标准模数系列如表 4.2 所示。

表 4.2　齿轮模数标准系列（摘自 GB/T 1357—2001）　　　　　单位：mm

第一系列	1	1.25	1.5	2	2.5	3	4	5	6	8
	10	12	16	20	25	32	40	50		
第二系列	1.75	2.25	2.75	(3.25)	3.5	(3.75)	4.5	5.5	(6.5)	7
	9	(11)	14	18	22	28	36	45		

注：本表适用于渐开线齿轮。对于斜齿圆柱齿轮是指法面模数，对于直齿锥齿轮是指大端模数。括号内的模数尽可能不用，优先采用第一系列

2. 压力角 α

渐开线齿廓上的压力角如图 4.8 所示，渐开线 K 点的压力角有

$$\cos \alpha_K = \frac{r_b}{r_K}$$

因此，渐开线齿轮分度圆上的压力角可用下式表示：

$$\cos \alpha = \frac{r_b}{r}$$

国家标准规定标准齿轮的压力角 $\alpha = 20°$。

三、标准直齿圆柱齿轮的基本参数及几何尺寸计算

渐开线直齿圆柱齿轮分为外啮合齿轮、内啮合齿轮和齿
条三种型式。渐开线标准直齿圆柱齿轮基本参数及几何尺寸，计算公式如表 4.3 所示。

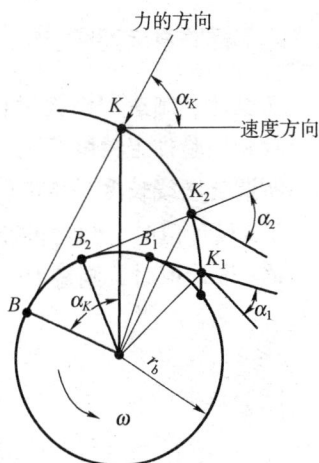

图 4.8　渐开线齿廓上的压力角

表 4.3　标准直齿圆柱齿轮基本参数及几何尺寸计算公式

名称		符号	公式
基本参数	模数	m	据强度计算确定，按表 4.2 选取标准值
	齿数	z	$z_1 \geqslant z_{min}$，$z_2 = i_{12} z_1$
	压力角	α	取标准值，$\alpha = 20°$
	齿顶高系数	h_a^*	取标准值，正常齿取 $h_a^* = 1$，短齿取 $h_a^* = 0.8$
	顶隙系数	c^*	取标准值，正常齿取 $c^* = 0.25$，短齿取 $c^* = 0.3$
几何尺寸	齿顶高	h_a	$h_a = h_a^* \cdot m$
	齿根高	h_f	$h_f = (h_a^* + c^*)m$
	齿高	h	$h = h_a + h_f = (2h_a^* + c^*)m$
	齿距	p	$p = \pi m$
	齿厚	s	$s = \pi m/2$
	齿槽宽	e	$e = \pi m/2$
	顶隙	c	$c = c * m$
	分度圆直径	d	$d = 2r = mz(r = mz/2)$
	齿顶圆直径	d_a	$d_a = 2r_a = d + 2h_a = (z + 2h_a^*)m$　$d_a = (z - 2h_a^*)m$(内齿轮)
	齿根圆直径	d_f	$d_f = 2r_f = (z - 2h_a^* - 2c^*)m$　$d_f = (z + 2h_a^* + 2c^*)m$(内齿轮)
	基圆直径	d_b	$d_b = 2r_b = mz\cos \alpha$
	标准中心距	a	$a = \dfrac{d_1 + d_2}{2} = (z_1 + z_2)m/2$　$a = (z_2 - z_1)m/2$(内齿轮)

注：顶隙（c）：齿轮啮合时，一个齿轮的齿顶圆到另一个齿轮的齿根圆之间的径向距离，称为顶隙。其作用是避免传动时轮齿顶撞及储存润滑油。标准齿轮是指模数、压力角、齿顶高系数、顶隙系数都是标准值，且分度圆上的齿厚等于齿槽宽的齿轮

四、标准直齿圆柱齿轮的公法线长度

在设计、制造和检验齿轮时，我们经常需要知道齿轮的齿厚（如控制齿侧间隙、控制进刀量和检验加工精度等），因无法直接测量弧齿厚，故常需测量齿轮的公法线长度 W。

所谓公法线长度是指齿轮卡尺跨过几个齿所量得的齿廓间的法向距离（图4.9）。

$W >$ 设计值时，则需再径向进刀。

$W <$ 设计值时，则进刀过深，齿轮为废品。

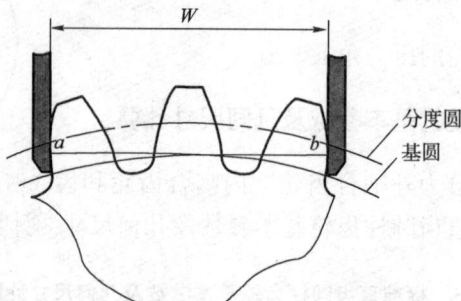

图4.9 公法线长度

设跨齿数为 K，卡脚与齿廓切点 a、b 的距离 ab 即为所测得的公法线长度，用 W 表示。

$$W = m[2.952\ 1(K - 0.5) + 0.014z] \tag{4-8}$$

跨齿数 K 不能任意选取，一般为

$$K = 0.111z + 0.5 \tag{4-9}$$

计算后需圆整。

例4.2 一对渐开线标准直齿圆柱齿轮（正常齿）传动，已知 $m = 7$ mm，$z_1 = 21$，$z_2 = 37$。试计算分度圆直径、齿顶圆直径、齿根圆直径、基圆直径、齿厚、齿槽宽、齿距和标准中心距。

解： 该齿轮为标准直齿圆柱齿轮传动，按表4.3所列公式计算如下。

分度圆直径：

$$d_1 = mz_1 = 7 \times 21 = 147(\text{mm})$$
$$d_2 = mz_2 = 7 \times 37 = 259(\text{mm})$$

齿顶圆直径：

$$d_{a1} = (z_1 + 2h_a^*)m = (21 + 2 \times 1) \times 7 = 161(\text{mm})$$
$$d_{a2} = (z_2 + 2h_a^*)m = (37 + 2 \times 1) \times 7 = 273(\text{mm})$$

齿根圆直径：

$$d_{f1} = (z_1 - 2h_a^* - 2c^*)m = (21 - 2 \times 1 - 2 \times 0.25) \times 7 = 129.5(\text{mm})$$
$$d_{f2} = (z_2 - 2h_a^* - 2c^*)m = (37 - 2 \times 1 - 2 \times 0.25) \times 7 = 241.5(\text{mm})$$

基圆直径：

$$d_{b1} = d_1 \cos \alpha = 147 \times \cos 20° = 138.13(\text{mm})$$
$$d_{b2} = d_2 \cos \alpha = 259 \times \cos 20° = 243.38(\text{mm})$$

齿厚、齿槽宽：

$$s_1 = e_1 = s_2 = e_2 = \pi m/2 = \pi \times 7/2 = 10.99 \, (\text{mm})$$

齿距：

$$P = \pi m = \pi \times 7 = 21.98 \, (\text{mm})$$

标准中心距：

$$a = \frac{z_1 + z_2}{2} m = \frac{21 + 37}{2} \times 7 = 203 \, (\text{mm})$$

例 4.3　一个渐开线直齿圆柱齿轮如图 4.10 所示，用卡尺测量三个齿和两个齿的公法线长度分别为 $W_3 = 61.84$ mm，$W_2 = 37.56$ mm，齿顶圆直径 $d_a = 208$ mm，齿根圆直径 $d_f = 172$ mm，齿数 $z = 24$。试求：

1）该齿轮的模数 m、分度圆压力角 α、齿顶高系数 h_a^* 和顶隙系数 c^*；

2）该齿轮的基圆齿距 p_b 和基圆齿厚 s_b。

解：（1）设 $h_a^* = 1$，由 $d_a = m(z + 2h_a^*)$ 得

$$m = \frac{d_a^*}{z + 2h_a^*} = \frac{208}{24 + 2 \times 1} = 8 \, (\text{mm})$$

设 $h_a^* = 0.8$，则

$$m = \frac{d_a^*}{z + 2h_a^*} = \frac{208}{24 + 2 \times 0.8} = 8.125 \, (\text{mm})$$

由于模数应取标准值，故 $m = 8$ mm，$h_a^* = 1$。

由

$$d_f = mz - 2m \, (h_a^* + c^*)$$

得

$$c^* = \frac{(mz - d_f - 2mh_a^*)}{2m} = \frac{(8 \times 24 - 172 - 2 \times 8 \times 1)}{2 \times 8} = 0.25$$

（2）$W_3 = 2p_b + s_b = 61.84$ mm，$W_2 = p_b + s_b = 37.56$ mm。

则 $p_b = 24.28$ mm，$s_b = W_2 - p_b = 37.56 - 24.28 = 13.28 \, (\text{mm})$。

又由 $p_b = \pi m \cos \alpha$，可得

$$\alpha = \arccos[p_b/(\pi m)] = \arccos 0.9647 = 15°$$

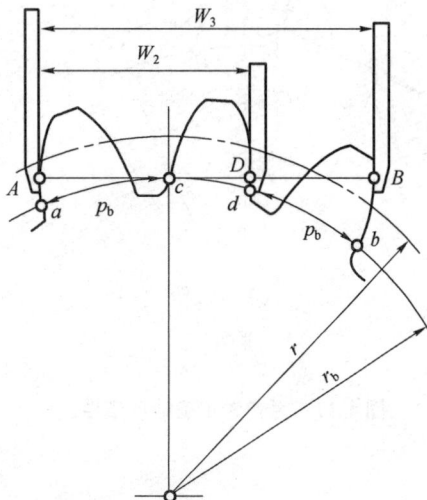

图 4.10　渐开线直齿圆柱齿轮

✹ 第五节　渐开线标准直齿圆柱齿轮的啮合传动

一、正确啮合的条件

如图 4.11 所示，齿轮的连续传动要求当前一对齿廓在啮合线上的 K 点啮合时，后一对齿廓应在啮合线上的 K' 点啮合。

$$K_1 K_1' = K_2 K_2'$$

由渐开线性质 1 可知，KK' 既等于主动轮上的基圆齿距 p_{b1}，又等于从动轮上的基圆齿距

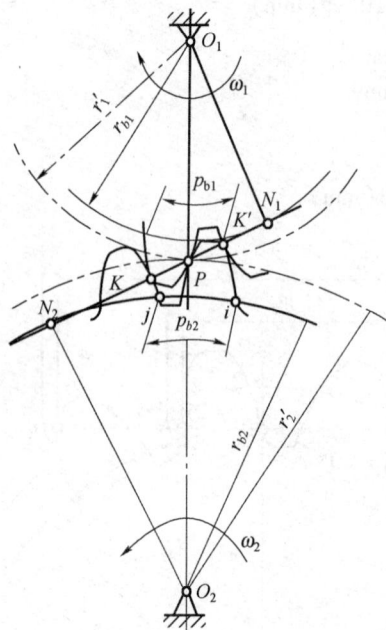

图 4.11 直齿轮正确啮合条件

p_{b2}，故渐开线标准直齿圆柱齿轮的正确啮合条件为

$$KK' = p_{b1} = p_{b2} \qquad (4-10)$$

则

$$p_{b1} = \frac{\pi d_{b1}}{z_1} = \frac{\pi m_1 z_1 \cos \alpha_1}{z_1} = \pi m_1 \cos \alpha_1$$

同理

$$p_{b2} = \pi m_2 \cos \alpha_2$$

所以

$$m_1 \cos \alpha_1 = m_2 \cos \alpha_2$$

因为 m 和 α 都已标准化，故有

$$\begin{cases} m_1 = m_2 = m \\ \alpha_1 = \alpha_2 = \alpha \end{cases} \qquad (4-11)$$

这就是渐开线标准直齿圆柱齿轮正确啮合的条件。由此，传动比为

$$i_{12} = \frac{\omega_1}{\omega_2} = \frac{r_{b2}}{r_{b1}} = \frac{r_2}{r_1} = \frac{mz_2/2}{mz_1/2} = \frac{z_2}{z_1} \qquad (4-12)$$

二、连续传动的条件（重合度）

啮合过程（齿轮 1 为主动轮，齿轮 2 为从动轮）如图 4.12 所示，当一对齿轮开始啮合时，先以主动轮的齿根部分推动从动轮的齿顶，因此起始啮合点是从动轮的齿顶圆与啮合线的交点 K'。

两轮继续转动时，主动轮轮齿上的啮合点向齿顶移动，而从动轮轮齿上的啮合点向齿根移动。终止啮合点是主动轮的齿顶圆与啮合线的交点 K，此后两轮齿将脱离接触。线段 KK' 为齿轮啮合点的实际轨迹，称为实际啮合线段。

若将两齿顶圆加大，则 KK' 就越接近点 N_1 和 N_2。但因基圆内无渐开线，故线段 N_1N_2 为理论最大的啮合线段，称为理论啮合线段。

为保证齿轮的连续传动，必须使前一对轮齿在尚未脱离啮合时，后一对轮齿就已经进入啮合，即要求 $K_1K_2 \geqslant p_b$；否则，齿轮传动就会时动时停，导致传动失效。通常用重合度 ε 来判定齿轮能否实现连续传动。

重合度：实际啮合线段 K_1K_2 与基圆齿距 p_b 的比值称为重合度，用 ε 表示。即

$$\varepsilon = \frac{K_1K_2}{p_b} \qquad (4-13)$$

连续传动的条件：$\varepsilon = \dfrac{K_1K_2}{p_b} \geqslant 1 \qquad (4-14)$

考虑到齿轮的加工和装配误差，工程上必须保证 $\varepsilon > 1$，一般 $\varepsilon \geqslant 1.1 \sim 1.4$。

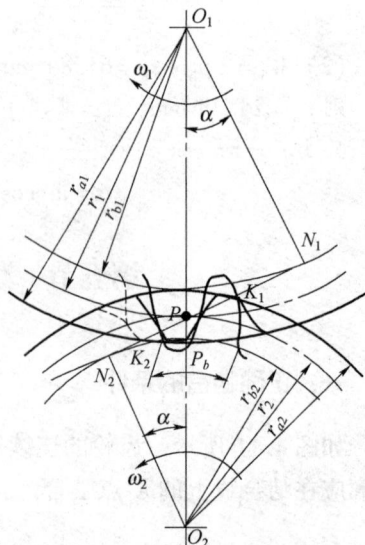

图 4.12 直齿轮正确啮合条件

重合度 ε 越大，表明同时进入啮合的轮齿对数越多，齿轮传动的连续性和平稳性越好。重合度 ε 还与齿数有关（z 越大，ε 越大）。

三、齿轮传动的无侧隙啮合条件及标准中心距

一对齿轮传动时，一个齿轮节圆上的齿槽宽 e' 与另一个齿轮节圆上的齿厚 s' 之差，即 $e'_2 - s'_1 = e'_1 - s'_2$，称为齿侧间隙（简称侧隙）。侧隙有利于齿间润滑，可补偿加工及装配误差中轮齿的热膨胀和热变形等。由于侧隙很小，常靠公差来控制，所以在计算齿轮几何尺寸时都不予考虑，即认为是无侧隙啮合，此时 $e'_2 = s'_1$，$e'_1 = s'_2$。由前面章节可知，标准直齿圆柱齿轮的 $s_1 = e_2 = s_2 = e_1 = \pi m/2$，可以无侧隙安装，此时两轮的分度圆相切，节圆和分度圆重合，我们将这种安装称为标准安装。如图 4.13 所示，标准安装时的中心距称为标准中心距，用 a 表示，即

$$a = r'_2 + r'_1 = r_2 + r_1 = \frac{m}{2}(z_2 + z_4) \qquad (4-15)$$

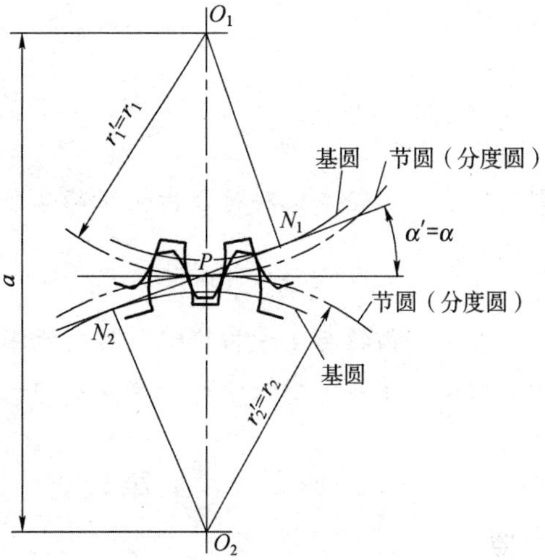

由于制造、安装、磨损等原因，往往两轮的实际中心距 a' 与标准中心距并不一致。但渐开线齿轮具有中心距的可分离性，所以传动比仍能恒定不变，但此时分度圆与节圆就不重合了。若 $a' > a$，则 $\alpha' > \alpha$；反之，若 $a' < a$，则 $\alpha' < \alpha$。

对内啮合圆柱齿轮传动的标准安装，其中心距计算公式为

$$a = r_2 - r_1 = \frac{m}{2}(z_2 - z_1) \qquad (4-16)$$

综上所述，由分析可知：单个齿轮有固定的分度圆和分度圆压力角，而无节圆和啮合角；只有两齿轮啮合时才有节圆和啮合角。

图 4.13 标准安装中心距

例 4.4 某工厂需要一对标准直齿圆柱齿轮机构，传动比为 2，要求其中心距为 150 mm。已知厂备件库有表 4.4 所列规格的 4 个齿轮，试分析在 4 个齿轮中是否有一对符合要求的齿轮？

表 4.4 齿轮指标

序号	齿轮	齿高/mm	齿顶圆直径/mm
1	25	9	105
2	48	9	198
3	50	11.25	252
4	50	9	202

解：（1）由题意可知，满足传动比为 2 条件的有：Ⅰ 组，1 号齿轮与 3 号齿轮配对；Ⅱ 组，1 号齿轮与 4 号齿轮配对。

（2）满足中心距为 150 mm 的有：

Ⅰ组，1号齿轮与3号齿轮配对。

由 $h_1 = h_{a1} + h_{f1} = (2h_a^* + c^*) \, m_1$ 得

$$m_1 = \frac{h_1}{2h_a^* + c^*} = \frac{9}{2 \times 1 + 0.25} = 4(\text{mm})$$

又由 $h_3 = h_{a3} + h_{f3} = (2h_a^* + c^*) m_3$ 得

$$m_3 = \frac{h_3}{2h_a^* + c^*} = \frac{11.25}{2 \times 1 + 0.25} = 5(\text{mm})$$

标准直齿轮正确的啮合条件之一是模数必须相等，而1号齿轮与3号齿轮的模数不相等，则1号齿轮与3号齿轮不能配对。

Ⅱ组，1号齿轮与4号齿轮配对。

由 $h_4 = h_{a4} + h_{f4} = (2h_a^* + c^*) m_4$，得

$$m_4 = \frac{h_4}{2h_a^* + c^*} = \frac{9}{2 \times 1 + 0.25} = 4(\text{mm})$$

由于

$$m_1 = m_4 = 4 \text{ mm}, \ a_1 = a_4 = 20°$$

则齿轮1和齿轮4配对符合齿轮正确啮合条件，又因为

$$a_{14} = \frac{m}{2}(z_1 + z_4) = \frac{4}{2} \times (25 + 50) = 150(\text{mm})$$

即1号齿轮与4号齿轮配对后也能满足中心距为150 mm的要求。

所以，这4个齿轮中有符合要求的一对齿轮，这对齿轮是1号齿轮与4号齿轮。

🞳 第六节　渐开线齿轮的加工方法

齿轮的轮齿加工方法有切削、冲压、铸造等。以下介绍常用的两种切削加工方法。

一、仿形法（成形法）

仿形法是在铣床上用成形铣刀（将铣刀加工成具有渐开线齿轮的齿槽形状）加工轮齿的方法（图4.14）。

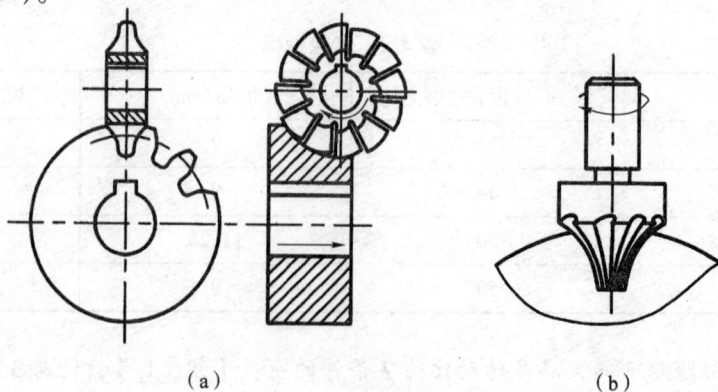

图4.14　仿形法加工齿轮

（a）盘铣刀加工齿轮；（b）指状铣刀加工齿轮

仿形法的特点如下。

（1）方法简单。

（2）不需要专用机床。

（3）生产率及精度较低。所以，仿形法只适合于单件生产和精度要求不高的齿轮加工。

二、范成法（展成法或包络法）

范成法是利用轮齿的啮合原理来切削轮齿齿廓的方法。最常用范成法切齿的是插齿和滚齿。

1. 插齿

图4.15所示为用齿轮插刀加工齿轮的情形，刀具形状和齿轮相似，且具有切削的刀刃。加工齿轮时，齿轮插刀沿被切齿轮轴线上、下往复运动，同时齿轮插刀和被切齿轮以一定的传动比做旋转运动。

资源4－3
10 齿轮的范成原理

图4.15　齿轮插刀加工齿轮

图4.16所示为用齿条插刀加工齿轮的情形。用齿条插刀加工齿轮也是利用渐开线齿轮的啮合原理来加工渐开线齿轮。

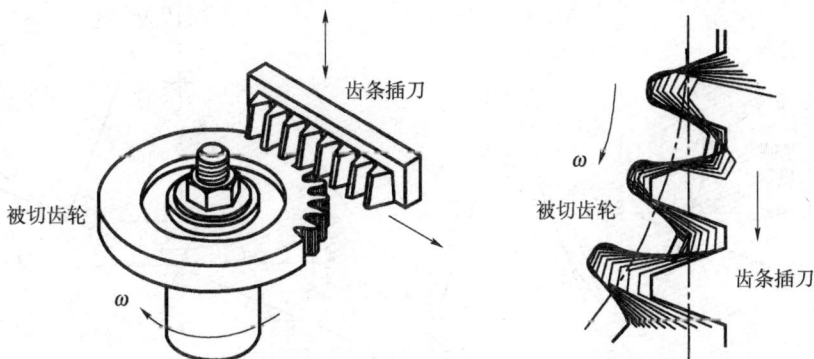

图4.16　齿条插刀加工齿轮

2. 滚齿

图4.17所示为齿轮滚刀在滚齿机上加工齿轮的情形。滚刀外形似开出若干槽的螺旋，其轴向剖面的齿形与齿条插刀相同。用齿轮滚刀加工齿轮，被切齿轮和齿轮滚刀是分别绕本身轴线转动的，其运动关系类似于齿轮与齿条的啮合，同时齿轮滚刀又沿着被切齿轮的轴线

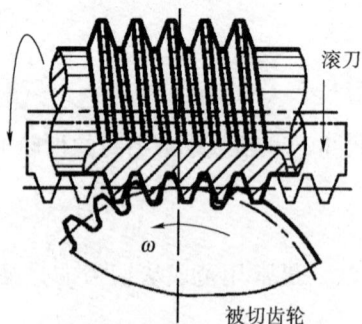

图 4.17 齿轮滚刀加工齿轮

移动，从而完成切削齿轮工作。

范成法的特点：生产率和精度高，但需要专用机床。

三、根切现象与不发生根切的最少齿数 z_{min}

1. 根切现象

用范成法加工标准直齿轮时，如果被切齿轮的齿数过少，刀具顶线就会超过啮合线与被切齿轮基圆的切点 N_1，刀刃将会切去被切轮齿的根部齿廓（图 4.18 中虚线表示的情况），这种现象称为根切现象。若刀具顶线不超过 N_1 点，所加工出的齿轮就不会产生根切现象（如图 4.18 中实线表示的情况）。根切会导致轮齿弯曲强度降低，重合度减小，传动质量变差，因此应当避免发生根切现象。

2. 最少齿数 z_{min}

用齿条插刀或齿轮滚刀加工标准直齿轮时，将不产生根切现象的极限齿数称为最少齿数，用 z_{min} 表示。如图 4.19 所示，当用齿条插刀加工标准直齿轮时，刀具的中线必须与被切齿轮的分度圆相切，不产生根切的条件是刀具齿顶线与啮合线的交点 A，必须在 PN 之内（即应使 $PN \geqslant PA$），经推导可得

$$z_{min} = \frac{2h_a^*}{\sin^2 \alpha} \qquad (4-17)$$

图 4.18 根切现象

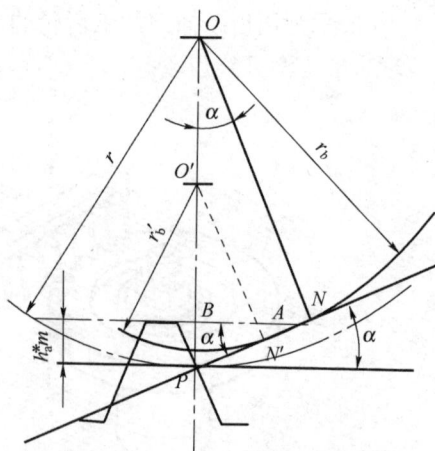

图 4.19 不产生根切的条件

不发生根切的最少齿数 z_{min} 如表 4.5 所示。

表 4.5　不发生根切的最少齿数 $z_{\min}$

α	h_a^*	$z_{\min}$
20°	1	17
20°	0.8	14
15°	1	30
15°	0.5	24

由此可知，标准齿轮避免根切的措施是使齿轮齿数大于或等于最少齿数。

四、变位齿轮简介

齿条插刀加工标准齿轮时，刀具中线与被加工齿轮的分度圆相切并做纯滚动，加工出来的分度圆上齿厚等于齿条中的齿槽宽$\left(图 4.20 双点画线所示为 \dfrac{\pi m}{2}\right)$。但当刀具在虚线所示位置时，由于其齿顶线超过了啮合极限点 N_1，所以切制出的标准齿轮发生了根切现象。

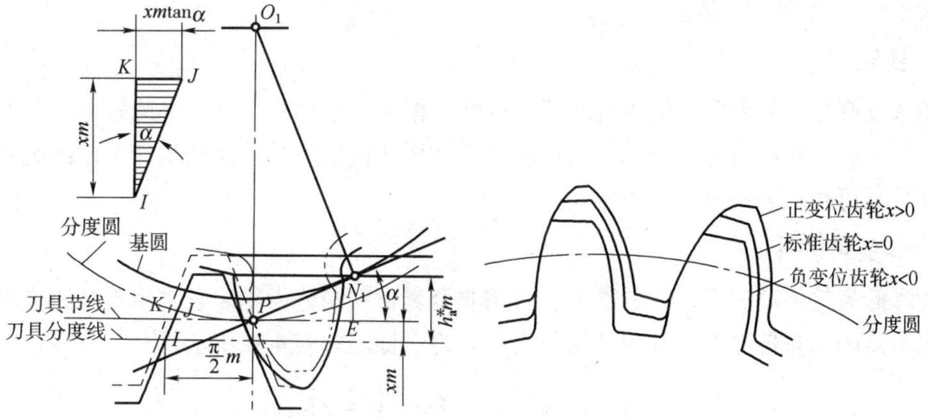

图 4.20　齿轮的变位及变位齿轮的齿廓

现使刀具从切削标准齿轮的位置沿径向平移一段距离，称 xm 为刀具的变位量。其中 m 为模数，x 为变位系数，并规定刀具远离轮坯中心的变位系数为正（正变位），刀具靠近轮坯中心的变位系数为负（负变位）。当刀具变位后，与分度圆相切并做纯滚动的已不是刀具的中线，而是与刀具中线相平行的另一条直线（节线或机床节线）。由此切出的齿轮称为变位齿轮，如图 4.20 实线所示。

由图 4.20 所示，要使被切齿轮不发生根切，只要刀具向下平移一定的距离，使其刀顶线不超过啮合极限点 N_1 即可。因而采用变位齿轮可以使齿数 $z < z_{\min}$ 的齿轮不产生根切。

变位齿轮与标准齿轮相比有以下特点。

（1）模数、压力角、分度圆、基圆和齿数都与标准直齿轮相同。

（2）正变位齿轮的齿顶圆、齿根圆、齿顶高和齿根厚度均增大，而齿根高和齿顶厚度则减小；负变位齿轮的齿顶圆、齿根圆、齿顶高和齿根厚度均减小，而齿根高和齿顶厚度均增大。

（3）变位齿轮必须成对设计、加工及使用。

（4）变位齿轮一般应用于避免根切，配凑中心距和修复旧齿轮。

第七节　齿轮的材料与失效

一、常用齿轮材料

最常用的齿轮材料是钢，其次是铸铁和非金属材料。

1. 钢

钢材的韧性好，耐冲击，可通过热处理或表面处理改善力学性能和提高齿面硬度，是制造齿轮的最常用材料。

（1）锻钢——各种牌号的优质碳素钢和合金钢。锻钢的强度高，韧性好，并能通过热处理改善它的力学性能。

（2）铸钢用于尺寸较大和结构复杂的齿轮。其耐磨性及强度均较好，常常需进行正火或回火处理，以消除内应力。

2. 铸铁

铸铁具有很好的耐磨、抗胶合和减震性能，但弯曲强度和抗冲击性能较差。灰铸铁一般用于工作平稳、速度较低、功率不大的场合。球墨铸铁的力学性能和抗冲击性能远强于灰铸铁，其甚至可替代某些钢制大齿轮。

3. 非金属材料

为降低齿轮传动高速运转的噪声，可用非金属材料制造齿轮。它常用于高速、轻载及精度要求不高的齿轮传动中。常用齿轮材料及其力学性能如表 4.6 所示。

表 4.6　常用齿轮材料及其力学性能

材料牌号	热处理方法	硬度	弯曲疲劳极限 σ_{Flim}/MPa	接触疲劳极限 σ_{Hlim}/MPa
45	正火	162～217HBW	280～340	350～400
	调质	217～255HBW	400～460	560～620
	表面淬火	40～50HRC	700～720	1 070～1 150
40Cr	调质	241～286HBW	580～620	680～760
	表面淬火	18～55HRC	700～740	1 150～1 210
40MnB	调质	241～286HBW	580～620	680～760
	表面淬火	45～55HRC	690～720	1 130～1 210
38SiMnMo	调质	217～269HBW	550～600	650～720
	表面淬火	45～55HRC	690～720	1 130～1 210
	碳氮共渗	57～63HRC	790	880～950

材料牌号	热处理方法	硬度	弯曲疲劳极限 σ_{Flim}/MPa	接触疲劳极限 σ_{Hlim}/MPa
20CrMnTi	渗氮	>850HV	715	1 000
	渗碳、淬火、回火	56～62HRC	850	1 500
20Cr	渗碳、淬火、回火	56～62HRC	850	1 500
ZG340－640	正火	179～207HBW	240～270	310～340
ZG42SiMn	调质	197～248HBW	450～490	550～620
	表面淬火	45～53HBW	690～720	1 130～1 190
HT300	时效	187～255HBW	100～150	330～390
QT600－3	正火	190～270HBW	280～310	490～580

二、齿轮材料的选用原则

（1）满足工作要求。根据齿轮工作特点，轮齿芯部要有足够的抗弯曲强度和冲击韧性，齿面要有足够的硬度和耐磨性。

（2）合理选择配对齿轮的材料，尽量使它们的寿命一致。由于小齿轮齿数较少，轮齿单位时间内所受变应力次数都多于大齿轮，提高小齿轮齿面硬度，有利于提高抵抗各种形式失效发生的能力，使大小齿轮更加接近于等强度。一般小齿轮的齿面硬度应比大齿轮的齿面硬度大 25～40HBS。

（3）具有良好的工艺性和热处理性。

（4）材料来源充足，物美价廉，以降低生产成本，提高经济效益。

三、齿轮的失效

常见的齿轮失效形式有轮齿折断、齿面疲劳点蚀、齿面磨损和齿面胶合等。

1. 轮齿折断

轮齿折断是指齿轮的一个或多个齿的整体或局部的断裂。它有疲劳折断和过载折断两种。如图 4.21 所示，轮齿折断不仅使齿轮传动丧失工作能力，而且可能引起设备和人身事故，所以应设法避免。

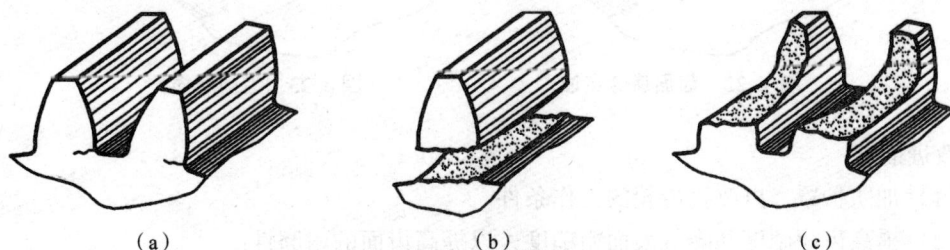

（a）　　　　　　　　（b）　　　　　　　　（c）

图 4.21　轮齿折断

产生原因：齿根处受到弯曲交变应力的反复作用，使齿根受拉侧首先出现疲劳裂纹，随着应力循环次数的增加，裂纹不断扩展，当齿根剩余断面上的应力超过齿轮材料的极限应力时，轮齿就会产生疲劳折断。其一般多发生在闭式硬齿面齿轮传动中。

当短时过载或过大冲击载荷作用在轮齿上时，在弯曲应力的作用下发生的轮齿突然折断，称为过载折断。

改进措施：

（1）增大齿根圆角半径和降低齿根表面的粗糙度，以降低齿根的应力集中。

（2）对齿根表面进行辗压或喷丸处理，以提高齿根的强度。

（3）采用正变位齿轮或适当增大压力角，以增大齿根厚度，降低齿根危险截面上的弯曲应力。

（4）在使用中避免意外的严重过载或冲击等。

2. 齿面疲劳点蚀

齿面疲劳点蚀是一种齿面呈麻点状的齿面疲劳破坏，实质上是一些细小的金属颗粒剥落而形成的小凹坑，如图 4.22 所示。

产生原因：齿轮工作时，两齿廓接触面的接触应力是按脉动循环变化的，由于交变应力的反复作用，当接触应力最大值超过了齿面的接触疲劳极限应力时，齿面金属脱落而形成麻点，发生疲劳点蚀，引起震动和噪声，它是闭式软齿面齿轮传动的主要失效形式。

改进措施：

（1）提高齿面的硬度以增大轮齿的疲劳极限。

（2）提高润滑油的黏度或添加适宜的添加剂，使啮合齿面形成较厚的牢固的油膜，以增大其承载面积。

（3）降低轮齿的表面粗糙度，提高齿形精度和进行跑合，以改善齿面的接触情况等。

3. 齿面磨损

产生原因：由于金属微粒、灰尘、污物等进入齿轮工作表面，在齿轮运转时，齿面材料逐渐磨损，使渐开线齿廓失去正确形状，如图 4.23 所示，由此而产生冲击噪声。严重磨损时，轮齿变薄，致使轮齿折断。齿面磨损是开式齿轮传动的主要失效形式。

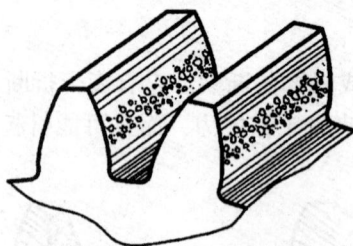

图 4.22　齿面疲劳点蚀　　　　图 4.23　齿面磨损

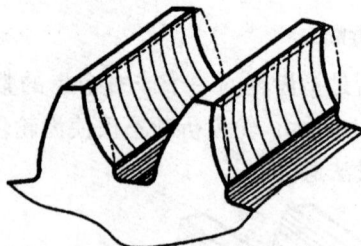

改进措施：

（1）加防护罩，以改善齿轮的工作条件。

（2）提高齿面硬度和降低表面粗糙度，以提高齿面的耐磨性。

（3）供给足够的润滑油并保持润滑油的清洁，以改善润滑条件等。

4. 齿面胶合

齿面胶合是相互啮合齿面的金属在一定的压力下直接接触而发生黏着，并随着齿面的相对滑动，使金属从齿面上撕落而引起的一种破坏。如图 4.24 所示，它有热胶合和冷胶合两种形式。

产生原因：在高速重载齿轮传动中，齿面间的压力大，瞬时温度高，使润滑油的黏度降低而失去润滑作用，导致两接触齿面金属熔焊而黏着，从而产生热胶合。在低速重载齿轮传动中，由于啮合处的局部压力很高，而速度又低，因而两接触表面间不易形成油膜而产生黏着，从而出现冷胶合。

图 4.24　齿面胶合

胶合产生以后，渐开线齿廓被破坏，震动和噪声增大，会很快导致齿轮的报废。

改进措施：

（1）采用黏度较大或抗胶合性能好的润滑油。

（2）降低表面粗糙度以造成良好的润滑条件。

（3）提高齿面硬度以增强其抗胶合能力。

✿ 第八节　标准直齿圆柱齿轮传动的设计

一、齿轮传动的设计准则

1. 闭式齿轮传动的设计准则

（1）对于闭式软齿面齿轮传动，其设计准则是先按齿面接触疲劳强度进行设计计算，然后再校核轮齿根部的弯曲疲劳强度。

（2）对于闭式硬齿面齿轮传动，其设计准则是先按弯曲疲劳强度进行设计计算，然后再校核齿面的接触疲劳强度。

2. 开式齿轮传动的设计准则

其设计准则是先按轮齿弯曲疲劳强度的设计公式计算模数，然后根据实际情况把求得的模数加大 10% ~ 20%（以考虑磨损量）。开式齿轮传动的设计不需进行齿面接触疲劳强度校核计算。

二、轮齿受力分析

图 4.25 所示为一对外啮合标准直齿圆柱齿轮传动，标准安装，齿轮 1 是主动轮，齿轮 2 是从动轮。若主动轮 1 所传递的功率为 P（kW），转速为 n_1（r/min），则作用在主动轮上的转矩（N·mm）

$$T_1 = 9.55 \times 10^6 \frac{P}{n_1} \tag{4-18}$$

若摩擦忽略不计，则主动轮齿所受的总作用力 F_{n1} 必将沿齿面接触点的法线方向，故称

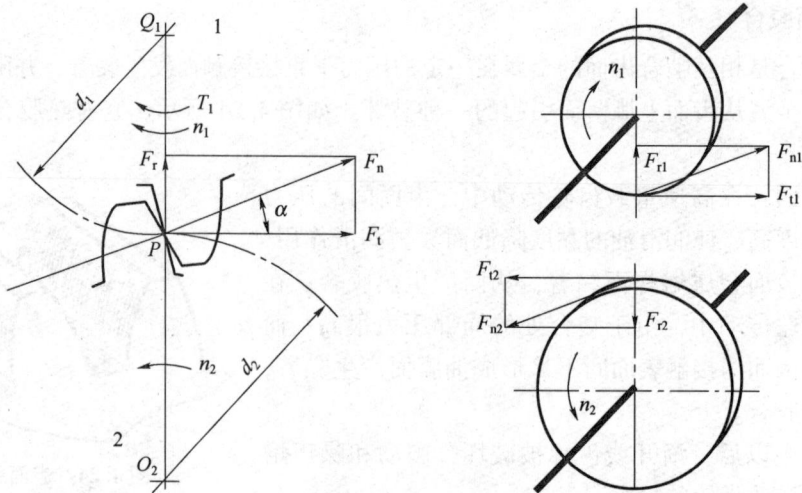

图 4.25 直齿轮受力分析

为法向力。法向力 F_{n1} 可分解成互相垂直的两个分力：圆周力 F_{t1}（N）和径向力 F_{r1}。

由齿轮平衡条件，得圆周力

$$F_{t1} = \frac{2T_1}{d_1} \tag{4-19}$$

式中，d_1 为分度圆直径（mm）。

标准安装时，由图中的几何关系分别得径向力 F_{r1}（N）和法向力 F_{n1}（N）

$$F_{r1} = F_{t1} \tan \alpha \tag{4-20}$$

$$F_{n1} = \frac{F_{t1}}{\cos \alpha} \tag{4-21}$$

式中，α 为齿轮分度圆的压力角（°），对渐开线标准直齿圆柱齿轮 $\alpha = 20°$。

各力的方向如图 4.25 所示。由于两齿轮上所受的法向力 F_{n1} 和 F_{n2} 是作用力和反作用力，因此它们必定是大小相等、方向相反，分别作用在各自的工作齿面上。显然，其分力 F_{t1}、F_{r1} 和 F_{t2}、F_{r2} 也必定是大小相等，方向相反的两对作用力和反作用力，即

$$F_{n1} = -F_{n2}, \quad F_{t1} = -F_{t2}, \quad F_{r1} = -F_{r2} \tag{4-22}$$

圆周力 F_t 的方向在主动轮上与啮合点的圆周速度方向相反，在从动轮上与啮合点的圆周速度方向相同；径向力 F_r 的方向分别指向各自的轮心。内齿轮 F_r 的方向背离轮心。

例 4.5 一对标准直齿轮传动标准安装，已知 $m = 2.5$ mm，$z_1 = 32$，转速 $n_1 = 900$ r/min，传递的功率为 $P = 7$ kW，试计算作用于轮齿上的各力，并指出圆周力和径向力对轴产生什么作用。

解： 由 $d = mz$ 得

$$d_1 = m z_1 = 2.5 \times 32 = 80 \text{（mm）}$$

由

$$T_1 = 9.55 \times 10^6 \times \frac{P}{n_1}$$

得

$$T_1 = 9.55 \times 10^6 \times \frac{7}{900} \approx 7.43 \times 10^4 \text{（N·mm）}$$

主动轮所受各力的大小为

$$F_{t1} = \frac{2T_1}{d_1} = \frac{2 \times 7.46 \times 10^4}{75} \approx 1.99 \times 10^3 \ (\text{N})$$

$$F_{r1} = F_{t1} \tan \alpha = 1.99 \times 10^3 \times \tan 20° \approx 724.3 \ (\text{N})$$

$$F_{n1} = \frac{F_{t1}}{\cos \alpha} = \frac{1.99 \times 10^3}{\cos 20°} \approx 2.12 \times 10^3 \ (\text{N})$$

从动轮所受各力的大小为

$$F_{t2} = F_{t1} = 1.99 \times 10^3 \ \text{N}$$

$$F_{r2} = F_{r1} = 724.3 \ \text{N}$$

$$F_{n2} = F_{n1} = 2.12 \times 10^3 \ \text{N}$$

圆周力对轴产生弯曲和扭转作用，径向力对轴只产生弯曲作用；由圆周力所引起的轴的弯曲平面与径向力引起的轴的弯曲平面互相垂直，不在同一平面内。

三、计算载荷 F_{nca}

法向力 F_n 是齿轮传动在理想状态下的名义载荷，而在实际传动时，原动机和工作机的性能，齿轮的加工误差，轮齿、轴和轴承受载后的变形，以及传动中工作载荷的变化等都会使齿轮上所受的实际载荷大于名义载荷（F_n）。为此，在齿轮的强度计算中，引入载荷系数 K，将名义载荷 F_n 进行修正得到计算载荷 F_{nca}，即

$$F_{nca} = KF_n \tag{4-23}$$

载荷系数 K 值可近似地按表 4.7 选取。

表 4.7　载荷系数 K

工作机械的载荷特性	原动机		
	电动机	多缸内燃机	单缸内燃机
均匀	1~1.2	1.2~1.6	1.6~1.8
中等冲击	1.2~1.6	1.6~1.8	1.8~2.0
大冲击	1.6~1.8	1.9~2.1	2.2~2.4

四、齿面接触疲劳强度计算

闭式软齿面齿轮传动的主要失效形式是齿面疲劳点蚀，为了防止齿面发生疲劳点蚀，要求齿面节圆柱（标准安装时，节圆柱面与分度圆柱面重合）接触处所产生的最大接触应力 σ_H 小于齿轮的许用接触应力 $[\sigma]_H$。对于渐开线标准直齿圆柱齿轮传动的齿面接触疲劳强度的校核公式为

$$\sigma_H = 3.52 Z_E \sqrt{\frac{KT_1}{bd_1^2} \cdot \frac{u \pm 1}{u}} \leqslant [\sigma]_H \tag{4-24}$$

式中，σ_H 为齿面工作时在节线处产生的最大接触应力（MPa）；

$[\sigma]_H$ 为齿轮的许用接触应力（MPa），$[\sigma]_H = \dfrac{\sigma_{Hlim}}{S_H}$，$\sigma_{Hlim}$ 如表 4.6 所示，S_H 是接触疲劳强度安全系数，一般可取为 1；

第四章　齿轮传动

T_1 为小齿轮传递的转矩（N·mm）；

K 为载荷系数，如表4.7所示；

b 为大齿轮宽度（工作宽度）（mm）；

d_1 为小齿轮的分度圆直径（mm）；

u 为齿数比，即大齿轮齿数与小齿轮齿数之比，对于减速传动 $u = i$；对于增速传动，$u = \dfrac{1}{i}$；

Z_E 为齿轮的材料系数，如表4.8所示；

± 为 "+" 号用于外啮合，"−" 用于内啮合。

表 4.8　齿轮的材料系数 Z_E 　　　　　　　单位：$\sqrt{MPa}$

两轮材料组合	钢对钢	钢对铸铁	铸铁对铸铁
Z_E	189.8	165.4	143

由式（4-24）可知，当 d_1 不变，而相应改变 m 和 z_1 时，σ_H 将不会变化，这表明在齿轮分度圆直径不变的情况下，接触应力 σ_H 的大小与齿轮模数 m 的大小无关。

现引入齿宽系数 $\varphi_d = \dfrac{b}{d_1}$ 得 $b = \varphi_d d_1$ 代入式（4-24）中，得到计算小齿轮分度圆直径 d_1 的设计公式

$$d_1 \geqslant \sqrt[3]{\left(\frac{3.52\, Z_E}{[\sigma]_H}\right)^2 \frac{KT_1}{\varphi_d} \cdot \frac{u \pm 1}{u}} \qquad (4-25)$$

注意：应用上述的设计公式时，必须将 $[\sigma]_{H1}$、$[\sigma]_{H2}$ 两者中的较小值代入公式进行计算。

五、轮齿根部的弯曲疲劳强度计算

闭式硬齿面齿轮传动的主要失效形式是轮齿疲劳折断。为了防止轮齿疲劳折断，应对轮齿根部的弯曲疲劳强度进行校核计算，其计算方法是使轮齿根部所产生的弯曲应力小于或等于齿轮的许用弯曲应力，如图4.26所示。

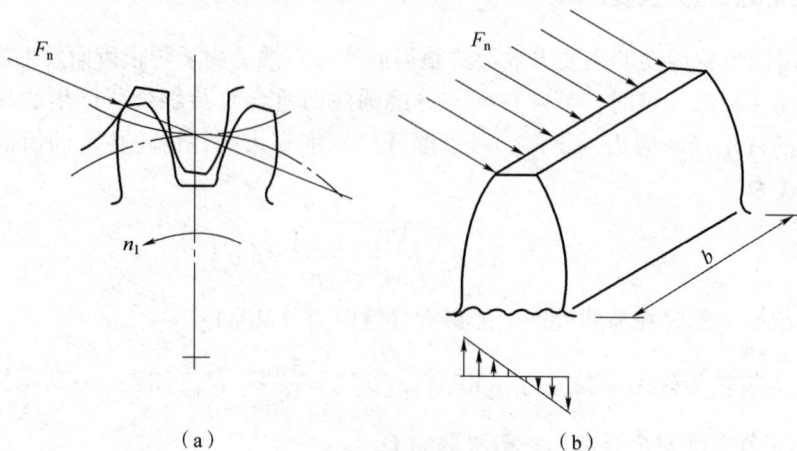

（a）　　　　　　　　　　　（b）

图 4.26　齿根弯曲应力计算

轮齿根部是危险截面，它的弯曲强度校核公式为

$$\sigma_{\mathrm{F}} = \frac{2KT_1 Y_{\mathrm{FS}}}{bm^2 z_1} \leqslant [\sigma]_{\mathrm{F}} \tag{4-26}$$

式中，σ_{F} 为轮齿根部危险截面上的最大弯曲应力（MPa）；

$[\sigma]_{\mathrm{F}}$ 为齿轮的许用弯曲应力（MPa），$[\sigma]_{\mathrm{F}} = \dfrac{\sigma_{\mathrm{Flim}}}{S_{\mathrm{F}}}$，$\sigma_{\mathrm{Flim}}$ 如表 4.6 所示，S_{F} 是弯曲疲劳强度安全系数，一般取 1.25 ～ 1.5；

$Y_{\mathrm{Fa}} \cdot Y_{\mathrm{Sa}} = Y_{\mathrm{FS}}$ 为复合齿形系数，它是量纲为 1 的参数，如表 4.9 所示。其他符号的含义和单位同文所述。

表 4.9　复合齿形系数 Y_{FS}

z（z_v）	17	18	19	20	21	22	23	24	25	26	27	28	29
Y_{FS}	4.51	4.45	4.39	4.34	4.30	4.27	4.24	4.19	4.16	4.14	4.11	4.10	4.09
z（z_v）	30	35	40	45	50	60	70	80	90	100	150	200	∞
Y_{FS}	4.09	4.04	4.01	4.00	4.00	3.94	3.92	3.92	3.91	3.90	3.91	3.95	4.05

由表 4.9 可知，一对啮合齿轮的齿数通常是不相等的，则它们的复合齿形系数 Y_{FS} 也不相同，故大、小齿轮的齿根弯曲应力也不相等。当齿轮的材料及热处理方式不同时，许用弯曲应力也不一样，要校核齿轮的弯曲强度是否足够，必须比较 $Y_{\mathrm{FS1}}/[\sigma]_{\mathrm{F1}}$ 和 $Y_{\mathrm{FS2}}/[\sigma]_{\mathrm{F2}}$ 的比值，选择比值大的齿轮进行弯曲强度校核。

注意：应用式（4-26）时，不论是计算小齿轮或大齿轮的齿根弯曲应力，都应用 T_1 和 z_1 代入。这是因为圆周力 F_t 的计算是以小齿轮为依据的。

由 $\varphi_d = \dfrac{b}{d_1}$，得 $b = \varphi_d m z_1$，将其代入式（4-26），经整理得出模数 m（mm）的设计公式

$$m \geqslant 1.26 \sqrt[3]{\frac{KT_1}{\varphi_d z_1^2} \cdot \frac{Y_{\mathrm{FS}}}{[\sigma]_F}} \tag{4-27}$$

式中各符号的含义及单位同前，应用式（4-27）时也应将两个齿轮中比值 $Y_{\mathrm{FS}}/[\sigma]_{\mathrm{F}}$ 较大的代入。

由式（4-27）得出的模数应按表 4.1 圆整为最接近的标准模数。

六、齿轮传动主要参数的选择

1. 齿数和模数

对于闭式软齿面齿轮传动，一般先按齿面的接触疲劳强度计算出齿轮的分度圆直径，然后再确定齿数和模数。在分度圆直径不变时，齿数越多，模数就越小，重合度就越大，传动越平稳。但模数小则轮齿的弯曲强度弱，所以必须在满足弯曲强度的条件下，尽量选取较多的齿数。

$$m = (0.007 \sim 0.020)a \tag{4-28}$$

式中，a 为中心距（mm）。

对于传递动力的齿轮，为防止意外折断，$m \geqslant 1.5 \sim 2.0$，按式（4-28）计算出的 m 应调整为标准模数，然后由下式确定齿数：

$$z_1 = \frac{d_1}{m}, \quad z_2 = uz_1 \qquad (4-29)$$

式（4-29）计算出的值为小数，应圆整为整数。

对闭式硬齿面齿轮或铸铁齿轮和开式齿轮传动，齿数宜取小些，z_1 取 $17 \sim 25$。

2. 齿宽系数 φ_d

$$b_2 = b = \varphi_d d_1, b_1 = b_2 + (5 \sim 10)\,\text{mm} \qquad (4-30)$$

齿宽系数 φ_d 的取值如表 4.10 所示。

表 4.10　齿宽系数 φ_d

齿轮相对于支承的位置	工作齿面硬度	
	软齿面（≤350HB）	硬齿面（>350HB）
对称布置	0.8 ~ 1.4	0.4 ~ 0.9
非对称布置	0.6 ~ 1.2	0.3 ~ 0.6
悬臂布置	0.3 ~ 0.4	0.2 ~ 0.25

3. 传动比 i

$i < 8$ 时，可采用一级齿轮传动；$i = 8 \sim 40$ 时，采用二级齿轮传动；$i > 40$ 时，采用三级或三级以上齿轮传动。

一般取一对直齿圆柱齿轮传动的传动比 $i < 3$，$i_{\max} = 5$；斜齿轮传动的传动比，$i \leqslant 5$，$i_{\max} = 8$；直齿锥齿轮传动的传动比 $i \leqslant 3$，$i_{\max} = 5 \sim 7.5$。

一般齿轮传动，若对传动比不作严格要求时，则实际传动比 i 允许有 $\pm 2.5\%$（$i \leqslant 4.5$ 时）或 $\pm 4\%$（$i > 4.5$ 时）的误差。其计算误差公式如下：

$$\Delta i = \frac{i_{理} - i_{实}}{i_{理}} \times 100\% \qquad (4-31)$$

七、圆柱齿轮的结构设计

齿轮的结构一般由轮缘（轮齿）、轮辐和轮毂三部分组成。结构设计的方法主要是按经验公式或经验数据来确定齿轮的各部分形状和尺寸。齿轮结构型式有齿轮轴式、实心式、腹板式、轮辐式等。

（1）齿轮轴式齿轮。对于小直径的钢齿轮，若齿根圆直径与轴相差不大，使在键槽处的尺寸 $\delta_1 < 2.5m$（m 为模数）时，则可将齿轮和轴制成一体，称为齿轮轴，如图 4.27 所示。齿轮轴的刚度较好，但齿轮损坏时，轴将与其同时报废，结果造成浪费。对于直径较大（$d_a > 2d_3$）的齿轮，为了便于制造和装配，应将齿轮和轴分开制造。

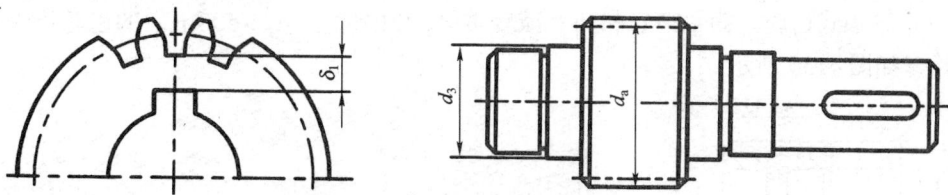

图 4.27　小齿轮及齿轮轴

（2）实心式齿轮。当 $d_a \leq 200$ mm 的钢齿轮，可采用锻造毛坯的实心式结构。如图 4.28 所示，材料常用钢，有时也用轧制圆钢。

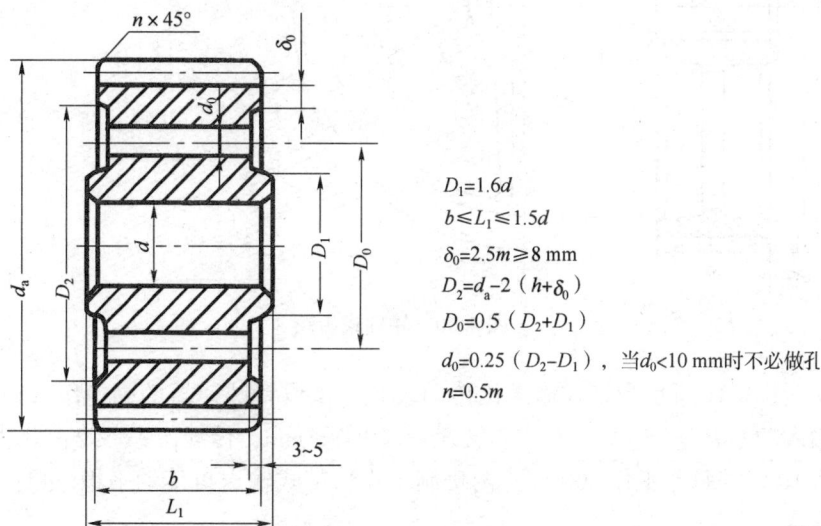

$D_1 = 1.6d$

$b \leq L_1 \leq 1.5d$

$\delta_0 = 2.5m \geq 8$ mm

$D_2 = d_a - 2(h + \delta_0)$

$D_0 = 0.5(D_2 + D_1)$

$d_0 = 0.25(D_2 - D_1)$，当 $d_0 < 10$ mm 时不必做孔

$n = 0.5m$

图 4.28　实心式齿轮

（3）腹板式齿轮。齿顶圆直径为 200 mm $< d_a <$ 500 mm 的齿轮一般采用腹板式结构。为了减轻重量、节省材料和便于搬运，在腹板上常制出圆孔，如图 4.29 所示。

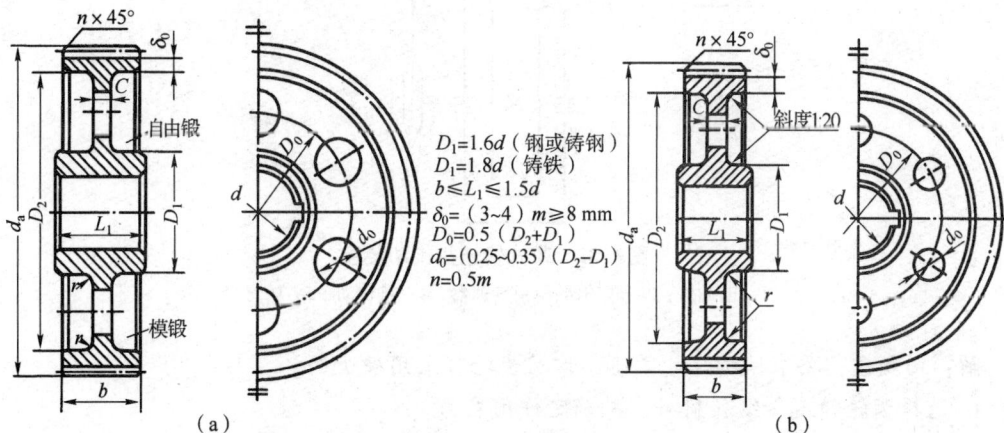

$D_1 = 1.6d$（钢或铸钢）

$D_1 = 1.8d$（铸铁）

$b \leq L_1 \leq 1.5d$

$\delta_0 = (3 \sim 4)m \geq 8$ mm

$D_0 = 0.5(D_2 + D_1)$

$d_0 = (0.25 \sim 0.35)(D_2 - D_1)$

$n = 0.5m$

（a）　　　　　　　　　　　　　（b）

图 4.29　腹板式齿轮

（a）锻造齿轮 $C = 0.3b$（自由锻），$C = 0.2b$ 模锻，$r = 0.5C$；

（b）铸造齿轮 $C = 0.2b \geq 10$ mm，$r \approx 0.5C$

（4）轮辐式齿轮。为了节省材料和减轻重量，顶圆直径 $d_a > 500$ mm 的齿轮可采用轮辐式结构，如图 4.30 所示。

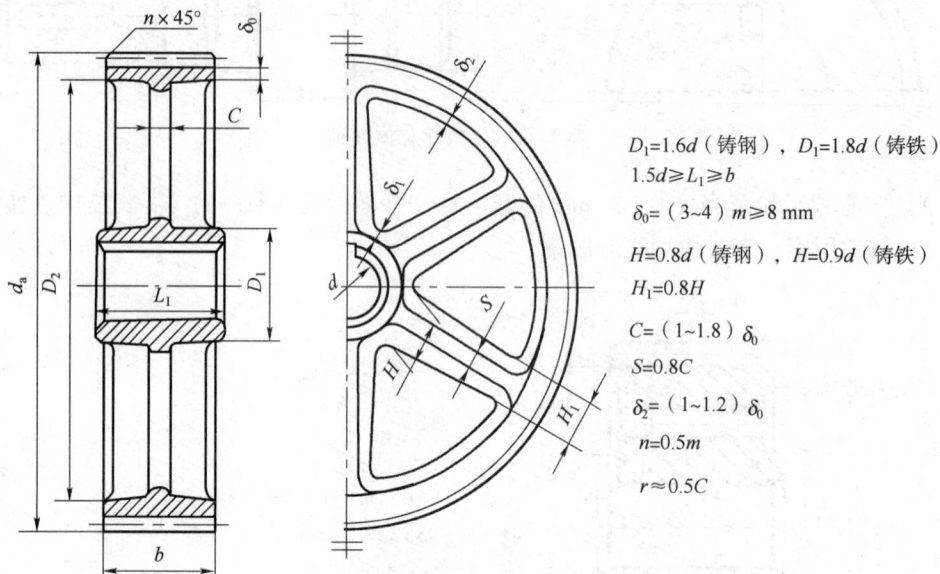

$D_1 = 1.6d$（铸钢），$D_1 = 1.8d$（铸铁）

$1.5d \geqslant L_1 \geqslant b$

$\delta_0 = (3 \sim 4) \, m \geqslant 8$ mm

$H = 0.8d$（铸钢），$H = 0.9d$（铸铁）

$H_1 = 0.8H$

$C = (1 \sim 1.8) \, \delta_0$

$S = 0.8C$

$\delta_2 = (1 \sim 1.2) \, \delta_0$

$n = 0.5m$

$r \approx 0.5C$

图 4.30　轮辐式齿轮

例 4.6　图 4.31 所示为带式输送机传动装置，试设计减速器的高速级直齿圆柱齿轮传动。已知输入功率 $P_1 = 15$ kW，小齿轮转速 $n_1 = 960$ r/min，传动比 $i = 3.2$，电动机驱动，预期工作寿命 10 年，每年工作 300 天，两班制工作。带式输送机传动平稳，单向转动，要求结构尺寸紧凑。

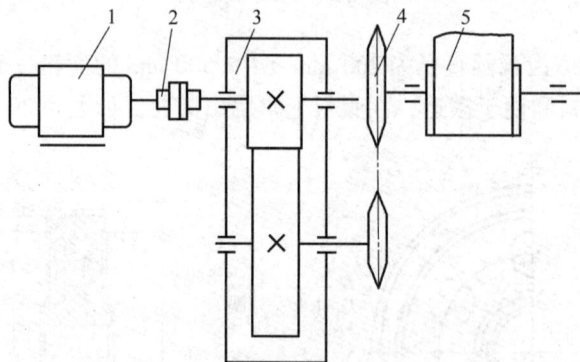

图 4.31　带式输送机传动装置

1—电动机；2—联轴器；3—减速器；4—链传动；5—输送带

解：由题意，要求结构尺寸紧凑，该对齿轮可采用硬齿面。

1. 选择齿轮精度等级和材料，并确定许用应力

（1）选择精度等级。输送机为一般工作机器，速度不高，故初选 8 级精度。

（2）选择齿数。初选 $z_1 = 19$，则 $z_2 = iz_1 = 3.2 \times 19 = 60.8$，取 $z_2 = 61$，则实际传动比为

$$i = \frac{z_2}{z_1} \approx \frac{61}{19} = 3.21。$$

（3）选择材料确定许用应力。根据表4.6，大、小齿轮均选用20Cr渗碳淬火，硬度为56～62HRC，弯曲疲劳极限 $\sigma_{\text{Flim}} = 850$ MPa；接触疲劳极限 $\sigma_{\text{Flim}} = 1\ 500$ MPa。

取弯曲疲劳强度安全系数 $S_F = 1.3$，接触疲劳强度安全系数 $S_H = 1$。

则

$$[\sigma]_{\text{F1}} = [\sigma]_{\text{F2}} = \frac{\sigma_{\text{Flim}}}{S_F} = \frac{850}{1.3}\ \text{MPa} \approx 653.85\ \text{MPa}$$

$$[\sigma]_{\text{H1}} = [\sigma]_{\text{H2}} = \frac{\sigma_{\text{Hlim}}}{S_H} = \frac{1\ 500}{1}\ \text{MPa} = 1\ 500\ \text{MPa}$$

2. 按齿根弯曲疲劳强度计算

（1）由表4.7选取载荷系数 $K = 1.2$。

（2）计算小齿轮传递的转矩。

$$T_1 = 9.55 \times 10^6 \frac{P_1}{n_1} = 9.55 \times 10^6 \times \frac{15}{960} = 14.922 \times 10^4\ (\text{N} \cdot \text{mm})$$

（3）由表4.10选取齿宽系数 $\varphi_d = 0.6$。

（4）由表4.9选取复合齿形系数 $Y_{\text{FS1}} = 4.39$，$Y_{\text{FS2}} = 3.94$。

由于 $Y_{\text{FS1}} > Y_{\text{FS2}}$，故取 $Y_{\text{FS1}} = 4.39$ 代入公式（4-27）计算。

（5）计算模数。

$$m \geq 1.26 \sqrt[3]{\frac{KT_1}{\varphi_d z_1^2} \cdot \frac{Y_{\text{FS}}}{[\sigma]_F}},\quad m = 1.26 \times \sqrt[3]{\frac{1.2 \times 14.922 \times 10^4}{0.6 \times 19^2} \times \frac{4.39}{653.85}}\ \text{mm} \approx 2.33\ \text{mm}$$

按表4.2取标准模数 $m = 2.5$ mm。

3. 按齿面接触疲劳强度计算

（1）由表4.8选取材料的弹性影响系数 $Z_E = 189.8\ \sqrt{\text{MPa}}$。

（2）计算小齿轮分度圆直径。由公式（4-25）得

$$d_1 \geq \sqrt[3]{\left(\frac{3.52\, z_E}{[\sigma]_H}\right)^2 \frac{KT_1}{\varphi_d} \cdot \frac{u+1}{u}} = \sqrt[3]{\left(\frac{3.52 \times 189.8}{1\ 500}\right)^2 \times \frac{1.2 \times 14.922 \times 10^4}{0.6} \times \frac{3.21+1}{3.21}}$$

$$= 42.79\ \text{mm}$$

（3）确定齿数。按既满足弯曲疲劳强度的模数 $m = 2.5$ mm，同时又满足接触疲劳强度的小齿轮分度圆直径 $d_1 = 42.79$ mm，确定所需要的齿数为

$$z_1 = \frac{d_1}{m} = \frac{42.79\ \text{mm}}{2.5\ \text{mm}} = 17.116$$

取 $z_1 = 18$，则 $z_2 = iz_1 = 57.78$，取 $z_2 = 58$，实际传动比 $i = 58/18 \approx 3.22$，与初选值接近，不必返回修正计算。

4. 计算几何尺寸

（1）计算分度圆直径。$d_1 = mz_1 = 2.5\ \text{mm} \times 18 = 45\ \text{mm}$（确定基本参数 m、z 后，计算出 d_1 的值应不小于由接触疲劳强度计算出的 $d_1 = 42.79$ mm；否则，不满足接触疲劳强度）；$d_2 = mz_2 = 2.5\ \text{mm} \times 58 = 145\ \text{mm}$。

（2）计算齿宽。$b = \varphi_d d_1 = 0.6 \times 45\ \text{mm} = 27\ \text{mm}$，圆整取 $b_2 = 30$ mm；$b_1 = b_2 + (5 \sim$

10) mm = (35 ~ 40) mm，取 $b_1 = 35$ mm。

（3）计算中心距。

$$a = \frac{m}{2}(z_1 + z_2) = \frac{2.5 \text{ mm}}{2} \times (18 + 58) \approx 95 \text{ mm}$$

5. 计算圆周速度

$$v = \frac{\pi d_1 n_1}{60 \times 1\,000} = \frac{\pi \times 45 \times 960}{60 \times 1\,000} \approx 2.262 \text{ （m/s）}$$

对照表 4.1，选用 8 级精度是合适的。

6. 结构设计及绘制齿轮零件图

🌼 第九节　平行轴标准斜齿圆柱齿轮传动

一、齿廓形成与啮合特点

如图 4.32 所示，直齿圆柱齿轮的齿廓曲面是相切于基圆柱 NN 线的发生面沿基圆柱做纯滚动时，发生面上任一与基圆柱平行的直线 KK 的轨迹就是直齿轮齿廓曲面渐开面。直齿轮的齿线方向与轴 K 线平行，齿轮啮合时，沿齿宽方向的瞬时接触线是与轴线平行的直线。因此，轮齿上的力是突然加上、突然卸掉，从而在高速传动中引起冲击、震动和噪声，传动极不平稳。为适应机器高速运转和功率增加的需要，我们设计产生了斜齿圆柱齿轮。

如图 4.33 所示，斜齿轮齿廓曲面的形成是发生面在基圆柱上做纯滚动，发生面上有一直线 KK 与基圆柱直母线方向 A 成倾斜角 β_b（基圆柱上的螺旋角）。当发生面沿着基圆柱进行纯滚动时，直线 KK 形成了斜齿轮的渐开螺旋面齿廓。一对斜齿圆柱齿轮啮合时，齿面接触线与齿轮直母线相倾斜，其长度由零逐渐增大，到某一位置后达到最大，又逐渐缩短到零直至退出啮合。所以，斜齿圆柱齿轮传动具有噪声小、传动平稳、承载能力大等优点，一般适用于高速重载场合。但由于有螺旋角，斜齿轮的轮齿工作时会产生轴向力，对支承轴将产生拉伸或压缩作用，从而影响轴承的寿命。

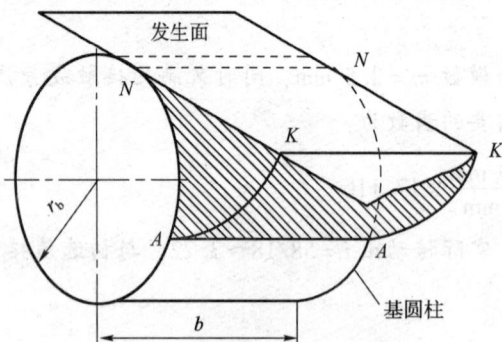

图 4.32　直齿轮齿廓曲面的形成

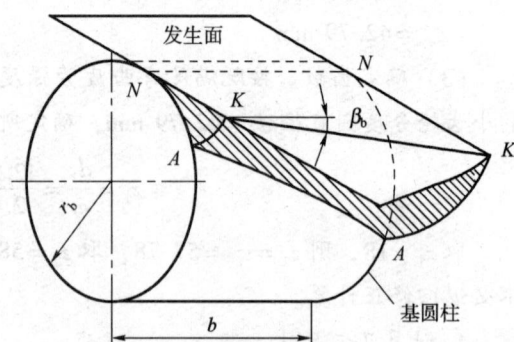

图 4.33　斜齿轮齿廓曲面的形成

二、斜齿圆柱齿轮的主参数、几何尺寸和正确啮合条件

（1）螺旋角（β）。如图 4.34 所示，将斜齿轮沿其分度圆柱展开，该圆柱上的螺旋线成

为一条直线，它与齿轮轴线间的夹角，就称为分度圆柱上的螺旋角，简称为螺旋角 β。β 大，重合度大，传动平稳，轴向力也会增大，取 $\beta = 8° \sim 20°$。斜齿圆柱齿轮的螺旋线方向有左旋和右旋之分，如图 4.35 所示。

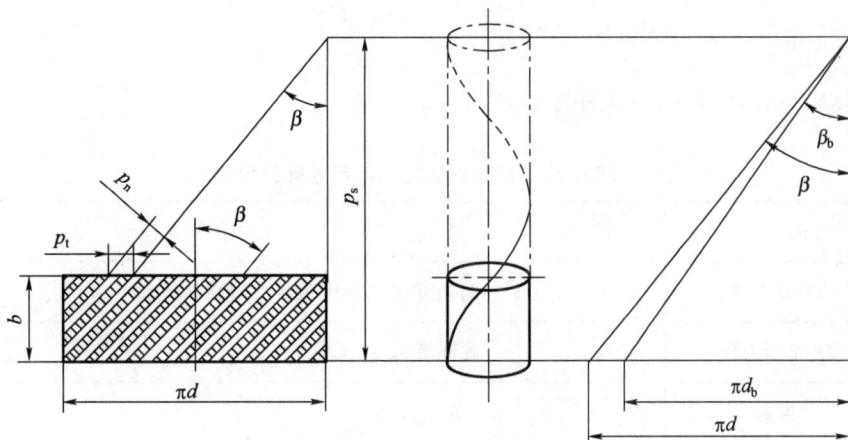

图 4.34　斜齿轮展开图

其判别方法：将齿轮沿轴线方向垂直摆放，螺旋线倾斜方向成左下右上者为右旋，左上右下者为左旋。

（2）模数（m_n、m_t）和压力角（α_n、α_t）。斜齿圆柱齿轮，有端面（垂直于齿轮轴线的平面）和法面（垂直于齿线方向的平面）齿形之分，选择刀具时应以法面齿形的模数（m_n）和压力角（α_n）为准，选取标准值。计算齿轮几何尺寸时应以端面齿形的模数（m_t）和压力角（α_t）为依据，则

$$p_t = \frac{p_n}{\cos \beta}$$

而 $p_n = \pi m_n$，$p_t = \pi m_t$。

则 $m_n = m_t \cos \beta$。

由空间几何关系（图 4.36）推得

$$\tan \alpha_n = \tan \alpha_t \cos \beta \qquad\qquad (4-32)$$

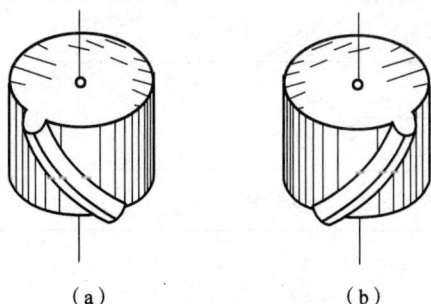

图 4.35　斜齿轮轮齿的旋向
（a）左旋；（b）右旋

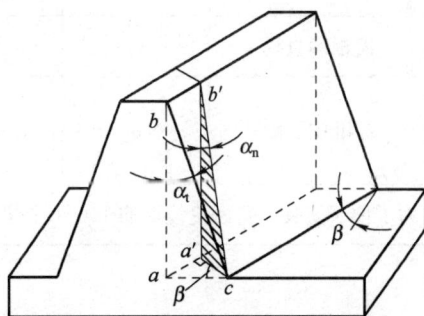

图 4.36　斜齿轮法面、端面的关系

（3）正确啮合条件。法面模数和法面压力角必须相等，螺旋角还必须大小相等、旋向

相同（内啮合）或相反（外啮合），即

$$\begin{cases} \alpha_{n1} = \alpha_{n2} = \alpha_n = 20° \\ m_{n1} = m_{n2} = m_n = m \\ \beta_1 = \pm\beta_2 \begin{pmatrix} \text{内啮合} \\ \text{外啮合} \end{pmatrix} \end{cases} \tag{4-33}$$

（4）标准斜齿轮几何尺寸计算公式如表4.11所示。

表4.11　标准斜齿轮几何尺寸计算公式

名称		符号	计算公式
基本参数	法面模数	m_n	据强度决定，按表4.2选取标准值
	法面压力角	α_n	选标准值 $\alpha_n = 20°$
	齿数	z	$z_1 \geq z_{min}$，$z_2 = iz_1$
	齿顶高系数	h_{an}^*	选标准值 $h_{an}^* = 1$
	顶隙系数	C_n^*	取标准值 $C_n^* = 0.25$
	分度圆柱螺旋角	β	一般取 $\beta = 8° \sim 20°$
几何尺寸	端面模数	m_t	$m_t = \dfrac{m_n}{\cos\beta}$
	分度圆直径	d	$d = m_t z = \dfrac{m_n z}{\cos\beta}$
	齿顶高	h_α	$h_a = h_{an}^* m_n$
	齿根高	h_f	$h_f = (h_{an}^* + c_n^*) m_n$
	齿高	h	$h = h_a + h_f = (2h_{an}^* + c_n^*) m_n$
	齿顶圆直径	d_a	$d_a = d + 2h_a = d + 2m_n$
	齿根圆直径	d_f	$d_f = d - 2h_f = d - 2.5m_n$
	标准中心距	a	$a = \dfrac{d_1 + d_2}{2} = \dfrac{m_n(z_1 + z_2)}{2\cos\beta}$

注：为了便于安装，斜齿轮传动的中心距个位数应按0、2、5、8修约

三、当量齿轮及当量齿数、最少齿数

斜齿圆柱齿轮传动强度计算是按法面齿形进行的，选择铣刀刀号也是以法面齿形的参数为依据，所以我们必须分析法面齿形，采用近似方法，用当量齿轮的齿形去近似替代法面齿

形来分析计算。如图4.37所示，当量齿轮是指过斜齿轮分度圆柱螺旋线上的一点 P 作垂直于轮齿的法向断面，该断面为一椭圆，椭圆在 P 点的曲率半径为 ρ，若以 ρ 为分度圆半径，以法面模数 m_n 和法面压力角 α_n 为主参数，作出一个假想的直齿圆柱齿轮齿形，其与斜齿轮法面齿形非常接近，我们就把这个假想的直齿圆柱齿轮称为该斜齿轮的当量直齿轮，其齿数称为当量齿数 z_v。

$$z_v = \frac{z}{\cos^3\beta} \qquad (4-34)$$

斜齿圆柱齿轮不发生根切的最少齿数

$$z_{min} = z_{vmin}\cos^3\beta$$

若 $z_{vmin} = 17$，则 $z_{min} = 17\cos^3\beta$。

四、斜齿圆柱齿轮传动的强度计算

1. 受力分析

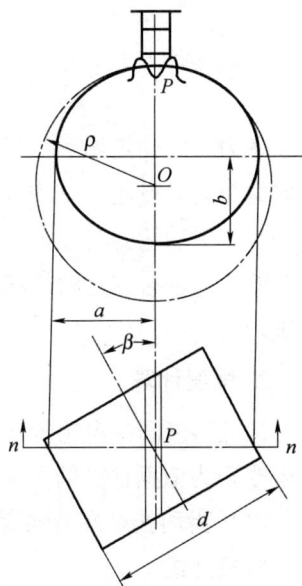

图4.37　斜齿轮的当量齿数

图4.38所示为一对斜齿圆柱齿轮的受力情况，主动轮为右旋齿轮，按图示方向转动，忽略摩擦不计，作用于主动轮齿上的总压力 F_{n1} 必沿接触点的法线方向，指向工作齿面，称为法向压力 F_{n1}。将它分解为互相垂直的两个分力，F_{r1} 和 F_1'，F_1' 又可分解为互相垂直的两个分力 F_{t1}（圆周力）和 F_{a1}（轴向力）。

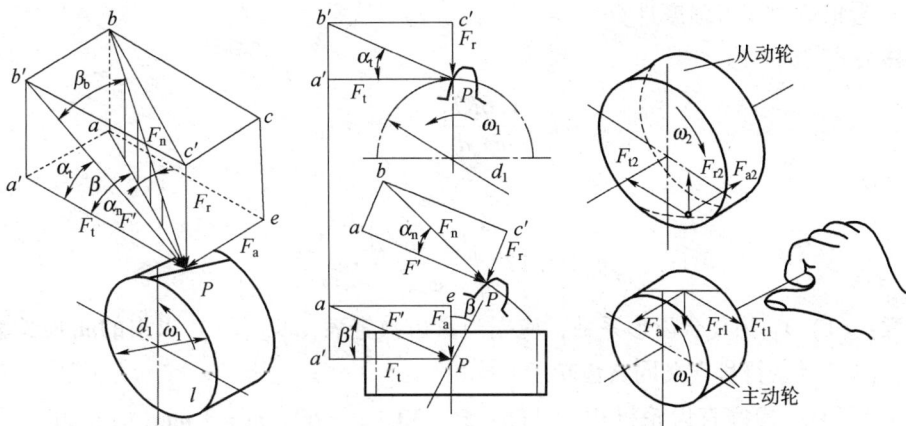

图4.38　斜齿轮受力分析

主动轮所受各力大小计算公式如下：

$$T_1 = 9.55 \times 10^6 \frac{P_1}{n_1} \qquad (4-35)$$

$$F_{t1} = \frac{2T_1}{d_1} \qquad (4-36)$$

$$F_{r1} = F_{t1}\frac{\tan\alpha_n}{\tan\beta} \qquad (4-37)$$

$$F_{a1} = F_{t1} \tan \beta \qquad\qquad (4-38)$$

从动轮各力大小与主动轮各力大小等值反向，即

$$F_{t2} = -F_{t1}, \quad F_{r2} = -F_{r1}, \quad F_{a2} = -F_{a1}, \quad F_{n2} = -F_{n1} \qquad (4-39)$$

各力方向确定如下：圆周力在主动轮上与啮合点圆周速度方向反向，在从动轮上同向；径向力指向各自轮心（内齿轮背离轮心）；轴向力方向可采用主动轮左、右手定则来判定。方法：若主动轮为右旋，将右手握成拳状，弯曲的四手指与转向一致，大拇指与弯曲四手指组成的平面垂直，它的指向即为主动轮的轴向力方向。对主动轮为左旋的齿轮，用左手采用此法判定。

2. 强度计算

标准斜齿圆柱齿轮传动强度计算与直齿圆柱齿轮的相似，是以法面齿形（当量直齿圆柱齿轮）为依据计算的。

（1）齿面接触疲劳强度计算

校核公式

$$\sigma_H = 3.17 Z_E \sqrt{\frac{KT_1}{b\,d_1^2} \cdot \frac{u \pm 1}{u}} \leqslant [\sigma]_H \qquad (4-40)$$

设计公式

$$d_1 \geqslant \sqrt[3]{\frac{KT_1}{\varphi_d} \cdot \frac{u \pm 1}{u} \left(\frac{3.17 Z_E}{[\sigma]_H} \right)^2} \qquad (4-41)$$

（2）齿根弯曲疲劳强度计算

校核公式

$$\sigma_F = \frac{1.6 KT_1}{b m_n d_1} Y_{FS} \leqslant [\sigma]_H \qquad (4-42)$$

设计公式

$$m_n \geqslant 1.17 \sqrt[3]{\frac{KT_1 \cos^2 \beta}{\varphi_d z_1^2} \cdot \frac{Y_{FS}}{[\sigma]_F}} \qquad (4-43)$$

注意：（1）Y_{FS} 为复合齿形系数，应据当量齿数查表 4.9。（2）求出的 m_n 应按表 4.2 取标准值。（3）其余符号含义同直齿轮。

例 4.7　有一标准直齿轮机构，已知：$z_1 = 30$，$z_2 = 60$，$m = 3$ mm，$\alpha = 20°$。为提高齿轮机构的平稳性，要求在传动比和模数都不变的条件下，将标准直齿轮机构改换成标准斜齿轮机构。试设计这对斜齿轮的齿数 z_1、z_2 和螺旋角 β。

解：要把直齿轮机构变为斜齿轮机构，除题设已知条件外，还考虑了齿轮传动中心距不变的条件，即 $a_s = a_o$，直齿轮的压力角等于斜齿轮的压力角。

$$i_{12} = \frac{z_2}{z_1}$$

则

$$i_{12} = \frac{60}{30} = 2$$

由

$$a = \frac{m}{2}(z_1 + z_2)$$

得

$$a_s = \frac{m}{2}(z_1 + z_2) = \frac{3}{2}(30 + 60) = 135 \ (\text{mm})$$

则斜齿轮机构的已知条件为

$$i_o = i_s = 2, \quad m_n = m = 3 \ \text{mm}$$

$$a_o = a_s = 135 \ \text{mm}$$

$$a_s = \frac{m_n(z_1' + z_2')}{2\cos\beta}$$

得

$$\frac{3 \times (z_1' + z_2')}{2\cos\beta} = 135 \tag{4-44}$$

由

$$i_o = \frac{z_2'}{z_1'} = 2$$

得

$$z_2' = 2z_1' \tag{4-45}$$

将式（4-45）代入式（4-44），得

$$\frac{3 \times (z_1' + 2z_2')}{2\cos\beta} = 135, \quad \frac{z_1'}{\cos\beta} = 30, \quad z_1' = 30 \times \cos\beta$$

初取 $\beta = 15°$，则 $z_1' = 30 \times \cos 15° = 28.98$。取 $z_1' = 29$，则 $z_2' = 2z_1' = 2 \times 29 = 58$。

得

$$\beta = \arccos \frac{m_n(z_1' + z_2')}{2a_o} = \arccos \frac{3 \times (29 + 58)}{2 \times 135} = 14°50'24''$$

因此，设计的斜齿轮机构的齿数 $z_1 = 29$，$z_2 = 58$，$\beta = 14°50'24''$。

例 4.8 设计某二级减速器的高速级斜齿圆柱齿轮。已知输入功率 $P_1 = 10 \ \text{kW}$，小齿轮转速 $n_1 = 960 \ \text{r/min}$，传动比 $i = 3.2$，电动机驱动，预期工作寿命 15 年，每年工作 300 天，两班制工作，单向转动，载荷为中等冲击。

解： 根据题意，齿轮可采用软齿面。

1. 选择齿轮精度见表 4.1，齿数和材料，并确定许用应力

（1）选择齿轮精度。初选 8 级精度。

（2）选择齿数。初选小轮齿数 $z_1 = 24$，则大轮齿数 $z_2 = z_1 i = 24 \times 3.2 = 76.8$，取 $z_2 = 77$，实际传动比 $i = \frac{z_2}{z_1} = \frac{77}{24} = 3.208$。

（3）选择材料并确定许用应力。根据表 4.6，选择小齿轮用 45 钢调质，硬度 217 ~ 255HBW；大齿轮用 45 钢正火，硬度 162 ~ 217HBW。则 $\sigma_{\text{Flim1}} = 430 \ \text{MPa}$，$\sigma_{\text{Flim2}} = 310 \ \text{MPa}$；$\sigma_{\text{Hlim1}} = 590 \ \text{MPa}$，$\sigma_{\text{Hlim2}} = 380 \ \text{MPa}$。

取弯曲疲劳强度安全系数 $S_F = 1.4$，接触疲劳强度安全系数 $S_H = 1$，则许用应力为

$$[\sigma]_{F1} = \frac{\sigma_{Flim1}}{S_F} = \frac{430}{1.4} \text{ MPa} = 307.14 \text{ MPa}$$

$$[\sigma]_{F2} = \frac{\sigma_{Flim2}}{S_F} = \frac{310}{1.4} \text{ MPa} = 221.43 \text{ MPa}$$

$$[\sigma]_{H1} = \frac{\sigma_{Hlim1}}{S_H} = \frac{590}{1} \text{ MPa} = 590 \text{ MPa}$$

$$[\sigma]_{H2} = \frac{\sigma_{Hlim1}}{S_H} = \frac{380}{1} \text{ MPa} = 380 \text{ MPa}$$

2. 计算齿面接触疲劳强度

(1) 由表 4.7 选载荷系数 $K = 1.5$。

(2) 由式 (4-18) 计算小齿轮传递的转矩。

$$T_1 = 9.55 \times 10^6 \times \frac{P_1}{n_1} = 9.55 \times 10^6 \times \frac{10}{960} \text{ N} \cdot \text{mm} = 9.948 \times 10^4 \text{ N} \cdot \text{mm}$$

(3) 由表 4.10 选取齿宽系数 $\varphi_d = 1$。

(4) 由表 4.8 选取齿轮的材料系数 $Z_E = 189.8 \sqrt{\text{MPa}}$。

(5) 初选螺旋角 $\beta = 14°$。

(6) 齿面接触疲劳许用应力 $[\sigma]_{H1} = 590$ MPa,$[\sigma]_{H2} = 380$ MPa,取 $[\sigma]_H = 380$ MPa。

(7) 计算小齿轮分度圆直径。

$$d_1 \geqslant \sqrt[3]{\frac{KT_1}{\varphi_d}\left(\frac{i+1}{i}\right)\left(\frac{3.17 Z_E}{[\sigma]_H}\right)^2}$$

$$= \sqrt[3]{\frac{1.5 \times 9.948 \times 104}{1} \times \left(\frac{3.208 + 1}{3.208}\right) \times \left(\frac{3.17 \times 189.8}{380}\right)^2} \approx 78.87 \text{ (mm)}$$

3. 计算齿根弯曲疲劳强度

(1) 计算当量齿数。

$$z_{v1} = \frac{z_1}{\cos^3 \beta} = \frac{24}{\cos^3 14°} = 26.27$$

$$z_{v2} = \frac{z_2}{\cos^3 \beta} = \frac{77}{\cos^3 14°} = 84.29$$

则由表 4.9 选取复合齿形系数 $Y_{FS1} = 4.19$,$Y_{FS2} = 3.92$。

(2) 计算并比较两齿轮的 $\dfrac{Y_{FS}}{[\sigma]_F}$ 值。

$$\frac{Y_{FS1}}{[\sigma]_{F1}} = \frac{4.19}{307.14} \approx 0.013\ 62 \text{ (MPa)}$$

$$\frac{Y_{FS2}}{[\sigma]_{F2}} = \frac{3.92}{221.43} \approx 0.017\ 703 \text{ (MPa)}$$

显然,大齿轮 2 的值较大,弯曲疲劳强度较低,将其代入式 (4-43)。

（3）计算模数。

$$m_n \geq 1.17 \sqrt[3]{\frac{KT_1 \cos^2\beta Y_{FS2}}{\varphi_d z_1^2 \ [\sigma]_{F2}}} = \sqrt[3]{\frac{1.17 \times 1.5 \times 9.948 \times 10^4 \times 0.9703^2}{1 \times 242}} \times 0.017\ 703 = 1.91 \ (\text{mm})$$

按表 4.2，取标准模数 $m_n = 2$ mm。

（4）计算齿数。

$$z_1 = \frac{d_1 \cos\beta}{m_n} = \frac{78.87 \text{ mm} \times \cos 14°}{2 \text{ mm}} = 38.27$$

取 $z_1 = 39$，则 $z_2 = iz_1 = 3.2 \times 39 = 124.8$，取 $z_2 = 125$（大于初选齿数，有利于传动）。

4. 计算几何尺寸

（1）计算中心距。

$$a = \frac{m_n}{2\cos\beta}(z_1 + z_2) = \frac{2}{2 \times \cos 14°}(39 + 125) = 169.07 \ (\text{mm})$$

圆整中心距，取 $a = 170$ mm（圆整的目的是便于加工检测）。

（2）计算螺旋角。

$$\beta = \arccos \frac{m_n(z_1 + z_2)}{2a} = \arccos \frac{2 \text{ mm} \times (39 + 125)}{2 \times 170 \text{ mm}} = 15.26°$$

螺旋角 β 大于初选值，引起参数 Z_β 的变化很小，且有利于强度提高，所以不必修正计算。

（3）计算分度圆直径。

$$d_1 = \frac{m_n z_1}{\cos\beta} = \frac{2 \times 39}{\cos 15.26°} = 80.85 \ (\text{mm})$$

当基本参数确定后，计算出的此 d_1 值应不小于由接触疲劳强度计算出的 $d_1 = 78.87$ mm；否则，不满足接触疲劳强度。

$$d_2 = \frac{m_n z_2}{\cos\beta} = \frac{2 \times 125}{\cos 15.26°} = 258.53 \ (\text{mm})$$

（4）计算齿轮宽度。

$$b = \varphi_d d_1 = 1 \times 80.85 = 80.85 \ (\text{mm})$$

圆整取 $b_2 = 85$ mm，$b_1 = 90$ mm。

（5）计算圆周速度

$$v = \frac{\pi d_1 n_1}{60 \times 1\ 000} = \frac{3.14 \times 80.85 \times 960}{60 \times 1\ 000} \text{ m/s} = 4.06 \text{ m/s}$$

对照表 4.1，选用 8 级精度是合适的。

（6）结构设计及绘制齿轮零件图（略）。

✵ *第十节　直齿圆锥齿轮传动

一、直齿圆锥齿轮传动的传动比

圆锥齿轮机构是用来传递空间两相交轴之间的运动和动力的，两轴的夹角可由工作要求确定。由于轮齿分布在圆锥面上，因此它的齿形是由小端到大端逐渐增大。它们的回转平面不在同一平面内，圆锥齿轮的轮齿分直齿、斜齿和曲齿等。轴间角为90°的直齿圆锥齿轮传动应用最广。如图4.39所示，轴间角 $\Sigma = 90°$ 的直齿圆锥齿轮传动的传动比：

$$i_{12} = \frac{n_1}{n_2} = \frac{d_2}{d_1} = \frac{z_2}{z_1} = \cot \delta_1 = \tan \delta_1 \qquad (4-46)$$

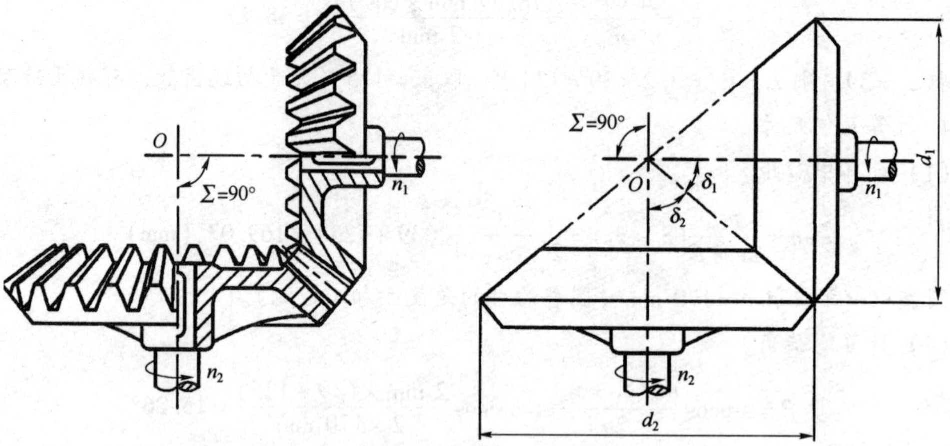

图 4.39　直齿圆锥齿轮机构

二、主参数及几何尺寸计算

如图4.40所示，由于直齿圆锥齿轮有小端和大端齿形，它的主参数和几何尺寸以大端为依据，它是以大端的模数为标准值，压力角 $\alpha = 20°$，$h_a^* = 1$，$c^* = 0.2$，$\Sigma = 90°$。这种标准直齿圆锥齿轮几何尺寸计算如表4.12所示。

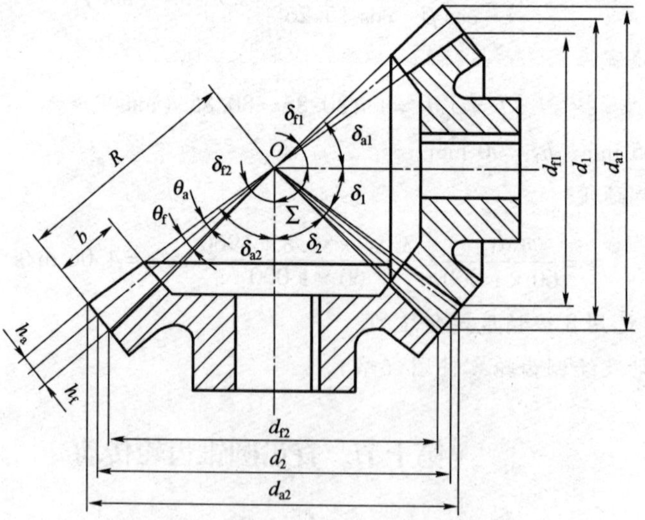

图 4.40　直齿圆锥齿轮机构的几何尺寸

表 4.12　标准直齿圆锥齿轮机构几何尺寸计算公式

<table>
<tr><th colspan="2">名称</th><th>符号</th><th>计算公式</th></tr>
<tr><td rowspan="5">基本参数</td><td>模数</td><td>m</td><td>按表 4.2 选取大端模数为标准值</td></tr>
<tr><td>压力角</td><td>α</td><td>选标准值 $\alpha = 20°$</td></tr>
<tr><td>齿数</td><td>z</td><td>按规定选取</td></tr>
<tr><td>齿顶高系数</td><td>h_a^*</td><td>选标准值 $h_a^* = 1$</td></tr>
<tr><td>顶隙系数</td><td>c^*</td><td>取标准值 $c^* = 0.2$</td></tr>
<tr><td rowspan="13">几何尺寸</td><td>分锥角</td><td>δ</td><td>$\delta_1 = \operatorname{arccot} i,\ \delta_2 = 90° - \delta_1$</td></tr>
<tr><td>分度圆直径</td><td>d</td><td>$d_1 = mz_1,\ d_2 = mz_2$</td></tr>
<tr><td>齿顶高</td><td>h_a</td><td>$h_a = h_a^* m = m$</td></tr>
<tr><td>齿根高</td><td>h_f</td><td>$h_f = (h_a^* + c^*)m = 1.2m$</td></tr>
<tr><td>齿高</td><td>h</td><td>$h = h_a + h_f$</td></tr>
<tr><td>齿顶圆直径</td><td>d_a</td><td>$d_{a1} = d_1 + 2h_a\cos\delta_1$
$d_{a2} = d_2 + 2h_a\cos\delta_2$</td></tr>
<tr><td>齿根圆直径</td><td>d_f</td><td>$d_{f1} = d_1 + 2h_a\cos\delta_1$
$d_{f2} = d_2 + 2h_f\cos\delta_2$</td></tr>
<tr><td>锥距</td><td>R</td><td>$R = \dfrac{m}{2}\sqrt{z_1^2 + z_2^2} = \dfrac{d_1}{2\sin\delta_1} = \dfrac{d_2}{2\sin\delta_2}$</td></tr>
<tr><td>齿宽</td><td>b</td><td>$b = \varphi_R R = (0.25 \sim 0.35)R$</td></tr>
<tr><td>齿顶角</td><td>θ_a</td><td>$\theta_a = \arctan\dfrac{h_a}{R}$</td></tr>
<tr><td>齿根角</td><td>θ_f</td><td>$\theta_f = \arctan\dfrac{h_f}{R}$</td></tr>
</table>

✳ *第十一节　齿轮传动的润滑

齿轮传动润滑的目的是减少摩擦、减轻磨损，延缓齿轮传动的寿命，保证齿轮传动的工作能力。

一、润滑方式

（1）闭式齿轮传动。闭式齿轮传动一般常采用浸油润滑和喷油润滑两种方式。浸油润滑是将齿轮浸入箱内油池中，当齿轮转动时，借助油的黏着力将油带到啮合处进行润滑。它适用于齿轮的圆周速度 $v < 10$ m/s 的场合。减速箱内油池要有一定的深度和储油量，油池太浅易将底面油泥搅起，引起磨粒磨损，且不易散热。通常要求大齿轮齿顶圆到油池底部的高度 $h = 30 \sim 50$ mm，且浸没一个齿高。若多级传动各大齿轮的直径相差较大，而使高速级大齿轮不能浸入油中，这时可采用带油轮润滑、带油环等结构形式保证实现各级啮合齿轮的润

滑。当齿轮的速度 $v > 12$ m/s 时，齿轮传动采用喷油润滑。喷油润滑是由油泵或中心供油站经喷嘴将油喷到啮合的轮齿齿面上。喷油润滑效果良好，但需要专门的管道、滤油器、冷却器及油量调节装置等，因而成本较高。

（2）开式齿轮传动。对于开式齿轮传动以及小型、低速、轻载减速器采用涂抹、填充油脂或滴油润滑。

二、润滑剂

润滑剂的种类有润滑油、润滑脂。各种润滑油、润滑脂的牌号及选择原则详见《机械设计手册》。

❋ *第十二节　蜗杆传动简介

一、蜗杆传动组成和特点

蜗杆传动由蜗杆、蜗轮和机架组成。蜗杆传动是用来传递两交错轴之间的运动和动力的，其两轴交角为 90°。如图 4.41 所示，蜗杆传动一般以蜗杆主动，涡轮从动，做减速运动，具有自锁性。蜗杆传动被广泛应用于汽车、机床、起重及矿山机械、仪器仪表等设备。蜗杆传动的优点：结构紧凑、传动比大（用于传递动力时 $i = 10 \sim 80$，用于分度传动时 i 可达 1 000），传动平稳、震动小、噪声低。蜗杆传动的缺点：传动效率低，材料要求高，制造成本较高。

蜗轮传动的旋转方向可通过主动蜗杆的螺旋线旋向和旋转方向，结合左、右手定则来判断。如图 4.42（a）所示，当蜗杆为右旋，顺时针方向旋转时，用右手四个手指沿蜗杆转向握住，大拇指沿蜗杆轴线所指方向的反方向即为蜗轮上节点处的速度方向（逆时针方向旋转）。当蜗杆为左旋，如图 4.42（b）所示，则用左手按相同方法对蜗轮旋向进行判定。

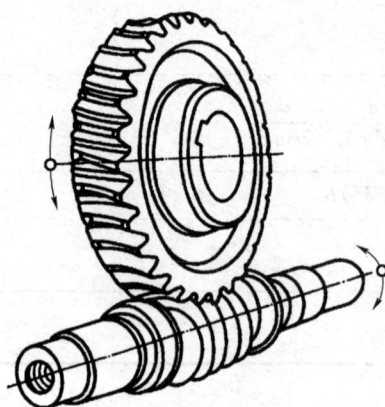

图 4.41　蜗杆传动

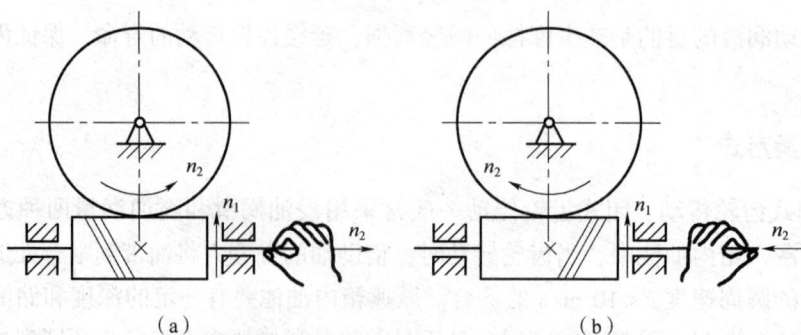

（a）　　　　　　　　　　　　　（b）

图 4.42　蜗轮旋向判断

（a）右旋蜗杆；（b）左旋蜗杆

二、蜗杆传动的类型

按蜗杆形状的不同，蜗杆传动可分为圆柱蜗杆传动［图 4.43（a）］、环面蜗杆传动［图 4.43（b）］和锥蜗杆传动［图 4.43（c）］等。其中圆柱蜗杆传动制造简单，应用最广。

（a）　　　　　　　（b）　　　　　　　（c）

图 4.43　蜗杆传动的类型

（a）圆柱蜗杆传动；（b）环面蜗杆传动；（c）锥蜗杆传动

三、圆柱蜗杆传动的主要参数、几何尺寸和正确啮合条件

1. 主参数

如图 4.44 所示，通过蜗杆轴线并垂直于蜗轮轴线的平面称为中间平面。在设计蜗杆传动时，都是以中间平面的参数和尺寸为依据。

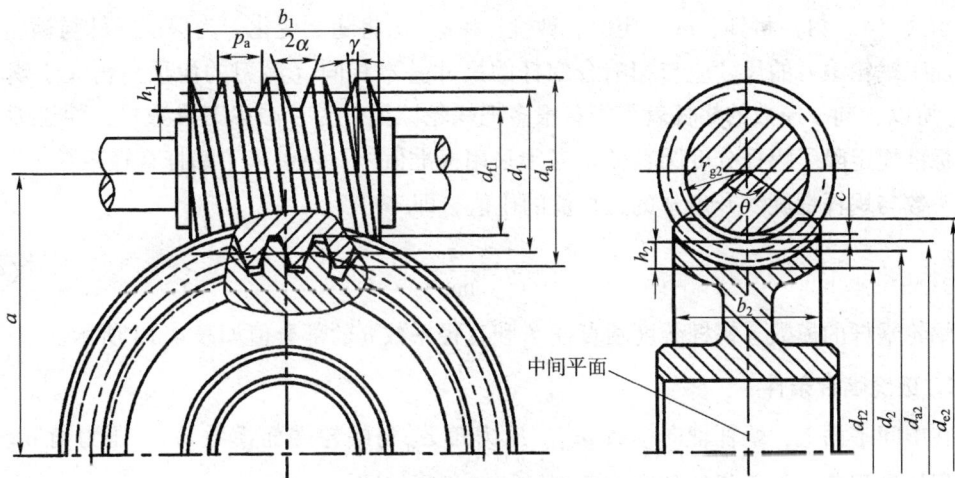

图 4.44　蜗杆传动的主要参数和几何尺寸

1）模数 m 和压力角 α

在主平面上蜗杆的轴向齿距 p_{a1} 应等于蜗轮的端面齿距 p_{t2}。则

$$m_{a1} = m_{t2} = m$$

$$\alpha_{a1} = \alpha_{a2} = \alpha = 20°$$

2）蜗杆头数 z_1 和传动比 i

蜗杆头数也是蜗杆螺旋线数目，一般取 1、2、4。

蜗杆传动的传动比 i 等于蜗杆与蜗轮的转速之比。设蜗杆为主动件，蜗轮齿数为 z_2，它们的转速分别为 n_1 和 n_2。当蜗杆转一周时，蜗轮就转过 z_1 个齿，即转过 z_1/z_2 周，则传动比

$$i = \frac{n_1}{n_2} = \frac{1}{z_1 z_2} = \frac{z_1}{z_2} \qquad (4-47)$$

3）蜗杆螺旋线升角 γ

蜗杆分度圆柱螺旋线上任意一点的切线与端平面所夹的锐角称为螺旋线升角 γ。

令 z_1 为蜗杆头数，L 为蜗杆螺旋线的导程，将蜗杆分度圆柱展开如图 4.45 所示，则

$$\tan \gamma = \frac{mz_1}{d_1} \qquad (4-48)$$

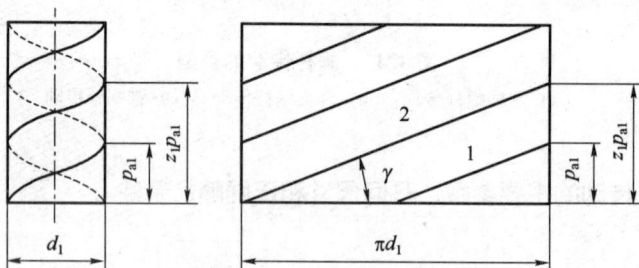

图 4.45　蜗杆分度圆柱展开图

4）蜗杆分度圆直径 d_1 和直径系数 q

由式（4-48）可知，m 一定时，改变 z_1 和 γ，d_1 将随之变化。为保证蜗杆与蜗轮正确啮合，加工蜗轮滚刀的尺寸应与相啮合蜗杆的尺寸基本相同（滚刀的齿顶高稍大于蜗杆齿顶高）。所以，同一模数的蜗杆就需配备很多把蜗轮滚刀。为了减少刀具数目，便于刀具标准化，标准规定除了蜗杆分度圆直径 d_1 必须采用标准值外，还引入了蜗杆直径系数 q，它等于蜗杆头数与蜗杆螺旋线升角 γ 的正切值的比值，即

$$q = \frac{z_1}{\tan \gamma} \qquad (4-49)$$

蜗轮蜗杆的模数、蜗杆分度圆直径 d_1 和直径系数 q 的部分值如表 4.13 所示。

2. 正确啮合条件

在中间平面上，蜗杆轴向模数 m_{a1}、压力角 α_{a1} 与蜗轮端面模数 m_{t2}、压力角 α_{t2} 分别相等，蜗杆导程角 γ 等于蜗轮的螺旋角 β 且旋向相同。即

$$\begin{cases} m_{a1} = m_{t2} = m \\ \alpha_{a1} = \alpha_{t2} = \alpha \\ \beta = \gamma \end{cases} \qquad (4-50)$$

3. 几何尺寸

蜗杆蜗轮机构几何尺寸计算公式如表 4.14 所示。

表 4.13 蜗杆蜗轮的模数、分度圆直径、直径系数

模数 m/mm	分度圆直径 d_1	直径系数 q	模数 m/mm	分度圆直径 d_1	直径系数 q
1	18	18	6.3	(80)	12.698
1.25	20	16		112	17.778
	22.4	17.92	8	(63)	7.875
1.6	20	12.5		80	10
	28	17.5		(100)	12.5
2	(18)	9		140	17.5
	22.4	11.2	10	(71)	7.1
	(28)	14		90	9
	35.5	17.75		(112)	11.2
2.5	(22.4)	8.96		160	16
	28	11.2	12.5	(90)	7.2
	(35.5)	14.2		112	8.96
	45	18		(140)	11.2
3.15	(28)	8.889		200	16
	35.5	11.27	16	(112)	7
	45	14.286		140	8.75
	56	17.778		(180)	11.25
4	(31.5)	7.875		250	15.625
	40	10	20	(140)	7
	50	12.5		160	8
	71	17.75		(224)	11.2
5	(40)	8		315	15.75
	50	10	25	(180)	7.2
	(63)	12.6		200	8
	90	18		(280)	11.2
6.3	(50)	7.936		400	16
	63	10			

表 4.14　蜗杆蜗轮机构几何尺寸计算公式

<table>
<tr><th colspan="2">名称</th><th>符号</th><th>计算公式</th></tr>
<tr><td rowspan="7">基本参数</td><td>模数</td><td>m</td><td>取蜗轮端面模数为标准值，查表 4.13</td></tr>
<tr><td>压力角</td><td>α</td><td>选标准值 $\alpha = 20°$</td></tr>
<tr><td>蜗杆头数</td><td>z_1</td><td>一般取 $z_1 = 1$，2，4</td></tr>
<tr><td>蜗轮齿数</td><td>z_2</td><td>$z_2 = iz_1$</td></tr>
<tr><td>蜗杆直径系数</td><td>q</td><td>$q = d_1/m$，查表 4.13</td></tr>
<tr><td>齿顶高系数</td><td>h_a^*</td><td>选标准值 $h_a^* = 1$</td></tr>
<tr><td>顶隙系数</td><td>c^*</td><td>取标准值 $c^* = 0.2$</td></tr>
<tr><td rowspan="14">几何尺寸</td><td>齿顶高</td><td>h_a</td><td>$h_a = h_a^* m = m$</td></tr>
<tr><td>齿根高</td><td>h_f</td><td>$h_f = (h_a^* + c^*)m = 1.2m$</td></tr>
<tr><td>齿高</td><td>h</td><td>$h = h_a + h_f = 2.2m$</td></tr>
<tr><td>蜗杆分度圆直径</td><td>d_1</td><td>$d_1 = mq$，查表 4.13</td></tr>
<tr><td>蜗杆齿顶圆直径</td><td>d_{a1}</td><td>$d_{a1} = d_1 + 2h_a$</td></tr>
<tr><td>蜗杆齿根圆直径</td><td>d_{f1}</td><td>$d_{f1} = d_1 - 2h_f$</td></tr>
<tr><td>蜗杆轴向齿距</td><td>p_a</td><td>$p_a = \pi m$</td></tr>
<tr><td>蜗杆分度圆</td><td>γ</td><td>$\gamma = \arctan(mz_1/d_1)$</td></tr>
<tr><td>螺旋导程角</td><td>γ</td><td>$\gamma = \beta$（蜗轮分度圆上轮齿的螺旋角）</td></tr>
<tr><td>蜗轮分度圆直径</td><td>d_2</td><td>$d_2 = mz_2$</td></tr>
<tr><td>蜗轮齿顶圆直径</td><td>d_{a2}</td><td>$d_{a2} = d_2 + 2h_a = (z_2 + 2)m$</td></tr>
<tr><td>蜗轮齿根圆直径</td><td>d_{f2}</td><td>$d_{f2} = d_2 - 2h_f = (z_2 - 2.4)m$</td></tr>
<tr><td>中心距</td><td>a</td><td>$a + \dfrac{d_1 + d_2}{2} = \dfrac{m}{2}(q + z_2)$</td></tr>
</table>

　　例 4.9　一蜗杆蜗轮机构，已知 $m = 6.3$ mm，$q = 10$，$z_1 = 1$，$z_2 = 30$，$h_a^* = 1$，$c^* = 0.2$。试计算其主要几何尺寸。

　　解： 由表 4.14 所示的公式，计算该蜗杆蜗轮机构的主要几何尺寸如表 4.15 所示。

表 4.15　蜗杆传动机构主要几何尺寸

<table>
<tr><th>序号</th><th colspan="2">计算项目</th><th>计算内容及结果</th></tr>
<tr><td rowspan="5">1</td><td rowspan="5">蜗杆几何尺寸</td><td>分度圆直径</td><td>$d_1 = mq = 6.3 \times 10 = 63$（mm）</td></tr>
<tr><td>齿顶圆直径</td><td>$d_{a1} = m(q + 2) = 6.3 \times (10 + 2) = 75.6$（mm）</td></tr>
<tr><td>齿根圆直径</td><td>$d_{f1} = m(q - 2.4) = 6.3 \times (10 - 2.4) = 47.88$（mm）</td></tr>
<tr><td>分度圆螺旋导程角</td><td>$\gamma = \arctan(mz_1/d_1) = \arctan(6.3 \times 1/63) = 5°42'38''$</td></tr>
<tr><td>蜗杆轴向齿距</td><td>$p_a = \pi m = 3.14 \times 6.3 = 19.78$（mm）</td></tr>
</table>

序号	计算项目		计算内容及结果
2	蜗轮几何尺寸	分度圆上螺旋角	$\beta = \gamma = 5°42'38''$
		分度圆直径	$d_2 = mz_2 = 6.3 \times 30 = 189$（mm）
		齿顶圆直径	$d_{a2} = m(z_2 + 2) = 6.3 \times (30 + 2) = 201.6$（mm）
		齿根圆直径	$d_{f2} = m(z_2 - 2.4) = 6.3 \times (30 - 2.4) = 173.88$（mm）
3	中心距		$a = \dfrac{m}{2}(q + z_2) = \dfrac{6.3}{2} \times (10 + 30) = 126$（mm）

习题

一、填空题

（1）渐开线齿廓上各点压力角_____，越靠近基圆压力角越_____，基圆上的压力角为_____。

（2）_____和_____是齿轮几何尺寸计算的基本参数。齿轮啮合点的实际轨迹称为实际_____。

（3）渐开线齿轮传动不但能保证瞬时传动比_____，而且还具有中心距的_____。

（4）范成法加工正常标准渐开线齿轮的最小齿数为_____；若轮齿小于该齿数则会产生_____。

（5）若齿轮的模数取_____值，分度圆上的压力角为_____，且齿厚等于齿槽宽，该齿轮就称为标准齿轮。

（6）渐开线齿轮连续传动条件是_____。

二、选择题

（1）渐开线标准直齿圆柱齿轮基圆上的压力角_____。

A. 大于20°　　　　　　　B. 等于20°　　　　　　　C. 等于0°

（2）一对渐形线齿轮传动，安装中心距大于标准中心距时，齿轮的节圆半径大于分度圆半径，啮合角_____压力角。

A. 大于　　　　　　　　B. 等于　　　　　　　　C. 小于

（3）两渐开线标准直齿圆柱齿轮正确啮合的条件是_____。

A. 模数相等　　　　　　B. 压力角相等　　　　　　C. 模数和压力角分别相等

（4）标准直齿圆柱齿轮的齿形系数决定于齿轮的_____。

A. 模数　　　　　　B. 齿数　　　　　　C. 材料　　　　　D. 齿宽系数

（5）齿轮传动中，小齿轮的宽度应_____大齿轮的宽度。

A. 稍大于　　　　　　　B. 等于　　　　　　　C. 稍小于

（6）一对标准直齿圆柱齿轮传动，齿数不同时，它们工作时两齿轮的齿面接触应力相同，齿根弯曲应力_____。

A. 相同　　　　　　　　B. 不同

三、判断题（正确的打"√"，错误的打"×"）

（1）齿轮传动中，经过热处理的齿面称为硬齿面，而未经热处理的齿面称为软齿面。

　（　　）

（2）齿轮传动中，主、从动齿轮齿面上产生塑性变形的方向是相同的。　（　　）

（3）同一条渐开线上各点的压力角不相等。　（　　）

（4）用仿形法加工标准直齿圆柱齿轮（正常齿）时，当齿数少于 17 时将产生根切。

　（　　）

（5）渐开线齿轮上具有标准模数和标准压力角的圆称为分度圆。　（　　）

（6）仿形法加工的齿轮比范成法加工的齿轮精度高。　（　　）

四、问答题

（1）什么是分度圆？什么是节圆？在什么情况下分度圆与节圆重合？此时压力角与啮合角是否相等？

（2）切削加工齿轮的方法有几种？

（3）什么是根切现象？产生根切的原因是什么？有什么危害？该如何避免？

（4）斜齿轮机构为什么比直齿轮机构传动平稳，承载能力强？

（5）在两级圆柱齿轮传动中，若其中一级用斜齿圆柱齿轮传动，一般是用在高速级还是低速级？为什么？

（6）直齿锥齿轮传动及蜗杆传动的正确啮合条件是什么？锥齿轮大端的参数是主参数吗？

（7）蜗杆传动的特点是什么？

（8）如何判断斜齿轮及蜗杆、蜗轮的旋向？

（9）蜗杆分度圆直径 $d_1 = mz_1 = mq$ 对吗？写出正确表达式。

（10）齿轮常见失效形式有哪些？闭式软齿面齿轮传动及闭式硬齿面齿轮传动的主要失效形式是什么？开式齿轮传动呢？它们的设计准则是什么？

（11）在对齿轮进行齿面接触疲劳强度和轮齿根部的弯曲疲劳强度校核计算时，通常大、小齿轮齿数不等，热处理方式不同，应选用哪个齿轮进行校核计算？为什么？

（12）一对外啮合标准直齿圆柱齿轮传动，标准安装，$a = 112.5$ mm，$z_1 = 38$，$d_{a1} = 100$ mm，大齿轮已丢失，试确定它的模数和齿数。

（13）有一标准直齿圆柱齿轮的 $h_a^* = 1$，$\alpha = 20°$。试问齿数满足什么条件时齿根圆大于基圆？齿数满足什么条件时基圆大于齿根圆？

（14）一对渐开线标准斜齿圆柱齿轮外啮合传动，已知齿轮的法向模数 $m_n = 4$ mm，小齿轮齿数 $z_1 = 19$，大齿轮齿数 $z_2 = 60$，标准中心距 $a = 160$ mm。求：

1）斜齿轮的螺旋角 β。

2）两齿轮的分度圆直径 d_1、d_2 和齿顶圆直径 d_{a1}、d_{a2}。

（15）某机床中有一蜗杆传动，已知 $m = 4$，$\alpha = 20°$，$z_1 = 2$，$d_1 = 40$ mm，$i = 20.5$，$h_a^* = 1$，$c^* = 0.2$。试求此机构的主要参数和中心距。

第五章

齿轮系

内容提要

本章主要介绍齿轮系的类型及应用，重点要求掌握定轴齿轮系、周转齿轮系、组合齿轮系传动比的计算及正确判断主、从动轮的转向，难点是周转齿轮系的传动比计算公式的应用。

第一节　齿轮系的分类

在机械中，为获得较大的传动比或变换转速、转向，通常需要采用一系列互相啮合的齿轮将主动轴和从动轴连接起来。这种由一系列齿轮组成的传动系统称为齿轮系（或轮系）。如果齿轮系中各齿轮的轴线互相平行，则称为平面齿轮系；否则，称为空间齿轮系。根据支承齿轮的轴线相对于机架的位置是否固定，齿轮系又可分为定轴齿轮系和周转齿轮系两大类。

一、定轴齿轮系

当齿轮系运转时，若各个齿轮的轴线的位置都是固定的，这种齿轮系称为定轴齿轮系（图 5.1）或普通齿轮系。由轴线相互平行的圆柱齿轮组成的定轴齿轮系称为平面定轴齿轮系 ［图 5.1（a）］。而包含锥齿轮或蜗杆蜗轮等相交轴齿轮、交错轴齿轮的定轴齿轮系称为空间定轴齿轮系 ［图 5.1（b）］。

（a）　　　　　　　　　　　（b）

图 5.1　定轴齿轮系

（a）平面定轴齿轮系；（b）空间定轴齿轮系

资源 5-1
定轴齿轮系传动装置

二、周转齿轮系

齿轮系中，至少有一个齿轮的几何轴线绕位置固定的另一齿轮的几何轴线转动的齿轮系称为行星齿轮系或周转齿轮系（图 5.2）。

三、组合（混合）齿轮系

在实际应用中，常把定轴齿轮系和周转齿轮系或 n 个单一的行星齿轮系组成的齿轮系统称为组合齿轮系（图5.3）。

图 5.2　周转齿轮系

资源 5 - 2
周转齿轮系
的转化轮系

图 5.3　组合齿轮系

第二节　定轴齿轮系的传动比计算

齿轮系的传动比是指首轮输入轴和末轮输出轴的转速或角速度之比，常用"i_{SM}"表示。

$$i_{SM} = \frac{n_S}{n_M} = \frac{\omega_S}{\omega_M} \tag{5-1}$$

式中，n_S、ω_S 为首轮的转速、角速度；

n_M、ω_M 为末轮的转速、角速度。

由于转速或角速度是矢量，所求传动比既要计算其大小，又要确定首、末轮的转向。

一、齿轮啮合时，传动比大小及转向确定方法

一对齿轮啮合的传动比大小及转向确定方法如表5.1 所示。

表 5.1　一对齿轮啮合的传动比大小及转向确定方法

圆柱齿轮传动		锥齿轮传动	蜗杆传动	
外啮合	内啮合		右旋蜗杆（右手）	左旋蜗杆（左手）
$i_{12} = \dfrac{\omega_1}{\omega_2} = -\dfrac{z_2}{z_1}$	$i_{12} = \dfrac{\omega_1}{\omega_2} = +\dfrac{z_2}{z_1}$		$i_{12} = \dfrac{\omega_1}{\omega_2} = \dfrac{z_2}{z_1}$	

注：当两轮轴线不平行时，用画箭头来确定转向。锥齿轮传动的箭头是同时指向节点或背离节点；蜗杆传动采用主动蜗杆左、右手定则判定蜗轮的旋转方向；轴线平行的圆柱齿轮传动，可用正、负号表示轮 1 与轮 2 的转向是同向或异向

二、定轴齿轮系传动比计算

如图 5.4 所示，设齿轮 1 为首齿轮（主动轮），齿轮 5 为末齿轮（从动轮）。分析该齿轮系传动比i_{15}的算法如下：

$$i_{12} = \frac{n_1}{n_2} = -\frac{z_2}{z_1}$$

$$i_{2'3} = \frac{n_{2'}}{n_3} = \frac{z_3}{z_{2'}}$$

$$i_{3'4} = \frac{n_3}{n_4} = -\frac{z_4}{z_{3'}}$$

$$i_{45} = \frac{n_4}{n_5} = -\frac{z_5}{z_4}$$

各式两边连乘得

$$i_{12} i_{2'3} i_{3'4} i_{45} = \frac{n_1}{n_2} \cdot \frac{n_{2'}}{n_3} \cdot \frac{n_{3'}}{n_4} \cdot \frac{n_4}{n_5}$$

$$= \left(-\frac{z_2}{z_1}\right) \cdot \frac{z_3}{z_{2'}} \cdot \left(-\frac{z_4}{z_{3'}}\right) \cdot \left(-\frac{z_5}{z_4}\right)$$

$$= (-1)^3 \frac{z_2 z_3 z_4 z_5}{z_1 z_{2'} z_{3'} z_4}$$

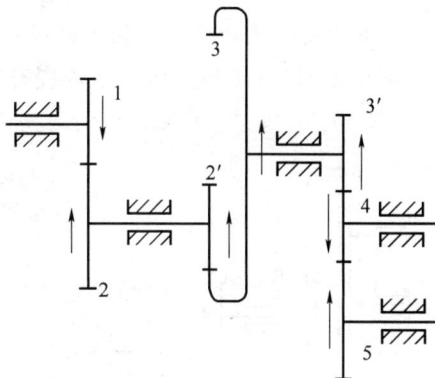

图 5.4　空间定轴齿轮系传动比示意图

因 $n_2 = n_{2'}$，$n_3 = n_{3'}$，所以有

$$i_{15} = \frac{n_1}{n_5} = i_{12} \cdot i_{2'3} \cdot i_{3'4} \cdot i_{45} = (-1)^3 \frac{z_2 z_3 z_5}{z_1 z_{2'} z_{3'}}$$

由以上分析可知，定轴齿轮系的传动比等于齿轮系中各对啮合齿轮传动比的连乘积，也等于齿轮系中所有从动轮齿数的连乘积与所有主动轮齿数的连乘积之比，传动比的正负号取决于外啮合齿轮对数，$(-1)^3 = -1$ 表示轮 1 与轮 5 转向相反。在该齿轮系中，齿轮 4 虽然参与啮合传动，但是却不影响其传动比的大小，只起到改变转向的作用，这样的齿轮称为惰轮。我们将上述计算推广到一般情况可得到定轴齿轮系的传动比计算公式为

$$i_{SM} = \frac{n_S}{n_M} = (-1)^w \frac{\text{从 S 轮到 M 轮之间所有从动轮齿数的连乘积}}{\text{从 S 轮到 M 轮之间所有主动轮齿数的连乘积}} \qquad (5-2)$$

式中，w 为外啮合齿轮对数。

三、空间定轴齿轮系传动比计算

空间定轴齿轮系传动比计算也可用式（5-2）计算，但由于各齿轮的轴线不都是平行的，所以首末两齿轮的转向不能用 $(-1)^w$ 来确定，而是采用在图上画箭头的方法来确定，如图 5.4 所示。其传动比的大小计算式为

$$i_{SM} = \frac{n_S}{n_M} = \frac{\text{从 S 轮到 M 轮之间所有从动轮齿数的连乘积}}{\text{从 S 轮到 M 轮之间所有主动轮齿数的连乘积}} \qquad (5-3)$$

例 5.1　在图 5.4 中，已知 $z_1 = 20$，$z_2 = 40$，$z_{2'} = 30$，$z_3 = 60$，$z_{3'} = 25$，$z_4 = 30$，$z_5 = 50$，均为标准齿轮传动。若已知轮 1 的转速 $n_1 = 1\,440$ r/min，试求轮 5 的转速 n_5。

解：此定轴齿轮系各轮轴线相互平行，且齿轮 4 为惰轮，齿轮系中有三对外啮合齿轮，

由式（5-3）得

$$i_{15} = \frac{n_1}{n_5} = (-1)^3 \frac{z_2 z_3 z_4 z_5}{z_1 z_{2'} z_{3'} z_4} = (-1)^3 \frac{40 \times 60 \times 30 \times 50}{20 \times 30 \times 25 \times 30} = -8$$

$$n_5 = \frac{n_1}{i_{15}} = \frac{1\,440}{(-8)} = -180 \ (\text{r/min})$$

上式中负号表示轮1和轮5的转向相反。

例 5.2 图 5.5 所示为一手摇提升装置，已知 $n_1 = 900$ r/min，$z_1 = z_2 = 20$，$z_3 = 60$，$z_{3'} = 20$，$z_4 = 50$，$z_{4'} = 1$（单头右旋），$z_5 = 40$。试求 n_5 的大小和方向。

解：（1）计算传动比的大小。该齿轮系属于输入轴与输出轴不平行的空间定轴齿轮系，用式（5-3）先计算其传动比，再求出 n_5 的大小，然后画箭头判断 n_5 的方向。

$$i_{15} = \frac{n_1}{n_5} = \frac{z_2 z_3 z_4 z_5}{z_1 z_{2'} z_{3'} z_4} = \frac{20 \times 60 \times 50 \times 40}{20 \times 20 \times 20 \times 1} = 300$$

所以

$$n_5 = \frac{n_1}{i_{15}} = \frac{900 \ \text{r/min}}{300} = 3 \ \text{r/min}$$

（2）确定 n_5 的方向。n_5 的方向如图 5.5 中箭头所示（逆时针转向）。

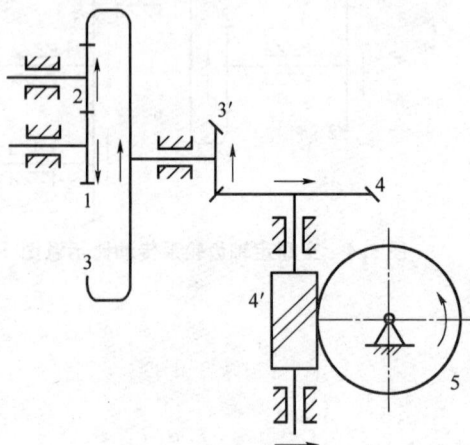

图 5.5 手摇提升装置

第三节 周转齿轮系的传动比计算

一、周转齿轮系的组成

如图 5.6 所示，O_1，O_3，O_H 的轴线必须重合，轴线位置固定的齿轮 1、3 是太阳轮，既绕 O_2 轴自转又绕 O_H 轴线公转的齿轮 2 称为行星轮，绕固定几何轴线 O_H 转动并支承行星轮的构件 H 称为行星架（系杆）。

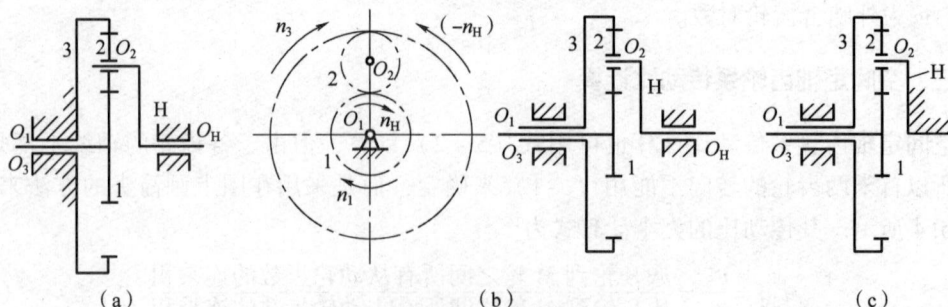

图 5.6 周转齿轮系类型及转化机构
(a) 行星齿轮系；(b) 差动齿轮系；(c) 转化机构

二、周转齿轮系分类

周转齿轮系按其自由度的不同分为行星齿轮系和差动齿轮系两大类。

（1）行星齿轮系。自由度 $F=1$ 的周转齿轮系称为行星齿轮系，轮系中有固定的太阳轮，如图 5.6（a）所示。

（2）差动齿轮系。自由度 $F=2$ 的周转齿轮系称为差动齿轮系，其太阳轮均不固定，如图 5.6（b）所示。

三、周转齿轮系的传动比计算

如图 5.6（a）所示的周转齿轮系传动比计算常采用转化机构法，即将周转齿轮系转化为定轴齿轮系，再根据定轴齿轮系传动比的计算方法来计算其传动比。根据相对运动原理，假想给整个周转齿轮系加上一个与行星架 H 的转速 n_H 大小相等、方向相反的公共转速"$-n_H$"，则行星架相对静止不动，而各构件间的相对运动关系不发生改变。所以，原来的周转齿轮系就可视为一个假想的定轴齿轮系，这样的定轴齿轮系称为原周转齿轮系的转化机构，如图 5.6（c）所示。转化前后齿轮系中各构件的转速如表 5.2 所示。

表 5.2　周转齿轮系转化前后轮系中各构件的转速

构件代号	原有转速	转化后的转速
1	n_1	$n_1^H = n_1 - n_H$
2	n_2	$n_2^H = n_2 - n_H$
3	n_3	$n_3^H = n_3 - n_H$
H	n_H	$n_H^H = n_H - n_H = 0$
4	$n_4 = 0$	$n_4^H = n_4 - n_H = -n_H$

转化机构中 1、3 两轮的传动比

$$i_{13}^H = \frac{n_1^H}{n_3^H} = \frac{n_1 - n_H}{n_3 - n_H} = (-1)^1 \frac{z_2 z_3}{z_1 z_2} = -\frac{z_3}{z_1} \tag{5-4}$$

式中，"$-$"号表示轮 1、3 在转化机构中的转向相反。

推广到一般情况，得

$$i_{SM}^H = \frac{n_S^H}{n_M^H} = \frac{n_S - n_H}{n_M - n_H} = (-1)^w \frac{\text{从 S 轮到 M 轮之间所有从动轮齿数的连乘积}}{\text{从 S 轮到 M 轮之间所有主动轮齿数的连乘积}} \tag{5-5}$$

使用式（5-5）时应注意以下几点。

（1）设齿轮 S 为齿轮系的主动齿轮（首轮），齿轮 M 为齿轮系的从动齿轮（末轮），中间各齿轮的主、从动地位必须从齿轮 S 起按传动顺序判定。

（2）将已知转速代入式（5-5）中求解未知转速时，要特别注意转速的正负号，当假定某一方向的转动为正时，则相反的转动方向为负。必须将转速大小连同正负号一并代入式（5-5）计算。

（3）在推导公式时，对各构件所加的公共转速（$-n_H$）与各构件原来的转速是代数相加的，所以式（5-5）只适用于首、末轮的轴线相互平行的情况。

（4）应用于圆锥齿轮，公式中的 $(-1)^m$ 由"±"号直接代替。转化机构中首、末轮同向为"+"，反之则为"-"（在转化机构中画箭头确定）。

例 5.3 在图 5.7 所示的差速器中，已知 $z_1 = 48$，$z_2 = 42$，$z_{2'} = 18$，$z_3 = 21$，$n_1 = 100$ r/min，$n_3 = 80$ r/min，其转向如图 5.7 中实线箭头所示。求 n_H。

解： 该齿轮系为首、末轮轴线平行的周转齿轮系，由周转齿轮系的转化机构传动比计算公式可得

$$i_{13}^H = \frac{n_1^H}{n_3^H} = \frac{n_1 - n_H}{n_3 - n_H} = \frac{z_2 z_3}{z_1 z_{2'}}$$

由于在转化机构中首、末轮可用画箭头的方法确定转向，经分析可知两者转向相反，故在式中加一负号。

由已知条件，齿轮 1 与齿轮 3 的转向相反，设 n_1 为正，则

$$\frac{100 - n_H}{-80 - n_H} = -\frac{42 \times 21}{48 \times 18} = -\frac{49}{48}$$

得

$$n_H = -9.072 \text{ r/min} \approx -9 \text{ r/min}$$

计算结果得"-"，表明 n_H 与 n_1 转向相反，方向向下。

例 5.4 在图 5.8 所示的行星齿轮搅拌机中，已知 $z_a = 40$，$z_g = 20$，当 H 以 $\omega_H = 31$ rad/s 回转时，试求搅拌器 F 的角速度 ω_g。

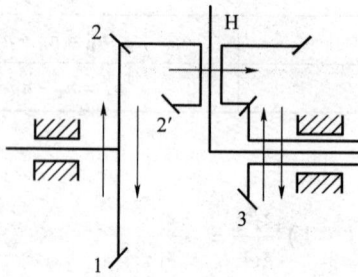

图 5.7 差速器

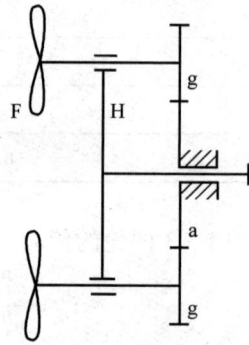

图 5.8 行星齿轮系

解： 该齿轮系为行星齿轮系。

由行星齿轮系的转化机构传动比计算公式得

$$i_{ag}^H = \frac{\omega_a^H}{\omega_g^H} = \frac{\omega_a - \omega_H}{\omega_g - \omega_H} = \frac{z_g}{z_a} = -\frac{20}{40} = -\frac{1}{2}$$

因

$$\omega_a = 0$$

则有

$$\frac{0 - \omega_H}{\omega_g - \omega_H} = -\frac{1}{2}$$

得

$$\omega_g = 3\omega_H = 3 \times 31 = 93 \text{（rad/s）}$$

第四节　组合齿轮系的传动比计算

图 5.9 所示为组合齿轮系。在该齿轮系中，齿轮 1、2 的几何轴线位置均固定，为定轴齿轮系。齿轮 2′、3、4 和行星架 H 及机架组成周转齿轮系。齿轮 3 的几何轴线不固定，它在行星架 H 的带动下绕 O_H 转动。轮 3 与轮 2′ 和轮 4 啮合，轮 2′、4 轴线与行星架 H 轴线重合。

组合齿轮系分析计算步骤（三步法）如下。

（1）划分基本齿轮系。首先找到行星齿轮，再找到支承行星齿轮的行星架 H，与行星齿轮相啮合的齿轮为太阳轮，它们与机架一起组成一个周转齿轮系。以此类推，直到找不到行星齿轮为止，余下的齿轮系就是定轴齿轮系（或无定轴齿轮系）。

（2）分别按单一齿轮系传动比计算方法列出传动比方程。

（3）找出联系各单一齿轮系的方程并求解。

例 5.5　图 5.10 所示的电动卷扬机减速器中，齿轮 1 为主动轮，动力由卷筒 H 输出。各轮齿数为 $z_1 = 24$，$z_2 = 33$，$z_{2'} = 21$，$z_3 = 78$，$z_{3'} = 18$，$z_4 = 30$，$z_5 = 78$，求 i_{1H}。

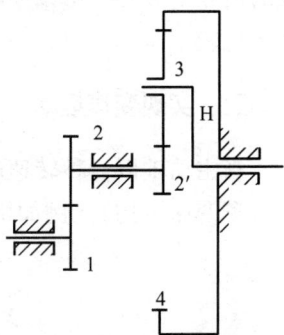

图 5.9　组合齿轮系

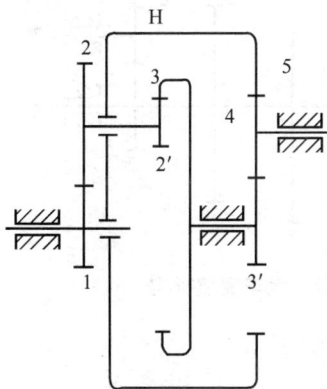

图 5.10　电动卷扬机减速器

解：（1）划分基本齿轮系。

在该齿轮系中，双联齿轮 2 - 2′ 的几何轴线是绕着齿轮 1 和 3 的轴线转动的，所以是行星齿轮；支承它运动的构件（卷筒 H）为行星架；和行星轮相啮合且绕固定轴线转动的齿轮 1 和 3 是两个太阳轮。这两个太阳轮都能转动，所以齿轮 1、2 - 2′、3 和行星架 H 组成一个双排内外啮合的差动齿轮系。剩下的齿轮 3′、4、5 是一个定轴齿轮系。二者合在一起便构成一个混合齿轮系。

定轴齿轮系中内齿轮 5 与差动齿轮系中行星架 H 是同一构件，因而 $n_5 = n_H$；定轴齿轮系中齿轮 3′ 与差动齿轮系太阳轮 3 是同一构件，因而 $n_3' = n_3$。

（2）用公式分别计算两个基本轮系的传动比。

对定轴齿轮系，有

$$i_{3'5} = \frac{n_{3'}}{n_5} = -\frac{z_5}{z_{3'}} = -\frac{78}{18} = -\frac{13}{3} \tag{1}$$

对差动齿轮系，有

$$i_{13}^{H} = i_{13}^{5} = \frac{n_1 - n_H}{n_3 - n_H} = \frac{z_2 z_3}{z_1 z_{2'}} = -\frac{33 \times 78}{24 \times 21} = -\frac{143}{28} \tag{2}$$

（3）求传动比。

由（1）、（2）两式联立求解得 $i_{1H} = 28.24$。

✸ 第五节　齿轮系的应用

一、实现距离较远的两轴之间的传动

当主、从动轴之间距离较远时，若用一对齿轮来传递运动和动力，齿轮的尺寸会很大，这既使机器的结构尺寸和重量增大，又浪费材料，且制造安装都不方便。采用若干对齿轮组成的齿轮系传动，可以使齿轮尺寸减小，制造安装也很方便。图 5.11 所示为两种齿轮传动方案比较。

二、实现变速运动

当主动轴以一种转速转动时，采用齿轮系可使从动轴获得多种工作转速（如图 5.12 所示汽车变速机构）。例如机床主轴箱、汽车等设备都应用了这种变速传动。

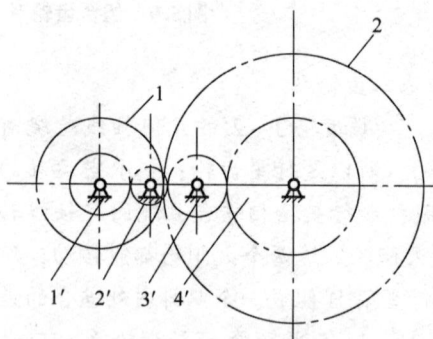

图 5.11　齿轮传动方案比较

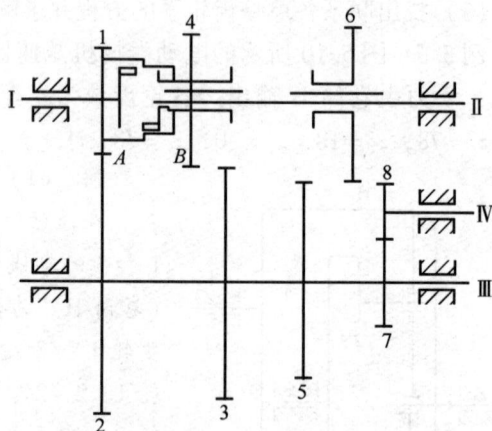

图 5.12　汽车变速机构

三、获得大的传动比

当两轴间需要实现大传动比时，可采用周转齿轮系来实现。如图 5.8 所示的周转齿轮系，其传动比 i_{Ha} 达到 10 000。它只适于减速传动及分度机构传递运动的场合，传力效率低，能量损失大，增速传动还可能发生自锁。

四、实现运动的合成与分解

1. 用作运动的合成

在差动齿轮系中，给出中心轮和系杆的任意两构件的转动后，另一个构件的转动将是这任意两构件转动的合成。如图 5.13 所示的差动齿轮系，当 $z_1 = z_3$，则有 $n_H = \frac{1}{2}(n_1 + n_3)$，即行星架 H 转速之两倍就是齿轮 1、3 转速的和。这种合成作用在机床、计算机构和补偿装置中得到广泛应用。

2. 用作运动的分解

差动齿轮系不仅能将两个独立的转动合成一个转动，还可将一个构件的转动按所需的比例分解为另两个构件的转动。汽车后桥上的差速器是差动齿轮系用作运动分解的实例，如图 5.14 所示。

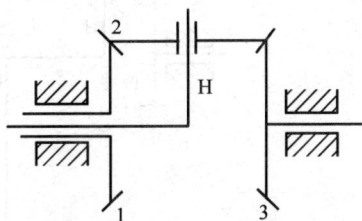

图 5.13　实现运动合成的周转齿轮系

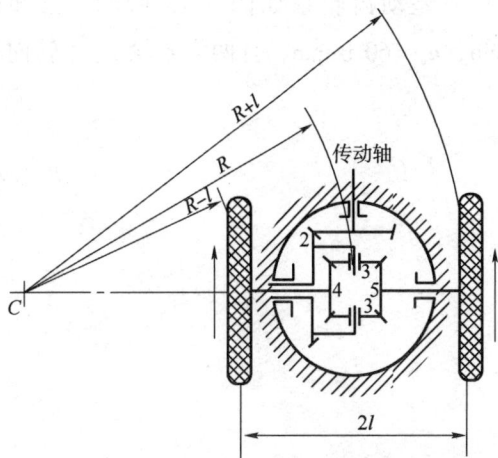

图 5.14　汽车后桥差速器

习题

一、填空题

（1）在组合齿轮系传动比计算中，要正确划分各个基本齿轮系，关键是要正确划分出其中的_____轮系。

（2）若在运转的齿轮系中，各齿轮的轴线都保持固定，则该齿轮系称为_____齿轮系。

（3）在齿轮系中不影响传动比大小，只起改变转向作用的齿轮，称为_____。

（4）运用相对运动原理，将行星齿轮系转化成假想的定轴齿轮系来计算传动比的方法称为_____。

二、选择题

（1）在定轴齿轮系中，每一个齿轮的回转轴线是_____的。

A. 相对运动确定　　　　　B. 相对固定　　　　　C. 固定

（2）在定轴齿轮系中，设轮 1 为主动轮，轮 N 为从动末轮，则定轴齿轮系首末两轮传动比数值计算的一般公式是 $i_{1N}=$ _____。

A. 轮 N 至轮 1 间所有从动轮齿数的连乘积／轮 1 至轮 N 间所有主动轮齿数的连乘积

B. 轮 1 至轮 N 间所有从动轮齿数的连乘积／轮 1 至轮 N 间所有主动轮齿数的连乘积

C. 轮 1 至轮 N 间所有主动轮齿数的连乘积／轮 1 至轮 N 间所有从动轮齿数的连乘积

三、判断题（正确的打"√"，错误的打"×"）

（1）行星齿轮系可以有两个以上的中心轮能转动。　　　　　　　　　　　　（　　）

（2）齿轮系中的惰轮既能改变传动比大小，也能改变转动方向。　　（　　）

（3）周转齿轮系中的行星架与中心轮的几何轴线必须重合，否则便不能转动。　（　　）

（4）只能通过利用多级齿轮组成的定轴齿轮系来实现两轴间较大的传动比。　（　　）

四、问答题

（1）一差动齿轮系如图 5.15 所示，已知 $z_1 = 15$，$z_2 = 25$，$z_3 = 20$，$z_4 = 60$，$n_1 = 180$ r/min，$n_4 = 60$ r/min，且两太阳轮 1、4 转向相反，试求行星架转速 n_H 及行星轮转速 n_3。

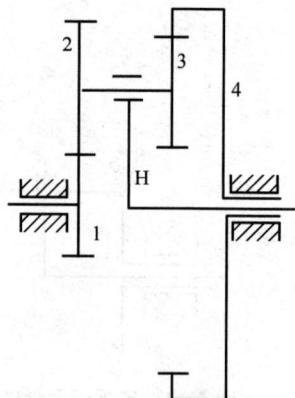

图 5.15　差动齿轮系

（2）在图 5.16 所示的电动卷扬机减速器中，齿轮 1 为主动轮，动力由卷筒 H 输出。各轮齿数为 $z_1 = 24$，$z_2 = 33$，$z_{2'} = 21$，$z_3 = 78$，$z_{3'} = 18$，$z_4 = 30$，$z_5 = 78$。求 i_{1H}。

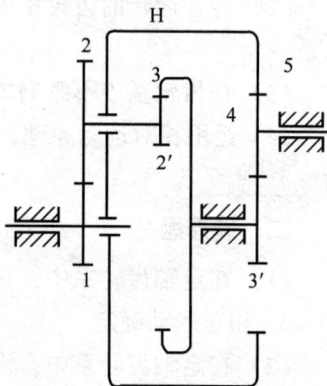

图 5.16　电动卷扬机减速器

（3）在图 5.17 所示的齿轮系中，已知 $z_1=20$，$z_2=40$，$z_{2'}=20$，$z_3=0$，$z_4=60$，均为标准齿轮传动。试求传动比 i_{1H}。

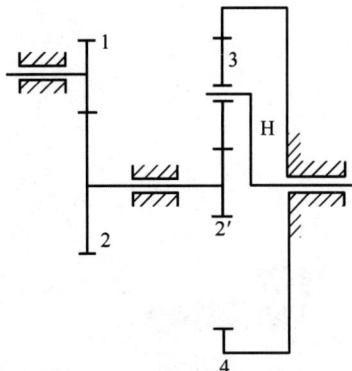

图 5.17　问答题（3）图

（4）在图 5.18 所示的齿轮系中，已知各轮齿数 $z_1=48$，$z_2=48$，$z_{2'}=18$，$z_3=24$；$n_1=250$ r/min，$n_3=100$ r/min，转向如图所示。试求行星架 H 转速 n_H 的大小及方向。

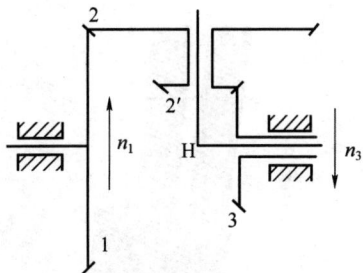

图 5.18　问答题（4）图

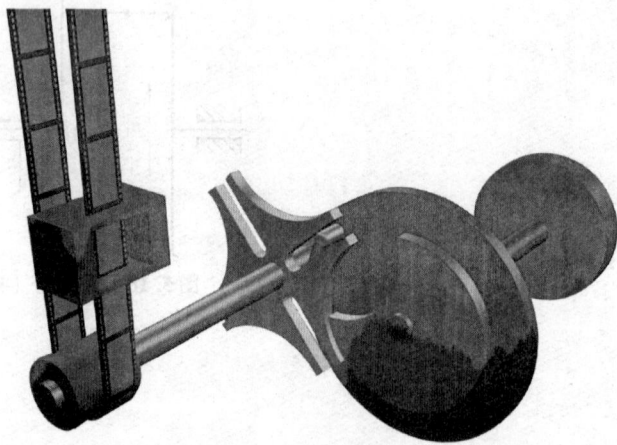

内容提要

本章主要介绍棘轮机构、槽轮机构、不完全齿轮机构、凸轮间隙机构的组成、工作原理、特点及应用等。本章难点是熟悉棘轮机构和槽轮机构的主要参数和设计过程。

在一些机械中，常需要将主动件的连续运动转变为从动件的周期性运动和停歇。这种能将主动件的连续运动转变为从动件的周期性运动和停歇的机构称为间歇运动机构。间歇运动机构在自动生产线的转位机构、步进机构、计数装置和许多复杂的轻工机械中有着广泛的应用，常用的间隙运动机构有棘轮机构、槽轮机构、不完全齿轮机构和凸轮间歇机构，如图 6.1 所示。

资源 6 –1
电影放映机

图 6.1　电影放映机

第一节　棘轮机构

一、棘轮机构的组成和工作原理

如图 6.2（a）所示，由棘轮 3、驱动棘爪 2、制动棘爪 4、摆杆 1、弹簧 6 和机架 5 组成单动式棘轮机构。当主动摆杆 1 做逆时针转动时，驱动棘爪 2 在弹簧力的作用下进入棘轮齿槽中，推动棘轮做与摆杆同向的运动，此时棘爪制动 4 沿棘轮齿背滑动。当主动摆杆做顺时针转动时，驱动棘爪 2 沿棘轮齿背滑动，制动棘爪 4 阻止棘轮由于载荷和摩擦力的作用而可能引起的反向转动。

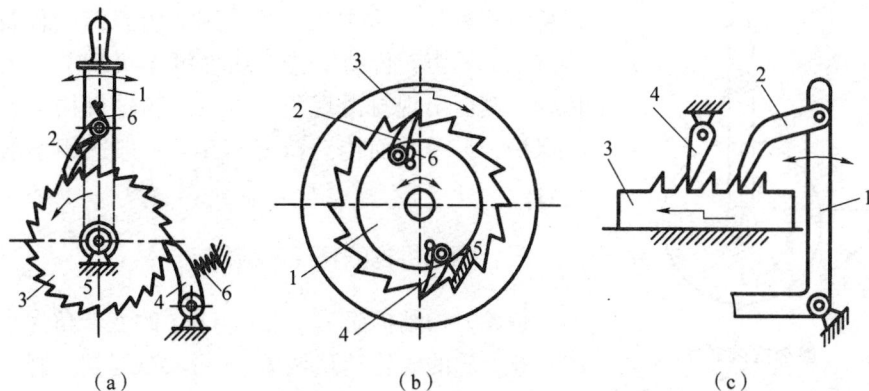

图 6.2　单动式棘轮机构

（a）外啮合式；（b）内啮合式；（c）齿条式

1—摆杆；2—驱动棘爪；3—棘轮；4—制动棘爪；5—机架；6—弹簧

二、棘轮机构的类型

棘轮机构按其结构和工作原理可分为以下两大类。

1. 齿式棘轮机构

（1）单动式棘轮机构，如图 6.2 所示。其原理是摆杆向某一方向摆动时带动棘轮沿同一方向转动一定角度，摆杆反向转动时，棘轮静止不动。

（2）双动式棘轮机构，如图 6.3 所示。其原理是摆杆往复摆动时均可推动棘轮沿单一方向转动一定角度。

（3）双向式棘轮机构，如图 6.4 所示。其原理是当把棘爪放置在图 6.4（a）中虚线或图 6.4（b）中实线位置时，棘轮都能在不同方向转动。

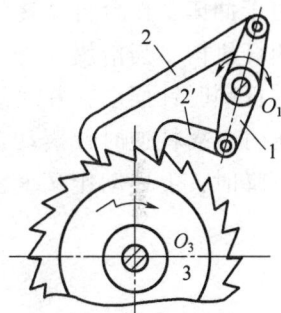

图 6.3　双动式棘轮机构

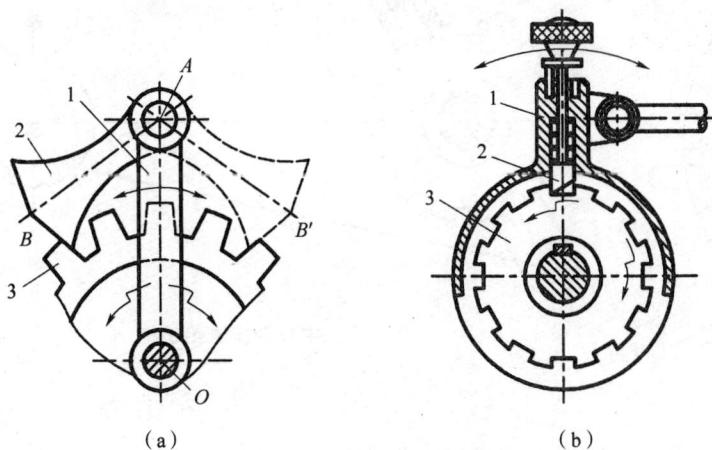

（a）

（b）

资源 6 - 2
双向式棘轮机构

图 6.4　双向式棘轮机构

2. 摩擦式棘轮机构

摩擦式棘轮机构如图6.5所示，它是用偏心扇形模块代替齿式棘轮机构中的棘爪，用无齿摩擦轮代替棘轮。其特点：无噪声、传动平稳、动程可无级调节；因靠摩擦力传动，其会出现打滑现象。摩擦式棘轮机构一方面可起过载保护，另一方面传动精度不高，一般适用于低速轻载的场合。

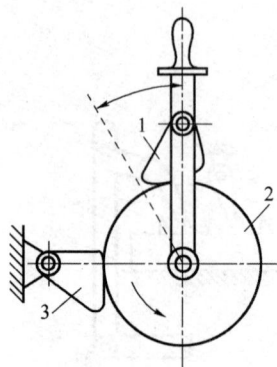

图6.5 摩擦式棘轮机构

三、棘轮机构的特点和应用

棘轮机构结构简单，加工容易，改变转角大小方便（如图6.6所示的棘轮转角调整），可实现送进、制动及超越等功能，故被广泛应用于各种自动机械和仪表中。其缺点是在运动开始和终止时，棘轮和棘爪间都产生冲击，因此不宜用在具有很大质量的轴上。

在图6.7所示的牛头刨床横向间歇进给运动中，齿轮1和2，曲柄摇杆机构2、3、4，棘轮机构4、5、7使与棘轮固连的丝杠6做间歇转动，从而使牛头刨床工作台实现横向进给。调节曲柄长度，可改变摇杆的摆角及棘轮的转角，从而改变横向进给量的大小。图6.8所示为卷扬机制动机构，为使提升的重物能停在任何位置，以及防止因停电等造成事故，所以常用棘轮机构作为防止逆转的止逆器。图6.9所示为棘轮机构用于冲床工作台自动转位的实例，在此机构中，转盘式工作台与棘轮固连；ABCD为一四杆机构，当滑块（冲头）上下运动时，连杆BC带动摇杆AB来回摆动。冲头上升时摇杆顺时针摆动，并通过棘爪带动棘轮和工作台送料到冲压工位。当冲头下降进行冲压时，摇杆逆时针摆动，棘爪在棘轮齿顶上滑行，工作台静止不动。当冲头再上升或下降时，上述动作又重复进行。

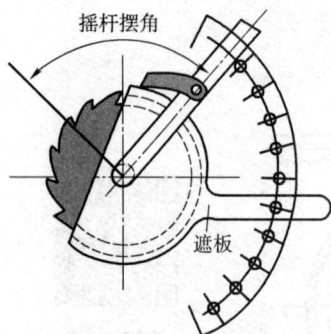

图6.6 棘轮转角调整

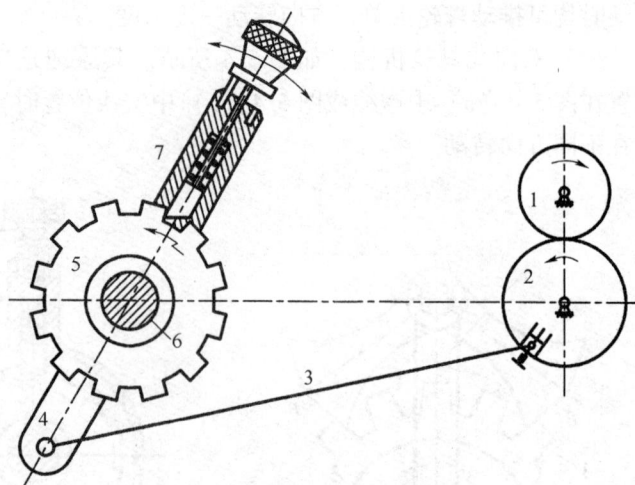

图6.7 牛头刨床进给机构

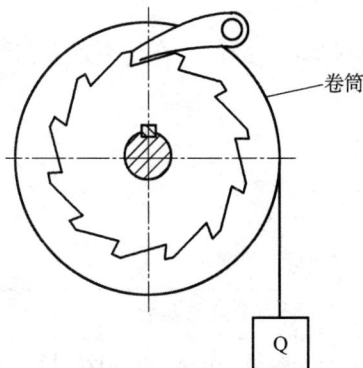

图 6.8　卷扬机制动机构

图 6.9　送料机构

四、棘轮机构的设计

现以工程实际中常用的齿式棘轮机构为例，简要介绍棘轮机构的设计。

1. 主要参数

（1）棘轮齿数 z，一般应由整个机器工作的需要来决定，通常取 $z = 12 \sim 25$。

（2）模数 m，仿照齿轮标准确定，与齿轮不同之处是，棘轮机构的模数是从棘轮齿顶圆测量求得。令

$$m = \frac{p}{\pi} \quad （\text{mm}）$$

式中，m 为模数（mm），已系列化，如表 6.1 所示；

p 为周节（mm）。

由 $p = \pi D / z$ 可导出

$$D = mz \quad （\text{mm}）$$

（3）齿顶圆直径 d_a 棘轮的最大直径称为棘轮的齿顶圆直径，$d_a = mz$。

（4）棘轮齿高 $h = 0.75\ m$。

（5）棘齿偏斜角 φ。如图 6.10 所示，棘轮机构工作时，为使棘爪受载最小而推动棘轮的有效力最大，棘爪回转中心 O_1 应位于棘轮齿顶圆的切线上。当棘爪与棘齿在 A 点接触时，棘齿对棘爪的作用有正压力 F_N 和阻止棘爪下滑的摩擦力 F（$F = F_N \tan \rho$），为保证棘爪在此二力作用下仍能向棘齿根部滑动而不从齿槽滑脱，其合力 F_R 应使棘爪有逆时针回转的力矩，为此，轮齿工作面相对棘轮半径应有一个负倾角 φ，称为棘齿偏斜角，可以证明，φ 角与摩擦角 ρ 之间应有如下关系：

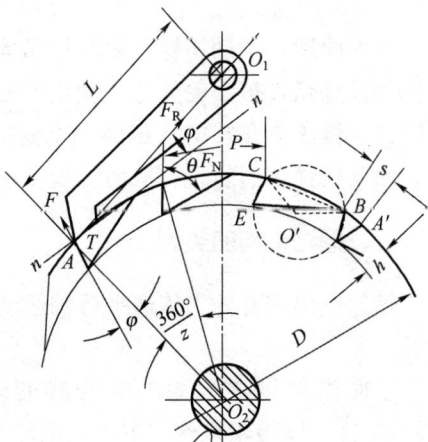

图 6.10　棘轮齿形

$$\varphi > \rho$$

式中，ρ 为摩擦角，$\rho = \arctan f$，f 为摩擦系数，取 $f = 0.2 \sim 0.25$，$\rho = 11.3° \sim 14°$ 时，为了保证运转安全可靠，一般可取 $\varphi = 20°$。

棘轮齿槽夹角 θ 由铣刀刃面夹角决定，一般取 $\theta = 60°$，因此，在绘制棘轮齿形时，需对齿顶厚 s 或棘齿偏斜角 φ 进行修正。

2. 棘轮机构几何尺寸计算

棘轮机构几何尺寸按表 6.1 计算。

表 6.1　棘轮机构几何尺寸

尺寸名称	符号	计算公式与参数
模数	m	常用 1，2，3，4，5，6，8，10，12，14，16
周节	p	$p = \pi D / z$
齿顶圆直径	D	$D = mz$
齿高	h	$h = 0.7m$
齿顶高	s	$s = m$
齿槽夹角	θ	$\theta = 60°$ 或 55°
齿根圆角半径	r	$r \geqslant 1.5$
棘爪长度	L	$2\pi m$

其他结构尺寸可参照《机械零件设计手册》。

🏵 第二节　槽轮机构

一、槽轮机构的组成和工作原理

槽轮机构即马耳他机构，由具有圆柱销的主动销轮 1、具有直槽的从动槽轮 2 及机架组成，如图 6.11 所示。

工作原理：主动销轮 1 顺时针做等速连续转动，当圆销 A 未进入径向槽时，槽轮因其内凹的锁止弧 β 被销轮外凸的锁止弧 α 锁住而静止；当圆销 A 开始进入径向槽时，α 弧和 β 弧脱开，槽轮 2 在圆销 A 的驱动下逆时针转动；当圆销 A 开始脱离径向槽时，槽轮因另一锁止弧又被锁住而静止，从而实现从动槽轮的单向间歇转动。

二、槽轮机构的类型

槽轮机构主要分为传递平行轴运动的平面槽轮机构和传递相交轴运动的空间槽轮机构两大类。

平面槽轮机构分为外啮合式的外槽轮机构（图 6.11）和内啮合式的内槽轮机构（图 6.12）。外槽轮机构的主、从动轮转向相反；内槽轮机构的主、从动轴转向相同。与外槽轮机构相比，内槽轮机构传动较平稳、停歇时间短、所占空间小。

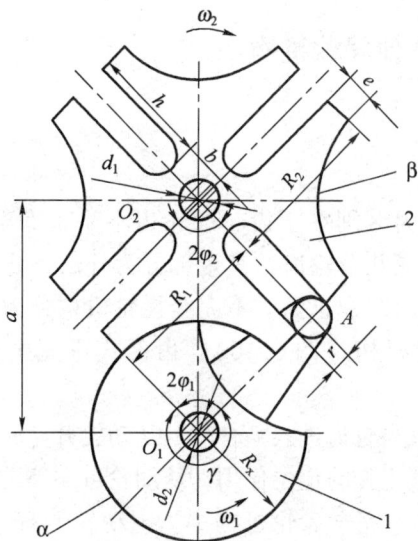

图 6.11 外槽轮机构

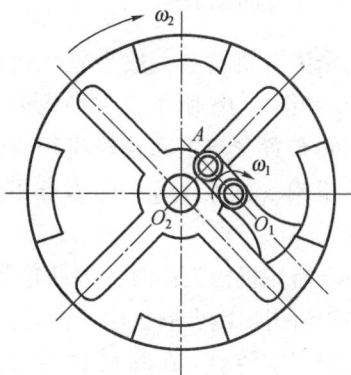

图 6.12 内槽轮机构

三、槽轮机构的特点和应用

槽轮机构的优点是结构简单，外形尺寸小，工作可靠，能准确控制转角，机械效率高。缺点是动程不可调节，转角为特定值，且槽轮在起动和停止时加速度变化大、有柔性冲击，且这种情况随着转速的增加或槽轮槽数的减少而加剧，因而其不适用于高速场合。

槽轮机构一般应用于自动、半自动机械或仪器仪表中。图 6.13 所示为六角车床的刀架转位机构，为了能按照零件加工工艺的要求自动改变需要的刀具，采用了槽轮机构。与槽轮固联的刀架上装有六种刀具，所以槽轮 2 上开有六个径向槽，拨盘 1 上装有一个圆销。每当拨盘 1 转动一周，圆销就进入槽轮一次，驱使槽轮 2 转过 60°，从而将下一工序的刀具转换到工作位置。

在如图 6.14 所示机构中，槽轮机构 3′—4 与椭圆齿轮机构 1—2、锥齿轮机构 2′—3、链轮机构 4′—5 串联，可使传送链条实现非匀速的间歇移动，故可满足自动线上的流水装配作业，若去掉链条，将链轮改为回转式平台，则其又可作为多工位间歇转动工作台。

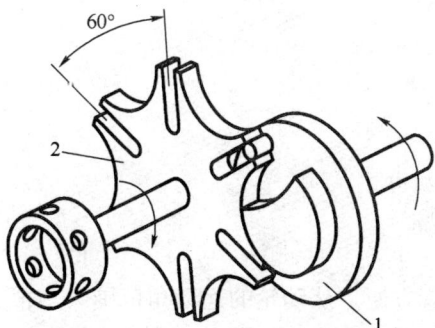

图 6.13 六角车床的刀架转位机构

资源 6 – 3
转位机构

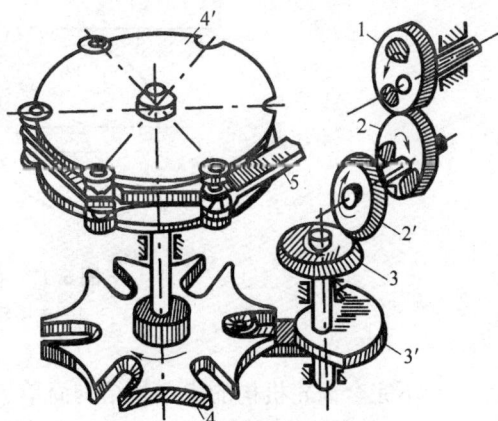

图 6.14 多工位转动工作台

第三节　其他间歇机构

一、不完全齿轮机构

不完全齿轮机构与一般齿轮机构相比，最大区别在于齿轮的轮齿不是布满整个圆周。如图 6.15 和图 6.16 所示，主动轮 1 上有一个或几个轮齿，其余部分为外凸锁止弧，从动轮 2 上相间布置着与主动轮轮齿相应的齿间和内凹锁止弧。不完全齿轮机构分为外啮合不完全齿轮机构（图 6.15）、内啮合不完全齿轮机构（图 6.16）、齿条式不完全齿轮机构（图 6.17）。

不完全齿轮机构工作时，主动轮连续转动，当轮齿进入啮合时，从动轮开始转动，当主动轮上的轮齿退出啮合后，由于两轮的凸、凹锁止弧的定位作用，从动轮可靠停歇，从而实现从动轮的间歇转动。在图 6.15 所示的外啮合不完全齿轮机构中，主动轮上有 3 个轮齿，从动轮上有 6 段轮齿和 6 个内凹圆弧相间分布，每段轮齿上有 3 个齿间与主动轮齿相啮合。当主动轮转动一周时，从动轮转动角度 $\alpha = 2\pi/6$。

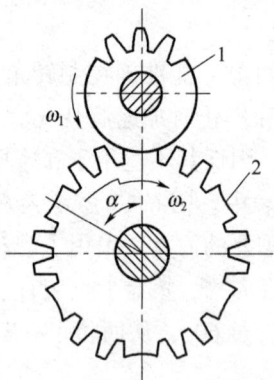

图 6.15　外啮合不完全齿轮机构

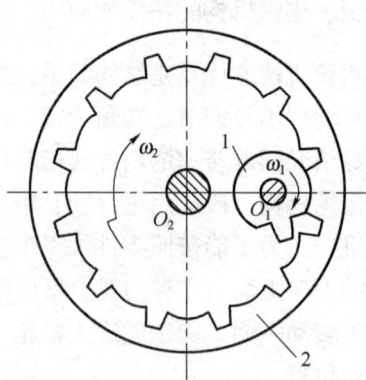

图 6.16　内啮合不完全齿轮机构

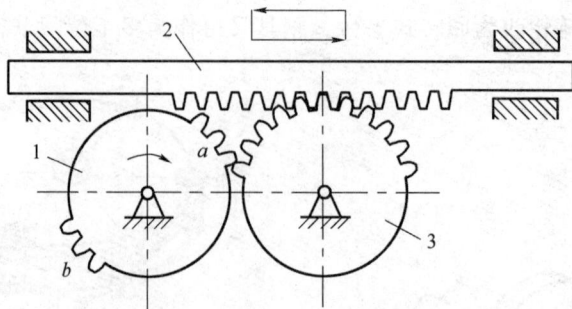

图 6.17　齿条式不完全齿轮机构

1—主动轮；2—齿条；3—从动轮

不完全齿轮机构的优点是结构简单、设计灵活、制造方便。从动轮的运动角范围大，很容易实现在一个周期内的多次动停、时间不等的间歇运动。缺点是加工复杂，主、从动轮不能互换，从动轮在转动开始和终止时速度有突变，容易引起较大冲击。不完全齿轮机构一般仅用于低速、轻载场合，如在计数机构及自动、半自动机械中用作工作台间歇转动的机构等。

二、凸轮间歇运动机构

一般由主动凸轮、从动转盘和机架组成凸轮间歇运动机构。通常有两种形式：一种是图 6.18 所示的圆柱凸轮间歇运动机构，其主动凸轮 1 的圆柱面上有一条两端开口、不闭合的曲线沟槽，从动转盘 3 的端面上有均匀分布的圆柱销 2。当凸轮转动时，通过其曲线沟槽拨动从动转盘 3 上的圆销，使从动转盘 3 做间歇运动。另一种是图 6.19 所示的蜗杆凸轮间歇运动机构，其主动凸轮 1 上有一突脊，犹如圆弧面蜗杆，从动转盘 3 的圆柱面上均匀分布有圆柱销 2，犹如蜗轮的齿。当蜗杆凸轮转动时，转盘上的圆柱销 2 推动从动转盘 3 做间歇运动。

凸轮间歇运动机构一般用于传递交错轴间的分度运动和需要间歇转位的装置中。其优点是运转可靠、平稳，转盘可以实现任何运动规律，还能用改变凸轮推程运动角来得到所需要的转盘转动与停歇时间的比值。

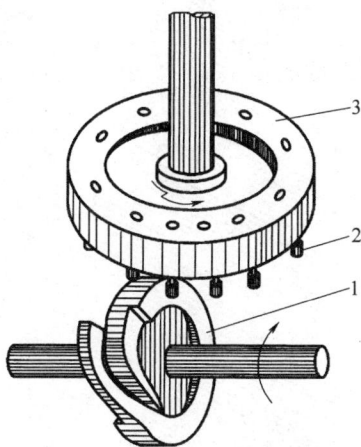

图 6.18 圆柱凸轮间歇运动机构
1—主动凸轮；2—圆柱销；3—从动转盘

图 6.19 蜗杆凸轮间歇运动机构
1—主动凸轮；2—圆柱销；3—从动转盘

习题

一、填空题

（1）在棘轮机构中，通常取齿数 z 为_____，节齿偏斜角 φ 为_____，齿形角 θ 为_____或_____。

（2）棘轮的标准模数等于棘轮的_____直径与齿数之比。

（3）平面棘轮机构分为_____和_____。

二、选择题

（1）棘轮机构在单向间歇运动中常用于_____的场合。

A. 低速重载   B. 低速轻载   C. 高速轻载

（2）棘轮的齿数 z 是根据具体的工作要求选定的。轻载时齿数可取_____。

A. 整数   B. 小数   C. 多

（3）槽轮机构存在_____冲击。

A. 柔性   B. 刚性   C. 中性

三、判断题（正确的打"√"，错误的打"×"）

（1）常用的棘轮机构由棘爪、棘轮、摆杆和机架等组成，棘轮为主动件，棘爪为从动件。 （ ）

（2）槽轮机构比棘轮机构的结构复杂，加工要求较高，所以制作成本较高。 （ ）

四、问答题

（1）常用的棘轮机构有哪些形式？它们有哪些特点？

（2）棘轮机构、槽轮机构和不完全齿轮机构都是常用的间歇运动机构，它们的优缺点是什么？适用于哪些场合？

第七章
带传动与链传动

🏁 **内容提要**

本章主要内容是带传动的类型、带传动的特点及应用、带传动的形式、带传动的力分析和运动特性、带传动和张紧、安装和维护、链传动简介。本章也简要介绍了滚子链传动的结构与标准以及润滑与张紧方法。本章的重点是 V 带传动的参数选择及设计计算。

✿ 第一节 概 述

带传动是一种应用很广的机械传动形式，主要用于传递两轴之间的运动和动力。带传动一般由主动带轮 1、从动带轮 2 和传动带 3 及机架等组成，如图 7.1 所示。因传动带属于挠性件，故带传动也称为挠性传动，常用于减速传动装置中。大部分带传动是依靠挠性传动带与带轮间的摩擦力来传递运动和动力的。当原动机驱动主动轮转动时，带与带轮间的摩擦力使从动轮一起转动，从而实现运动和动力的传递。

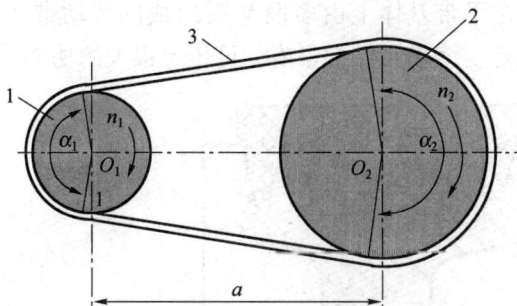

资源 7－1
V 带传动

图 7.1　带传动简图
1—主动带轮；2—从动带轮；3—传动带

链传动是一种具有中间挠性件（链条）的啮合传动，兼有带传动和齿轮传动的一些特点。带传动和链传动都适用于两轴中心距较大的传动，具有结构简单、维护方便和成本低廉等优点，被广泛应用于各种机器中。

一、带传动的类型

（1）带传动按传动原理可分为摩擦带传动和啮合带传动。

摩擦带传动是靠传动带与带轮间的摩擦力实现传动的，如 V 带传动、平带传动等。

啮合带传动是靠内侧凸齿与带轮外缘上的齿槽相啮合实现传动的，如同步带传动。

（2）带传动按用途可分为传送带和输送带。

传送带是用来传递运动和动力的。

输送带用来输送物品。

（3）带传动按传送带的截面形状可分为平带、V带、多楔带、圆形带和同步带。

①平带如图7.2所示，平带截面形状为扁平矩形，其工作面是与带轮轮面相接触的内表面。常用的平带有胶带、编织带和强力锦纶带等。平带传动结构简单，带轮制造方便，质轻且挠曲性好，故多用于高速和中心距较大的传动。

②V带如图7.3所示，V带截面形状为梯形，两侧面为工作面。传动时，V带与轮槽两侧面接触，在同样压紧力 F_Q 的作用下，V带的摩擦力比平带大，传递功率也较大，且结构紧凑，故在一般机械中V带传动已取代平带传动。

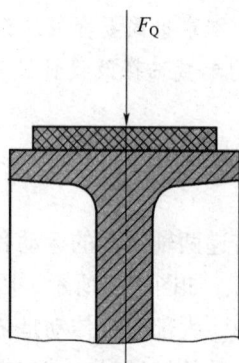

图7.2 平带

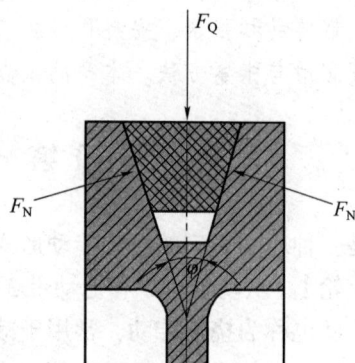

图7.3 V带

③多楔带如图7.4所示，它是在平带基体上由多根V带组成的传动带。这种带兼有平带挠曲性好和V带摩擦力较大的优点。多楔带结构紧凑，可传递很大的功率。

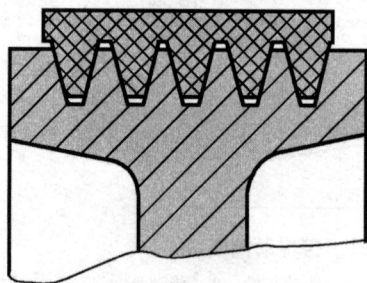

图7.4 多楔带

④圆形带如图7.5所示，圆形带的横截面呈圆形。其传动能力小，常用于仪器、玩具、医疗器械和家用器械等场合。

⑤同步带如图7.6所示，同步带依靠带内侧凸齿与带轮外缘上的齿槽啮合来传递运动和动力。它除了保持摩擦带传动的优点外，还具有传递功率大、传动比准确等优点，多用于要求传动平稳、传动精度较高的场合，但制造、安装精度要求较高，成本高。

图 7.5　圆形带

资源 7 – 2
圆形带传动

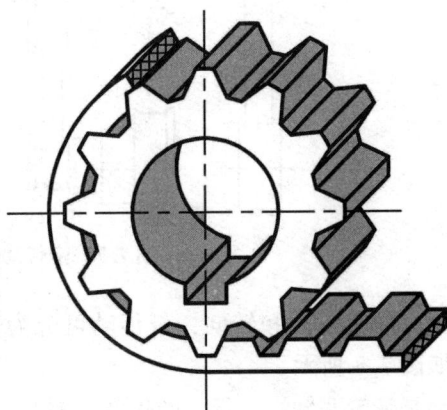

图 7.6　同步带

资源 7 – 3
同步带传动

二、带传动的特点及应用

1. 摩擦带传动的特点

（1）适用于中心距较大的传动。

（2）具有弹性，能缓冲吸震，传动平稳，无噪声。

（3）过载时，带与带轮会出现打滑现象，摩擦带传动可防止传动零件损坏，起到过载保护作用。

（4）结构简单，维护方便，无须润滑，且制造和安装精度要求不高，成本低廉。

（5）由于带的弹性滑动，不能保证准确的传动比。

（6）传动效率较低，寿命较短。

（7）传动的外廓尺寸、带作用于轴上的压力等均较大。

（8）不适宜在高温、易燃及有油、水的场合使用。

2. 带传动的应用

一般适用于中小功率、无须保证准确传动比和传动平稳的远距离场合。在多级减速传动装置中，带传动通常置于与电动机相连的高速级场合。其中 V 带传动应用最为广泛，一般允许的带速 $v = 5 \sim 25$ m/s，传动比 $i \leqslant 7$，传动效率 $\eta = 0.90 \sim 0.95$。

三、带传动的形式

（1）按照传动比分类，带传动可分为定传动比、有级变速和无级变速三类，如图 7.7 所示。

①定传动比：在机械传动系统中，其始端主动轮与末端从动轮的角速度或转速的比值是定值。

②有级变速：在若干固定速度级内，不能连续地变换速度。

③无级变速：在一定速度范围内，能连续、任意地变换速度。

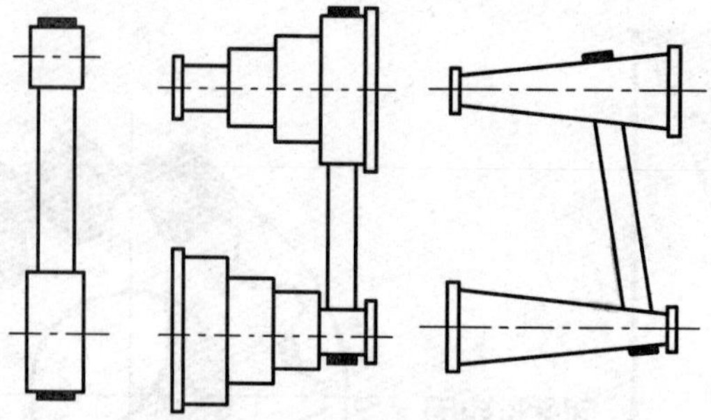

图7.7 带传动分类一

（2）按照两轴的位置和转向，带传动可分为开口传动、交叉传动、半交叉传动和张紧轮传动等，如图7.8所示。

开口传动是带轮两轴线平行、两轮宽的对称平面重合、转向相同的带传动。交叉传动、半交叉传动适用于平带。

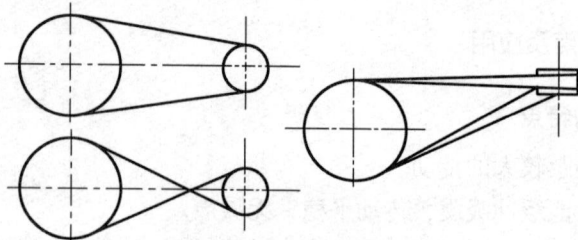

图7.8 带传动分类二

🎡 第二节　带传动的力分析和运动特性

一、带传动的受力分析

为保证带传动正常工作，传动带必须以一定的张紧力紧套在带轮上。此时带受初拉力 F_0 的作用，并使带与带轮的接触面间产生正压力。

当传动带静止时，带两边承受相等的拉力，称为初拉力 F_0，如图7.9所示。

当传动带传动时，由于带和带轮接触面间摩擦力的作用，带两边的拉力不再相等，如图7.10所示。绕入主动轮的一边被拉紧，拉力由 F_0 增大到 F_1，称为紧边；绕入从动轮的一边被放松，拉力由 F_0 减少为 F_2，称为松边。

在带总长不变时，紧边拉力的增量 $F_1 - F_0$ 应等于松边拉力的减少量 $F_0 - F_2$，即

$$F_0 = \frac{1}{2}(F_1 + F_2) \tag{7-1}$$

紧边和松边的拉力差值 $F_1 - F_2$ 即为带传动的有效拉力，也就是带所传递的圆周力 F。在数值上它等于带与带轮接触面间产生的静摩擦力值的总和 $\sum F_f$，即

$$F = F_1 - F_2 = \sum F_f \qquad (7-2)$$

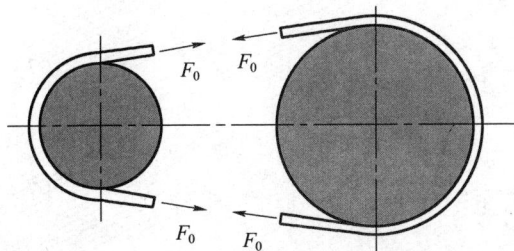

图7.9　不工作时带传动的受力情况　　　　图7.10　工作时带传动的受力情况

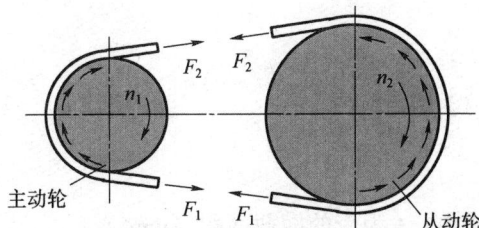

圆周力 F（N）、带速 v（m/s）和传递功率 P（kW）之间有以下关系：

$$P = \frac{Fv}{1\ 000} \qquad (7-3)$$

当初拉力 F_0 一定时，带与带轮接触面间产生的静摩擦力值的总和 $\sum F_f$ 总有一个极限值。当带所需传递的圆周力 F 超过极限值时，带将在带轮上发生全面的滑动，这种现象称为打滑。打滑将使带的磨损加剧，传动效率显著降低，致使传动失效，所以在正常的传动过程中应避免出现打滑。

当带传动即将出现打滑时，紧边拉力 F_1 与松边拉力 F_2 的差值达到最大，带的传动能力也达到最大，此时 F_1 与 F_2 有如下关系：

$$F_1 = F_2 e^{f\alpha} \qquad (7-4)$$

式中，f 为带与带轮接触面间的摩擦系数 $\left(\text{V 带用当量摩擦系数} f' \text{代替} f,\ f' = \dfrac{f}{\sin \dfrac{\varphi}{2}} \right)$；

α 为带轮的包角，即带与小带轮接触弧所对的中心角（rad）；

e 为自然对数的底，e ≈ 2.718。

联解式（7-1）~式（7-4）可得

$$
\begin{cases}
F = \dfrac{e^{f\alpha}}{e^{f\alpha} - 1} \\[2mm]
F_2 = F\dfrac{1}{e^{f\alpha} - 1} \\[2mm]
F = F_1 - F_2 = F_1\left(1 - \dfrac{1}{e^{f\alpha}}\right) \\[2mm]
F = 2F_0\dfrac{e^{f\alpha} - 1}{e^{f\alpha} + 1}
\end{cases} \qquad (7-5)
$$

由式（7-5）可知：增大包角 α、摩擦系数 f 和初拉力 F_0 都能提高带传动的传动能力。

在开口传动（两轴平行且要求回转方向相同）中，一般情况下传动比 $i \neq 1$，所以小带轮包角 α_1 小于大带轮包角 α_2，故计算带传动所能传递的圆周力时，应取 α 为 α_1。

二、带传动的应力分析

带传动工作时，在带的横截面上受到三种应力的作用。

1. 由拉力产生的拉应力

紧边拉应力为

$$\sigma_1 = \frac{F_1}{A} \tag{7-6}$$

松边拉应力为

$$\sigma_2 = \frac{F_2}{A} \tag{7-7}$$

式中，A 为带的横截面积（mm^2）。

沿转动方向，绕在主动轮上的带所受的拉应力由 σ_1 逐渐降低为 σ_2，绕在从动轮上的带所受的拉应力则由 σ_2 逐渐上升为 σ_1。

2. 由离心力产生的离心拉应力

带绕过带轮做圆周运动时将产生离心力，该离心力将使带全长受拉力 F_c 的作用，从而在截面上产生拉应力，其大小为

$$\sigma_c = \frac{F_c}{A} = \frac{qv^2}{A} \tag{7-8}$$

式中，q 为传送带单位长度的质量（kg/m），各种型号 V 带的 q 值如表 7.1 所示；

v 为传送带的速度（m/s）。

表 7.1 基准宽度制 V 带每米长的质量 q 及带轮最小基准直径 d_{dmin}

带型	Y	Z	A	B	C	D	E	SPZ	SPA	SPB	SPC
$q/(kg \cdot m^{-1})$	0.02	0.06	0.10	0.17	0.30	0.62	0.90	0.07	0.12	0.20	0.37
d_{dmin}/mm	20	50	75	125	200	355	500	63	90	140	224

离心力只产生在传动带做圆周运动的弧段上，但离心拉应力作用于全长，且各处大小相等，如图 7.11 所示。

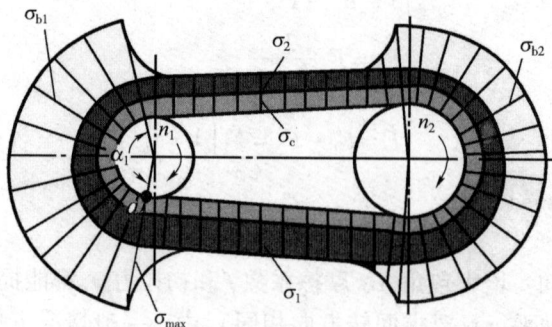

图 7.11 带的应力分布

3. 由弯曲产生的弯曲应力

带绕过带轮时，由于弯曲变形而产生弯曲应力。由材料力学公式得带的弯曲应力为

$$\sigma_b = \frac{2yE}{d} \approx \frac{h}{d}E \tag{7-9}$$

式中，y 为带弯曲时其中性层到最外层的垂直距离（mm）；

h 为带的高度；

E 为带的弹性模量（MPa）；

d 为带轮直径（对 V 带轮，d 为基准直径 d_d）（mm）。

上述三种应力在带上的分布情况如图 7.11 所示。

弯曲应力 σ_b 只发生在带上包角所对的圆弧部分。h 越大，d 越小，则带的弯曲应力就越大，故一般 $\sigma_{b1} > \sigma_{b2}$（$\sigma_{b1}$ 为带在小带轮上的部分的弯曲应力，σ_{b2} 为带在大带轮上的部分的弯曲应力）。因此为避免弯曲应力过大，小带轮的直径不能过小。

由图可知，在传动过程中，带受循环变应力作用，最大应力发生在紧边与小带轮的接触处，其值为

$$\sigma_{max} = \sigma_1 + \sigma_{b1} + \sigma_c \tag{7-10}$$

三、带传动的弹性滑动和传动比

传动带是弹性体，在拉力的作用下产生的弹性变形量随拉力的增加而增加。传动时，由于紧边拉力 F_1 大于松边拉力 F_2，因此带在紧边的伸长率大于松边的伸长率，绕过带轮时伸长率逐渐变化。当主动轮依靠摩擦力使带一起运转并绕过主动轮时，带的伸长率逐渐减小，也就是说带相对于轮面在向后收缩，从而使带与轮面间产生相对滑动，导致带的运动速度落后于主动轮的圆周速度。

类似的现象也出现在从动轮上，只不过是带依靠摩擦力使从动轮一起运转，此时带的伸长率逐渐增大，带相对于轮面在逐渐伸长，从而使带的运动速度超前于从动轮的圆周速度。这种由于带的弹性变形而产生的带与轮面间的滑动称为弹性滑动，如图 7.12 所示。

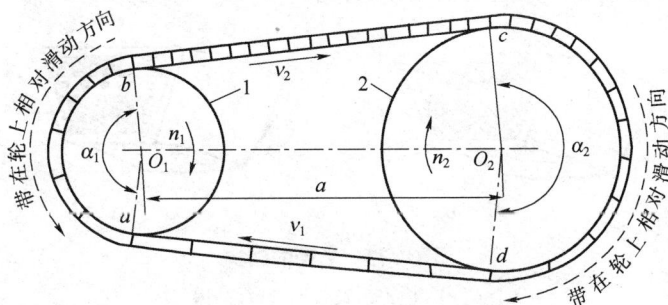

图 7.12 带的弹性变形及相对滑动

打滑和弹性滑动是两个截然不同的概念。打滑是指过载引起的全面滑动，是可以避免的。而弹性滑动是由拉力差引起的，只要传递圆周力，就必然会产生弹性滑动，所以弹性滑动是不可避免的。

带的弹性滑动使从动轮的圆周速度 v_2 低于主动轮的圆周速度 v_1，其速度的降低率用滑动率 ε 表示，即

$$\varepsilon = \frac{v_1 - v_2}{v_1} = \frac{d_1 n_1 - d_2 n_2}{d_1 n_1} \tag{7-11}$$

式中：n_1，n_2 分别为主动轮、从动轮的转速（r/min）；

d_1，d_2 分别为主动轮、从动轮的直径（mm），对 V 带传动，主、从动轮则分别为带轮基准直径 d_{d1}，d_{d2}。

由此得带传动的传动比

$$i = \frac{n_1}{n_2} = \frac{d_2}{d_1(1-\varepsilon)} \qquad (7-12)$$

或从动轮的转速为

$$n_2 = \frac{n_1 d_1(1-\varepsilon)}{d_2} \qquad (7-13)$$

因为带传动的滑动率 ε 随所传递圆周力的大小而变化，不是一个定值，故无法得到准确的传动比。正常工作时，带传动的滑动率 $\varepsilon = 0.01 \sim 0.02$，一般传动计算时可不予考虑。

故传动比为

$$i = \frac{n_1}{n_2} \approx \frac{d_2}{d_1} \qquad (7-14)$$

第三节　普通 V 带传动的设计

V 带有普通 V 带、窄 V 带、宽 V 带、汽车 V 带、大楔角 V 带等。普通 V 带和窄 V 带应用较广。

一、普通 V 带的结构和尺寸标准

标准 V 带通常制成无接头的环形带，由包布、顶胶（伸张层）、抗拉体（强力层）和底胶（压缩层）四部分组成，如图 7.13 所示。

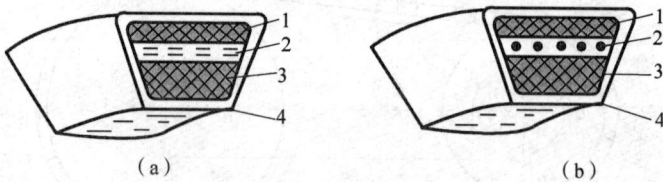

图 7.13　V 带的结构

（a）帘布结构；（b）线绳结构
1—顶胶；2—抗拉体；3—底胶；4—包布

抗拉体是 V 带工作时的主要承载部分，有帘布和线绳两种结构形式。帘布结构的 V 带抗拉强度较高，但柔韧性及抗弯强度不如线绳结构的 V 带好。线绳结构的 V 带适用于转速较高、带轮直径较小的场合，生产中较多采用线绳结构的 V 带。抗拉体上下的顶胶和底胶为橡胶材料制成，分别承受弯曲时的拉伸和压缩。V 带的外层用胶帆布包覆成型。

V 带和 V 带轮有两种尺寸制，即基准宽度制和有效宽度制，本书采用基准宽度制。

普通 V 带的尺寸已标准化，按截面尺寸由小到大，普通 V 带分为 Y、Z、A、B、C、D、E 七种型号。在同样条件下，截面尺寸大则传递的功率就大，如表 7.2 所示。

表 7.2   V 带（基准宽度制）的截面尺寸

型号	顶宽 b/mm	节宽 b_p/mm	高度 h/mm	楔角 θ/(°)	质量 q/(kg·m^{-1})	
Y	6	5.3	4		0.03	
Z	10	8.5	6		0.06	
A	13	11	8		0.11	
B	17	14	11	40	0.19	
C	22	19	14		0.33	
D	32	27	19		0.66	
E	38	32	25		1.02	

V 带绕在带轮上产生弯曲，外层受拉伸变长，内层受压缩变短，两层中间存在一长度不变的中性层，称为节面。节面的宽度称为节宽 b_p（表 7.2 中插图）。V 带的截面高度 h 与其节宽 b_p 的比值 h/b_p 称为相对高度，其值已标准化，普通 V 带的相对高度约为 0.7 mm。在 V 带轮上，与节宽 b_p 相对应的槽形轮廓宽度称为基准宽度 b_d。基准宽度处的带轮直径称为基准直径 d_d，基准直径系列如表 7.3 所示。在规定的张紧力下，V 带位于带轮基准直径上的周线长度称为带的基准长度 L_d，它用于带传动的几何计算。V 带的基准长度已标准化，如表 7.4 所示。

表 7.3   V 带的基准直径系列　　　　　　　　　　单位：mm

基准直径 d_d	带型						
	Y	Z SPZ	A SPA	B SPB	C SPC	D	E
	外径 d_a						
20	23.2						
22.4	25.6						
25	28.2						
28	31.2						
31.5	34.7						
35.5	38.7						
40	43.2						
50	53.2	+54					
56	59.2	+60					
63	66.2	67					
71	74.2	75					

基准直径 d_d	带型						
	Y	Z SPZ	A SPA	B SPB	C SPC	D	E
	外径 d_a						
75		79	+80.5				
80	83.2	84	+85.5				
85			+90.5				
90	93.2	94	95.5				
95			100.5				
100	103.2	104	105.5				
106			111.5				
112	115.2	116	117.5				
118			123.5				
125	128.2	129	130.5	+132			
132		136	137.5	+139			
140		144	145.5	147			
150		154	155.5	157			
160		164	165.5	167			
170				177			
180		184	185.5	187			
200		204	205.5	207	+209.6		
212				219	+221.6		
224				231	233.6		
236		228	229.5	243	245.6		
250		254	255.5	257	259.6		
265					274.6		
280		284	285.5	287	289.6		
315		319	320.5	322	324.6		
355		359	360.5	362	364.6	371.2	
375						391.2	
400		404	405.5	407	409.6	416.2	
425						441.2	
450			455.5	457	459.6	466.2	

基准直径 d_d	带型						
	Y	Z SPZ	A SPA	B SPB	C SPC	D	E
	外径 d_a						
475						491. 2	
500		504	505. 5	507	509. 6	516. 2	519. 2
530						549. 2	
560			565. 5	567	569. 6	576. 2	579. 2
630		634	635. 5	637	639. 6	646. 2	649. 2
710			715. 5	717	719. 6	726. 2	729. 2
800			805. 5	807	809. 6	816. 2	819. 2
900				907	909. 6	916. 2	919. 2
1 000				1 007	1 009. 6	1 016. 2	1 019. 2
1 120				1127	1 129. 6	1 136. 2	1 139. 2
1 250					1 259. 6	1 266. 2	1 269. 2
1 600						1 616. 2	1 619. 2
2 000						2 016. 2	2 019. 2
2 500							2 519. 2

注：1. 有"+"号的外径只用于普通 V 带；

　　2. 直径的极限偏差：基准直径按 c11，外径按 h12；

　　3. 没有外径值的基准直径不推荐采用

表 7.4　V 带（基准宽度制）的基准长度系列及长度修正系数

基准长度 L_d/mm	K_L										
	普通 V 带							窄 V 带			
	Y	Z	A	B	C	D	E	SPZ	SPA	SPB	SPC
200	0. 81										
224	0. 82										
250	0. 84										
280	0. 87										
315	0. 89										
355	0. 92										
400	0. 96	0. 87									

续表

基准长度 L_d/mm	K_L										
	普通 V 带						窄 V 带			
	Y	Z	A	B	C	D	E	SPZ	SPA	SPB	SPC
450	1.00	0.89									
500	1.02	0.91									
560		0.94									
630		0.96	0.81					0.82			
710		0.99	0.82					0.84			
800		1.00	0.85					0.86	0.81		
900		1.03	0.87	0.81				0.88	0.83		
1 000		1.06	0.89	0.84				0.90	0.85		
1 120		1.08	0.91	0.86				0.93	0.87		
1 250		1.11	0.93	0.88				0.94	0.89	0.82	
1 400		1.14	0.96	0.90				0.96	0.91	0.84	
1 600		1.16	0.99	0.92	0.83			1.00	0.93	0.86	
1 800		1.18	1.01	0.95	0.86			1.01	0.95	0.88	
2 000			1.03	0.98	0.88			1.02	0.96	0.90	0.81
2 240			1.06	1.00	0.91			1.05	0.98	0.92	0.83
2 500			1.09	1.03	0.93			1.07	1.00	0.94	0.86
2 800			1.11	1.05	0.95	0.83		1.09	1.02	0.96	0.88
3 150			1.13	1.07	0.97	0.86		1.11	1.04	0.98	0.90
3 550			1.17	1.09	0.99	0.89		1.13	1.06	1.00	0.92
4 000			1.19	1.13	1.02	0.91			1.08	1.02	0.94
4 500				1.15	1.04	0.93	0.90		1.09	1.04	0.96
5 000				1.18	1.07	0.96	0.92			1.06	0.98
5 600					1.09	0.98	0.95			1.08	1.00
6 300					1.12	1.00	0.97			1.10	1.02
7 100					1.15	1.03	1.00			1.12	1.04
8 000					1.18	1.06	1.02			1.14	1.06
9 000					1.21	1.08	1.05				1.08
10 000					1.23	1.11	1.07				1.10

窄 V 带的相对高度 h/b_p 约为 0.9，抗拉体采用高强度绳芯制成，其截面形状如图 7.14 所示。按国家标准，窄 V 带截面尺寸分为 SPZ、SPA、SPB、SPC 四个型号（表 7.2）。窄 V 带具有普通 V 带的特点，并且能承受较大的张紧力。当窄 V 带带高与普通 V 带相同时，其带宽较普通 V 带约小 1/3，而承载能力可提高 1.5~2.5 倍，因此适用于传递大功率且传动装置要求紧凑的场合。

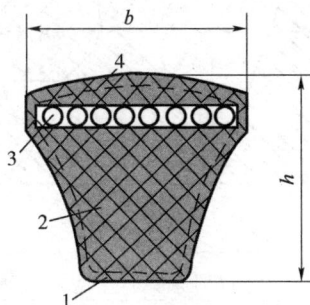

图 7.14 窄 V 带的结构

1—包布；2—底胶；3—抗拉体

普通 V 带和窄 V 带的标记由型号、基准长度和标准号组成。例如，A 型普通 V 带，其基准长度为 1 400 mm，其标记为：

A—1400　GB/T 11544—1997

又如，SPA 型窄 V 带，基准长度为 1 600 mm，其标记为：

SPA—1600　GB/T 12730—2002

带的标记通常压印在带的顶面，便于选用识别。

二、普通 V 带轮的结构

1. V 带轮的设计要求

带轮应具有足够的强度和刚度，无过大的铸造内应力；质量小且分布均匀，结构工艺性好，便于制造；带轮工作表面应光滑，以减小带的磨损。当 5 m/s < v < 25 m/s 时，带轮应进行静平衡；当 v > 25 m/s 时，带轮应进行动平衡。

2. 带轮的材料

带轮材料常采用铸铁、钢、铝合金或工程塑料等，灰铸铁应用最广。

当带速 v ≤ 25 m/s 时，带轮材料采用 HT150；当 v = 25~30 m/s 时，带轮材料采用 HT200；当 v ≥ 30~45 m/s 时，带轮材料则应采用球墨铸铁、铸钢或锻钢，也可以采用钢板冲压后焊接带轮。小功率传动时带轮可采用铸铝或塑料等材料。

3. 带轮的结构

带轮由轮缘、腹板（轮辐）和轮毂三部分组成。

V 带两侧面工作面的夹角 θ 称为带的楔角，θ = 40°。当带工作时，V 带的横截面积变形，楔角 θ 变小，为保证变形后 V 带仍可贴紧在 V 带轮的轮槽两侧面上，应使轮槽角 φ 适当减小，如表 7.5 所示。

表 7.5　基准宽度制 V 带轮的轮槽尺寸　　　　　　　　　　单位：mm

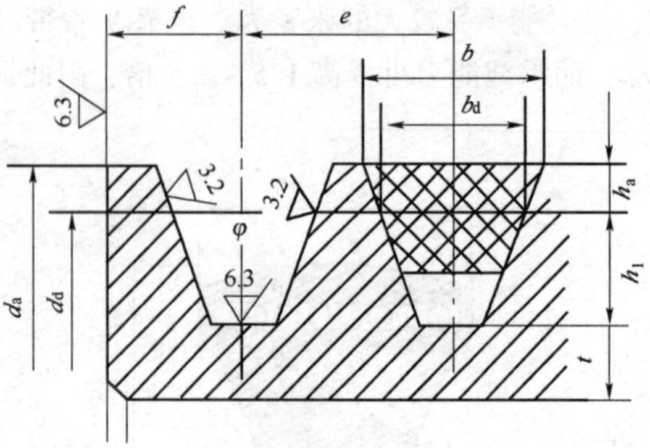

项目		符号	槽型						
			Y	Z SPZ	A SPA	B SPB	C SPC	D	E
基准宽度		b_d	5.3	8.5	11.0	14.0	19.0	27.0	32.0
基准线上槽深		h_{amin}	1.6	2.0	2.75	3.5	4.8	8.1	9.6
基准线下槽深		h_{fmin}	4.7	7.0 9.0	8.7 11.0	10.8 14.0	14.3 19.0	19.9	23.4
槽间距		e	8±0.3	12±0.3	15±0.3	19±0.4	25.5±0.5	37±0.6	44.5±0.7
槽边距		f_{min}	6	7	9	11.5	16	23	28
最小轮缘厚		t_{min}	5	5.5	6	7.5	10	12	15
圆角半径		r_1	0.2~0.5						
带轮宽		b	$b=(z-1)e+2f$, z——轮槽数						
外径		d_a	$d_a=d_d+2h_a$						
轮槽角 φ	32°	相应的基准直径 d_d	≤60	—	—	—	—	—	—
	34°		—	≤80	≤118	≤190	≤315	—	—
	36°		>60	—	—	—	—	≤475	≤600
	38°		—	>80	>118	>190	>315	>475	>600
极限偏差			±30′						

注：槽间距 e 的极限偏差适用于任何两个轮槽对称中心面的距离，不论相邻还是不相邻

V 带轮按腹板结构的不同有四种典型的型式：S 型——实心带轮；P 型——腹板带轮；H 型——孔板带轮；E 型——椭圆轮辐带轮，如图 7.15 所示。

V 带轮的结构型式及腹板尺寸的确定可根据 V 带型号、带轮的基准直径和轴孔直径，按《机械设计手册》提供的图表选取。

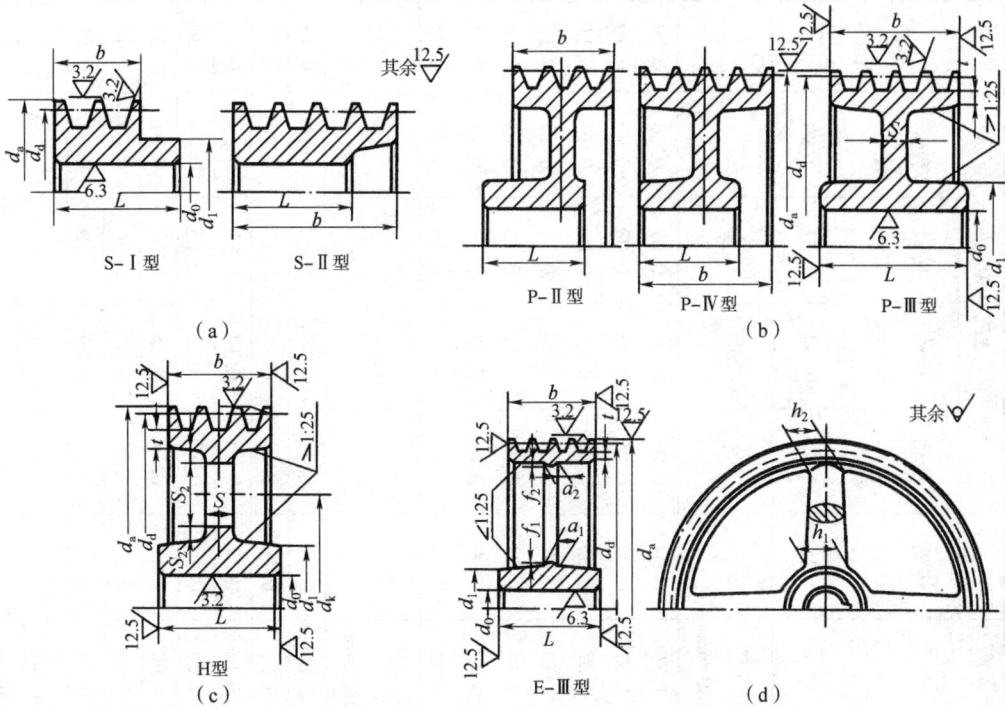

图 7.15　普通 V 带轮的典型结构

（a）S 型——实心带轮；（b）P 型——腹板带轮；；（c）H 型——孔板带轮；（d）E 型——椭圆轮辐带轮

三、V 带传动的设计

1. 带传动的失效形式和设计准则

由带传动的工作情况可知，带传动的主要失效形式有带与带轮之间的磨损、打滑和带的疲劳破坏（如脱层、撕裂、拉断）等。因此，带传动的设计准则：在传递规定功率时不打滑，同时具有足够的疲劳强度和一定的使用寿命。

机械零件由于某种原因不能正常工作时，称为失效。

2. 单根 V 带传递的功率

为了保证带传动不出现打滑，依据式（7-3）、式（7-5），并以 f' 代替 f，单根普通 V 带能传递的功率

$$P_0 = F_1\left(1 - \frac{1}{e^{f'\alpha}}\right)\frac{v}{1\,000} = \sigma_1 A\left(1 - \frac{1}{e^{f'\alpha}}\right)\frac{v}{1\,000} \tag{7-15}$$

为了使带具有一定的疲劳寿命，应使 $\sigma_{\max} = \sigma_1 + \sigma_{b1} + \sigma_c \leqslant [\sigma]$，即

$$\sigma_{1\max} = [\sigma] - \sigma_{b1} - \sigma_c \tag{7-16}$$

式中，$[\sigma]$ 为带的许用应力（MPa）。

两式联解，得到带传动在既不打滑又有一定寿命时，单根普通 V 带能传递的功率（kW）。

$$P_0 = ([\sigma] - \sigma_{b1} - \sigma_c)\left(1 - \frac{1}{e^{f'\alpha}}\right)\frac{Av}{1\,000} \tag{7-17}$$

在包角 $\alpha = 180°$、特定带长、工作平稳的条件下，单根普通 V 带所能传递的功率 P_0 称为单根普通 V 带的基本额定功率，如表 7.6 所示。

表 7.6 功率 P_0 和额定功率增量 ΔP_0

型号	小带轮转速 n /(r·min^{-1})	P_0/kW								ΔP_0/kW					
		$d_{d1}=$ 75 mm	$d_{d1}=$ 90 mm	$d_{d1}=$ 100 mm	$d_{d1}=$ 112 mm	$d_{d1}=$ 125 mm	$d_{d1}=$ 140 mm	$d_{d1}=$ 160 mm	$d_{d1}=$ 180 mm	传动比 $i=$ 1.13~1.18	传动比 $i=$ 1.19~1.24	传动比 $i=$ 1.25~1.34	传动比 $i=$ 1.35~1.51	传动比 $i=$ 1.52~1.99	传动比 $i\geq$ 2.00
A	700	0.40	0.61	0.74	0.90	1.07	1.26	1.51	1.76	0.04	0.05	0.06	0.07	0.08	0.09
	800	0.45	0.68	0.83	1.00	1.19	1.41	1.69	1.97	0.04	0.05	0.06	0.08	0.09	0.10
	950	0.51	0.77	0.95	1.15	1.37	1.62	1.95	2.27	0.05	0.06	0.07	0.08	0.10	0.11
	1 200	0.60	0.93	1.14	1.39	1.66	1.96	2.36	2.74	0.07	0.08	0.10	0.11	0.13	0.15
	1 450	0.68	1.07	1.32	1.61	1.92	2.28	2.73	3.16	0.08	0.09	0.11	0.13	0.15	0.17
	1 600	0.73	1.15	1.42	1.74	2.07	2.45	2.94	3.40	0.09	0.11	0.13	0.14	0.17	0.19
	2 000	0.84	1.34	1.66	2.04	2.44	2.87	3.42	3.93	0.11	0.13	0.16	0.19	0.22	0.24
		$d_{d1}=$ 125 mm	$d_{d1}=$ 140 mm	$d_{d1}=$ 160 mm	$d_{d1}=$ 180 mm	$d_{d1}=$ 200 mm	$d_{d1}=$ 224 mm	$d_{d1}=$ 250 mm	$d_{d1}=$ 280 mm						
B	400	0.84	1.05	1.32	1.59	1.85	2.17	2.50	2.89	0.06	0.07	0.08	0.10	0.11	0.13
	700	1.30	1.64	2.09	2.53	2.96	3.47	4.00	4.61	0.10	0.12	0.15	0.17	0.20	0.22
	800	1.44	1.82	2.32	2.81	3.30	3.86	4.46	5.13	0.11	0.14	0.17	0.20	0.23	0.25
	950	1.64	2.08	2.66	3.22	3.77	4.42	5.10	5.85	0.13	0.17	0.20	0.23	0.26	0.30
	1 200	1.93	2.47	3.17	3.85	4.50	5.26	6.14	6.90	0.17	0.21	0.25	0.30	0.34	0.38
	1 450	2.19	2.82	3.62	4.39	5.13	5.97	6.82	7.76	0.20	0.25	0.31	0.36	0.40	0.46
	1 600	2.33	3.00	3.86	4.68	5.46	6.33	7.20	8.13	0.23	0.28	0.34	0.39	0.45	0.51
		$d_{d1}=$ 200 mm	$d_{d1}=$ 224 mm	$d_{d1}=$ 250 mm	$d_{d1}=$ 280 mm	$d_{d1}=$ 315 mm	$d_{d1}=$ 355 mm	$d_{d1}=$ 400 mm	$d_{d1}=$ 450 mm						

型号	小带轮转速 n /(r·min⁻¹)	P_0/kW								ΔP_0/kW					
										传动比 $i=$ 1.13~1.18	传动比 $i=$ 1.19~1.24	传动比 $i=$ 1.25~1.34	传动比 $i=$ 1.35~1.51	传动比 $i=$ 1.52~1.99	传动比 $i\geq$ 2.00
C	500	2.87	3.58	4.33	5.19	6.17	7.27	8.52	9.81	0.20	0.24	0.29	0.34	0.39	0.44
	600	3.30	4.12	5.00	6.00	7.14	8.45	9.82	11.3	0.24	0.29	0.35	0.41	0.47	0.53
	700	3.69	4.64	5.64	6.76	8.09	9.50	11.0	12.6	0.27	0.34	0.41	0.48	0.55	0.62
	800	4.07	5.12	6.23	7.52	8.92	10.4	12.1	13.8	0.31	0.39	0.47	0.55	0.63	0.71
	950	4.58	5.78	7.04	8.49	10.0	11.7	13.4	15.2	0.37	0.47	0.56	0.65	0.74	0.83
	1 200	5.29	6.71	8.21	9.81	11.5	13.3	15.0	16.6	0.47	0.59	0.70	0.82	0.94	1.06
	1 450	5.84	7.45	9.04	10.7	12.4	14.1	15.3	16.7	0.58	0.71	0.85	0.99	1.14	1.27

注：小带轮基准直径

实际工作条件与上述特定条件不同时，应对 P_0 值加以修正，得到实际工作条件下单根普通 V 带所能传递的功率 $[P_0]$，称为许用功率（kW）。

许用功率的计算式为

$$[P_0] = (P_0 + \Delta P_0) K_\alpha K_L \tag{7-18}$$

式中，ΔP_0 为功率增量（kW），考虑传动比 $i \neq 1$ 时，带在大带轮上的弯曲应力较小，故在寿命相同条件下，可传递的功率应比基本额定功率 P_0 大；

K_α 为包角修正系数，考虑 $\alpha_1 \neq 180°$ 时对传递功率的影响，如表 7.7 所示；

K_L 为带长修正系数，考虑带长不为特定长度时对传递功率的影响，如表 7.4 所示。

表 7.7　包角修正系数 K_α

小轮包角 α_1 /（°）	K_α	小轮包角 α_1 /（°）	K_α
70	0.56	150	0.92
80	0.62	160	0.95
90	0.68	170	0.96
100	0.73	180	1.00
110	0.78	190	1.05
120	0.82	200	1.10
130	0.86	210	1.15
140	0.89	220	1.20

3. V 带传动的设计步骤和方法

设计 V 带传动时，一般已知条件：传动的工作情况，传递的功率 P，两轮转速 n_1、n_2（或传动比 i）以及空间尺寸要求等。具体的设计内容：确定 V 带的型号、长度和根数，传动中心距及带轮直径；画出带轮零件图等。

1）确定计算功率 P_c

计算功率 P_c 是根据传递的额定功率（如电动机的额定功率）P（kW），并考虑载荷性质以及每天运转时间的长短等因素的影响而确定的，即

$$P_c = K_A P \tag{7-19}$$

式中，K_A 为工作情况系数，查表 7.8 可得。

2）选择 V 带的型号

根据计算功率 P_c 和小带轮转速 n_1，按图 7.16 推荐选择 V 带的型号。当所选的坐标点在图中两种型号分界线附近时，可先选择两种型号分别进行计算，然后择优选用。

3）确定带轮基准直径 d_{d1}、d_{d2}

小带轮的基准直径 d_{d1} 应满足 $d_{d1} \geqslant d_{dmin}$（$d_{dmin}$ 为带轮的最小基准直径）。

如 d_{d1} 过小，则带的弯曲应力将过大而导致带的寿命降低；但 d_{d1} 过大，虽能延长带的寿命，但会导致带传动的外廓尺寸过大。

大带轮的基准直径 $d_{d2} = d_{d1} n_1 / n_2$，应取标准值，查表 7.3 可得。

表 7.8　工作情况系数 K_A

工况		K_A					
		空、轻载起动			重载起动		
		每天工作时间/h					
		<10	10~16	>16	<10	10~16	>16
载荷变动微小	液体搅拌机、通风机和鼓风机（≤7.5 kW）、离心式水泵和压缩机、轻型输送机	1.0	1.1	1.2	1.1	1.2	1.3
载荷变动小	带式输送机（不均匀载荷）、通风机（>7.5 kW）、旋转式水泵和压缩机（非离心式）、发电机、金属切削机床、印刷机、旋转筛、锯木机和木工机械	1.1	1.2	1.3	1.2	1.3	1.4
载荷变动较大	制砖机、斗式提升机、往复式水泵和压缩机、起重机、磨粉机、冲剪机床、橡胶机械、振动筛、纺织机械、重载输送机	1.2	1.3	1.4	1.4	1.5	1.6
载荷变动很大	破碎机（旋转式、颚式等）、磨碎机（球磨、棒磨、管磨）	1.3	1.4	1.5	1.5	1.6	1.8

注：1. 空、轻载起动的有电动机（交流起动、Δ 起动、直流并励），4 缸以上的内燃机，装有离心式离合器、液力联轴器的动力机；重载起动的有电动机（联机交流起动、直流复励或串励），4 缸以下的内燃机；

2. 反复起动、正反转频繁、工作条件恶劣等场合，K_A 应乘 1.2；

3. 增速传动时 K_A 应乘下列系数：

增速比	1.25~1.74	1.75~2.49	2.5~3.49	≥3.5
系数	1.05	1.11	1.18	1.28

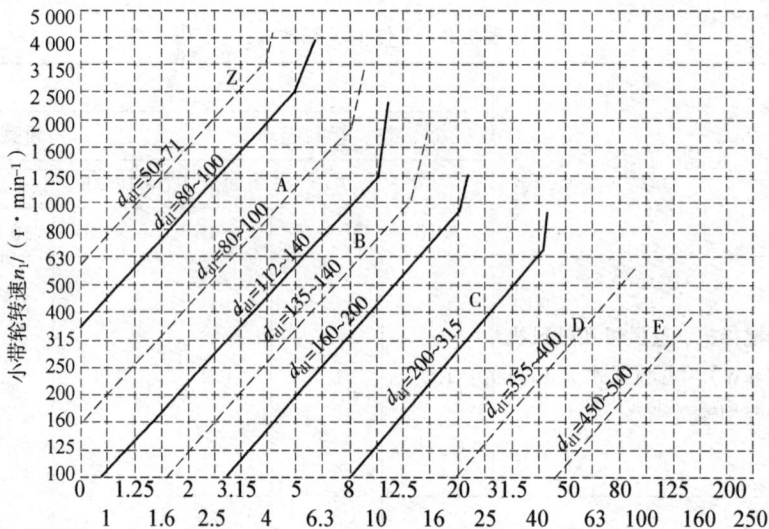

图 7.16　普通 V 带选型图

4）验算带速 v

$$v = \frac{\pi d_{d1} n_1}{60 \times 1\ 000} \qquad (7-20)$$

带速太高会使离心力增大，使带与带轮间的摩擦力减小，传动中容易打滑；另外，单位时间内带绕过带轮的次数也增多，降低传动带的工作寿命。若带速太低，则当传递功率一定时，传递的圆周力增大，带的根数增多。设计时一般应使带速 v 在 5～25 m/s 的范围内。如带速超过上述范围，应重选小带轮直径 d_{d1}。

5）初定中心距 a 和基准带长 L_d

传动中心距小则结构紧凑，但传动带较短，包角减小，且带的绕转次数增多，会降低带的寿命，致使传动能力降低。如果中心距过大，则结构尺寸增大，当带速较高时带会产生颤动。设计时应根据具体的结构要求或按下式初步确定中心距 a_0，即

$$0.7(d_{d1} + d_{d2}) \leqslant a_0 \leqslant 2(d_{d1} + d_{d2}) \qquad (7-21)$$

V 带基准长度的计算值 L_0 由下式求得

$$L_0 = 2a_0 + \frac{\pi}{2}(d_{d1} + d_{d2}) + \frac{(d_{d2} - d_{d1})^2}{4a_0} \qquad (7-22)$$

根据求得的 L_0，查表 7.4 选定带的基准长度 L_d，再按下式近似计算所需的中心距 a，即

$$a \approx a_0 + \frac{L_d - L_0}{2} \qquad (7-23)$$

考虑带传动的安装、调整和张紧的需要，中心距应有一定的调节范围，一般取

$$a_{min} = a - 0.015L_d \qquad (7-24)$$

$$a_{max} = a + 0.03L_d \qquad (7-25)$$

6）验算小带轮包角 α_1

小带轮的包角

$$\alpha_1 = 180° - \frac{d_{d2} - d_{d1}}{a} \times 57.3° \qquad (7-26)$$

为保证带传动的传动能力，一般应使 $\alpha_1 \geqslant 120°$（特殊情况下允许 $\geqslant 90°$），若不满足此条件，可适当增大中心距或减小两带轮的直径差，也可以在带的外侧加压带轮，但这样做会降低带的使用寿命。

7）确定 V 带根数 z

$$z \geqslant \frac{P_c}{[P_0]} = \frac{P_c}{(P_0 + \Delta P_0)K_\alpha K_L} \qquad (7-27)$$

带根数 z 应取整数。为使各根 V 带受力均匀，其根数不宜太多，一般应满足 $z < 10$。如计算结果超出范围，应改选 V 带型号或加大带轮直径后重新设计。

8）单根 V 带的初拉力 F_0

适当的初拉力是带传动正常工作的首要条件。初拉力过小，带传动的工作能力低，极易出现打滑；初拉力过大又将增大轴和轴承上的压力，并降低带的寿命。

单根普通 V 带适宜的初拉力可按下式计算

$$F_0 = \frac{500P_c}{zv}\left(\frac{2.5}{K_\alpha} - 1\right) + qv^2 \qquad (7-28)$$

由于新带易松弛，对不能调整中心距的普通 V 带传动，安装新带时的初拉力应为计算值的 1.5 倍。

9）带传动作用在带轮轴上的压力 F_Q

V 带的张紧对轴、轴承产生的压力 F_Q 会影响轴、轴承的强度和寿命。为简化其运算，一般按静止状态下带轮两边均作用初拉力 F_0 进行计算，如图 7.17 所示。

$$F_Q = 2zF_0\sin\frac{\alpha_1}{2} \qquad (7-29)$$

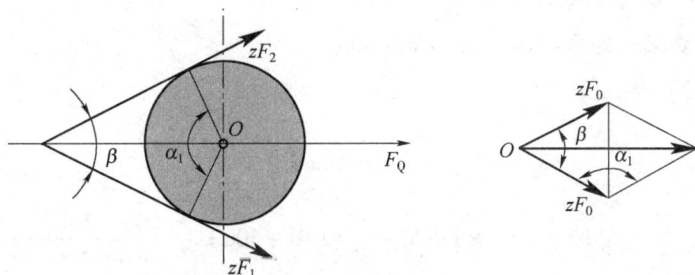

图 7.17 带传动作用在带轮轴上的压力

10）带轮的结构设计

带轮的结构设计请参见《机械设计手册》，据此可绘制出带轮的零件图。

11）设计结果

列出带型号、带的基准长度 L_d、带的根数 z、带轮直径 d_{d1}、d_{d2}、中心距 a、轴上压力 F_Q 等。

例 7.1 设计某鼓风机用普通 V 带传动。已知电动机额定功率 $P = 10$ kW，转速 $n_1 = 1\ 450$ r/min，从动轴转速 $n_2 = 400$ r/min，中心距约为 1 500 mm，每天工作 24 h。

解：（1）确定计算功率 P_c。

查表 7.8 可得 $K_A = 1.3$，由式（7-19）得

$$P_c = K_A P = 1.3 \times 10 = 13(\text{kW})$$

（2）选取普通 V 带型号。

根据 $P_c = 13$ kW、$n_1 = 1\,450$ r/min，由图 7.16 选用 B 型普通 V 带。

（3）确定带轮基准直径 d_{d1}、d_{d2}。

根据表 7.1 和图 7.16 选取 $d_{d1} = 140$ mm，且 $d_{d1} = 140$ mm $> d_{dmin} = 125$ mm。

大带轮基准直径为

$$d_{d2} = \frac{n_1}{n_2} d_{d1} = \frac{1\,450}{400} \times 140 = 507.5(\text{mm})$$

按表 7.3 选取标准值 $d_{d2} = 500$ mm，则实际传动比 i、从动轮的实际转速分别为

$$i = \frac{d_{d2}}{d_{d1}} = \frac{500}{140} = 3.57$$

$$n_2 = n_1/i = 1\,450/3.57 = 406(\text{r/min})$$

从动轮的转速误差率为

$$\frac{406 - 400}{400} \times 100\% = 1.5\%$$

转速误差率在 ±5% 以内为允许值。

（4）验算带速 v。

$$v = \frac{\pi d_{d1} n_1}{60 \times 1\,000} = \frac{\pi \times 140 \times 1\,450}{60 \times 1\,000} = 10.63(\text{m/s})$$

带速在 5～25 m/s。

（5）确定中心距 a 和基准带长 L_d。

按结构设计要求初定中心距 $a_0 = 1\,500$ mm。

由式（7-22）得

$$L_0 = 2a_0 + \frac{\pi}{2}(d_{d1} + d_{d2}) + \frac{(d_{d2} - d_{d1})^2}{4a_0}$$

$$= 2 \times 1\,500 + \frac{\pi}{2}(140 + 500) + \frac{(500 - 140)^2}{4 \times 1\,500}$$

$$= 4\,026.9(\text{mm})$$

由表 7.4 选取基准长度 $L_d = 4\,000$ mm。

由式（7-23）得实际中心距 a

$$a \approx a_0 + \frac{L_d - L_0}{2} = 1\,500 + \frac{4\,000 - 4\,026.9}{2} = 1\,487(\text{mm})$$

中心距 a 的变化范围为

$$a_{min} = a - 0.015 L_d = 1\,487 - 0.015 \times 4\,000 = 1\,427(\text{mm})$$

$$a_{max} = a + 0.03 L_d = 1\,487 + 0.03 \times 4\,000 = 1\,607(\text{mm})$$

（6）验算小带轮包角 α_1。

由式（7-26）得

$$\alpha_1 = 180° - \frac{d_{d2} - d_{d1}}{2} \times 57.3° = 180° - \frac{500 - 140}{1\ 487} \times 57.3° = 166.13° > 120°$$

（7）确定 V 带根数 z。

根据 $d_{d1} = 140$ mm、$n_1 = 1\ 450$ r/min、$i = 3.57$，查表 7.6 可得 $P_0 = 2.82$ kW，$\Delta P_0 = 0.46$ kW。

根据 $\alpha_1 = 166.13°$，查表 7.7 得 $K_\alpha = 0.97$。

根据 $L_d = 4\ 000$ mm，查表 7.4 得 $K_L = 1.13$。

则由式（7-27）得

$$z \geqslant \frac{P_c}{[P_0]} = \frac{P_c}{(P_0 + \Delta P_0)K_\alpha K_L} = \frac{13}{(2.82 + 0.46) \times 0.97 \times 1.13} = 3.62$$

圆整得 $z = 4$。

（8）求初拉力 F_0 及带轮轴上的压力 F_Q。

由表 7.1 查得，B 型普通 V 带的质量 $q = 0.17$ kg/m，根据式（7-28）得单根 V 带的初拉力为

$$F_0 = \frac{500 P_c}{zv}\left(\frac{2.5}{K_\alpha} - 1\right) + qv^2 = \frac{500 \times 13}{4 \times 10.63} \times \left(\frac{2.5}{0.97} - 1\right) + 0.17 \times 10.63^2 = 260.33 \ (\text{N})$$

由式（7-29）可得作用在轴上的压力 F_Q 为

$$F_Q = 2zF_0 \sin\frac{\alpha_1}{2} = 2 \times 4 \times 260.33 \sin\frac{166.13°}{2} = 2\ 067.4 \ (\text{N})$$

（9）带轮的结构设计。

按本章第三节相关内容进行设计（设计过程及带轮零件图略）。

（10）设计结果。

选用 4 根 B—4000 GB/T 11544—1997 的 V 带，中心距 $a = 1\ 487$ mm，带轮直径 $d_{d1} = 140$ mm，$d_{d2} = 500$ mm，轴上压力 $F_Q = 2\ 067.4$ N。

❀ 第四节　带传动的张紧、安装和维护

一、带传动的张紧

带传动工作一段时间后就会由于塑性变形而松弛，初拉力减小，传动能力下降，这时必须重新张紧。

常用的张紧方式可分为调整中心距方式与张紧轮方式两类。

1. 调整中心距方式

1）定期张紧

定期调整中心距以恢复张紧力。常见的定期张紧有滑道式和摆架式两种，一般通过调节螺钉来调节中心距，如图 7.18 所示，滑道式适用于水平传动或倾斜不大的传动场合。

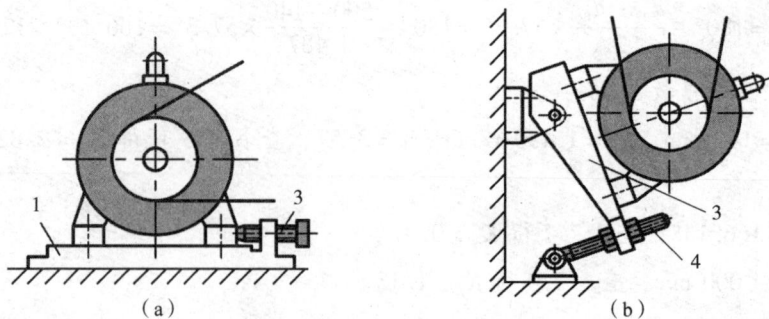

图 7.18　带的定期张紧装置

（a）滑递式；（b）摆架式

1—滑轨；2—调节螺钉；3—摆动架；4—调节螺杆

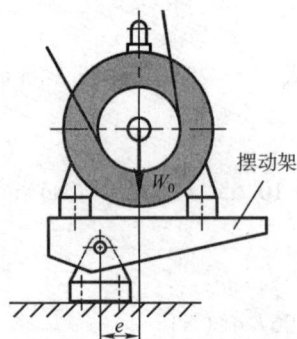

图 7.19　带的自动张紧装置

2）自动张紧

自动张紧将装有带轮的电动机装在浮动的摆架上，利用电动机的自重张紧传动带，通过载荷的大小自动调节张紧力，如图 7.19 所示。

2. 张紧轮方式

当带传动的轴间距不可调整时，可采用张紧轮装置，如图 7.20 所示。

（1）调位式内张紧轮装置。

（2）摆锤式内张紧轮装置。

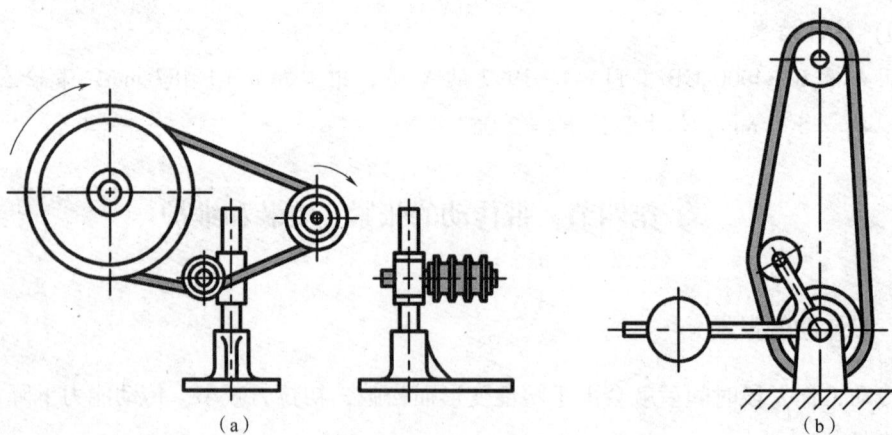

图 7.20　带的张紧轮装置

（a）调位式内张紧轮装置；（b）摆锤式内张紧轮装置

张紧轮一般设置在松边的内侧，使带只受单向弯曲，且应尽可能靠近大带轮，以避免小带轮的包角减小过多。若其设置在外侧时，则应使其靠近小轮，这样可以增加小带轮的包角，提高带的疲劳强度。

二、带传动的安装

1. 带轮的安装

平行轴传动时，必须使两带轮的轴线保持平行，否则带侧面磨损严重，一般其偏差角不得超过20′，如图7.21所示。

各轮宽的中心线、V带轮和多楔带轮的对应轮槽中心线及平带轮面凸弧的中心线均应共面且与轴线垂直，否则会加速带的磨损，降低带的寿命，如图7.22所示。

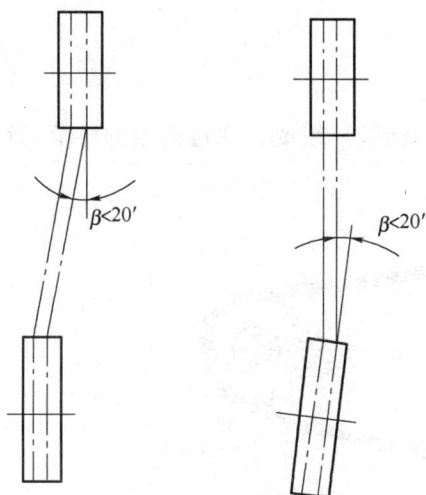

图7.21　带轮的安装要求　　　　　图7.22　两带轮的相对位置

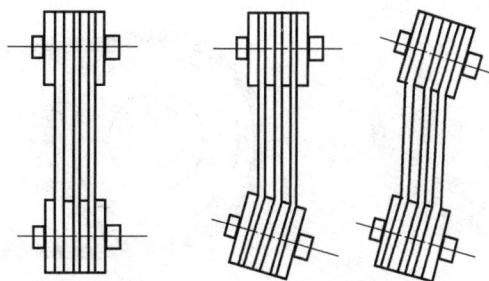

2. 传送带的安装

（1）通常应通过调整各轮中心距的方法来安装带和张紧。切忌硬将传送带从带轮上拔下或扳上，严禁用撬棍等工具将带强行撬入或撬出带轮。

（2）在带轮轴间距不可调而又无张紧的场合下，安装聚酰胺片基平带时，应在带轮边缘垫布以防刮破传动带，并应边转动带轮边套带。安装同步带时，要在多处同时缓慢地将带移动，以保持带能平齐移动。

（3）同组使用的V带应型号相同、长度相等，不同厂家生产的V带、新与旧V带不能同组使用。

（4）安装V带时，应按规定的初拉力张紧。对于中等中心距的带传动，也可凭经验张紧，带的张紧程度以大拇指能将带按下15 mm为宜，如图7.23所示。新带使用前，最好预先拉紧一段时间后再使用。

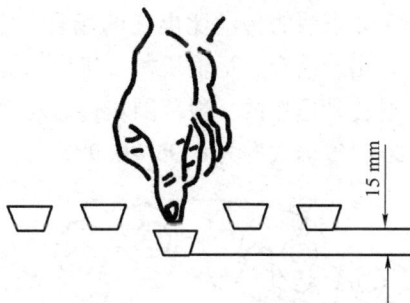

图7.23　V带的张紧程度

三、带传动的维护

（1）带传动装置外面应加防护罩，以保证安全，防止酸、碱或油与带接触而腐蚀传动带。

（2）带传动不需润滑，禁止往带上加润滑油或润滑脂，应及时清理带轮槽内及传动带上的油污。

（3）应定期检查带，如有一根松弛或损坏则应全部更换新带。

（4）带传动的工作温度不应超过60 ℃。

（5）如果带传动装置需闲置一段时间后再用，应将传动带放松。

✳第五节　链传动简介

一、链传动概述

链传动由主动链轮、从动链轮和中间挠性件（链条）组成，通过链条的链节与链轮上的轮齿相啮合来传递运动和动力，如图7.24所示。

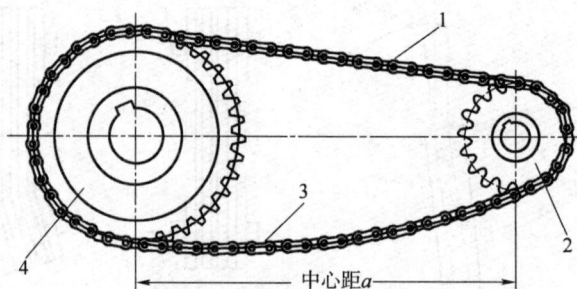

图7.24　链传动的组成
1—紧边；2—主动轮；3—松边；4—从动轮

与带传动相比，链传动无弹性滑动和打滑现象，因而能保持平均传动比准确；链传动不需要很大的初拉力，故对轴的压力小；它可以像带传动那样实现中心距较大的传动，而比齿轮传动轻便得多，但不能保持恒定的瞬时传动比；它在传动中有一定的动载荷和冲击，故传动平稳性差；它工作时有噪声，适用于低速传动。

链传动主要用于要求工作可靠、两轴相距较远、不宜采用齿轮传动及要求平均传动比准确但不要求瞬时传动比准确的场合。它可以用于环境条件较恶劣的场合，被广泛应用于农业、矿山、冶金、运输机械、机床和轻工机械中。

链传动适用的一般范围：传递功率 $P \leqslant 100$ kW，中心距 $a \leqslant 6$ m，传动比 $i \leqslant 8$，链速 $v \leqslant 15$ m/s，传动效率为0.95～0.98。

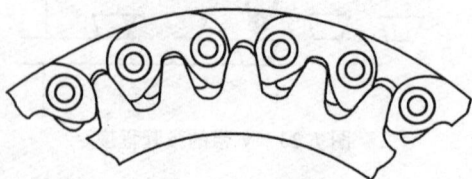

图7.25　齿形链

按用途的不同，链条可分为传动链、起重链和输送链。用于传递动力的传动链又有齿形链和滚子链两种。齿形链运转较平稳，噪声小，又称为无声链，如图7.25所示。它适用于高速（40 m/s）、运转精度较高的传动中，但缺点是制造成本高、重量大。

1. 滚子链的结构

滚子链由内链板 1、外链板 2、套筒 3、销轴 4 和滚子 5 组成，如图 7.26 所示。内链板与套筒、外链板与销轴间均为过盈配合；套筒与销轴、滚子、套筒间均为间隙配合。内、外链板交错连接而构成铰链。相邻两滚子轴线间的距离称为链节距，用 p 表示，链节距 p 是传动链的重要参数。

当传递功率较大时，可采用双排链或多排链。当多排链的排数较多时，各排受载不均匀，因此实际运用中排数一般不超过 4，如图 7.27 所示。

图 7.26　滚子链

图 7.27　双排滚子链

1—内链板；2—外链板；3—套筒；4—销轴；5—滚子

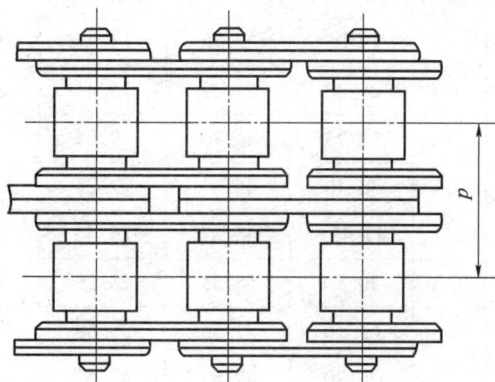

链条在使用时封闭为环形，当链条节数为偶数时，正好是外链板与内链板相接，可用开口销或弹簧卡固定销轴，如图 7.28（a）、图 7.28（b）所示；若链节为奇数，则需采用过渡链节，如图 7.28（c）所示。过渡链节由于链板要受附加的弯矩作用，一般应避免使用，最好采用偶数链节。

（a）　　　　　　　　　（b）　　　　　　　　　（c）

图 7.28　滚子链接头型式

（a）开口销；（b）弹簧卡；（c）过渡链节

2. 滚子链的标准

传动用滚子链已标准化，表 7.9 所示为 A 系列滚子链的基本参数和尺寸。国际上链节距均采用英制单位，我国标准中规定链节距采用米制单位（转换关系从英制折算成米制）。对应链节距有不同的链号，用链号乘以 25.4/16 mm 所得的数值即为链节距 p（mm）。

滚子链的标记方法为：链号—排数×链节距　国家标准代号。例如：A系列滚子链，节距为 19.05 mm，双排，链节数为 100，其标记方法为

$$12A—2 \times 100 \quad GB/T \ 1243—2006$$

表 7.9　A 系列滚子链的基本参数和尺寸（摘自 GB/T 1243—2006）

链号	节距 p /mm	排距 p_t /mm	滚子外径 d_r'/mm	内链节内宽 b_1/mm	销轴直径 d_2/mm	内链板高度 h_2 /mm	极限拉伸载荷（单排）F_Q/N	每米质量（单排）q/（kg·m^{-1}）
08A	12.70	14.38	7.95	7.85	3.96	12.07	13 800	0.60
10A	15.875	18.11	10.16.	9.40	5.08	15.09	21800	1.00
12A	19.05	22.78	11.91	12.57	5.94	18.08	31 100	1.50
16A	25.40	29.29	15.88	15.75	7.92	24.13	55 600	2.60
20A	31.75	35.76	19.05	18.90	9.53	30.18.	86 700	3.80
24A	38.10	45.44	22.23	25.22	11.10	36.20	124 600	5.60
28A	44.45.	48.87	25.40	25.22	12.70	42.24	169 000	7.50
32A	50.80	58.55	28.58	31.55	14.27	48.26	222 400	10.10
40A	63.50	71.55	39.68	37.85	19.84	60.33	347 000	16.10
48A	76.20	87.83	47.63	47.35	23.80	72.39	500 400	22.60

注：1. 多排链极限拉伸载荷按表列 q 值乘以排数计算；

　　2. 使用过渡链节时，其极限拉伸载荷按表列数值的 80% 计算

3. 滚子链链轮

链轮轮齿的齿形应便于链条顺利地进入和退出啮合，使其不易脱链，且应该形状简单，便于加工，如图 7.29 所示。国家标准 GB/T 1243—2006 规定了滚子链链轮端面齿形的两种形式：二圆弧齿形 [图 7.29（b）]、三圆弧 - 直线齿形 [图 7.29（c）]。常用的为三圆弧 - 直线齿形，各种链轮的实际端面齿形只要在最大、最小范围内都可用，如图 7.29（a）所示。

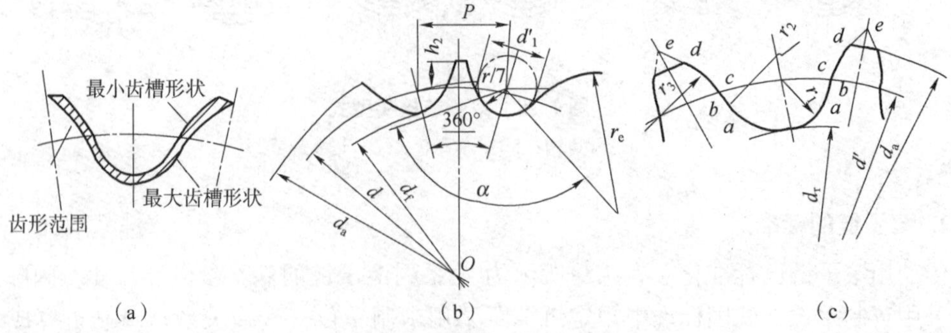

（a）　　　　　　　　　（b）　　　　　　　　　（c）

图 7.29　链轮端面齿形

（a）端面齿形；（b）二圆弧齿形；（c）三圆弧 - 直线齿形

链轮的主要参数为齿数 z、节距 p（与链节距相同）和分度圆直径 d。分度圆是指链轮上销轴中心处被链条节距等分的圆，其直径为

$$d = \frac{p}{\sin\left(\dfrac{180°}{z}\right)} \qquad\qquad (7-30)$$

链轮的齿形用标准刀具加工，在其工作图上一般不绘制端面齿形，只需表明按 GB/T 1243—2006 进行齿形制造和检验即可。但为了车削毛坯，需将轴向齿形画出，轴向齿形的具体尺寸参见《机械设计手册》。

链轮的结构如图 7.30 所示。链轮的直径较小时通常制成实心式［图 7.30（a）］，直径较大时制成孔板式［图 7.30（b）］，直径很大时（≥200 mm）制成组合式，可将齿圈焊接到轮毂上［图 7.30（d）］或采用螺栓连接［图 7.30（c）］。

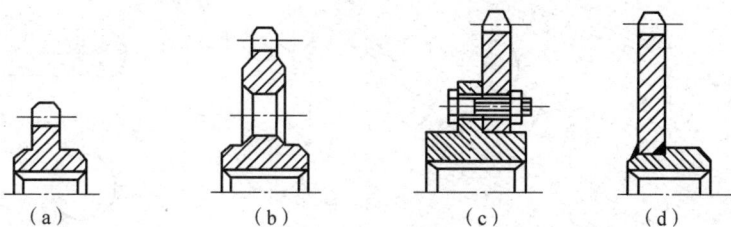

图 7.30　链轮结构

（a）实心式；（b）孔板式；（c）螺栓连接；（d）齿圈焊接

链轮轮齿应有足够的接触强度和耐磨性，常用材料为中碳钢（35、45 钢），不重要场合则用 Q235A、Q275A 钢，高速重载时采用合金钢，低速时大链轮可采用铸铁。由于小链轮的啮合次数多，小链轮的材料应优于大链轮，并应进行热处理。

二、链传动的特点和应用

与摩擦型带传动比较，链传动的优点如下。

（1）与带传动一样，可用于两轴中心距较大的传动。

（2）能保持准确的平均传动比。

（3）传动效率较高，可达 0.97。

（4）载荷相同时，链传动结构紧凑。

（5）因张紧力小，所以链传动的轴压力小。

（6）能适应温度较高、湿度较大、灰尘较多的环境。

链传动的缺点如下。

（1）只能用于两平行轴同向回转的传动中。

（2）瞬时传动比不恒定，传动不够平稳。

（3）制造成本较高，安装精度要求较高。

（4）不宜用于载荷变化很大和急促反向的传动中。

（5）工作时有噪声。

因此链传动适用于两轴相距较远、要求平均传动比不变但对瞬时传动比要求不严格、工作环境恶劣（多油、多尘、高温）等场合。一般情况下，链传动传递功率 $P \leqslant 100$ kW，带

速 $v \leqslant 15$ m/s，传动比 $i \leqslant 8$。

为了保证链传动能够正常运转，必须注意以下问题。

（1）两链轮的回转平面必须布置在同一垂直平面内。

（2）两链轮中心连线最好是水平的，或与水平面成小于45°的倾斜角，如图7.31（a）、图7.31（b）所示，否则应设有张紧装置，如图7.31（c）所示。

（3）为防止链的垂度过大引起啮合不良和松边颤动，应设有张紧装置。

（4）一般应使链的紧边在上、松边在下，以便链节与链轮可顺利进入、退出啮合；否则应设有张紧装置，如图7.31（d）所示。

（5）应选择合适的润滑方式进行润滑，以缓和冲击、减小摩擦和降低磨损。

（6）为保证安全生产，要安装好防护罩或采用闭式链传动。

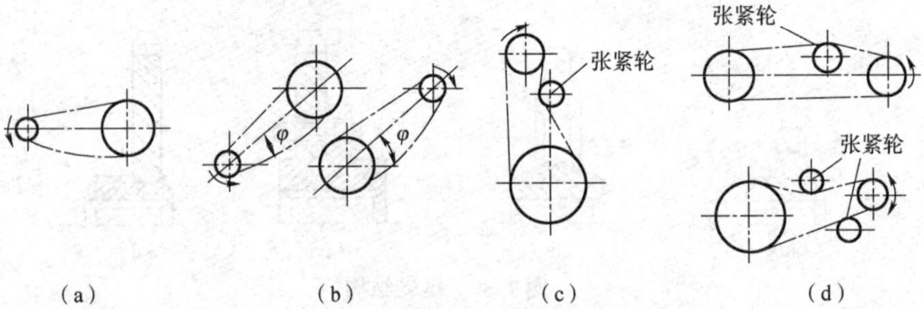

（a）　　　　　　（b）　　　　　　（c）　　　　　　（d）

图 7.31　链传动的布置和张紧

链传动的张紧并不影响链的工作能力，只是调整垂度的大小。当中心距可调时，可改变中心距，实现链条的张紧；当中心距不可调时，可采用张紧轮。张紧轮应装在靠近主动链轮的松边上。不论是带齿还是不带齿的张紧轮，其节圆直径最好与小链轮的节圆直径相近。不带齿的张紧轮可用夹布胶木制造，宽度应比链宽宽一些。中心距可调时，可通过调整中心距来控制张紧程度。

三、链传动的主要失效形式

由于链条强度不如链轮强度高，所以一般链传动的失效主要是链条的失效。

常见的失效形式有以下几种。

1. 链板疲劳破坏

由于链条松边和紧边的拉力不等，在其反复作用下经过一定的循环次数，链板发生疲劳断裂。在正常的润滑条件下，一般是链板先发生疲劳断裂，其疲劳强度成为限定链传动承载能力的主要因素。

2. 滚子和套筒的冲击疲劳破坏

链传动在反复起动、制动或反转时产生巨大的惯性冲击，会使滚子和套筒发生冲击疲劳破坏。

3. 链条铰链磨损

链的各元件在工作过程中都会有不同程度的磨损，但主要磨损发生在铰链的销轴与套筒的承压面上。磨损使链条的节距增加，容易产生跳齿和脱链。一般开式传动时极易产生磨损，降低链条寿命。

4. 链条铰链的胶合

当链轮转速达到一定值时，链节啮入时受到的冲击能量增大，工作表面的温度过高，销轴和套筒间的润滑油膜将会被破坏而产生胶合。胶合限制了链传动的极限转速。

5. 静力拉断

在低速（$v < 0.6$ m/s）、重载或严重过载的场合，载荷超过链条的静力强度会导致链条被拉断。

习题

一、填空题

（1）带传动由_____、_____和张紧在两个带轮上的_____及机架所组成，依靠_____与_____之间的_____或_____来传递运动和动力。

（2）带传动工作时，传动带中产生三种应力：_____、_____和_____。

（3）带传动工作时，若小带轮为主动轮，则带的最大应力发生在带_____处。

（4）由过载引起的全面滑动称为_____，由带的弹性和拉力差引起的滑动称为_____，其中，_____是应该尽量避免的，_____是不可避免的。

（5）通常情况下，带传动的打滑容易发生在_____（小轮还是大轮）处，张紧轮应该放置在_____（紧边还是松边），内张紧轮应放置在靠近_____（大轮还是小轮）处。

（6）链传动的_____传动比不变，_____传动比是变化的。

（7）与带传动相比，链传动的承载能力_____，传动效率_____，作用在轴上的压力_____。

（8）两链轮的轴线必须保持_____，且两个回转平面应尽量保持在同一个_____内，尽量使链传动的_____边在上，_____边在下。

（9）根据结构的不同，链条可分为_____和_____两种。其中，_____链传动的噪音较小。

（10）在多级传动中，一般将带传动布置在_____速级，链传动布置在_____速级。

二、选择题

（1）带传动正常工作时不能保证准确传动比的原因是_____。

A. 带容易变形和磨损　　　B. 带的材料不符合胡克定律　　　C. 带存在弹性滑动

（2）带传动工作中产生弹性滑动的原因是_____。

A. 带的松边和紧边拉力不相等

B. 带和带轮间的摩擦力不够

C. 带的预紧力过小

（3）带传动时设置张紧轮的目的是_____。

A. 延长带的使用寿命

B. 调节预紧力

C. 改变传动带的运动方向

(4) 链传动中，常采用偶数的链节数，目的是使链传动_____。

A. 避免使用过渡链节　　　　　B. 提高传动效率　　　　　　　C. 工作更平稳

(5) 滚子链传动中，滚子的作用是_____。

A. 提高链的承载能力

B. 缓和冲击

C. 减小套筒与齿轮间的磨损

三、判断题（正确的打"√"，错误的"×"）

(1) 在使用过程中，需要更换 V 带时，不同新旧的 V 带可以同组使用。　　　（　　）

(2) 在安装 V 带时，张紧程度越紧越好。　　　（　　）

(3) 在 V 带传动中，带速过大或过小都不利于带的传动。　　　（　　）

(4) V 带传动中，主动轮上的包角一定小于从动轮上的包角。　　　（　　）

(5) V 带传动应有防护罩。　　　（　　）

(6) 因为 V 带弯曲时横截面会变形，所以 V 带带轮的轮槽角要小于 V 带楔角。（　　）

(7) 链传动能保证准确的平均传动比，传动功率较小。　　　（　　）

(8) 在单排套筒滚子链承受能力不够或所选用的链节太大时，可采用小链节的双排套筒滚子链。　　　（　　）

(9) 为了使铰链磨损均匀，通常链节数取偶数，而链轮齿数则应取为奇数。　　　（　　）

(10) 模数是没有单位的，所以它不能反映齿轮齿形的大小。　　　（　　）

四、问答题

(1) 带传动的主要类型有哪些？各有何特点？试分析摩擦带传动的工作原理。

(2) 带传动的紧边和松边是怎样确定的？它们与带传动的有效拉力有何关系？

(3) 打滑是怎样产生的？能否避免？

(4) 带传动工作时，带截面上产生哪些应力？应力沿带全长是如何分布的？最大应力在何处？

(5) 带传动的设计准则是什么？

(6) 带传动张紧的目的是什么？常见的张紧方式有哪些？

(7) 为什么 V 带轮制动时的轮槽角要比 V 带的楔角小？

(8) 链传动的常见失效形式有哪些？

* 第八章

螺纹连接

内容提要

本章主要介绍有关螺纹的六部分内容：螺纹的形成、分类和主要参数；螺纹副的受力分析、效率和自锁；螺纹连接的基本类型、预紧和防松；螺栓连接的强度计算；螺栓的材料和许用应力；提高螺纹连接强度的措施。本章重、难点是螺栓连接的强度计算。

第一节　螺纹的形成、分类和主要参数

一、螺纹的形成和分类

螺纹是指在圆柱或圆锥母体表面上制出的螺旋线形的、具有特定截面的连续凸起部分。而螺旋线是指一动点在一圆柱体或圆锥体的表面上一边绕轴线做等速旋转，一边沿轴向做等速移动的轨迹，如图 8.1 所示。故假如一平面图形沿螺旋线运动，且运动时保持该图形通过圆柱体的轴线，就得到螺纹。

在圆柱或圆锥外表面上形成的螺纹称为外螺纹（图 8.2），在内表面上形成的螺纹称为内螺纹（图 8.3）。

资源 8 - 1
螺纹连接

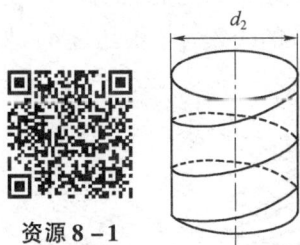

图 8.1　螺旋线

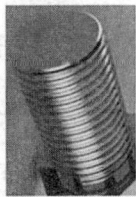

图 8.2　外螺纹

图 8.3　内螺纹

螺纹的加工方法很多，可以在车床上进行外螺纹加工，也可以在车床上进行内螺纹加工，如图 8.4 所示。

若加工直径较小的螺孔，如图 8.5 所示，可先用钻头钻孔，再用丝锥加工内螺纹。

螺纹按用途可分为四类，如图 8.6 所示。

（1）紧固用螺纹，简称紧固螺纹。它的用途是连接零件，如应用最广的普通螺纹。

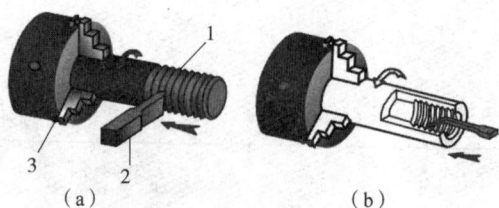

图 8.4 螺纹的加工方法

（a）车外螺纹；（b）车内螺纹

1—工件；2—车刀；3—卡盘

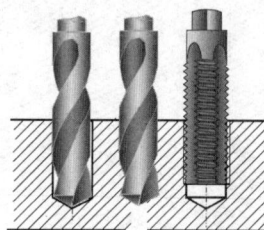

图 8.5 加工小直径螺纹

（2）传动用螺纹，简称传动螺纹，它的用途是用来传递动力和运动，如梯形螺纹、锯齿形螺纹和矩形螺纹等。

（3）管用螺纹，简称管螺纹，如55°非密封管螺纹、55°密封管螺纹和60°密封管螺纹等。

（4）专门用途螺纹，简称专用螺纹，如自攻螺钉用螺纹和气瓶专用螺纹等。

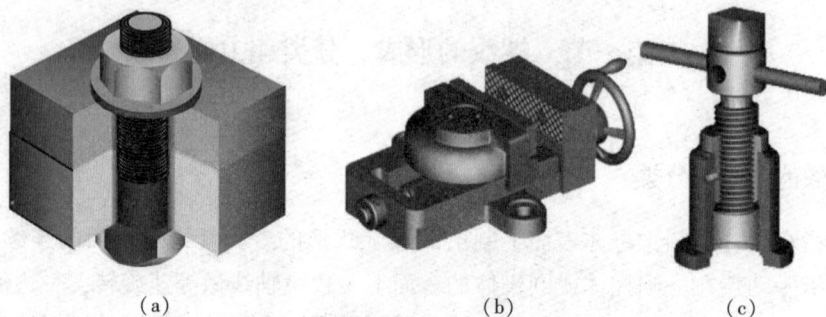

图 8.6 螺纹的分类

（a）紧固用螺纹；（b）梯形螺纹；（c）锯齿形螺纹

另外，根据螺纹的螺旋线绕行方向不同，螺纹可分为右旋螺纹和左旋螺纹，如图 8.7 所示。常用的为右旋螺纹，左旋螺纹只用于有特殊要求的场合。且根据螺纹螺旋线的数目，还可将螺纹分为单线（单头）螺纹和多线螺纹，为了制造方便，螺纹的线数一般不超过 4，如图 8.7 所示。单线螺纹主要用于连接，多线螺纹主要用于传动。

图 8.7 螺纹的线数和旋向

（a）单线右旋；（b）双线左旋

根据螺纹轴向剖面形状即螺纹的牙型不同，又可将螺纹分为三角形、矩形、梯形和锯齿形螺纹等。表8.1所示为常用螺纹的特征代号及应用。

表8.1 常用螺纹的特点及应用

螺纹种类			特征代号	外形图	用途
连接螺纹	普通螺纹	粗牙	M		是最常用的连接螺纹
		细牙			用于细小的精密或薄壁零件
	管螺纹		G		用于水管、油管、气管等薄壁管子上，用于管路的连接
传动螺纹	梯形螺纹		Tr		用于各种机床的丝杠，作传动用
	锯齿形螺纹		B		只能传递单方向的动力

二、螺纹的主要参数

现以圆柱普通螺纹为例说明螺纹的主要几何参数，如图8.8所示。

（1）大径 d，螺纹的最大直径，在标准中定为公称直径。通常以公称直径表示螺纹的大小。

（2）小径 d_1，螺纹的最小直径，在强度计算中常作为螺杆危险剖面的计算直径。

（3）中径 d_2，螺纹轴向剖面内牙厚与牙间宽相等处的圆柱面的直径近似等于螺纹的平均直径。

（4）螺距 P，相邻两牙在中径线上对应两点间的轴向距离。

（5）导程 S，同一条螺旋线上的相邻两牙在中径线上对应两点间的轴向距离。设螺旋线数为 n，则 $S = nP$。

（6）螺纹升角 Ψ 为在中径圆柱上螺旋线的切线与垂直于螺纹轴线的平面的夹角。其值为

$$\tan \Psi = \frac{nP}{\pi d_2}$$

图8.8 螺纹的主要参数

（7）牙型角 α，轴线截面内螺纹牙型相邻两侧边的夹角称为牙型角。牙型侧边与螺纹轴线的垂线间的夹角称为牙型斜角 β。对于对称牙型，$\beta = \alpha/2$。

普通螺纹的基本尺寸如表8.2所示，五种典型螺纹的主要参数如表8.3所示。

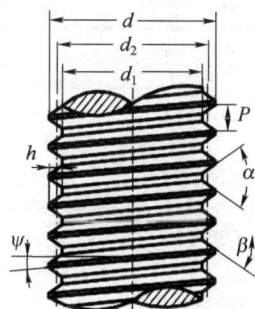

第八章 螺纹连接

表 8.2　直径与螺距、粗牙普通螺纹基本尺寸　　　　　　　　单位：mm

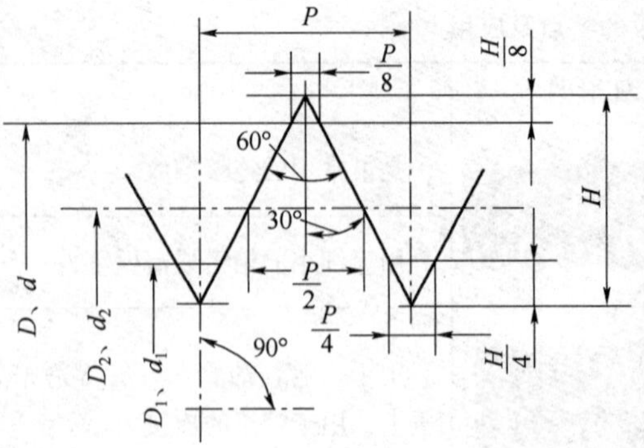

$H = 0.866P$

$d_2 = d - 0.6495P$

$d_1 = d - 1.0825P$

D、d——内、外螺纹大径

D_2、d_2——内、外螺纹中径

D_1、d_1——内、外螺纹小径

P——螺距

标记示例：M24（粗牙普通螺纹，直径 24，螺距 3）

M24×1.5（细牙普通螺纹，直径 24，螺距 1.5）

公称直径（大径）D、d	粗牙			细牙
	螺距 P	中径 D_2、d_2	小径 D_1、d_1	螺距 P
3	0.5	2.675	2.459	0.35
4	0.7	3.545	3.242	
5	0.8	4.480	4.134	0.5
6	1	5.350	4.918	
8	1.25	7.188	6.647	
10	1.5	9.026	8.376	1.25，1，0.75
12	1.75	10.863	10.106	1.5，1.25，1，0.5
(14)	2	12.701	11.835	1.5，1
16	2	14.701	13.835	
(18)	2.5	16.376	15.294	
20	2.5	18.376	17.294	
(22)	2.5	20.376	19.294	2，1.5.1
24	3	22.052	20.752	
(27)	3	25.052	23.752	
30	3.5	27.727	26.211	

注：括号内的公称直径为第二系列，优先选用不带括号的公称直径

表 8.3　五种典型螺纹的主要参数

标记	M30	M20×1.5－6g－LH	Tr24×10（p5）	B40×32（P8）	G1
牙型	三角形 60°	三角形 60°	梯形 30°	锯齿形 30°	三角形 55°
螺纹名称	普通粗牙螺纹	普通细牙螺纹	梯形螺纹	锯齿形螺纹	普通粗牙螺纹
公称尺寸/mm	30	20	24	40	25.4
螺距/mm	3.5	1.5	5	8	2.309
线数/条	1	1	2	4	1
旋向	右	左	右	右	右
导程/mm	3.5	1.5	10	32	2.309
小径/mm	26.21 1	18.376	18.50		30.291
大径/mm	30	20	24	40	33.249

✿ 第二节　螺旋副的受力分析、效率和自锁

一、矩形螺纹（$\beta = 0°$）

螺旋副在力矩和轴向载荷作用下的相对运动，可看成作用在中径的水平力推动滑块（重物）沿螺纹运动，如图 8.9（a）所示。将矩形螺纹沿中径 d_2 展开可得一斜面，如图 8.9（b）所示。其中，Ψ 为螺纹升角，F_a 为轴向载荷，F 为作用于中径处的水平推力，F_n 为法向反力；fF_n 为摩擦力，其中 f 为摩擦系数，ρ 为摩擦角。

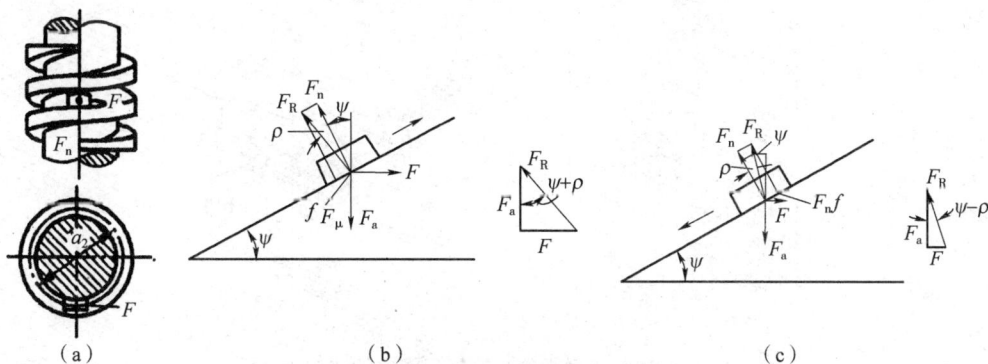

（a）　　　　　　　　　（b）　　　　　　　　　（c）

图 8.9　矩形螺纹的受力分析

当滑块沿斜面等数上升时，F_a 为阻力，F 为驱动力。因摩擦力向下，故总反力 F_R 与 F_a 的夹角为 $\Psi+\rho$。由力的平衡条件可知，F_R、F 和 F_a 三力组成力多边形，如图 8.9（b）所示，可得

$$F = F_a \tan(\Psi+\rho) \tag{8-1}$$

作用在螺旋副上的相应驱动力矩为

$$T = F\frac{d_2}{2} = F_a\frac{d_2}{2}\tan(\Psi+\rho) \tag{8-2}$$

当滑块沿斜面等速下滑时，轴向载荷 F_a 变为驱动力，而 F 变为维持滑块等速运动所需的平衡力，如图 8.9（c）所示。由力多边形可得

$$F = F_a \tan(\Psi-\rho) \tag{8-3}$$

作用在螺旋副上的相应力矩为

$$T = F\frac{d_2}{2} = F_a\frac{d_2}{2}\tan(\Psi-\rho) \tag{8-4}$$

式（8-3）求出的 F 值可为正，也可为负。当斜面倾角 Ψ 大于摩擦角 ρ 时，滑块在重力作用下有向下加速的趋势。这时由式（8-3）求出的平衡力 F 为正，方向如图 8.9（c）所示。它阻止滑块加速以便保持等速下滑，故 F 是阻力。当斜面倾角 Ψ 小于摩擦角 ρ 时，滑块不能在重力作用下自行下滑，即处于自锁状态，这时由式（8-3）求出平衡力 F 为负，其方向与图 8.9（c）相反，F 为驱动力。它说明在自锁条件下，必须施加驱动力 F 才能使滑块等速下滑。

二、非矩形螺纹（$\beta \neq 0°$）

非矩形螺纹是指牙型斜角 $\beta \neq 0°$ 的三角形螺纹、梯形螺纹和锯齿形螺纹等。

对比图 8.10（a）和图 8.10（b）可知，若略去螺纹升角的影响，在轴向载荷 F_a 作用下，非矩形螺纹的法向力比矩形螺纹的大。若把法向力的增加看作摩擦系数的增加，则非矩形螺纹的摩擦阻力可写为

$$\frac{F_a}{\cos\beta}f = \frac{f}{\cos\beta}F_a = f'F_a$$

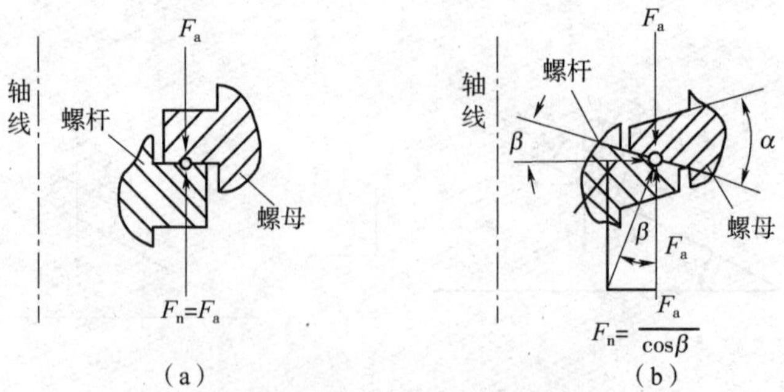

图 8.10 矩形螺纹与非矩形螺纹的法向力

(a) 矩形螺纹；(b) 非矩形螺纹

式中，f' 为当量摩擦系数，即

$$f' = \frac{f}{\cos\beta} = \tan\rho'$$

式中，ρ' 为当量摩擦角（°）；

    β 为牙型斜角（°）。

因此，将图 8.9 中的 f 改为 f'，ρ 改为 ρ'，就能像对矩形螺纹那样对非矩形螺纹进行力的分析。

当滑块沿非矩形螺纹等速上升时，可得水平推力

$$F = F_a\tan(\varPsi + \rho') \tag{8-5}$$

相应的驱动力矩

$$T = F\frac{d_2}{2} = F_a\frac{d_2}{2}\tan(\varPsi + \rho') \tag{8-6}$$

当滑块沿非矩形螺纹等速下滑时，可得

$$F = F_a\tan(\varPsi - \rho') \tag{8-7}$$

相应的力矩

$$T = F\frac{d_2}{2} = F_a\frac{d_2}{2}\tan(\varPsi - \rho') \tag{8-8}$$

与分析矩形螺纹相同，若螺纹升角 $\varPsi$ 小于当量摩擦角 ρ'，则螺纹具有自锁特性，如不施加驱动力矩，无论轴向驱动力 F_a 多大，都不能使螺旋副相对运动。考虑到极限情况，非矩形螺纹的自锁条件可表示为

$$\varPsi \leqslant \rho' \tag{8-9}$$

为了防止螺母在轴向力作用下自动松开，用于连接的紧固螺纹必须满足自锁条件。

以上分析适用于所有螺旋传动和螺纹连接。归纳起来就是：当轴向载荷为阻力，阻止螺旋副相对运动时（例如：车床丝杆走刀时，切削力阻止刀架轴向移动；螺纹连接拧紧螺母时，材料变形的反弹力阻止螺母轴向移动；螺旋千斤顶举升重物时，重力阻止螺杆上升），就相当于滑块沿斜面等速上升，应使用式（8-2）或式（8-6）。当轴向载荷为驱动力，与螺旋副相对运动方向一致时（例如：旋松螺母时，材料变形的反弹力与螺母移动方向一致；用螺旋千斤顶降落重物时，重力与下降方向一致），就相当于滑块沿斜面等速下滑，应使用式（8-4）或式（8-8）。

螺旋副的效率是有效功与输入功之比。若按螺旋转动一圈计算，输入功为 $2\pi T$，此时升举滑块（重物）所做的有效功为 $F_a S$，故螺旋副的效率

$$\eta = \frac{F_a S}{2\pi T} = \frac{\tan\varphi}{\tan(\varPsi + \rho')} \tag{8-10}$$

式（8-10）可知，当量摩擦角 ρ' 一定时，效率是螺纹升角的函数。由此可绘出效率曲线如图 8.11 所示。

由图 8.11 可知，当 $\varPsi = 45° \sim \rho'/2$ 时效率最高。由于过大的螺纹升角制造困难，且效率增高也不显著，因此一般 $\varPsi$ 不大于 25°。

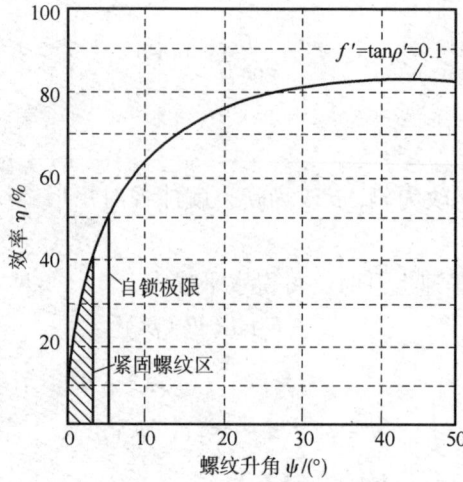

图 8.11　螺旋副的效率

✿ 第三节　螺纹连接的基本类型、预紧和防松

一、螺纹连接的基本类型

螺纹连接的基本类型、特点和应用如表 8.4 所示。

表 8.4　螺纹连接的基本类型、特点及应用

类型	结构图	尺寸关系	特点及其应用
螺栓连接		螺纹余留长度为 l_1 静载荷 $l_1 \geqslant (0.3 \sim 0.5)d$ 变载荷 $l_1 \geqslant 0.75d$ 冲击载荷或弯曲载荷 $l_1 \geqslant d$ 普通螺栓 $d_0 = 1.1d$ 铰制孔用螺栓 l_1 应尽可能 小于螺纹伸出长度 a 螺纹伸出长度 $a = (0.2 \sim 0.3)d$ 螺栓轴线到边缘的距离 $e = d + (3 \sim 6)\,\mathrm{mm}$	结构简单、装拆方便，应用广泛，通常用于被连接件不太厚和便于加工通孔的场合

类型	结构图	尺寸关系	特点及其应用
双头螺柱连接	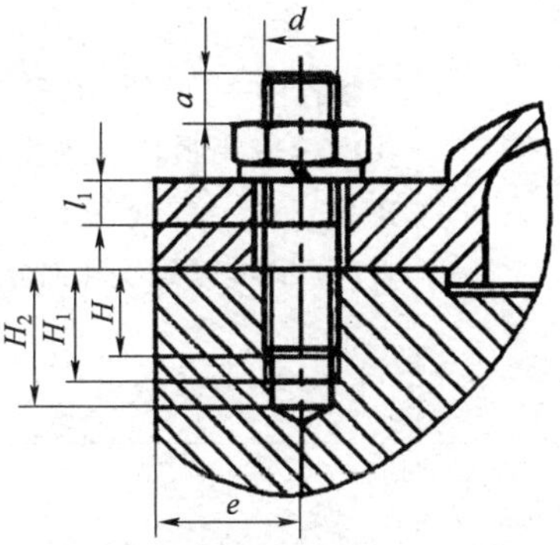	座端拧入深度 H，当螺孔材料为钢或青铜 $H \approx d$；铸铁 $H = (1.25 \sim 1.5)d$；铝合金 $H = (1.5 \sim 2.5)d$ 螺纹孔深度 $H_1 = H + (2 \sim 2.5)P$ 钻孔深度 $H_2 = H_1 + (0.5 \sim 1)d$ l_1、a、e 值同普通螺栓连接	螺柱的一端旋紧在一被连接件的螺纹孔中，另一端则穿过另一被连接件的孔，通常用于被连接件之一太厚、结构要求紧凑或经常拆装的场合
螺钉连接	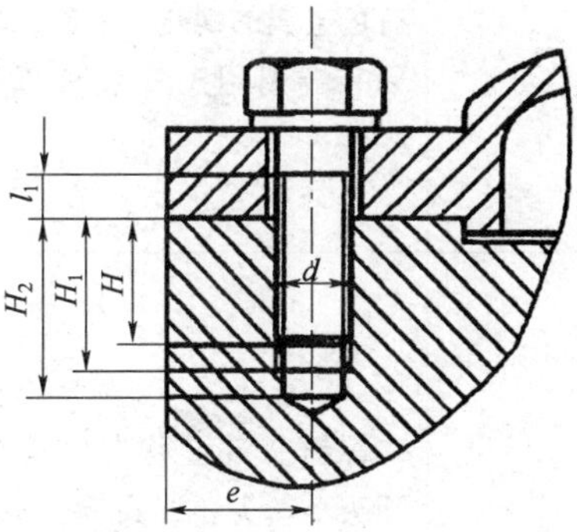	座端拧入深度 H，当螺孔材料为钢或青铜 $H \approx d$；铸铁 $H = (1.25 \sim 1.5)d$；铝合金 $H = (1.5 \sim 2.5)d$ 螺纹孔深度 $H_1 = H + (2 \sim 2.5)P$ 钻孔深度 $H_2 = H_1 + (0.5 \sim 1)d$ l、e 值同普通螺栓连接	适用于被连接件之一太厚且不经常拆装的场合
紧定螺钉连接	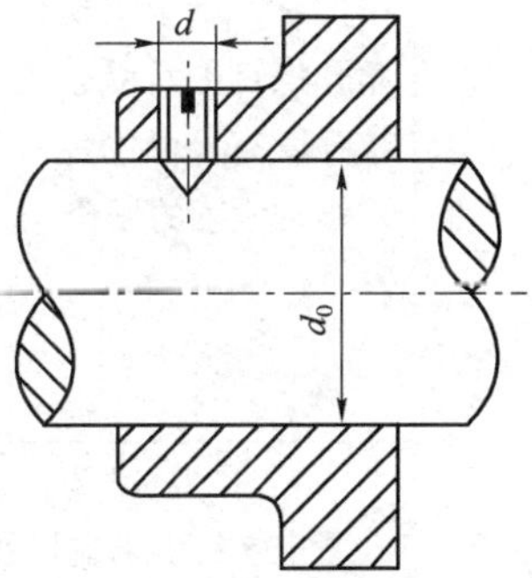	$d = (0.2 \sim 0.3)d_0$，当力和转矩大时取较大值	螺钉的末端顶住零件的表面或顶入该零件凹坑中将零件固定。它可以传递不大的横向力或转矩

二、标准螺纹连接件

螺纹连接件的类型很多，在机械制造中常见的螺纹件有螺栓、双头螺柱、螺钉、螺母和垫圈等。这类零件的结构形式都已标准化，我们在设计时应根据有关标准选用。螺纹连接件的结构特点和应用情况如表 8.5 所示。

表 8.5　螺纹连接件的结构特点及应用

类型	图例	结构特点及应用
螺栓	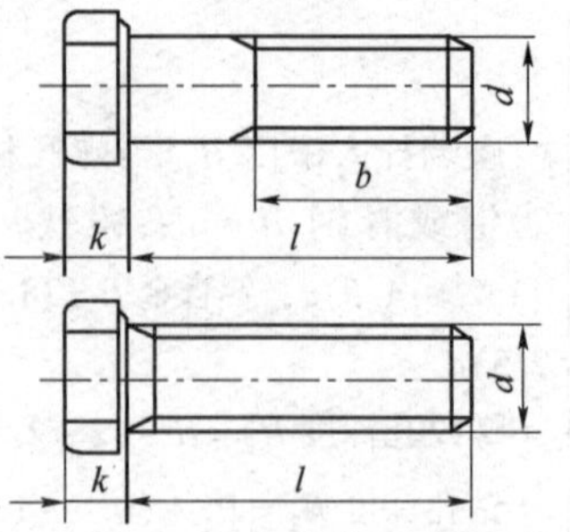	螺栓的头部形状很多，其中以六角头螺栓应用最广。螺栓精度分为 A、B、C 三级，螺栓有粗牙和细牙螺纹，杆部可以是全螺纹和部分螺纹
双头螺栓	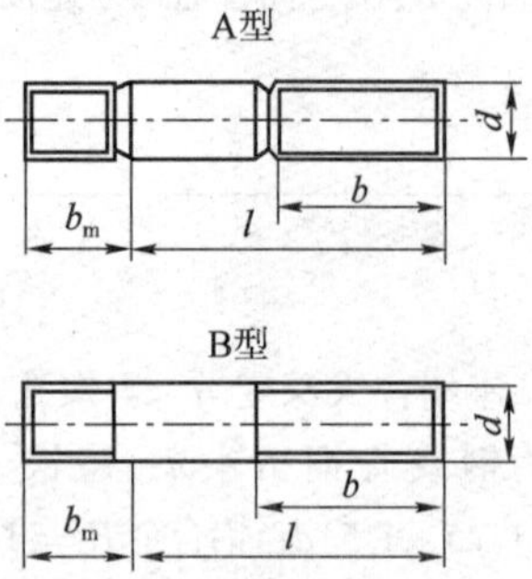 A型 B型 	螺柱两端都有螺纹，两端螺纹可相同或不同，螺柱可带退刀槽或制成全螺纹，螺柱的一端常用于旋入铸铁或有色金属的螺孔中，旋入后即不拆卸；另一端则用于安装螺母以固定其他零件
螺钉	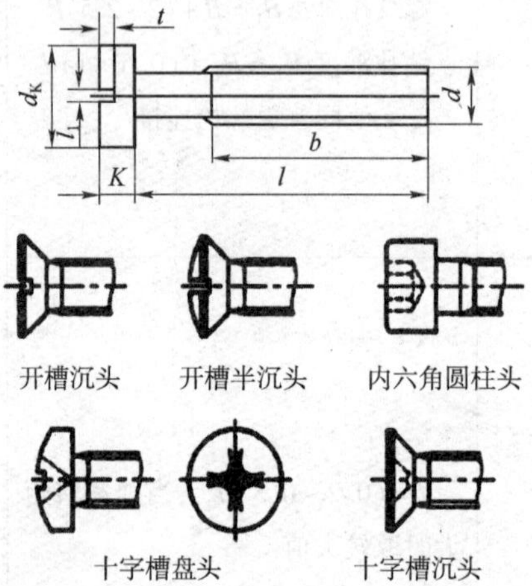 开槽沉头　开槽半沉头　内六角圆柱头 十字槽盘头　　十字槽沉头	螺钉头部形状有六角头、圆柱头、圆头、盘头和沉头等，头部旋具（起子）槽有一字槽、十字槽和内六角孔等形式。十字槽螺钉头部强度高、对中性好，易于实现自动化装配，内六角孔螺钉能承受较大的扳手力矩，连接强度高，可代替六角头螺栓用于要求结构紧凑的场合
紧定螺钉	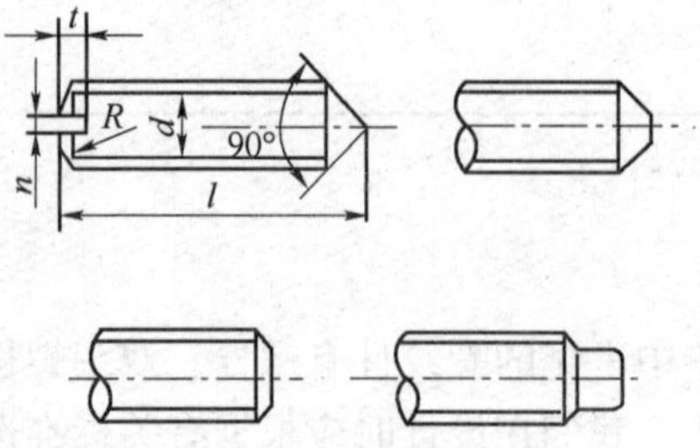	紧定螺钉的末端形状常用的有锥端、平端和圆柱端。锥端适用于被顶紧零件的表面硬度较低或不经常拆卸的场合；平端接触面积大，不伤零件表面，常用于预紧硬度较大的平面或经常拆卸的场合；圆柱端压入轴上的凹坑中，适用于紧定空心轴上的零件位置

类型	图例	结构特点及应用
六角螺母	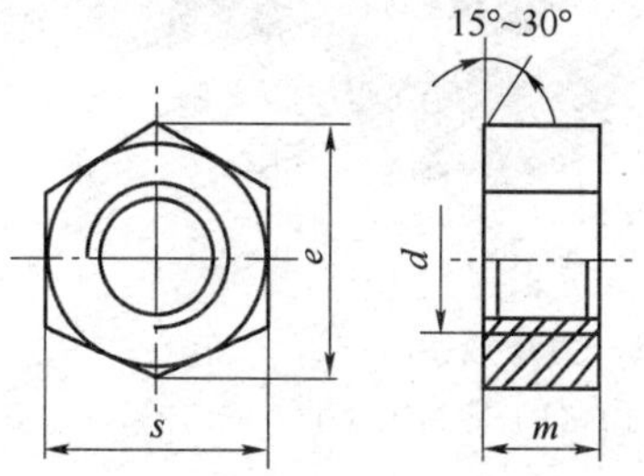	根据厚度的不同，六角螺母分为标准、厚、薄三种。六角螺母的制造精度和螺栓相同，分为 A、B、C 三级，分别与相同级别的螺栓配用
圆螺母	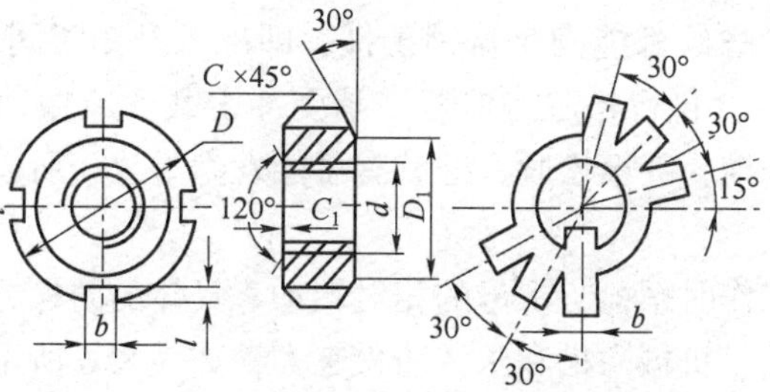	圆螺母常与止动垫圈配用，装配时将垫圈内舌插入轴上的槽内，而将垫圈的外舌嵌入圆螺母的槽内，螺母即被锁紧。它常作为轴上零件的轴向固定用
垫圈	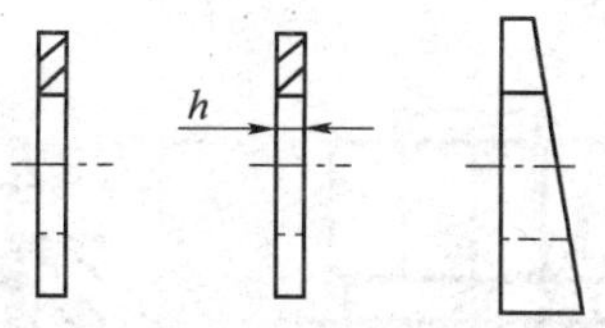	垫圈是螺纹连接中不可缺少的零件，常放置在螺母和被连接件之间。起保护支撑面等作用。用于同一螺纹直径的垫圈又分为特大、大、普通、小四种规格，斜垫圈只用于倾斜的支撑面上

三、螺纹的预紧

　　大多数螺纹连接在装配时就已经被拧紧，称为预紧。预紧的螺栓连接称为紧连接，不预紧的螺栓连接称为松连接。预紧的目的是增强螺栓连接的可靠性、提高紧密性和防止松脱。对于受拉力作用的螺栓连接，其有利于提高螺栓的疲劳强度；或对于受横向载荷的紧螺栓连接，其有利于增大连接中的摩擦力。

　　预紧使螺栓所受到的拉力称为预紧力。若预紧力过小，则会使连接不可靠；若预紧力过大，则会导致连接件的损坏。对于一般的连接，可凭经验来控制预紧力的大小，但对重要的连接就要严格控制其预紧力，可通过控制拧紧力矩来实现。生产中常用测力矩扳手 [图 8.12 （a）] 和定力矩扳手 [图 8.12 （b）] 来控制拧紧力矩。

第八章　螺纹连接

183

图 8.12 力矩扳手

（a）测力矩扳手；（b）定力矩扳手

四、螺纹的防松

螺纹连接中常用的单线螺纹和管螺纹都能满足自锁条件，即螺纹升角 Ψ 小于当量摩擦角，在静载荷或冲击振动不大时，不会自行松脱。但若在承受冲击载荷或振动载荷或变载荷，且温度变化大时，连接有可能松动，甚至松脱，这就有可能发生事故，所以我们在设计时必须考虑防松问题。

螺栓连接防松的实质在于防止工作时螺栓与螺母的相对转动。具体的防松方法和防松装置很多，按工作原理可分为摩擦防松、机械防松和永久防松三类，如表 8.6 所示。

表 8.6 常用的防松方法及特点

防松原因	防松方法及特点		
摩擦防松：采用各种结构措施使螺旋副中的摩擦力不随连接的外载荷波动而变化，保持较大的防松摩擦力矩	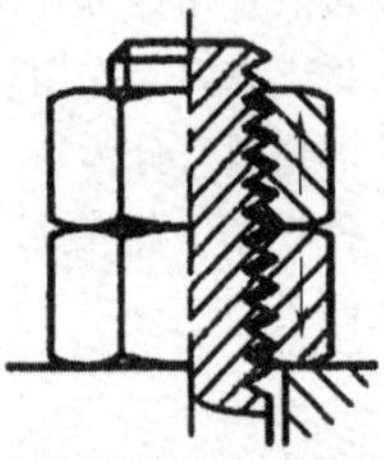 对顶螺母	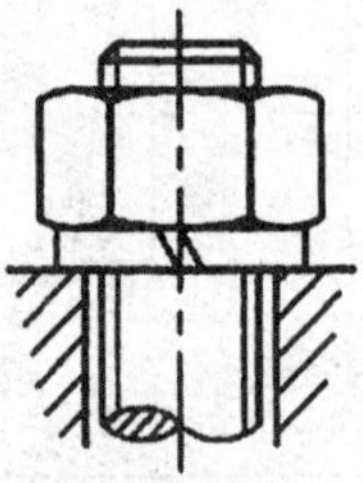 弹簧垫圈螺母	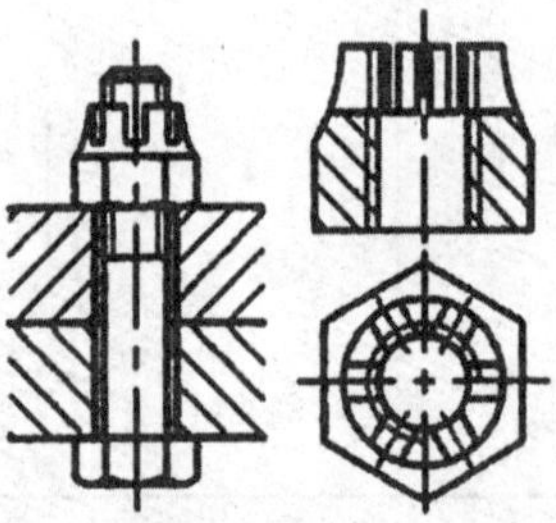 弹性锁紧螺母
	利用两螺母对顶拧紧，螺栓旋合段承受拉力而螺母受压，从而使螺纹间始终保持相当大摩擦力。结构简单，可用于低速重载场合。但螺栓和螺纹部分均需加长，不够经济，且增加了外廓尺寸和重量	弹簧垫圈的材料为高强度锰钢，装配后弹簧垫圈被压平，其反弹力使螺纹间保持压紧力和摩擦力，且垫圈切口处的尖角也能阻止螺母转动松脱	在螺母的上部做成有槽的弹性结构，装配前这一部分的内螺纹尺寸略小于螺栓的外螺纹。装配时利用弹性，使螺母稍有扩张，螺纹之间得到紧密的配合，保持表面摩擦力。可多次装拆而不降低防松性能

防松原因	防松方法及特点		
机械防松：利用便于更换的金属元件约束螺旋副，使之不能相对转动	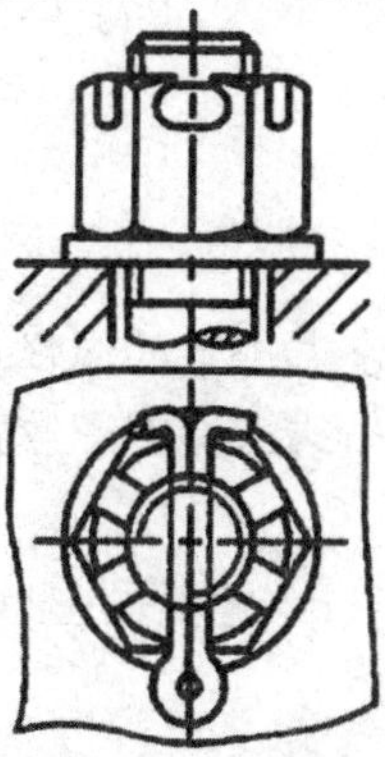 开口销与开槽螺母	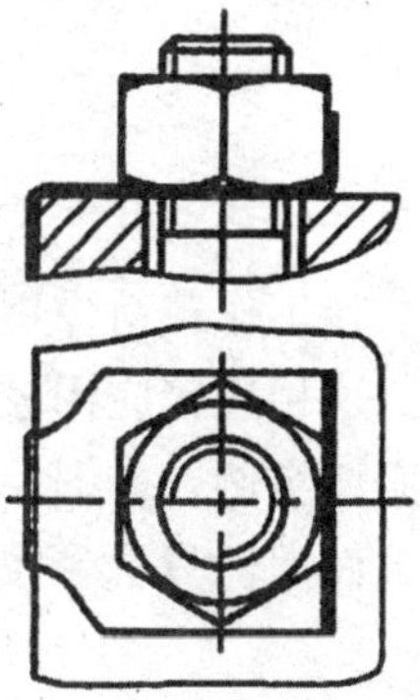 止动垫圈	 串联钢丝
	开槽螺母旋紧后，将开口销穿插过螺母上的径向槽和螺栓末端的孔，从而把螺母与螺栓固接在一起。防松可靠，可用于承受冲击或载荷变化较大的连接	止动垫圈的形式很多，图示是将止动垫圈的一边弯起紧贴在螺母的侧面上，另一边弯下贴在被连接件的侧壁上，避免螺母转动而松脱。防松可靠，但只能用于连接部分可容纳弯耳的场合	将钢丝依次穿过相邻螺栓钉头的横孔，两端拉紧打结。钢丝的穿连方向使螺栓的松脱与钢丝拉紧方向一致，致使连接不能松动。防松效果较好，安装较费时
永久防松：将螺旋副转变为非运动副，防止松动	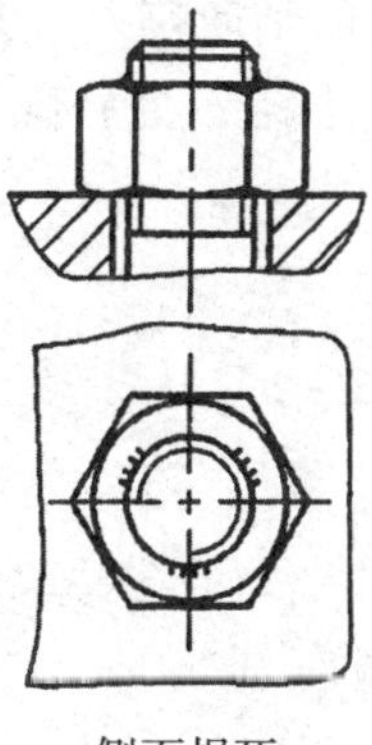 侧面焊死	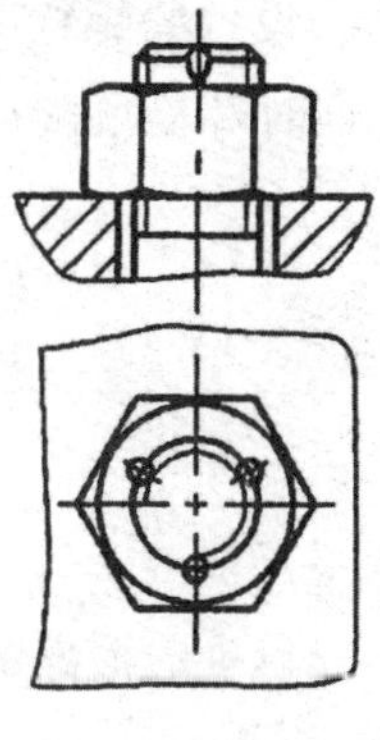 端面冲点	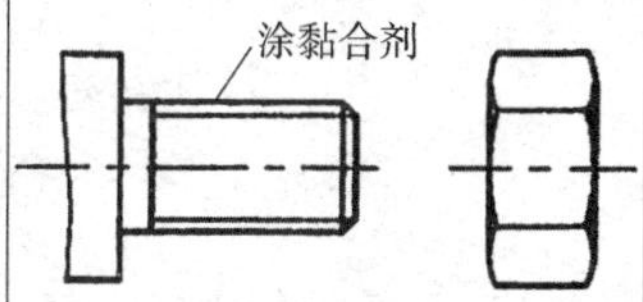 涂黏合剂 黏合法
	防松效果良好，但都属于不可拆的防松方法		

第四节 松螺栓连接的强度计算

螺栓连接根据载荷性质不同，其失效形式也不同。受静载荷螺栓的失效多为螺纹部分的塑性变形或螺栓被拉断。受变载荷螺栓的失效多为螺栓的疲劳断裂。如果螺纹硬度较低或经常装拆，就会发生滑扣现象。

螺纹连接所用的螺栓及螺母等都是标准件，其螺纹牙、螺栓头、光杆和螺母的结构及尺寸是按等强度设计的。所以，一般只计算螺栓小径，其他部分不需要进行计算。因为螺纹小径处截面面积最小，并有应力集中，所以螺纹零件通常都在该部位断裂损坏。因此，螺栓连接的计算，主要是确定螺纹小径 d_1，然后按照标准选定螺栓的大径 d，以及螺母和垫圈等连接零件的尺寸。

一、松螺栓连接的强度计算

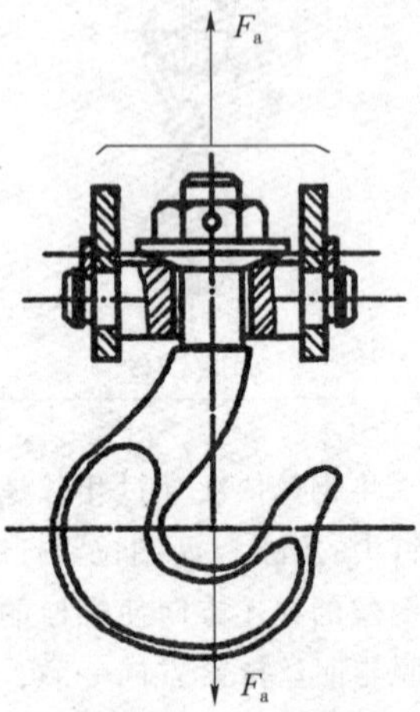

在工作载荷作用前，连接件无预紧的螺栓连接称为松螺栓连接。这种连接应用较少，起重吊钩末端的螺纹连接是松螺栓连接的典型实例，如图 8.13 所示。

设螺栓只承受拉力 F_a（N），则螺栓的强度条件为

$$\sigma = \frac{F_a}{\frac{\pi d_1^2}{4}} \leq [\sigma] \tag{8 -- 11}$$

螺栓连接的设计公式为

$$d_1 \geq \sqrt{\frac{4F_a}{\pi[\sigma]}} \tag{8 -- 12}$$

式中，d_1 为螺纹小径（mm）；
$[\sigma]$ 为松螺栓连接的许用拉应力（MPa）。

图 8.13　起重吊钩

二、紧螺栓连接的强度计算

紧螺栓连接装配时需要拧紧，设拧紧螺栓时螺杆承受的轴向拉力为 F_a（不承受轴向工作载荷的螺栓，即预紧力 F_0）。这时螺栓危险截面（螺纹小径 d_1 处）除受拉应力外，还受到螺纹力矩所引起的扭切应力

$$\tau = \frac{T}{\frac{\pi d_1^3}{16}} = \frac{F_a \tan(\varphi + \rho')\frac{d_2}{2}}{\frac{\pi d_1^3}{16}} = 2d_2 \tan(\varPsi + \rho')\frac{F_a}{\frac{\pi d_1^2}{4}} \tag{8 -- 13}$$

对于最常用 M10 ～ M68 的普通螺纹，取 d_2、d_1 和 $\varPsi$ 的平均值，并取 $\tan \rho' = f' = 0.15$，得 $\tau = 0.5\sigma$。按照第四强度理论（最大变形能理论），当量应力

$$\sigma_e = \sqrt{\sigma^2 + 3\tau^2} = \sqrt{\sigma^2 + 3\ (0.5\sigma)^2} \approx 1.3\sigma$$

故螺栓螺纹部分的强度条件可以写成

$$\frac{1.3F_a}{\frac{\pi d_1^2}{4}} \leq [\sigma] \tag{8 -- 14}$$

式中，$[\sigma]$ 为紧螺栓连接的许用应力（MPa），其值如表 8.8 所示。

1. 受横向载荷紧螺栓连接的强度计算

图 8.14 所示的螺栓连接，承受垂直于螺栓轴线的横向工作载荷 F 时，图中螺栓与孔之间留有间隙。工作时，若接合面内的摩擦力足够大，则被连接件之间不会发生相对滑动。因此螺栓所需的轴向力 F_a（预紧力 F_0）（N）应为

$$fF_a m \geqslant KF$$

$$F_a = F_0 \geqslant \frac{KF}{fm} \qquad (8-15)$$

式中，f 为接合面间的摩擦系数，对于钢及铸铁经过加工的干燥表面 $f = 0.10 \sim 0.20$；

m 为接合面数；

K 为可靠性系数，通常取 $1.1 \sim 1.3$，由于 f 不稳定，用 K 保证连接可靠；

F 为横向载荷（N）。

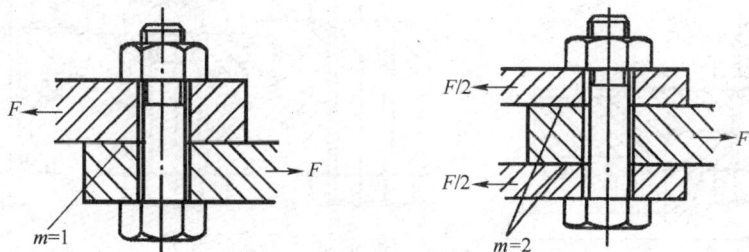

图 8.14　普通螺栓受横向载荷

求出 F_a 值后，可按式（8-13）计算螺栓强度。

从式（8-14）来看，当 $f = 0.15$，$K = 1.2$，$m = 1$ 时，$F_0 \geqslant 8F$。即预紧力应大于或等于横向工作载荷的 8 倍，所以螺栓连接靠摩擦力来承担横向载荷时，其直径是较大的。

为了避免上述缺点，可用键、套筒或销承担横向工作载荷，而螺栓仅起连接作用，如图 8.15 所示。也可以采用螺杆与孔之间没有间隙的铰制孔用螺栓来承受横向载荷，图 8.16 为铰制孔用螺栓。这些减载装置中的键、套筒、销和铰制孔用螺栓可按受剪切和受挤压进行强度核算。许用切应力 τ 和许用挤压应力 σ_p 如表 8.8 所示。

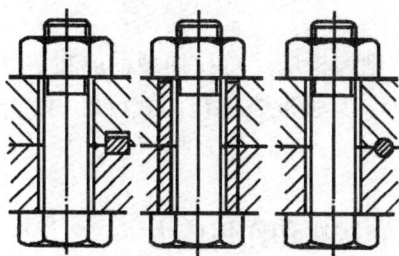

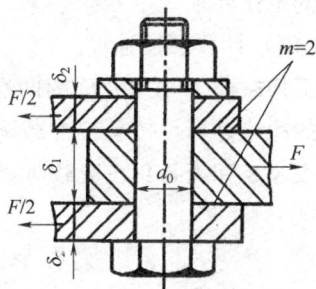

图 8.15　减载装置　　　　图 8.16　铰制孔用螺栓

2. 受轴向工作载荷的螺栓强度

在图 8.17 所示的缸体中，设流体压强为 p，螺栓数为 z，则缸体周围每个螺栓平均承受的轴向工作载荷 $F_E = \dfrac{p\pi D^2/4}{z}$。

在受轴向工作载荷的螺栓连接中，螺栓实际承受总拉伸载荷 F_a 并不等于预紧力 F_0 与 F_E 之和。现说明如下：

螺栓和被连接件受载前后的情况如图 8.18 所示。图 8.13（a）是螺栓连接还没有拧紧时的情况。螺栓连接拧紧后，螺栓受到拉力 F_0 而伸长了 $\Delta\delta_{b0}$；被连接件受到压缩力 F_0 而缩

短了 $\Delta\delta_{c0}$，如图 8.18（b）所示。在连接承受轴向工作载荷 F_E 时，螺栓的伸长量 $\Delta\delta$ 成为 $\Delta\delta_{b0} + \Delta\delta$，相应的拉力就是螺栓的总拉伸载荷 F_a，如图 8.18（c）所示。与此同时，被连接件则随着螺栓的伸长而弹回，其压缩量减少了 $\Delta\delta$ 而成为 $\Delta\delta_{c0} - \Delta\delta$，与此相应的压力就是残余预紧力 F_R，如图 8.13 所示。

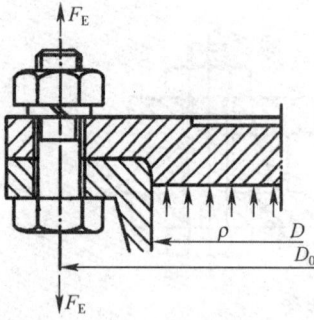

图 8.17 压力容器的螺栓连接　　　图 8.18 载荷与变形的示意图

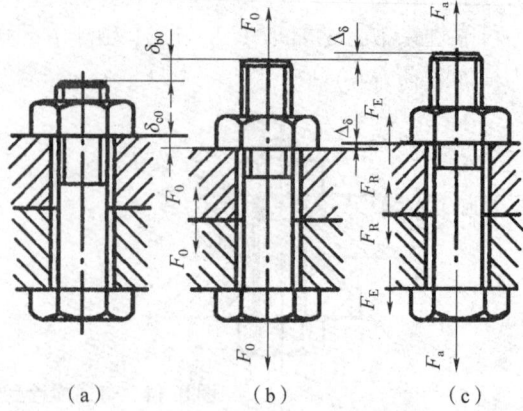

工作载荷 F_E 和残余预紧力 F_R 一起作用在螺栓上，如图 8.18（c）所示，所以螺栓的总拉伸载荷

$$F_a = F_E + F_R \qquad\qquad (8-16)$$

紧螺栓连接应能保证被连接件的接合面不出现缝隙，因此残余预紧力 F_R 应大于零。当工作载荷 F_E 没有变化时，可取 $F_R = (0.2 \sim 0.6)F_E$；当有变化时，$F_R = (0.6 \sim 1.0)F_E$；对于有紧密性要求的连接（如压力容器的螺栓连接），$F_R = (1.5 \sim 1.8)F_E$。在一般计算中，可先根据连接的工作要求规定残余预紧力 F_R，其次，由式（8-15）求出总拉伸载荷 F_a，然后按式（8-13）计算螺栓强度。

若轴向工作载荷 F_E 在 $0 \sim F_E$ 周期性变化，则螺栓所受总拉伸载荷应在 $F_0 \sim F_a$ 变化。受变载荷螺栓的粗略计算可按总拉伸载荷 F_a 进行，其强度条件仍为式（8-13），所不同的是许用应力按表 8.8 和表 8.9 在变载荷项内查取。

✿ 第五节　螺栓的材料和许用应力

螺栓的常用材料为 Q215、Q235、10、35 和 45 钢，重要和特殊用途的螺纹连接件可采用 15Cr、40Cr、30CrMnSi 等力学性能较高的合金钢。

国家标准规定螺纹紧固件按力学性能分为 3.6、4.6、4.8、5.6、5.8、6.8、8.8、9.8、10.9 和 12.9 十个等级，其小数点前面的数字表示 $\sigma_b/100$，小数点后面的数字表示 $10 \times (\sigma_s/\sigma_b)$。螺纹紧固件的强度级别和推荐材料如表 8.7 所示，其中双头螺柱、双头螺钉和紧定螺钉的材料与螺栓基本相同。螺母材料的强度级别和硬度一般稍低于所匹配的螺栓，其作用是防止咬死和减少磨损。螺纹连接的许用应力及安全系数如表 8.8 所示和表 8.9 所示。

表 8.7　螺栓、螺柱、螺钉和螺母的力学性能等级及推荐用材料

性能级别	螺栓、螺柱、螺钉				螺母	
	抗拉强度（σ_b/MPa）	屈服强度（σ_s/MPa）	硬度（HBS）	推荐材料	所匹配螺母级别	推荐材料
3.6	300	180	90	10 Q215		
4.6	400	240	109	15 Q235	4 或 5	10、Q215
4.8		320	113	16 Q215		
5.6	500	300	134	25 35	5	
5.8		400	140	15 Q235		
6.8	600	480	181	45	6	10Q215
8.8	800	640	232～248	35	8 或 9	35
9.8	900	720	269	35 45	9	
10.9	1 000	900	312	40Cr 15MnVB	10	40Cr 15MnVB
12.9	1 200	1 080	363	30MnSi 15MnVB	12	30CrMnSi 15MnVB

表 8.8　螺栓连接的许用应力

紧螺栓连接的受载情况		许用应力
受轴向载荷、横向载荷		$[\sigma] = \dfrac{\sigma_s}{S}$ 控制预紧力时 $S = 1.2 \sim 1.5$，不能严格控制预紧力时，S 见表 8.9
受横向载荷的铰制孔用螺栓	静载荷	$[\sigma] = \dfrac{\sigma_s}{2.5}$ $[\sigma_P] = \dfrac{\sigma_s}{1.25}$（被连接件为钢） $[\sigma_P] = \dfrac{\sigma_b}{2 \sim 2.5}$（被连接件为铸铁）
	变载荷	$[\tau] = \dfrac{\sigma_s}{3.5 \sim 5}$ $[\sigma_P]$ ——按载荷的 $[\sigma_P]$ 值降低 20% ～30%

表8.9 紧螺栓连接的安全系数 S（不能严格控制预紧力时）

材料	静载荷		变载荷	
	M6 ~ M16	M16 ~ M30	M6 ~ M16	M16 ~ M30
碳素钢	4 ~ 3	3 ~ 2	10 ~ 6.5	6.5
合金钢	5 ~ 4	4 ~ 2.5	7.5 ~ 5	5

例8.1 一钢制液压油缸如图8.19所示，油压 $p = 1.50$ MPa，气缸内径 $D = 250$ mm，螺栓分布圆直径 $D_0 = 346$ mm，螺栓间距 $t \leqslant 120$ mm。螺栓的力学性能等级选用5.8。试确定螺栓数和螺栓公称直径 d。

解：（1）载荷分析和螺栓材料。

螺栓受轴向载荷，而且要求保证气密性，采用一组普通螺栓连接。螺栓的力学性能等级选用5.8，由表8.7查得屈服极限 $\sigma_s = 400$ MPa。

（2）螺栓数目 z。

初选 $t = 100$ mm，则有

$$z = \frac{\pi D_0}{t} = \frac{\pi \times 346}{100} = 10.9$$

取 $z = 12$

$$t = \frac{\pi D_0}{z} = \frac{\pi \times 346}{12} = 90.6 \text{ (mm)} < 120 \text{ mm}$$

（3）螺栓轴向工作载荷。

$$F_E = \frac{p \pi D^2 / 4}{z} = 1.50 \times \frac{\pi \times 250^2}{4 \times 12} = 6.136 \text{ (kN)}$$

决定螺栓总拉伸载荷 F_a，根据前面所述，对于压力容器取残余预紧力 $F_R = 1.8 F_E$，则由式（8-16）可得

$$F_a = F_E + F_R = 6\ 136 + 1.8 \times 6\ 136 = 17\ 181 \text{ (N)}$$

（4）螺栓直径。螺栓的轴向总拉力较大，按照经验初选螺栓为 M16。装配时不要求严格控制预紧力，按表8.9暂取安全系数 $S = 3$，螺栓许用应力

$$[\sigma] = \frac{\sigma_s}{S} = \frac{400}{3} = 133.33 \text{ (MPa)}$$

由式（8-14）得螺纹的小径

$$d_1 \geqslant \sqrt{\frac{4 \times 1.3 F_a}{\pi [\sigma]}} = \sqrt{\frac{4 \times 1.3 \times 17.181 \times 10^3}{\pi \times 133.33}} = 14.61 \text{ (mm)}$$

原来估计的 M16（$d_1 = 13.835$ mm）稍偏小。再估螺栓直径 M18，查表8.9得 $S = 2.8$，所以

$$[\sigma] = \frac{\sigma_s}{S} = \frac{400}{2.8} = 142.86 \text{ (MPa)}$$

$$d_1 \geqslant \sqrt{\frac{4 \times 1.3 F_a}{\pi [\sigma]}} = \sqrt{\frac{4 \times 1.3 \times 17.181 \times 10^3}{\pi \times 142.86}} = 14.11 \text{ (mm)}$$

选 M18，其 $d_1 = 15.294$ mm，与估计值相符，计算有效。

例8.2 假设一钢制压力容器如图8.19所示。容器内压力为 $p = 2$ MPa，容器内径为 $d_2 = 125$ mm，容器盖由6个螺栓连接在容器上，设每个螺栓承受的工作载荷为 F_E，残余预

紧力为 $F_R = 1.5F_E$，如螺栓材料选用 45 钢，试设计螺栓的直径。

解：此类连接属受轴向载荷的紧螺栓连接。

(1) 确定许用应力。

螺栓材料为 45 钢，由表 8.7 可知，取 $\sigma_s = 360$ MPa，查表 8.9，因不控制预紧力，又 45 钢为碳素钢，故初选 M16 螺栓，$S = 4 \sim 2$，取 $S = 3.5$。

$$[\sigma] = \sigma_s/S = 360/3.5 = 103 \ （MPa）$$

(2) 计算工作载荷。

容器盖螺栓组所承受的载荷

$$F = (\pi d_2^2/4)p = (\pi \times 125^2/4) \times 2 = 24\ 544 \ （N）$$

每个螺栓所承受的工作载荷

$$F_E = F/6 = 24\ 544/6 \ N = 4\ 091 \ （N）$$

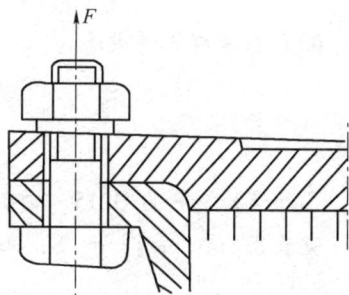

图 8.19 钢制压力容器

(3) 求每个螺栓所承受的总拉力。

由已知条件，残余预紧力

$$F_R = 1.5F_E = 1.5 \times 4\ 091 = 6\ 136 \ （N）$$

$$F_a = F_E + F_R = 4\ 091 + 6\ 136 = 10\ 227 \ （N）$$

(4) 求螺栓的小径。

$$d_1 \geqslant \sqrt{\frac{4 \times 1.3F_a}{\pi[\sigma]}} = \sqrt{\frac{4 \times 1.3 \times 10\ 227}{\pi \times 103}} = 12.82 \ （mm）$$

由《机械设计手册》查得 $d = 16$ mm，$d_1 = 13.835$ mm，略大于 12.82 mm，故选定 M16 普通螺栓，螺栓的长度由结构确定。

例 8.3 如图 8.20 所示，普通螺栓连接承受的横向载荷 $F = 1\ 500$ N，用一个 M24 的螺栓，材料为 Q215，装配时用标准扳手拧紧，即扳手长度 $L \approx 1.5d$。试计算此螺栓连接中所需要的预紧力 F'，并计算在拧紧螺母时，施加在扳手上的作用力 F_0，同时校核螺栓强度。

解：此类连接属受横向载荷的紧螺栓连接。

(1) 计算所需的预紧力 F'。

$$F' = \frac{K_f F}{f_s nm}$$

已知 $n = 1$，$m = 1$，由教材推荐值 $f = 0.10 \sim 0.20$，可取 $f_s = 0.14$，$K_f = 1.3$，故

$$F' = \frac{1.3 \times 1\ 500}{0.14 \times 1 \times 1} = 13\ 929（N）$$

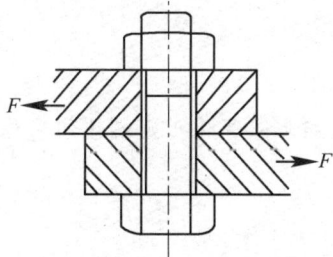

图 8.20 普通螺栓

(2) 计算施加在扳手上的作用力 F_0。

由教材知 $F_R = (0.2 \sim 0.6)\ F'$，取 $F_R = 0.4F'$ 则有

$$T = 0.2F'd，\quad F_0 L = 0.2F'd$$

$$L = 15d = 15 \times 24 = 360（mm）$$

查得 M24 螺栓的小径

$$d_1 = 20.752 \ mm$$

故

$$F_0 \times 360 = 0.2 \times 13\,929 \times 24$$
$$F_0 = 185.7\ \text{N}$$

（3）验算螺栓强度。

$$\sigma_{ca} = \frac{1.3F'}{\dfrac{\pi d_1^2}{4}} = \frac{1.3 \times 13\,929}{\dfrac{\pi \times 20.752^2}{4}} = 53.5\,(\text{MPa})$$

已知螺栓材料为 Q215，由表 8.7 得 $\sigma_s = 220\ \text{MPa}$；

查表 8.8 取 $[\sigma] = \sigma_s/S$，又因不控制预紧力，螺栓为 M24 碳钢。$S = 3 \sim 2$，取 $S = 3$，有

$$[\sigma] = \frac{\sigma_s}{S} = \frac{220}{3}\ \text{MPa} = 73.3\,(\text{MPa})$$

故 $\sigma_{ca} < [\sigma]$ 合适。

例 8.4　如图 8.21 所示，一矩形钢板用两个 M20 的普通螺栓连接到机架上。已知作用于钢板的载荷 $F = 2\,000\ \text{N}$，螺栓小径 $d_1 = 17.29\ \text{mm}$，板和螺栓材料为 Q235，$\sigma_s = 235\ \text{MPa}$，不控制预紧力的安全系数 $S = 2.4$，板与机架间摩擦系数 $f = 0.2$，可靠性系数 $K_f = 1.1$，$a = 200\ \text{mm}$，$L = 300\ \text{mm}$，试校核螺栓连接的强度。

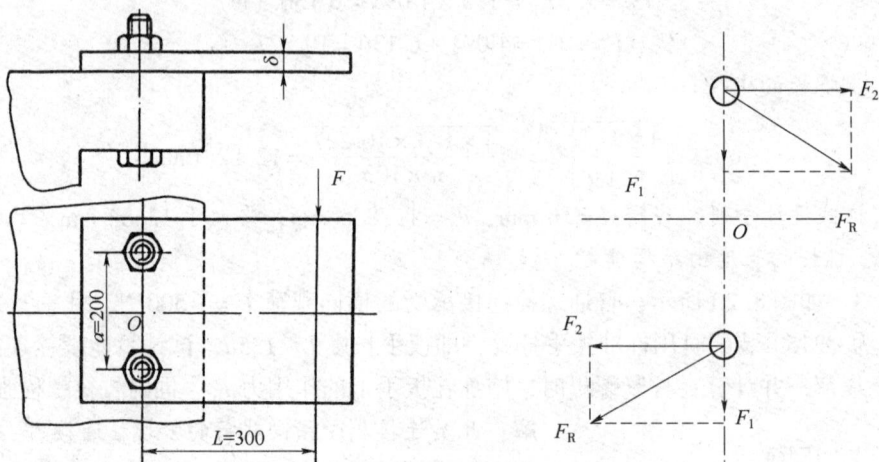

图 8.21　矩形钢板

解：（1）求螺栓的横向工作载荷 F_R，将外载荷 F 向螺栓组形心简化，则螺栓组受横向载荷 $F = 2\,000\ \text{N}$

转矩为

$$T = F \cdot L = 2\,000 \times 300 = 600\,000\,(\text{N} \cdot \text{mm})$$

横向载荷使每个螺栓受力为

$$F_1 = \frac{F}{2} = \frac{2\,000}{2} = 1\,000\,(\text{N})$$

转矩 T 使每个螺栓受力为

$$F_2 = \frac{T}{2 \times \dfrac{a}{2}} = \frac{600\,000}{2 \times \dfrac{200}{2}} = 3\,000\,(\text{N})$$

螺栓所受横向工作载荷为

$$F_R = \sqrt{F_1^2 + F_2^2} = \sqrt{1\,000^2 + 3\,000^2} = 3\,162.28(\text{N})$$

（2）校核螺栓的强度。

计算螺栓预紧力

$$F_0 = \frac{K_f \cdot F_R}{f \cdot m} = \frac{1.1 \times 3\,162.28}{0.2 \times 1} = 17\,392.53(\text{N})$$

螺栓许用应力

$$[\sigma] = \frac{\sigma_s}{S} = \frac{235}{2.4} = 97.92(\text{MPa})$$

螺栓的连接强度

$$\sigma = \frac{1.3 \times F_0}{\frac{\pi d_1^2}{4}} = \frac{1.3 \times 17\,392.53}{\frac{\pi \times 17.29^2}{4}} = 96.35\ (\text{MPa}) < [\sigma] = 97.92\ \text{MPa}$$

例8.5 图 8.22 所示普通螺栓连接中采用两个 M16 的螺栓，已知螺栓小径 $d_1 = 13.84$ mm，螺栓材料为 35 钢，$[\sigma] = 105$ MPa，被连接件接合面间摩擦系数 $f = 0.15$，可靠性系数 $K_f = 1.2$，试计算该连接允许传递的最大横向载荷 F_R。

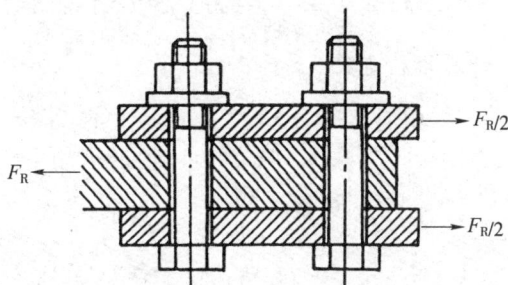

图 8.22 普通螺栓连接

解：（1）求满足螺栓螺纹部分强度条件的预紧力 F_0。

根据强度条件 $\frac{1.3 F_0}{\frac{\pi d_1^2}{4}} \leqslant [\sigma]$，得

$$F_0 \leqslant \frac{\pi d_1^2 [\sigma]}{1.3 \times 4}$$

（2）计算承受横向外载荷不产生滑移的预紧力 F_0。

$$F_0 = \frac{K_f \cdot F_R}{f \cdot m \cdot z}$$

（3）计算允许承受的最大横向外载荷 F_R。

根据螺栓的强度条件和承受横向外载荷不产生滑移条件，可得

$$\frac{K_f \cdot F_R}{f \cdot m \cdot z} \leqslant \frac{\pi d_1^2 [\sigma]}{1.3 \times 4}$$

$$F_R \leqslant \frac{\pi d_1^2 [\sigma] \cdot f \cdot m \cdot z}{1.3 \times 4 \times K_f} = \frac{\pi \times 13.84^2 \times 105 \times 0.15 \times 2 \times 2}{1.3 \times 4 \times 1.2} = 6\,072.36\ (\text{N})$$

例8.6 如图 8.23 所示，凸缘联轴器采用 4 个铰制孔用螺栓连接，已知联轴器传递的转

矩为 1 200 N·m，联轴器材料为灰铸铁 HT250，其 $\sigma_b = 240$ MPa，螺栓材料为 Q235，$\sigma_s = 230$ MPa，$[\tau] = \sigma_s/2.5$，$[\sigma_p] = \sigma_b/2.25$，螺栓分布圆直径 $D = 160$ mm，螺栓杆与联轴器孔壁的最小接触长度 $L_{min} = 10$ mm，试确定螺栓直径。

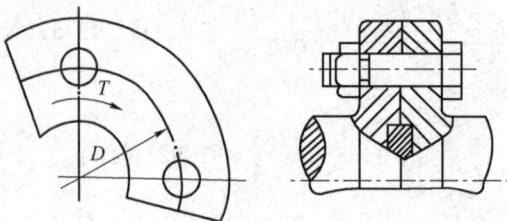

图 8.23　凸缘联轴器

解：（1）计算螺栓组所受的总圆周力

$$F = \frac{2T}{D} = \frac{2 \times 1\,200 \times 10^3}{160} = 15\,000(\text{N})$$

（2）计算单个螺栓所受的剪力

$$F_R = \frac{F}{4} = \frac{15\,000}{4} = 3\,750(\text{N})$$

（3）根据强度条件，计算螺栓直径。

因为

$$\tau = \frac{F_R}{m \cdot \dfrac{\pi d_s^2}{4}} \leqslant [\tau]$$

故

$$d_s \geqslant \sqrt{\frac{4F_R}{m\pi\,[\tau]}} = \sqrt{\frac{4 \times 3\,750}{1 \times 3.14 \times 92}} = 7.2(\text{mm})$$

根据螺栓杆直径，查《机械设计手册》可得螺栓直径 d。

（4）校核孔壁挤压强度。

$$[\sigma_p] = \frac{240}{2.25} = 106.7(\text{MPa})$$

因为 $\sigma_p = \dfrac{F_R}{d_s L_{min}} = \dfrac{3\,750}{7 \times 10} = 53.57$ （MPa）$< [\sigma_p]$，所以挤压强度足够。

注：d_s 应代入查表得到的准确值，式中 d_s 以偏小值代入初算。

例 8.7　如图 8.24 所示，凸缘联轴器采用 6 个普通螺栓连接，安装时不控制预紧力。已知联轴器传递的转矩 $T = 300$ N·m，螺栓材料为 Q235，$\sigma_s = 230$ MPa，螺栓直径为 M6～M16 时，安全系数 $S = 4～3$，螺栓直径为 M16～M30 时，$S = 3～2$，接合面间摩擦系数 $f = 0.15$，螺栓分布圆直径 $D = 115$ mm，可靠性系数 $K_f = 1.2$，试确定螺栓的直径。

解：（1）计算螺栓组所受的总圆周力。

$$F = \frac{2T}{D} = \frac{2 \times 300 \times 10^3}{115} = 5\,217(\text{N})$$

（2）计算单个螺栓所受的预紧力。

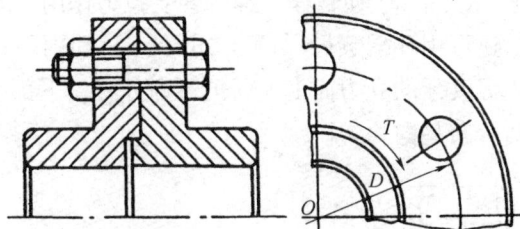

图 8.24　凸缘联轴器

$$F_0 = \frac{K_f \cdot F}{6fm} = \frac{1.2 \times 5\,217}{6 \times 0.15 \times 1} = 6\,956(\text{N})$$

（3）根据强度条件，计算螺栓小径。

初选 M6，取 $S = 3$，则许用应力

$$[\sigma] = \frac{\sigma_s}{S} = \frac{230}{3} = 77(\text{MPa})$$

$$d_1 \geqslant \sqrt{\frac{4 \times 1.3F_0}{\pi[\sigma]}} = \sqrt{\frac{4 \times 1.3 \times 6\,956}{3.14 \times 77}} = 12.23(\text{mm})$$

✿ 第六节　提高螺栓连接强度的措施

一般来说，螺栓连接的强度取决于螺栓的强度。因此，研究影响螺栓强度的因素和提高螺栓强度的措施对提高螺栓连接的可靠性有着重要的意义。

一、改善螺纹牙间的载荷分配

采用普通螺栓和螺母时，螺栓的轴向载荷在旋合螺纹各圈间的分配是不均匀的，从螺母支承面算起的第一圈处受力为最大，自下而上急剧减到零，如图 8.25 所示。

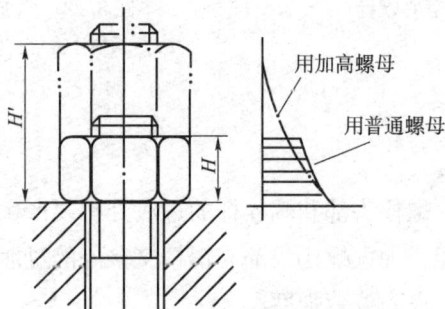

图 8.25　旋合螺纹间的载荷分布

实验证明第 8～10 圈以后的螺纹几乎不承受载荷，圈数过多的厚螺母并不能提高连接的强度。

采用悬置螺母［图 8.26（a）］，使螺栓、螺母皆受拉力作用，减小二者的刚度差，螺牙间的载荷分配趋于均匀。还可用环槽螺母［图 8.26（b）］和内斜螺母［图 8.26（c）］，其下缘局部受拉，弹性好；螺纹牙的受力面由上而下逐渐外移，下部螺纹在载荷作用下容易变形，将载荷上移，使载荷分布趋向均匀。

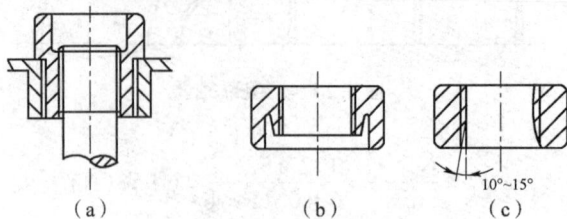

图 8.26 均载螺母结构

（a）悬置螺母；（b）环槽螺母；（c）内斜螺母

二、降低螺栓的轴向工作载荷

减小螺栓刚度，如采用腰杆螺栓和空心螺栓（图 8.27），或增大被连接件的刚度，在被连接件接合面之间不采用图 8.28（a）所示的软垫片密封，而改为图 8.28（b）所示的 O 形密封环密封，都可以降低螺栓的轴向工作载荷，从而提高连接强度。

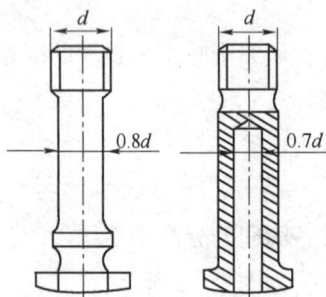

图 8.27 腰杆螺栓与空心螺栓

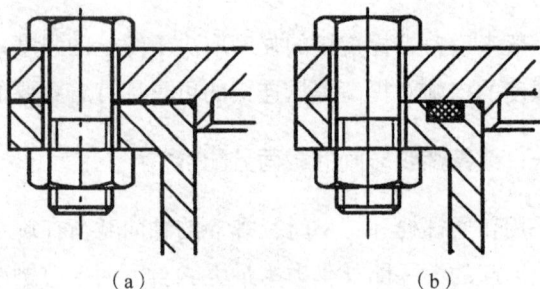

图 8.28 气缸密封元件

（a）软垫片密封；（b）密封环密封

三、减小应力集中

螺栓的螺纹收尾部分、螺栓头部和螺栓杆的过渡处都要产生应力集中，对螺栓的强度影响很大。增大牙根圆角半径，加大螺栓头部与螺杆交接处的过渡圆角，切制卸载槽和采用退刀槽等均可缓和应力集中，提高疲劳强度。

四、避免附加弯曲应力

由于制造和装配误差以及被连接件的变形，或由于支承面不平，螺栓受到附加弯曲应力，这对螺栓疲劳强度的影响很大，应设法避免。例如，在铸件或锻件等未加工表面上安装螺栓时，常采用凸台或沉头座等结构，经切削加工后可获得平整的支承面。

五、小结

本章以螺纹连接为切入点，由浅入深地介绍了螺纹的形成、分类和主要参数；螺纹副的受力情况、效率和自锁；螺纹连接的基本类型、结构、应用以及预紧、防松措施和基本方法。本章随后又通过大量的例题和公式推导，着重介绍了螺栓连接的强度计算和螺栓连接的许用应力计算。同时，本章也介绍了螺栓的常用材料和有效地提高螺栓连接强度的措施。

习题

一、填空题

（1）普通螺栓的公称直径为螺纹_____径。它是指与外螺纹_____或与内螺纹_____相重合的假想圆柱面的直径。用符号_____表示。

（2）用于薄壁零件连接的螺纹，应采用_____三角形细牙螺纹。

（3）受单向轴向力的螺旋传动宜采用_____锯齿形_____螺纹。

（4）普通三角形螺纹的牙型角为_____度。而梯形螺纹的牙型角为_____度。

（5）常用连接螺纹的旋向为_____旋。

（6）当两个连接件之一太厚，不宜制成_____，切需经常拆装时，宜采用_____连接。

（7）螺旋副的自锁条件是_____。

（8）水管连接采用_____螺纹连接。

（9）管螺纹的尺寸采用_____制。

（10）三角形螺纹包括_____螺纹和_____螺纹两种。

（11）螺栓连接预紧的目的是增加连接的_____、_____和_____。

（12）常用的螺纹类型有_____、_____、_____、_____和_____。

（13）螺距是_____，普通螺纹的牙型角是_____。

（14）螺纹连接常用的防松方法有_____和_____两大类。

（15）一螺纹的标记为 M20×2LH 6H 则其螺距为_____mm，旋向为_____。

二、选择题

（1）常用螺纹连接中，自锁性最好的螺纹是（   ）。

A. 三角螺纹   B. 梯形螺纹   C. 锯齿形螺纹   D. 矩形螺纹

（2）常用螺纹连接中，传动效率最高的螺纹是（   ）。

A. 三角螺纹   B. 梯形螺纹   C. 锯齿形螺纹   D. 矩形螺纹

（3）为连接承受横向工作载荷的两块薄钢板，一般采用（   ）。

A. 螺栓连接   B. 双头螺柱连接   C. 螺钉连接   D. 紧定螺钉连接

（4）当两个被连接件不太厚时，宜采用（   ）。

A. 双头螺柱连接   B. 螺栓连接

C. 螺钉连接   D. 紧定螺钉连接

（5）当两个被连接件之一太厚，不宜制成通孔，且需要经常拆装时，往往采用（   ）。

A. 螺栓连接　　　　　B. 螺钉连接　　　　C. 双头螺柱连接　　　D. 紧定螺钉连接

（6）当两个被连接件之一太厚，不宜制成通孔，且连接不需要经常拆装时，往往采用（   ）。

A. 螺栓连接　　　　　B. 螺钉连接　　　　　C. 双头螺柱连接　　　D. 紧定螺钉连接

（7）在拧紧螺栓连接时，控制拧紧力矩有很多方法，例如（   ）。

A. 增加拧紧力　　　　　　　　　　　B. 增加扳手力臂

C. 使用指针式扭力扳手或定力矩扳手

（8）螺纹连接防松的根本问题在于（   ）。

A. 增加螺纹连接的轴向力　　　　　　B. 增加螺纹连接的横向力

C. 防止螺纹副的相对转动　　　　　　D. 增加螺纹连接的刚度

（9）螺纹连接预紧的目的之一是（   ）。

A. 增强连接的可靠性和紧密性　　　　B. 增加被连接件的刚性

C. 减小螺栓的刚性

（10）常见的连接螺纹是（   ）。

A. 左旋单线　　　　　B. 右旋双线　　　　C. 右旋单线　　　　　D. 左旋双线

（11）用于连接的螺纹牙型为三角形，这是因为三角形螺纹（   ）。

A. 牙根强度高，自锁性能好　　　　　B. 传动效率高

C. 防振性能好　　　　　　　　　　　D. 自锁性能差

（12）标注螺纹时（   ）。

A. 右旋螺纹不必注明　　　　　　　　B. 左旋螺纹不必注明

C. 左、右旋螺纹都必须注明　　　　　D. 左、右旋螺纹都不必注明

（13）管螺纹的公称直径是指（   ）。

A. 螺纹的外径　　　　B. 螺纹的内径　　　　C. 螺纹的中径　　　　D. 管子的内径

（14）当螺纹公称直径、牙型角、螺纹线数相同时，细牙螺纹的自锁性能比粗牙螺纹的自锁性能（   ）。

A. 好　　　　　　　　B. 差　　　　　　　　C. 相同　　　　　　　D. 不一定

（15）用于薄壁零件连接的螺纹，应采用（   ）。

A. 三角形细牙螺纹　　　　　　　　　B. 梯形螺纹

C. 锯齿形螺纹　　　　　　　　　　　D. 多线的三角形粗牙螺纹

（16）在螺栓连接中，有时在一个螺栓上采用双螺母，其目的是（   ）。

A. 提高强度　　　　　　　　　　　　B. 提高刚度

C. 防松　　　　　　　　　　　　　　D. 减小每圈螺纹牙上的受力

（17）在螺栓连接中，采用弹簧垫圈防松是（   ）。

A. 摩擦防松　　　　B. 机械防松　　　　C. 冲边放松　　　　　D. 黏结防松

（18）梯形螺纹与锯齿形螺纹、矩形螺纹相比较，具有的优点是（   ）。

A. 传动效率高　　　B. 获得自锁性大　　C. 工艺性和对中性好　D. 应力集中小

（19）在螺旋压力机的螺旋副机构中，常用的是（   ）。

A. 三角螺纹　　　　　　B. 梯形螺纹　　　　　　C. 锯齿形螺纹　　　　　　D. 矩形螺纹

（20）单线螺纹的螺距（   ）导程。

A. 等于　　　　　　　　B. 大于　　　　　　　　C. 小于　　　　　　　　D. 与导程无关

三、判断题（正确的打"√"，错误的打"×"）

（1）同一公称直径的螺纹可以有多种螺距，其中具有最大螺距的螺纹叫粗牙螺纹，其余的叫细牙螺纹。（   ）

（2）一般连接螺纹常用粗牙螺纹。（   ）

（3）矩形螺纹是用于单向受力的传力螺纹。（   ）

（4）螺栓的标准尺寸为中径。（   ）

（5）三角螺纹具有较好的自锁性能，在振动或交变载荷作用下不需要防松。（   ）

（6）同一直径的螺纹按螺旋线数不同，可分为粗牙和细牙两种。（   ）

（7）连接螺纹大多采用多线的梯形螺纹。（   ）

（8）普通螺纹多用于连接，梯形螺纹多用于传动。（   ）

（9）一螺纹的标记为 M10LH 6H，该螺纹是外螺纹。（   ）

四、问答题

（1）连接螺纹都具有良好的自锁性，为什么有时还需要防松装置？试列举常用的防松方法有哪些？

（2）简述常用螺纹连接的特点和应用。

（3）解释下列螺纹代号的含义：

M16—7H8G　M10×1LH－5g6g－S　M20×1.5－5g6g　G1/2　Tr40×14（P7）LH－8e

（4）超重吊钩如图 8.29 所示，已知吊钩螺纹的直径 $d = 36$ mm，螺纹小直径 $d_1 = 31.67$ mm，吊钩材料为 35 钢，$\sigma_s = 315$ MPa，取全系数 $S = 4$。试计算吊钩的最大起重量 F。

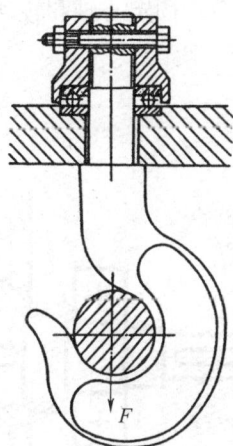

图 8.29　超重吊钩

第九章

轴系零部件

本章主要介绍了轴、轴的材料选用，轴的结构设计、强度计算、工作图、设计步骤等，还介绍了键连接、联轴器、离合器、弹簧、制动器等零部件。本章重点是轴的结构设计，难点是轴的设计计算。

第一节　概述

轴是组成机器的重要零部件之一，做回转传动的零件（例如齿轮、带轮、棘轮、凸轮、滑轮、车轮等）都要安装在轴上才能完成运动并传递动力。因此，轴的主要功用有两个：一是支承轴上零件，并使其具有确定的工作位置；二是传递运动和动力。

一、轴的分类

（1）根据所承受载荷的不同，轴主要分为转轴、心轴和传动轴三种。

①转轴是工作时既承受弯矩又承受扭矩的轴，如图9.1所示，如减速器中的轴。

②心轴是仅承受弯矩而不传递转矩的轴，如图9.2所示。按工作时轴是否转动，心轴又可分为固定心轴和转动心轴。

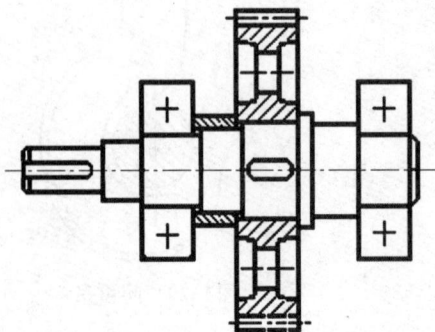

图9.1　转轴

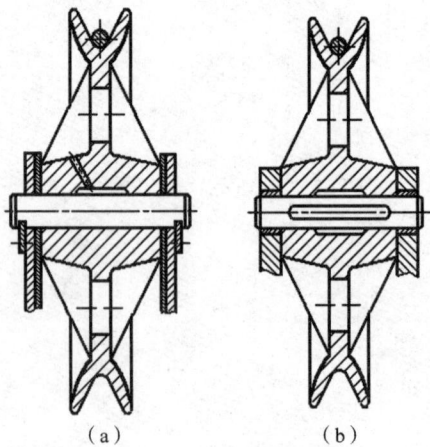

（a）　　　　　　　（b）

图9.2　心轴

（a）固定心轴；（b）转动心轴

资源9-1
输出轴装配

资源9-2
自行车前轮轴

a. 固定心轴工作时轴承受弯矩，且轴固定，如自行车轴。

　　b. 转动心轴工作时轴承受弯矩，且轴转动，如火车轮轴。

　　③传动轴是主要传递转矩而不承受弯矩或弯矩很小的轴，如图9.3所示，如汽车变速箱至后桥的传动轴。

　　（2）根据轴线形状的不同，轴又可分为直轴、曲轴和挠性钢丝轴三种。

　　①直轴的各轴段为同一直线。直轴按其外形不同分为光轴（轴外径相同）和阶梯轴。

　　a. 光轴的各段直径都相同，形状简单，应力集中少，易加工，但轴上零件不易装配和定位，常用于心轴和传动轴。

　　b. 阶梯轴的各段直径变化，特点与光轴相反，常用于转轴。

　　②曲轴的各轴段轴线不在同一直线上，主要用于往复式机械（如曲柄压力机、内燃机等）和行星传动中，如图9.4所示。

　　③挠性钢丝轴由多组钢丝分层卷绕而成，具有良好挠性，可将回转运动灵活传到不开敞的空间位置，一般只能传递转矩，不能承受弯矩。

　　钢丝软轴如图9.5所示。

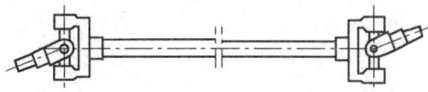

图9.3　传动轴

图9.4　曲轴

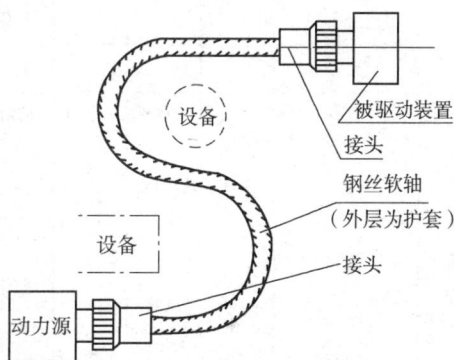

图9.5　钢丝软轴

二、轴的材料

　　轴是机器中非常重要的零件，它的好坏直接影响到设备的性能及寿命。轴在工作时通常产生循环交变应力，会导致轴的疲劳破坏。因此轴的材料应具有足够高的强度和韧性，对应力集中敏感性小、耐磨性好以及良好的工艺性。

　　轴的材料主要是碳素钢和合金钢。

　　碳素钢：价格低廉，对应力集中敏感性低，可用热处理或化学处理提高耐磨性和抗疲劳强度，最常用45钢。其他可用于轴的碳素钢还有30、40钢等。这些钢通常需要调质处理。对于载荷不大或不重要的轴，也可以采用Q235、Q255等普通碳素钢，无须热处理。

　　合金钢：比碳素钢具有更高的力学械性能和更好的淬火性能，但对应力集中比较敏感，价格较高，常用在传递大动力，要求减轻轴的重量和提高轴颈的耐磨性，以及在高温或低温条件下工作的场合。常用的合金钢种类有20Cr、40Cr、40MnB、20CrMnTi等。

　　需要注意的是，在一般工作温度下（低于200℃），各种碳钢和合金钢的弹性模量相差不多，所以不能用合金钢取代碳素钢的方式提高轴的刚度。在选择钢的种类和热处理方法

第九章　轴系零部件

201

时，应根据强度和耐磨性，而不是刚度。但在既定条件下，有时也用适当增大轴的截面面积的办法来提高轴的刚度。

此外，轴也可以采用合金铸铁和球墨铸铁。它们容易做成复杂的形状，有良好的吸振性和耐磨性，对应力集中敏感性低，可制造外形复杂的轴，且价格低廉。但由于强度和韧性较低，铸造质量不易控制，其在使用上受到一定限制。

轴的毛坯一般用轧制的圆钢或锻件。其中，锻件内部组织比较均匀，强度较高，对于重要的轴以及大尺寸或阶梯尺寸变化较大的轴，应选用锻件毛坯。

轴的常用材料及其主要力学性能如表 9.1 所示。

表 9.1 轴的常用材料及其主要力学性能

材料	型号	热处理	毛坯直径/mm	硬度/HBS	力学性能/MPa						备注
					抗拉强度 σ_b	屈服点 σ_s	抗剪强度 τ_b	许用弯曲应力			
								$[\sigma_b]_{+1}$	$[\sigma_b]_0$	$[\sigma_b]_{-1}$	
普通碳钢	Q235 - A				430	235	100	130	70	40	用于不重要或载荷不大的轴
	Q275				570	275	130	150	72	43	
优质碳素钢	45	正火	25	≤241	600	355	148	193	93	54	应用最广泛
		正火	≤100	170 ~ 217	588	294	138				
		回火	100 ~ 300	162 ~ 217	570	285	133				
		调质	≤200	217 ~ 255	637	353	155	216	98	59	
合金钢	40Cr	调质	25	241 ~ 286	980	785	275	245	118	69	用于载荷较大而无很大冲击的重要轴
			≤100		736	539	199				
			100 ~ 300		686	490	183				
	35SiMn (42SiMn)	调质	25	229	885	735	260	245	118	69	性能接近 40Cr，用于中小型轴
			≤100	229 ~ 286	785	510	202				
			100 ~ 300	219 ~ 269	740	440	185				
	40MnB	调质	25	207	785	540	210	245	118	69	用于重要轴
			≤200	241 ~ 286	736	490	191				

材料	型号	热处理	毛坯直径/mm	硬度/HBS	力学性能/MPa						备注
					抗拉强度 σ_b	屈服点 σ_s	抗剪强度 τ_b	许用弯曲应力			
								$[\sigma_b]_{+1}$	$[\sigma_b]_0$	$[\sigma_b]_{-1}$	
合金钢	40CrNi	调质	25	241	980	785	275	275	125	74	低温性能好，用于很重要的轴
			≤100	270~300	900	735	243				
	20Cr	渗碳淬火回火	15	56~62HRC	835	540	214	220	100	60	用于要求强度和轴性均较高的轴
			≤60		637	392	160				
	20CrMnTi		15	56~62HRC	1 080	835	277				
球墨铸铁	QT400-15			156~197	400	300	125	64	34	25	用于结构形状复杂的轴
	QT600-3			197~269	600	420	185	96	52	37	

❀ 第二节 轴的结构设计

一、设计轴应考虑的主要问题

轴的结构设计主要是定出轴的合理外形和全部结构尺寸。

轴的结构主要取决于以下因素。

（1）轴在机器中的安装位置及形式。

（2）轴上安装的零件类型、尺寸、数量以及和轴连接的方法。

（3）载荷的性质、大小、方向及分布情况。

（4）轴的加工工艺等。

由于影响轴的结构的因素较多，且其结构形式又要随着具体情况的不同而异，所以轴没有标准的结构形式，也就是说轴是非标零件，设计时必须针对不同情况进行具体的分析。但是，不论何种具体条件，轴的结构都应满足下面二点。

（1）轴和装在轴上的零件要有准确的工作位置。

（2）轴上的零件应便于装拆和调整。

（3）轴应具有良好的制造工艺性。

因此，轴的结构设计中应确定以下内容。

（1）初步拟定轴上零件的装配方案。

（2）轴上零件的定位。

（3）各轴段的直径和长度。

（4）提高轴的强度的措施。

（5）轴结构的工艺性。

轴上零件的装配方案对轴的结构形式起着决定性的作用。如图9.6所示，现以圆锥－圆柱齿轮减速器输出轴的两种装配方案为例进行对比，显然，（b）方案较（a）方案多了一个用于轴向定位的长套筒，使机器零件增多，质量增大，故不如（a）方案好。

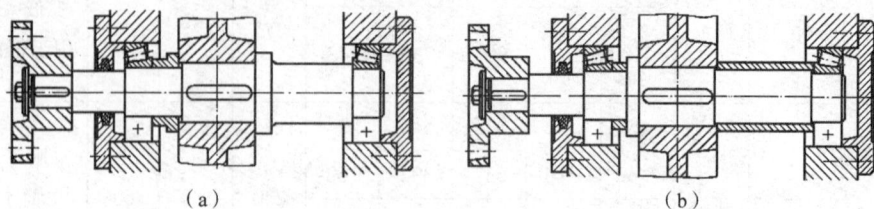

（a）　　　　　　　　　　　　　（b）

图9.6　轴的结构设计案例对比

二、轴的结构设计

轴主要由轴颈、轴头、轴身三部分组成。轴颈是轴上被支承的部分（图9.7中的3、7段），轴头是安装轮毂的部分（图9.7中的1、4段），轴身是连接轴颈和轴头的部分（图9.7中的2、6段）。下面以图9.7所示阶梯轴为例，来说明轴的结构设计过程。

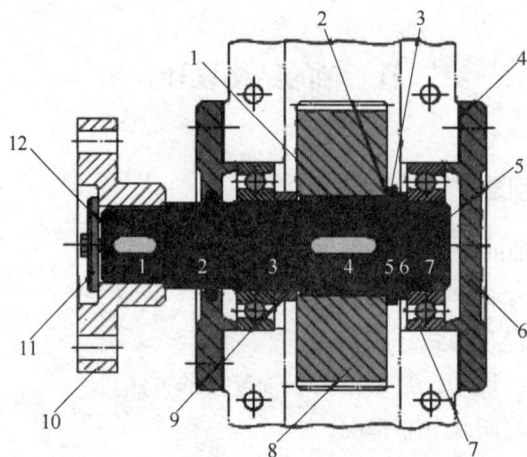

资源 9－3

轴结构

图9.7　轴的结构

1—轴头（安装轮毂部分）；2—轴肩；3—轴环；4—垫片；5—轴颈（轴上被支承部分）；
　6—轴承盖；7—轴承；8—齿轮；9—套筒；10—联轴器；11—轴端挡圈；12—倒角

1. 拟定轴上零件的装配方案

所谓装配方案，就是拟定出轴上主要零件的装配方向、顺序和相互关系。

轴上零件的装配方案不同，轴的结构形状也不相同。设计时可拟定几种装配方案，进行分析与选择（参考图9.6）。

图9.7中，轴的形状采用阶梯形，因为阶梯轴接近等强度且加工较容易，轴上零件也能可靠地固定和方便地拆装。按图9.7进行轴上零件装配时，可先将平键装在轴上，再从左到

右依次装入齿轮、套筒、左端轴承、右端轴承（从轴的右端装在轴上），将轴置于减速器箱体的轴承孔中，装上左、右轴承端盖，再从左端装入平键和联轴器，用轴端挡圈进行固定。

2. 轴上零件的定位

为了防止轴上零件受力时发生与轴之间的轴向或周向的相对运动，轴上零件除非有游动或空转的要求，否则都必须进行必要的轴向和周向定位，以保证其正确的工作位置。

1）轴上零件的轴向固定

零件安装在轴上，要有准确的定位。各轴段长度的确定，应尽可能使结构紧凑。对于不允许轴向滑动的零件，零件受力后不要改变其准确的位置，即定位要准确，固定要可靠。与轮毂相配装的轴段长度一般应略小于轮毂宽 $2 \sim 3$ mm。对允许轴向滑动的零件，轴上应留出相应的滑移距离。

轴上零件的轴向定位常用的有轴肩、套筒、圆螺母、轴端挡圈和轴承端盖等。

（1）轴肩与轴环（图9.8）。轴肩分为定位轴肩和非定位轴肩两类。利用轴肩定位是最方便可靠的方法，但采用轴肩就必然会使轴的直径加大，而且轴肩处将因截面突变而引起应力集中。另外，轴肩过多时也不利于加工。因此，轴肩定位多用于轴向力较大的场合。定位轴肩的高度 h 一般取 $h = (0.07 \sim 0.1)d$，d 为与零件相配处的轴径尺寸。为了使零件能靠紧轴肩而得到准确可靠的定位，轴肩处的过渡圆角半径 r 必须小于与之相配的零件毂孔端部的圆角半径 R 或倒角尺寸 C。非定位轴肩是为了加工和装配方便而设置的，其高度没有严格的规定，一般取为 $1 \sim 2$ mm。

注：滚动轴承的定位轴肩高度必须低于轴承内圈端面的高度，以便拆卸轴承，其轴肩的高度可查手册中轴承的安装尺寸。

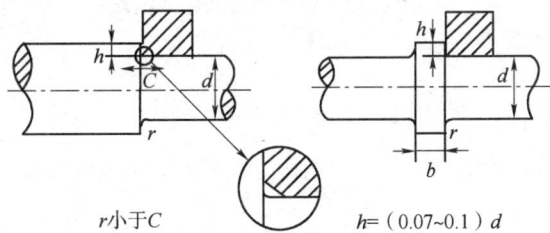

r小于C $h = (0.07 \sim 0.1)d$

图9.8　轴肩与轴环

（2）套筒。套筒固定结构简单，定位可靠，轴上不需开槽、钻孔和切制螺纹，因而不影响轴的疲劳强度，一般用于轴上两个零件之间的固定，如图9.9中的套筒。但两零件的间距较大时，不宜采用套筒固定，以免增大套筒的质量及材料用量。因套筒与轴的配合较松，如轴的转速较高时，也不宜采用套筒固定。

（3）圆螺母。圆螺母固定可承受大的轴向力，但轴上螺纹处有较大的应力集中，会降低轴的疲劳强度，故一般用于固定轴端的零件，有双圆螺母和圆螺母与止动垫片两种形式，如图9.9中即采用圆螺母与止动垫片型式固定。当轴上两零件间距离较大不宜使用套筒固定时，也常采用圆螺母固定。

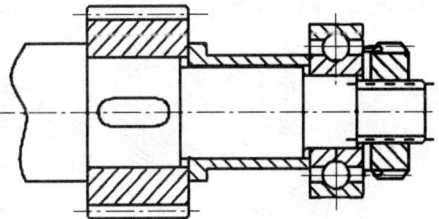

图9.9　圆螺母和套筒

（4）轴端挡圈与锥面。锥面定心精度高，拆卸容易，能承受冲击及振动载荷，常用于轴端零件的固定，可以承受较大的轴向力，与轴端压板或螺母联合使用，使零件获得双向轴向固定，如图9.10所示。

（5）弹性挡圈。结构紧凑、简单，常用于滚动轴承的轴向固定，但不能承受轴向力。当位于受载轴段时，轴的强度削弱较大，如图9.11所示。

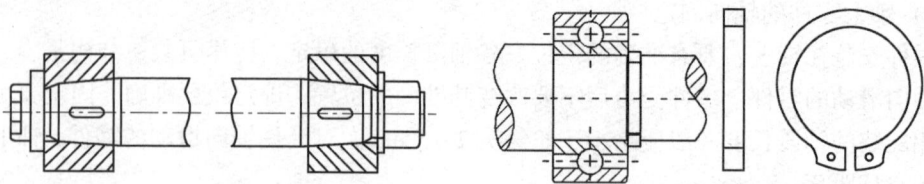

图9.10　轴端挡圈与锥面　　　　图9.11　弹性挡圈

（6）紧定螺钉和锁紧挡圈。轴结构简单，零件位置可调整并兼作周向固定，多用于光轴上零件的固定，但能承受的载荷较小，不宜用于转速较高的轴，如图9.12所示。

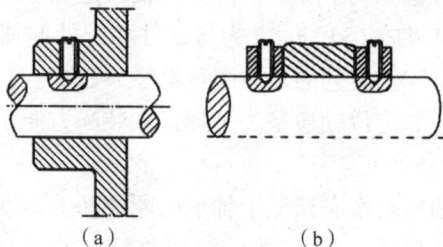

（a）　　　　　　（b）

图9.12　紧定螺钉和锁紧挡圈

（a）紧定螺钉；（b）锁紧挡圈

2）轴上零件的周向固定

轴上零件与轴的周向固定所形成的连接，通常称为轴毂连接，轴毂连接的形式多种多样，本节介绍常用的几种。

（1）平键连接。平键工作时，靠其两侧面传递转矩，键的上表面和轮毂槽底之间留有间隙。这种键定心性较好，装拆方便，如图9.13所示。但这种键只能实现轴上零件的同向固定，而不能实现轴上零件的轴向固定。

（2）花键连接。花键连接的齿侧面为工作面，可用于静连接或动连接。它比平键连接有更高的承载能力，更好的定心性和导向性，对轴的削弱也较小，适用于载荷较大或变载及定心要求较高的静连接、动连接，如图9.14所示。

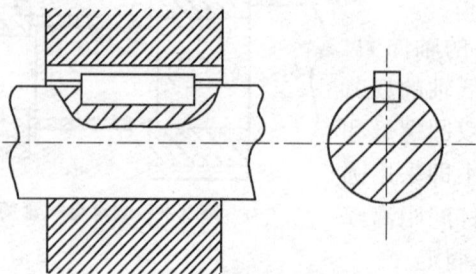

图9.13　普通平键连接

图9.14　花键连接

（3）成形连接。成形连接利用非圆剖面的轴和相应的轮毂构成的轴毂连接，是无键连接的一种形式。轴和毂孔可做成柱形和锥形。前者可传递转矩，并可用于不在载荷作用下的轴向移动的动连接，如图9.15所示。后者除传递转矩外，还可承受单向轴向力，如图9.16所示。

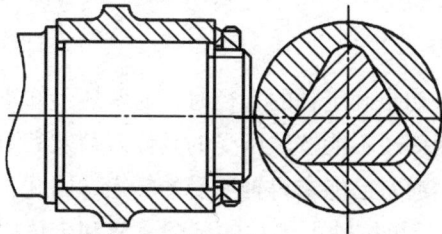

图9.15　成形连接（轴和毂孔是柱形）　　　图9.16　成形连接（轴和毂孔是锥形）

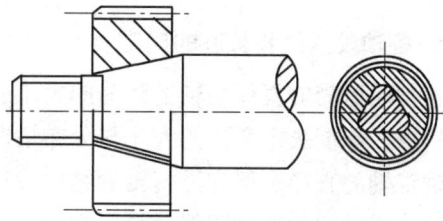

成形连接无应力集中源，定心性好，承载能力高，但加工比较复杂，特别是为了保证配合精度，最后一道工序多要在专用机床上进行磨削，故目前应用还不广泛。

（4）过盈连接。过盈连接是利用零件间的过盈量来实现连接的。轴和轮毂孔之间因过盈配合而相互压紧，在配合表面上产生正压力，工作时依靠此正压力产生的摩擦力（也称为固持力）来传递载荷。过盈连接既能实现周向固定传递转矩，又能实现轴向固定以传递轴向力。其结构简单，定心性能好，承载能力大，受变载和冲击载荷的能力好，常用于某些齿轮、车轮和飞轮等的轴毂连接。其缺点是承载能力取决于过盈量的大小，对配合面加工精度要求较高，装拆也不方便，如图9.17所示。

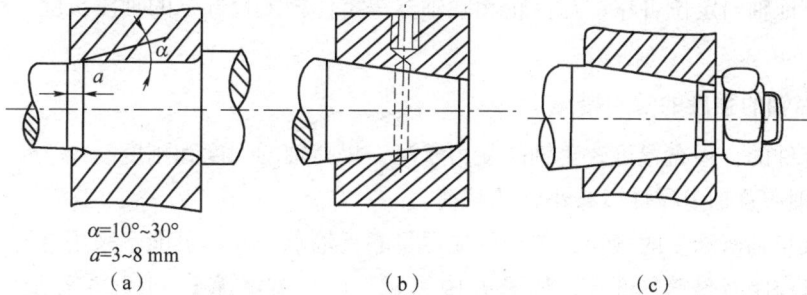

$\alpha=10°\sim30°$
$a=3\sim8$ mm
（a）　　　　　　　　　（b）　　　　　　　　　（c）

图9.17　过盈连接
（a）圆柱面压入端的结构；（b）用液压装配；（c）用螺母压紧

过盈连接的配合表面常为圆柱面和圆锥面，前者的装配有压入法和温差法，当过盈量或尺寸较小时，一般用压入法装配，当过盈量或尺寸较大，或对连接量要求较高时，常用温差法装配。后者的装配可通过螺纹连接和液压装拆法实现。螺纹压紧连接使配合面间产生相对的轴向位移和压紧，这种结构常用于轴端。液压装拆是用高压油泵将高压油通过油孔和油沟压入连接的配合面，使轮毂孔径胀大而轴径缩小，同时施加一定的轴向力使之相互压紧，当压至预定的位置时，排出高压油即可，这种装配对配合面的接触精度要求较高，需要高压油泵等专用设备。

另一种过盈连接是由弹性连接所构成的。它利用一对或多对内、外锥面贴合的弹性环，当螺母（或螺栓）锁紧时，内环和外环相互压紧，因而形成过盈连接，如图9.18所示。

207

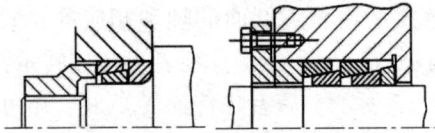

图 9.18 弹性环连接

3. 各轴段直径和长度的确定

各轴段所需的直径与轴上载荷的大小有关。初步确定轴的直径时，通常还不知道支反力的作用点，不能决定弯矩的大小与分布情况，因而还不能按轴所受的具体载荷及其引起的应力来确定轴的直径。但在进行轴的结构设计前，通常已能求得轴所受的转矩。因此，可按轴所受的转矩初步估算轴所需的最小直径 d_{min}，然后再按轴上零件的装配方案和定位要求，从 d_{min} 处起逐一确定各段轴的直径。在实际设计中，轴的直径亦可凭借设计者的经验确定，或参考同类机械用类比的方法确定。

有配合要求的轴段，应尽量采用标准直径。如安装标准件（滚动轴承、联轴器、密封圈等）部位的轴径，应取相应的标准值及所选配合的公差。

为了使齿轮、轴承等有配合要求的零件装拆方便，并减少配合表面的擦伤，在配合轴段前应采用较小的直径。为了使与轴进行过盈配合的零件易于装配，相配轴段的压入端应制出锥度，或在同一轴段的两个部位上采用不同的尺寸公差。

确定各轴段长度时，应尽可能使结构紧凑，同时还要保证零件所需的装配或调整空间。轴的各段长度主要是根据各零件与轴配合部分的轴向尺寸和相邻零件间必要的空隙来确定的。为了保证轴向定位可靠，与齿轮和联轴器等零件相配合部分的轴段长度一般应比轮毂长度短 2~3 mm。

4. 提高轴的强度的常用措施

轴上零件的合理布置可改善轴的受力状况，提高轴的强度和刚度。

1）合理布置轴上零件以减小轴的载荷

为了减小轴所承受的弯矩，传动件应尽量靠近轴承，并尽可能不采用悬臂支承形式，力求缩短支承跨距及悬臂长度等，如图 9.19 所示，（a）方案优于（b）方案。

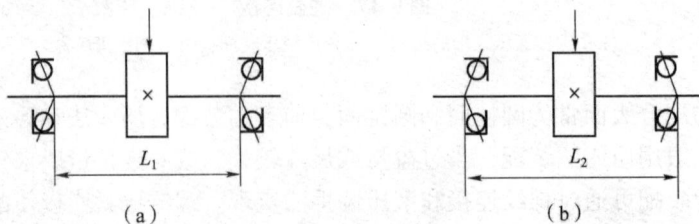

图 9.19 轴上零件布置

当转矩由一个传动件输入，再由几个传动件输出时，为了减小轴上扭矩，应将输入件放在中间，而不要置于一端。图 9.20 中，输入扭矩为 $T_1 = T_2 + T_3 + T_4$，按图 9.20（a）布置时，轴所受的最大扭矩为 $T_2 + T_3 + T_4$，若改为图 9.20（b）布置时，轴所受的最大扭矩减小为 $T_3 + T_4$。

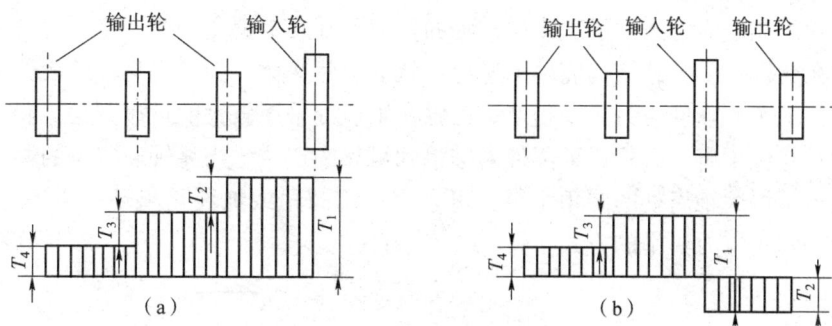

图 9.20　轴上零件转矩

(a) 不合理的布置；(b) 合理的布置

2）改进轴上零件的结构以减小轴的载荷

改进轴上零件的结构也可减小轴上的载荷和改善其应力特征，提高轴的强度和刚度。如图 9.21（a）所示卷筒轴工作时，既受弯矩又受转矩作用，当卷筒的安装结构改为图 9.21（b）时，卷筒轴则只受弯矩作用，且轴向结构更紧凑，因此改变了轴的应力状态。两种结构中（b）方案（双联）均优于（a）方案（分装）。

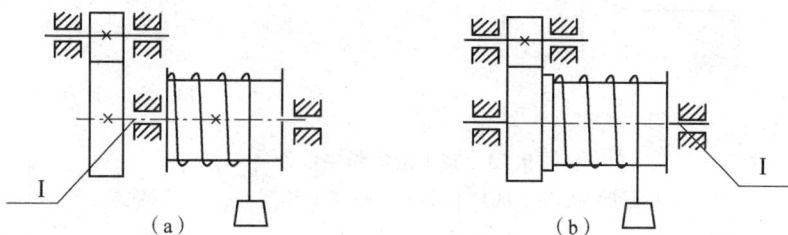

图 9.21　轴上零件载荷

(a) 分装；(b) 双联

图 9.22 所示的轮轴，如把轴毂配合面分为两段，如图 9.22（b）所示，则可减少轴的弯矩，使载荷分布更趋合理。

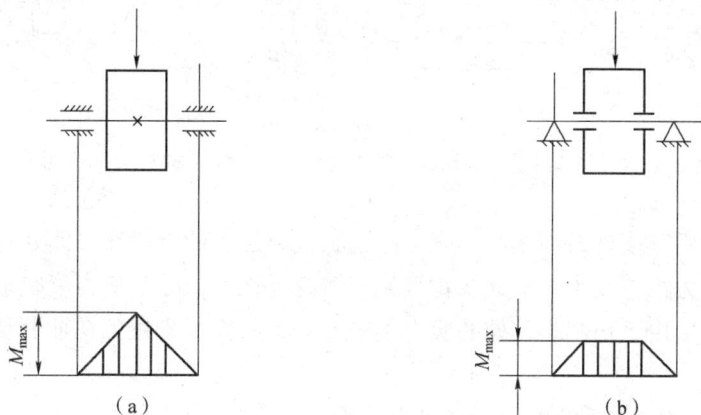

图 9.22　轴上零件布置

3）改进轴的结构以减小应力集中的影响

轴通常是在变应力条件下工作的，轴的截面尺寸发生突变处要产生应力集中，轴的疲劳破坏往往在此发生，轴的结构应尽量避免形状的突然变化。为了提高轴的疲劳强度，应尽量减少应力集中源并降低应力集中程度。可以在轴肩处采用较大的过渡圆角半径 r 来降低应力集中。但对定位轴肩，必须保证零件能够得到可靠的定位。当靠轴肩定位的零件的圆角半径很小时，为了增大轴肩处的圆角半径，可采用内凹圆角或加装隔离环的方法。图 9.23 所示为几种减轻圆角应力集中的方式。

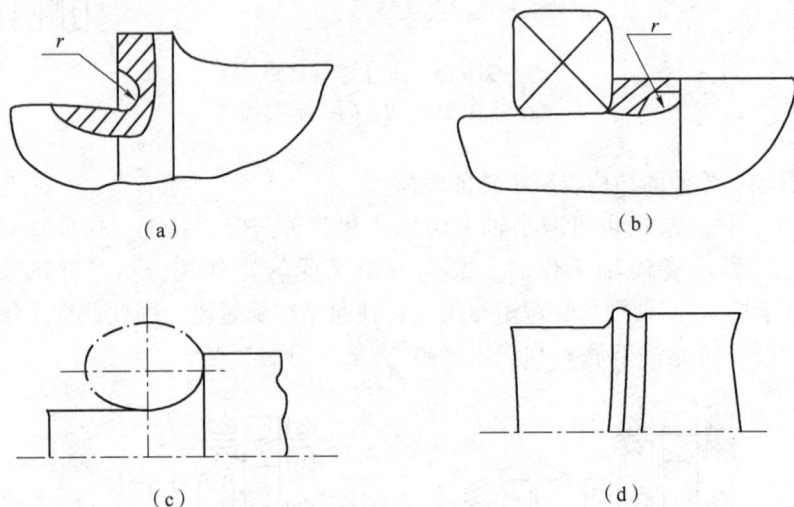

图 9.23　减小应力集中设计（一）
（a）凹切圆角；（b）中间环；（c）椭圆形圆角；（d）减载槽

当轴与轮毂为过盈配合时，配合边缘处会产生较大的应力集中。为了减小应力集中，可在轮毂上或轴上开卸载槽，或者加大配合部分的直径。由于配合的过盈量越大，引起的应力集中也越严重，因而在设计中应合理选择零件与轴的配合，如图 9.24 所示。

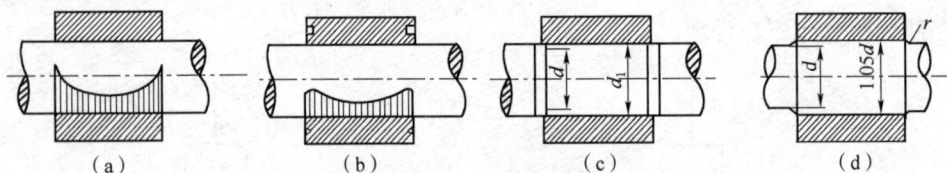

图 9.24　减小应力集中设计（二）
（a）过盈配合处的应力集中；（b）轮毂上开卸载槽；（c）轴上开卸载槽；（d）增大配合处直径

此外，相比用键槽铣刀加工的键槽，用盘状铣刀加工的键槽在过渡处对轴的截面削弱较为平缓，因而应力集中较小。渐开线花键比矩形花键在齿根处的应力集中小，在轴的结构设计时应予以考虑。由于切制螺纹处的应力集中较大，故应尽量避免在轴上受载较大的区段切制螺纹。

4）改进轴的表面质量以提高轴的疲劳强度

轴的表面粗糙度和表面强化处理方法也会对轴的疲劳强度产生影响。轴的表面越粗糙，疲劳强度越低。因此，应合理减小轴的表面及圆角处的加工粗糙度值。当采用对应力集中甚为敏感的高强度材料制作轴时，对表面质量应予以注意。

表面强化处理的方法：表面高频淬火等热处理；表面渗碳、氰化、氮化等化学热处理；碾压、喷丸等强化处理。碾压、喷丸进行表面强化处理时可使轴的表层产生预压应力，从而提高轴的抗疲劳能力。

5. 保证轴结构的工艺性

设计轴时，要使轴的结构便于加工、测量、装拆和维修，力求减少劳动量，提高劳动生产率。为了便于加工，减小加工工具的种类，应使轴的圆角半径、键槽、越程槽、退刀槽的尺寸各自相同。一根轴上的各个键槽应开在轴的同一母线上。当有几个花键轴段时，花键尺寸也应统一。为了便于装配，轴的配合直径应圆整为标准值，轴端应加工出倒角（一般为45°），过盈配合零件轴端应加工出导向锥面，如图9.25所示。

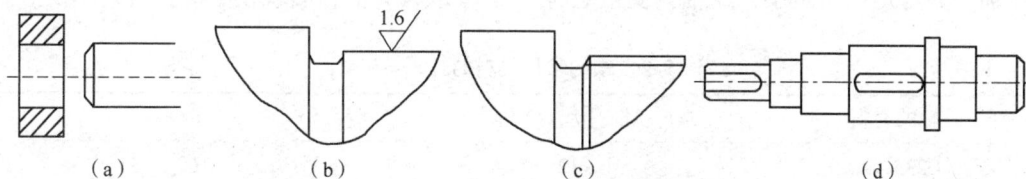

图 9.25 轴结构的工艺性实例

（a）轴端加工45°倒角；（b）砂轮越程槽；（c）螺纹退刀槽；（d）不同段键槽布置在同一母线上

✿ 第三节　轴的设计计算

通常在初步完成结构设计后进行轴的校核计算，其计算准则是满足轴的强度或刚度要求，必要时校核轴的振动稳定性。

根据轴的受载及应力情况，采取相应的计算方法，并恰当选取许用应力，具体计算方式如下。

（1）对于仅仅（或主要）承受扭矩的轴（传动轴），按扭转强度计算。

（2）对于只承受弯矩的轴（心轴），按弯曲强度计算。

（3）对于既承受弯矩又承受扭矩的轴（转轴），按弯扭组合强度进行计算，需要时按疲劳强度进行精确校核。

一、按扭转强度条件计算

这种方法只按轴所受的扭矩计算轴的强度，如果还受不大的弯矩，则考虑用降低许用扭转切应力的方法。在轴的结构设计时，通常用这种方法初步估算轴径。对于不太重要的轴，也可作为最后计算结果。轴的扭转强度为

$$\tau_{\mathrm{T}} = \frac{T}{W_{\mathrm{T}}} \approx \frac{9.55 \times 10^6 \dfrac{P}{n}}{0.2 d^3} \leqslant [\tau]_{\mathrm{T}}(\mathrm{MPa}) \tag{9-1}$$

式中，T 为轴所受的扭矩（N·mm）；

τ_T 为扭转切应力（MPa）；

W_T 为轴的抗扭截面示数（mm³）；

n 为轴的转速（r/min）。

P 为轴传递的功率（kW）；

d 为计算截面处轴的直径（mm）；

$[\tau]_T$ 为轴的许用扭转切应力（MPa）。

由式（9-1）可得轴径

$$d \geqslant \sqrt[3]{\frac{9.55 \times 10^6 P}{0.2[\tau]_T n}} = \sqrt[3]{\frac{9.55 \times 10^6 P}{0.2[\tau]_T}} = A_0 \sqrt[3]{\frac{P}{n}} \, (\text{mm}) \qquad (9-2)$$

式中，$A_0 = \sqrt[3]{9.55 \times 10^6 / 0.2 [\tau]_T}$。

轴常用材料的 $[\tau]_T$ 和 A_0 值如表 9.2 所示，二者大小与轴的材料及受载情况有关，当作用在轴上的弯矩比扭矩小，或轴只受扭矩时，$[\tau]_T$ 取较大值，A_0 取较小值；否则相反。

表 9.2　轴的常用材料的 $[\tau]_T$ 和 A_0

轴的材料	$[\tau]_T$/MPa	A_0
Q235，20	12 ~ 20	160 ~ 135
35	20 ~ 30	135 ~ 118
45	30 ~ 40	118 ~ 107
40Cr，35SiMn	40 ~ 52	107 ~ 98
注：当作用在轴上的弯矩比较小或者只受扭矩时，A_0 取较小值；否则取较大值		

对于空心轴

$$d \geqslant A_0 \sqrt[3]{\frac{P}{n(1-\beta^4)}} \, (\text{mm})，\quad \beta = 0.5 \sim 0.6 \qquad (9-3)$$

当轴截面上开有键槽时，应增大轴径以考虑键槽对轴强度的削弱。对于直径 $d > 100$ mm 的轴，有一个键槽时，轴径增大 3%；有两个键槽时，应增大 7%。对于直径 $d \leqslant 100$ mm 的轴，有一个键槽时，轴径增大 5% ~ 7%；有两个键槽时，应增大 10% ~ 15%。然后将轴径圆整为标准直径。这样求出的直径，只能作为承受扭矩作用轴段的最小直径 $d_{\min}$。

二、按弯扭组合强度条件计算

通过轴的结构设计，轴的主要结构尺寸、轴上零件的位置、外载荷和支反力的作用位置均已确定，轴上载荷（弯矩和扭矩）可求得，因而可按弯扭组合强度条件对轴进行强度校核计算。

1. 作出轴的计算简图（即力学模型）

轴所受的载荷是从轴上零件传来的。计算时，常将轴上的分布载荷简化为集中力，其作用点取为载荷分布段的中点。作用在轴上的扭矩一般从传动件轮毂宽度的中点算起。通常把轴当作置于铰链支座上的梁，支反力的作用点与轴承的类型和布置方式有关。

在作计算简图时，应先求出轴上受力零件的载荷（若为空间力系，应把空间力分解为圆周力、径向力和轴向力，然后把它们全部转化到轴上），并将其分解为水平分力和垂直分力，然后求出各支承处的水平反力 R_H 和垂直反力 R_V（轴向反力可表示在适当的面上）。

2. 作出弯矩图

根据上述简图，分别按水平面和垂直面计算各力产生的弯矩，并按计算结果分别作出水平面上的弯矩 M_H 图和垂直面上的弯矩 M_V 图；然后按式（9-4）计算总弯矩并作出 M 图：

$$M = \sqrt{M_H^2 + M_V^2} \tag{9-4}$$

3. 作出计算扭矩图

将 T 折算为 αT。

4. 作出计算弯矩图

根据已作出的总弯矩图和扭矩图，求出计算弯矩 M_{ca}，并作出 M_{ca} 图。

$$M_{ca} = \sqrt{M^2 + (\alpha T)^2} \tag{9-5}$$

式中，α 为考虑扭矩和弯矩的加载情况及产生应力的循环特性差异的系数。通常弯矩产生的弯曲应力是对称循环变应力，扭矩产生的扭转切应力常常不是对称循环变应力，故在计算弯矩时，必须考虑这种循环特性差异的影响。当扭转切应力为静应力时，取 $\alpha \approx 0.3$；扭转切应力为脉动循环变应力时，取 $\alpha \approx 0.6$；若扭转切应力也为对称循环变应力时，则取 $\alpha = 1$。

5. 校核轴的强度

已知轴的计算弯矩后，即可针对某些危险截面作强度校核计算。按第三强度理论，计算弯曲应力

$$\sigma_{ca} = \frac{M_{ca}}{W} = \frac{\sqrt{M^2 + (\alpha T)^2}}{W} \leqslant [\sigma_b]_{-1} \tag{9-6}$$

式中，σ_{ca} 为当量弯曲应力（MPa）；

$\quad W$ 为轴的抗弯截面系数（mm^3）；

$\quad [\sigma_b]_{-1}$ 为对称循环变应力时轴的许用弯曲应力，可查表 9.1。

心轴工作时，只受弯矩而不承受扭矩，所以式（9-6）中，应取 $T = 0$。转动心轴的弯矩在轴截面上引起的应力是对称循环变应力，固定心轴，考虑起动、停车等的影响，弯矩在轴截面上产生的应力可被视为脉动循环变应力，所以其许用应力为 $[\sigma_b]_0$，$[\sigma_b]_0 \approx 1.7[\sigma_b]_{-1}$。

三、轴的刚度校核计算

轴在载荷作用下，将产生弯曲或扭转变形。若变形量超过允许的限度，就会影响轴上零件的正常工作，甚至丧失机器应有的工作性能。轴的弯曲刚度以挠度或偏转角来度量，扭转刚度以扭转角来度量。轴的刚度校核通常是计算出轴在受载时的变形量，并控制其不大于允许值。

1. 轴的弯曲刚度校核计算

常见的轴大多为简支梁。若是光轴，可直接用材料力学中的公式计算其挠度或偏转角。若是阶梯轴，如果对计算精度要求不高，可用当量直径法作近似计算，即把阶梯轴看成直径为 d_v 的光轴，然后用材料力学的公式计算。当量直径 d_v 为

$$d_v = \sqrt[4]{\dfrac{L}{\displaystyle\sum_{i=1}^{z} \dfrac{l_i}{d_i^4}}} \ (\text{mm}) \tag{9-7}$$

当载荷作用在两支承处之间时，$L = l$（l 为支承跨距）；当载荷作用于悬臂端时，$L = l + K$（K 为轴的悬臂长度）。

轴的弯曲刚度为：

挠度

$$y \leqslant [y] \ (\text{mm})$$

偏转角

$$\theta \leqslant [\theta] \ (\text{rad})$$

式中，$[y]$，$[\theta]$ 为许用挠度和许用偏转角，其值如表9.3 所示。

表 9.3　轴的许用挠度和许用偏转角

应用场合	许用挠度 $[y]/\text{mm}$	应用场合	许用偏转角 $[\theta]/\text{rad}$
一般用途的轴	$(0.000\ 3 \sim 0.000\ 5)l$	滑动轴承	0.001
刚度要求较严的轴	$0.000\ 2l$	向心球轴承	0.005
感应电动机轴	0.1δ	调心球轴承	0.05
安装齿轮的轴	$(0.01 \sim 0.03)m_n$	圆柱滚子轴承	0.002 5
安装蜗轮的轴	$(0.02 \sim 0.05)m_a$	圆锥滚子轴承	0.001 6

2. 轴的扭转刚度校核计算

轴的扭转变形用每米长的扭转角来表示。圆轴扭转角（单位为（°）/m）的计算公式为：

光轴

$$\varphi = 5.37 \times 10^4 \frac{T}{GI_p} \tag{9-8}$$

阶梯轴

$$\varphi = 5.37 \times 10^4 \frac{1}{GL} \sum_{i=1}^{z} \frac{T_i l_i}{I_{Pi}} \tag{9-9}$$

式中，T 为轴所受的扭矩（N·mm）；

　　G 为轴的材料的剪切弹性模量（MPa），对于钢材，$G = 8.1 \times 10^4 \ \text{MPa}$；

　　I_p 为轴截面的极惯性矩（mm^4），对于圆轴，$I_p = \dfrac{\pi d^4}{32} \text{mm}^4$；

　　L 为阶梯轴受扭矩作用的长度；

　　T_i、l_i、I_{Pi} 为分别表示阶梯轴第 i 段上所受的扭矩、长度及极惯性矩；

　　z 为阶梯轴受扭矩作用的轴段数。

轴的扭转刚度条件为

$$\varphi \leqslant [\varphi]$$

$[\varphi]$ 与轴的应用场合有关，可参阅表9.3。

式中，$[\varphi]$ 为轴每米的允许扭转角。对于一般传动轴，$[\varphi] = 0.5 \sim 1(°)/\text{m}$；对于精密传动

轴，$[\varphi]=0.25\sim0.5(°)/\mathrm{m}$；对于精度要求不高的轴，$[\varphi]$ 可 >1 $(°)$ $/\mathrm{m}$。

下面用一则实例，说明轴的具体设计方法。

例 9.1 设计单级斜齿传动齿轮减速器如图 9.26 所示的低速轴。已知：电机功率 $P=4\ \mathrm{kW}$，转速 $n_1=750\ \mathrm{r/min}$，$n_2=130\ \mathrm{r/min}$，大齿轮分度圆直径 $d_2=300\ \mathrm{mm}$，$b_2=90\ \mathrm{mm}$，$\beta=12°$，$\alpha_\mathrm{n}=20°$。

要求：（1）完成轴的全部结构设计。

（2）根据弯扭组合强度条件，验算轴的强度。

解：（1）求低速轴上的 P、T。

取 $\eta_{联}=0.99$，$\eta_{齿}=0.96$，$\eta_{承}=0.98$，则

$P_2=P_1\eta=P_1\cdot\eta_{联}\cdot\eta_{齿}\cdot\eta_{承}=4\ \mathrm{kW}\times0.99\times$
$0.96\times0.98=3.73\ \mathrm{kW}$（$\eta$ 值可查阅《机械设计手册》，见附录 1）

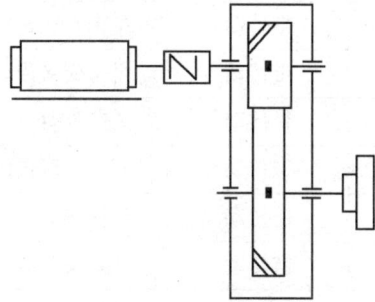

图 9.26 单级斜齿传动齿轮减速器示意图

$$T_2=9.55\times10^6\frac{P_2}{n_2}=9.55\times10^6\times\frac{3.73}{130}$$
$$=274\ 012(\mathrm{N}\cdot\mathrm{mm})$$

（2）求作用在齿轮上的力。

$$F_{t2}=\frac{2T_2}{d_2}=\frac{2\times274\ 012}{300}=1\ 826.75(\mathrm{N})$$

$$F_{r2}=F_{t2}\tan\alpha_\mathrm{n}/\cos\beta=1\ 826.75\times\tan20°/\cos12°=679.74(\mathrm{N})$$

$$F_{a2}=F_{t2}\tan\beta=1\ 826.75\times\tan12°=388.29(\mathrm{N})$$

（3）初估轴的最小轴径，选择联轴器。

安装联轴器处轴径最小，轴的材料选用 45 钢，由表 9.2 可知，$A_0=118\sim107$。

附录 1 机械传动效率

序号	传动类别	传动形式	传动效率
1	圆柱齿轮传动	很好跑合的 6 级精度和 7 级精度齿轮传动（稀油润滑）	0.98~0.99
2	圆柱齿轮传动	8 级精度的一般齿轮传动（稀油润滑）	0.97
3	圆柱齿轮传动	9 级精度的齿轮传动（稀油润滑）	0.96
4	圆柱齿轮传动	加工齿的开式齿轮传动（干油润滑）	0.94~0.96
5	圆柱齿轮传动	铸造齿的开式齿轮传动	0.90~0.93
6	圆柱齿轮传动	很好跑合的 6 级精度和 7 级精度齿轮传动（稀油润滑）	0.97~0.98
7	圆锥齿轮传动	8 级精度的一般齿轮传动（稀油润滑）	0.94~0.97
8	圆锥齿轮传动	加工齿的开式齿轮传动（干油润滑）	0.92~0.95
9	圆锥齿轮传动	铸造齿的开式齿轮传动	0.88~0.92
10	蜗杆传动	自锁蜗杆	0.4~0.45
11	蜗杆传动	单头蜗杆	0.7~0.75
12	蜗杆传动	双头蜗杆	0.75~0.82

序号	传动类别	传动形式	传动效率
13	蜗杆传动	三头和四头蜗杆	0.8 ~ 0.92
14	蜗杆传动	圆弧面蜗杆传动	0.85 ~ 0.95
15	带传动	平带无压紧轮的开式传动	0.98
16	带传动	平带有压紧轮的开式传动	0.97
17	带传动	平带交叉传动	0.9
18	带传动	V 带传动	0.96
19	带传动	同步齿形带传动	0.96 ~ 0.98
20	链传动	焊接链	0.93
21	链传动	片式关节链	0.95
22	链传动	滚子链	0.96
23	链传动	无声链	0.97
24	丝杠传动	滑动丝杠	0.3 ~ 0.6
25	丝杠传动	滚动丝杠	0.85 ~ 0.95
26	绞车卷筒		0.94 ~ 0.97
27	滑动轴承	润滑不良	0.94
28	滑动轴承	润滑正常	0.97
29	滑动轴承	润滑特好（压力润滑）	0.98
30	滑动轴承	液体摩擦	0.99
31	滚动轴承	球轴承（稀油润滑）	0.99
32	滚动轴承	滚子轴承（稀油润滑）	0.98
33	摩擦传动	平摩擦传动	0.85 ~ 0.92
34	摩擦传动	槽摩擦传动	0.88 ~ 0.90
35	摩擦传动	卷绳轮	0.95
36	联轴器	浮动联轴器	0.97 ~ 0.99
37	联轴器	齿轮联轴器	0.99
38	联轴器	强性联轴器	0.99 ~ 0.995
39	联轴器	万向联轴器（$\alpha \leq 3°$）	0.97 ~ 0.98
40	联轴器	万向联轴器（$\alpha > 3°$）	0.95 ~ 0.97
41	联轴器	梅花接轴	0.97 ~ 0.98
42	联轴器	液力联轴器（在设计点）	0.95 ~ 0.98
43	复滑轮组	滑动轴承（$i = 2 \sim 6$）	0.98 ~ 0.90
44	复滑轮组	滚动轴承（$i = 2 \sim 6$）	0.99 ~ 0.95

序号	传动类别	传动形式	传动效率
45	减（变）速器	单级圆柱齿轮减速器	0.97~0.98
46	减（变）速器	双级圆柱齿轮减速器	0.95~0.96
47	减（变）速器	单级行星圆柱齿轮减速器	0.95~0.96
48	减（变）速器	单级行星摆线针轮减速器	0.90~0.97
49	减（变）速器	单级圆锥齿轮减速器	0.95~0.96
50	减（变）速器	双级圆锥-圆柱齿轮减速器	0.94~0.95
51	减（变）速器	无级变速器	0.92~0.95
52	减（变）速器	轧机人字齿轮座（滑动轴承）	0.93~0.95
53	减（变）速器	轧机人字齿轮座（滚动轴承）	0.94~0.96
54	减（变）速器	轧机主减速器（包括主联轴器和电机联轴器）	0.93~0.96

$$d \geqslant A_0 \sqrt[3]{\frac{P_2}{n_2}} = (118 - 107) \times \sqrt[3]{\frac{3.73}{130}} = 36.12 \sim 32.76 (\text{mm})$$

考虑轴上键槽对轴强度的削弱，轴径需增大 5%~7%。

则

$$d \geqslant (38.65 \sim 34.398) \text{ mm}$$

选联轴器：由 $T = 274\ 012$ N·mm，查《机械设计手册》，选用 TLT 型弹性套柱销联轴器，半联轴器长度 $L \leqslant 112$ mm，$L_1 = 84$ mm，孔径 $d = 40$ mm，所以取此处轴径 $d = 40$ mm。

（4）轴的结构设计。

①拟定装配方案：轴上齿轮、轴承、轴承端盖、联轴器从右端装入，轴承、轴承端盖从左端装入。轴的结构设计如图 9.27 所示。

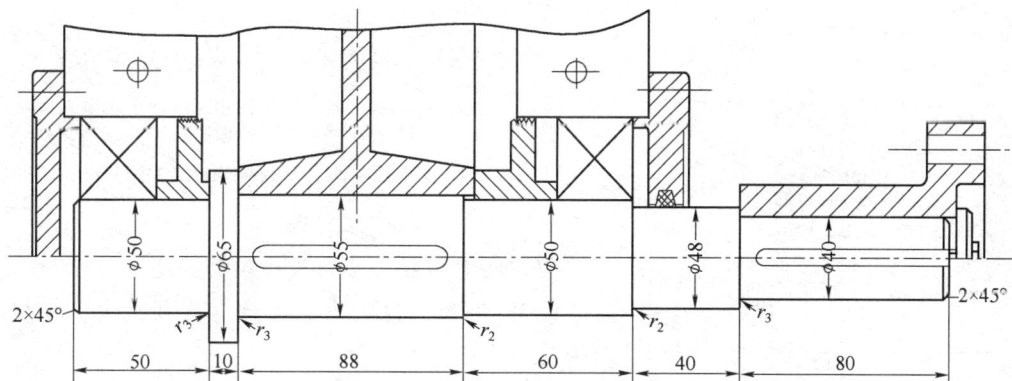

图 9.27　轴的结构设计

②根据轴上零件轴向及周向定位、固定要求，确定各段轴径及长度。

滚动轴承处选用 30310 轴承，尺寸 $d \cdot D \cdot T \cdot B = 50 \times 110 \times 29.2 \times 27$。

轴环定位高度 $h = (0.07 \sim 0.1)d = 3.5 \sim 5 (\text{mm})$，取 $h = 5$ mm。

轴环处 $d = 2h + 55 \text{ mm} = 65（\text{mm}）$。

宽度 $l = 1.4h = 1.4 \times 5 \text{ mm} = 7$（mm），取 $l = 10 \text{ mm}$。

③轴上零件的周向固定：齿轮、半联轴器与轴的周向固定采用过盈配合＋平键。齿轮处：平键尺寸为 $b \times h \times l = 16 \times 10 \times 70$（GB 1096—1979），为保证齿轮与轴有良好对中性，采用 H7/r6 配合。半联轴器处：C 型平键尺寸为 $b \cdot h \cdot l = 12 \times 8 \times 70$（GB 1096—1979），H7/r6 配合。滚动轴承与轴的周向固定用过盈连接，选 H7/m6 配合。

④定出轴肩处圆角半径的值，倒角 $2 \times 45°$。

（5）选用轴的材料、热处理方法，确定许用应力。

材料：45 钢调质，毛坯直径 $d < 200 \text{ mm}$，$\sigma_b = 650 \text{ MPa}$，$\sigma_s = 360 \text{ MPa}$，$\sigma_{-1} = 300 \text{ MPa}$，$\tau_{-1} = 155 \text{ MPa}$。

许用应力

$$[\sigma_b]_{+1} = 215 \text{ MPa}, \quad [\sigma_b]_0 = 100 \text{ MPa}, \quad [\sigma_b]_{-1} = 60 \text{ MPa}$$

（6）画轴的计算简图。

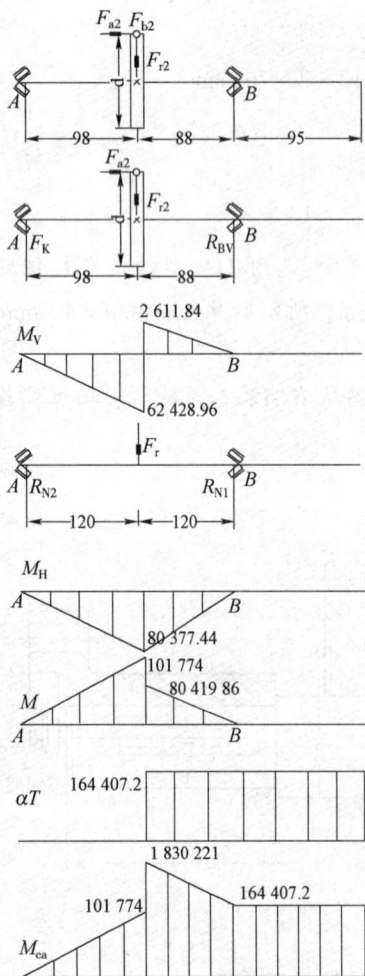

图 9.28 计算图示

①求 R_{AV}、R_{BV}。

由 $\sum M_A = 0$

$$F_{a2} \times \frac{d_2}{2} - F_{r2} \times 88 - R_{BV} \times 88 \times 2 = 0$$

$$R_{BV} = \frac{F_{a2} \cdot \dfrac{d_2}{2} - F_{r2} \times 88}{88 \times 2}$$

$$= \frac{388.29 \times \dfrac{300}{2} - 679.74 \times 88}{88 \times 2}$$

$$= 29.68（\text{N}）$$

$$R_{AV} = F_{r2} + R_{BV} = 679.74 + 29.68 = 709.42（\text{N}）$$

②求 R_{AH}、R_{BH}。

$$R_{AH} = R_{BH} = \frac{F_{t2}}{2} = \frac{1826.75}{2} = 913.38（\text{N}）$$

$$M = \sqrt{M_V^2 + M_H^2}$$

$$\alpha T = 0.6 \times 274012 = 164407.2（\text{N} \cdot \text{mm}）$$

$$M_{ca} = \sqrt{M^2 + (\alpha T)^2}$$

（7）按弯扭组合应力校核轴的强度

由 M_{ca} 可知，齿轮中点处计算弯矩最大，校核该截面强度

$$\sigma_b = \frac{M_{ca}}{0.1d^3} = \frac{183022.07}{0.1 \times 55^3}$$

$$= 11.00（\text{MPa}）< [\sigma_b]_{-1} = 60 \text{ MPa}$$

所以，此截面强度足够。

轴的计算图示如图 9.28 所示。

✳ 第四节 键连接

键是用来连接轴和旋转零件（如齿轮、带轮、蜗轮、凸轮、联轴器）的一种机械零件，主要用于周向固定以传递扭矩。有些类型的键还可以实现轴上零件的轴向固定或轴向移动。键连接因为具有结构简单、工作可靠、装拆方便等优点，所以得到了广泛应用。键的连接应用如图 9.29 所示。

一、键连接的类型

键是标准件，设计时可根据各类键的结构和应用特点进行选择，通常可分为平键、半圆键、楔键和切向键等。

1. 平键连接

常用的平键有普通平键、导向平键和滑键三种。

1）普通平键连接

普通平键连接是平键中最主要的形式。普通平键可分为 A 型（圆头）、B 型（方头）和 C 型（单圆头）三种，如图 9.30 所示。它主要用于静连接。

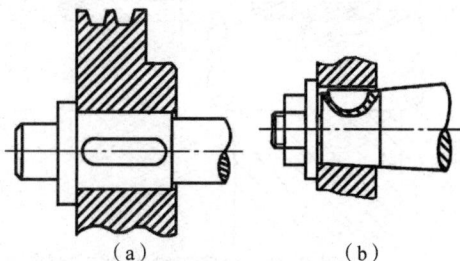

图 9.29　键的连接应用

（a）皮带轮与轴的平键连接；
（b）内燃机中锥轴与轮毂的半圆键连接

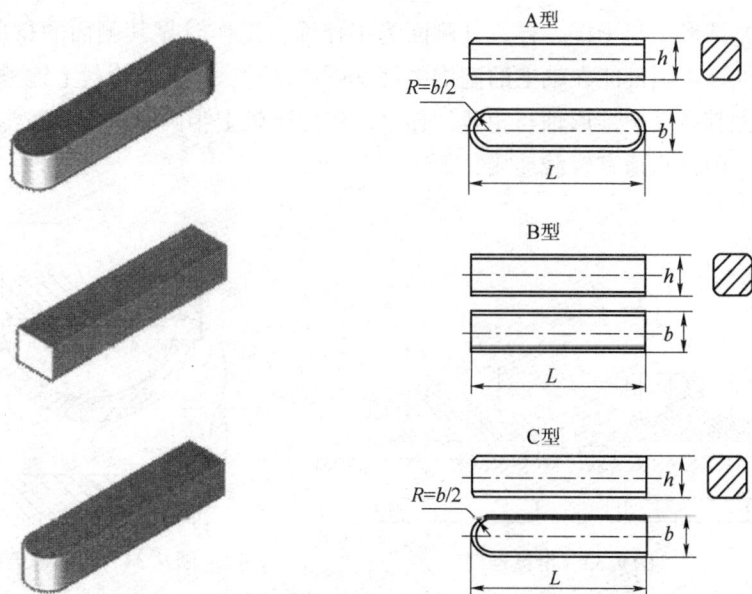

图 9.30　普通平键

平键的两侧面是工作面，上表面与轮毂槽底之间留有间隙。工作时，靠键与键槽的互相挤压传递转矩，如图 9.31 所示。圆头键的轴槽用指形铣刀加工，键在槽中固定良好。方头键轴槽用盘形铣刀加工，键卧于槽中用螺钉紧固。单圆头键常用于轴端。

2）导向平键连接

导向键主要用于距离较短的动连接。它一般用螺钉固定在轴的键槽中，与轮毂的键槽采用间隙配合，轮毂可沿导向平键做轴向移动。为了装拆方便，键中间设有起键螺孔。

导向平键分为两种类型：A 型（圆头）、B 型（方头），如图 9.32 所示。

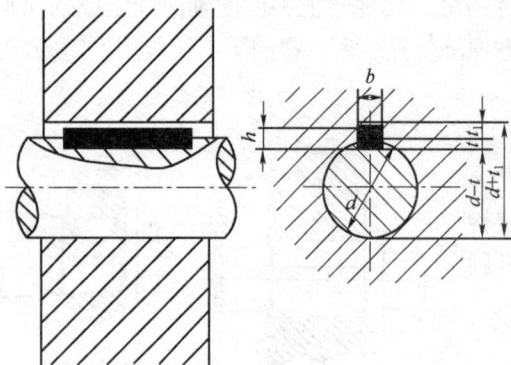

图 9.31　普通平键工作示意图

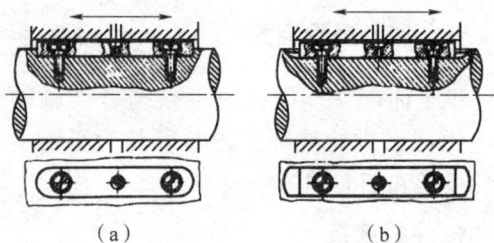

图 9.32　导向平键
（a）圆头；（b）方头

3）滑键连接

滑键主要用于距离较长的动连接。它通过各种方式固定于轮毂上，与轮毂一起沿轴的键槽做较大距离的轴向滑动，如图 9.33 所示。

2. 半圆键连接

半圆键呈半圆形，与平键一样，其侧面为工作面，工作时靠其侧面的挤压来传递转矩，有较好的对中性。半圆键能在轴上的键槽中绕其圆心摆动，以适应轮毂上键槽的斜度，安装方便。半圆键尤其适用于锥形轴与轮毂的连接。但由于轴上半圆键的键槽较深，轴槽对轴的强度削弱较大，因此只适宜轻载连接，如图 9.34 所示。

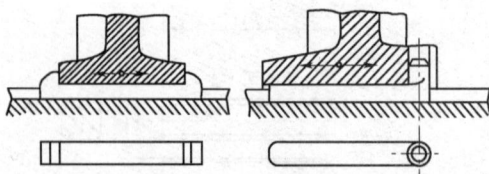

图 9.33　滑键连接

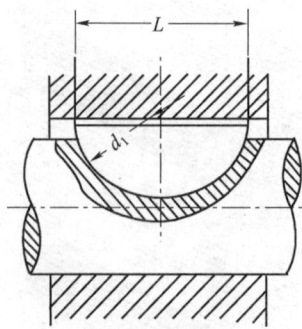

图 9.34　半圆键连接

3. 楔键连接

楔键分为普通楔键和钩头楔键。普通楔键有 A 型（圆头）、B 型（方头）和 C 型（单圆头）三种。钩头楔键的钩头用于拆键。

楔键的上、下面为工作表面，两侧面为非工作面。键的上表面制成 1∶100 斜度（侧面有间隙），装配时打入，靠上下面摩擦传递扭矩，并可传递小部分单向轴向力。但在打入时轴上的零件向键所在方向移动了一段微小的距离，造成轴和轴上零件的中心不重合，产生偏心，在高速变载应用场合容易松动，因此楔键只适用于低速轻载且精度要求不高的场合，如图 9.35 所示。

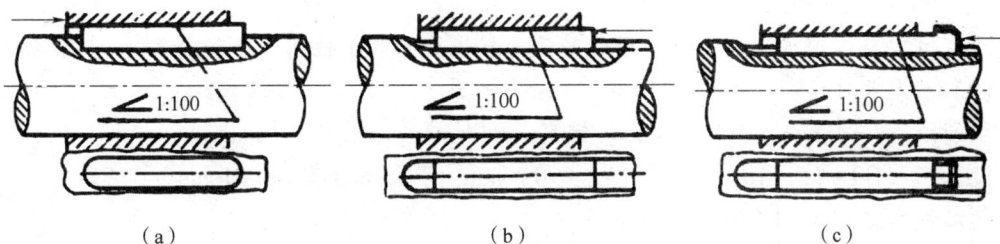

图 9.35　楔键连接
(a) 圆头;;（b）方头；(c) 钩头

4. 切向键

切向键是由两个具有 1：100 斜度的楔键组成的。装配后两楔以其斜面相互贴合，共同楔紧在轴毂之间。键的上、下表面是工作面，工作时依靠工作面上的挤压力来传递扭矩，如图 9.36 所示。由于切向键的键槽对轴的强度削弱较大，故只用于直径大于 100 mm 的轴上。切向键能传递很大的扭矩，主要用于对中性要求不高的重型机械中。

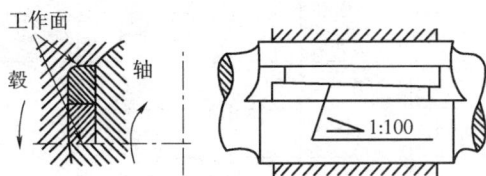

图 9.36　切向键连接

二、键的选用

键已经标准化，设计时根据具体情况选择键的类型和尺寸，主要过程如下。

1. 类型选择

根据键连接使用要求和工作条件并结合各种键自身的特点来选择键的类型。比如：
(1) 需要传递的扭矩大小。
(2) 连接于轴上的零件是否需要沿轴向滑动及滑动距离的长短。
(3) 连接的对中性要求。
(4) 是否需要具有轴向固定的作用。
(5) 键在轴上的位置。

2. 尺寸选择

键的主要尺寸为键宽 b × 键高 h（剖面尺寸）× 键的长度 L。
在选用键的尺寸时根据轴的直径大小 d 查表选取剖面尺寸（键宽 b × 键高 h），再根据轮毂的长度确定键的长度，键长应等于或略短于轮毂长度，并符合标准的规定。导向平键则按照轮毂长度及滑动距离而定。

轮毂长度一般为 $L' = (1.5 \sim 2)d$。

例 9.2 钢轴与铸铁带轮采用键连接，已知轴径 $d = 45$ mm，带轮轮毂长 $L' = 80$ mm，试选择键连接的类型和尺寸。

解：（1）选择键连接的类型：由于带轮与轴连接的对中性高，选普通平键 A 型。

（2）确定尺寸。

按轴径：$d = 45$mm，查表 9.4 得：键宽 $b = 14$ mm，键高 $h = 9$ mm，

键长 $L = [80 - (5 \sim 10)]$ mm $= (75 \sim 70)$ mm。取标准长度 $L = 70$ mm。

标记为：键 14×70 GB/T 1096。

表 9.4　普通型平键和键槽的截面尺寸及公差
（摘自 GB/T 1095—2003、GB/T 1096—2003） 单位：mm

轴	键			键槽					
公称轴径 d				宽度		深度			
	b	h	L	正常连接的极限偏差		轴 L_1		毂 L_2	
				轴 N9	毂 JS9	公称尺寸	极限偏差	公称尺寸	极限偏差
> 10 ~ 12	4	4	8 ~ 45	0 −0.030	±0.015	2.5	+0.1 0	1.8	+0.1 0
> 12 ~ 17	5	5	10 ~ 56			3.0		2.3	
> 17 ~ 22	6	6	14 ~ 70			3.5		2.8	
> 22 ~ 30	8	7	18 ~ 90	0 −0.036	±0.018	4.0	+0.20 0	3.3	+0.20 0
> 30 ~ 38	10	8	22 ~ 100			5.0		3.3	
> 38 ~ 44	12	8	28 ~ 140			5.0		3.3	
> 44 ~ 50	14	9	36 ~ 160	0 −0.043	±0.021 5	5.5		3.8	
> 50 ~ 58	16	10	45 ~ 180			6.0		4.3	
> 58 ~ 65	18	11	50 ~ 220			7.0		4.4	
L 系列	…，50，56，63，70，80，90，100，110，125，140，…								

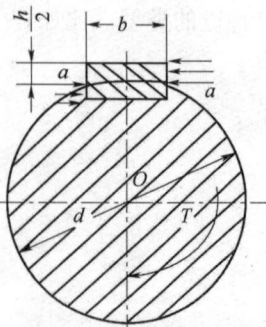

图 9.37　键连接剖面图

3. 强度校核

普通平键的主要失效形式为连接工作面的压溃，因此其强度条件为 $\sigma_p \leq [\sigma_p]$。动连接导向键和滑键的主要失效形式为连接工作面产生过量的磨损，因此其强度条件为 $p \leq [p]$。键连接的剖面图如图 9.37 所示。

$$\sigma_p = \frac{4T}{hl'd} \qquad (9-10)$$

式中，d 为轴的直径（mm）；

h 为键高（剖面）（mm）；

L 为键长；

l' 为键的工作长度；

对于 A 型键 $l' = L - b$；

对于 B 型键 $l' = L$；

对于 C 型键 $l' = L - b/2$。

例 9.3 一个 8 级精度的铸铁直齿圆柱齿轮与一钢轴用键构成静连接。装齿轮处的轴径为 60 mm，齿轮毂长 95 mm。连接传递的转矩为 840 N·m，载荷平稳。试选择此键连接。

解：8 级精度的齿轮要求一定的定心性，因此选用平键。由于是静连接，选用普通平键，圆头。由手册可查得当 $d = 58 \sim 65$ mm 时，键的截面尺寸为：宽 $b = 18$ mm，高 $h = 11$ mm。参考毂长选键长 $L = 80$ mm。

键的工作长度 $l' = L - b = 80 - 18 = 62$（mm）。由表 9.5 取铸铁轮毂键的许用挤压应力 $[\sigma_p] = 80$ MPa（载荷平稳，故取大值）。由式（9 - 10）得连接所能传递的转矩

$$T = \frac{1}{4} h l' d [\sigma_p] = \frac{1}{4} \times 11 \times 62 \times 60 \times 80 \approx 820 (\text{N·m}) < 840 \text{ N·m}$$

表 9.5　键连接的许用挤压应力 $[\sigma_p]$ 和压强 $[p]$　　　　　　　　　　MPa

连接的工作方式	连接中校弱零件的材料	$[\sigma_p]$ 或 $[p]$		
		静载荷	轻微冲击载荷	冲击载荷
静连接，用 $[\sigma_p]$	锻钢、铸钢	125 ~ 150	100 ~ 120	60 ~ 90
	铸铁	70 ~ 80	50 ~ 60	30 ~ 45
动连接，用 $[p]$	锻钢、铸钢	50	40	30

提高键的承载能力的措施如下。

（1）增大键长。

（2）改用方头键。

（3）两个键相隔 180° 布置（承载能力按一个键时的 1.5 倍计算）。

（4）改变键的材料使其许用应力增大。

三、键连接的应用

1. 松键连接

松键连接所用的键有普通平键、半圆键、导向平键及滑键等，通过键的侧面传递转矩，只对轴上零件作周向固定，不能承受轴向力，如果要轴向固定，则需要附加紧定螺钉或定位环等定位零件。

松键连接的装配要点为：

（1）清理键及键槽上的毛刺，保证键与键槽能精密贴合。

（2）对重要的键连接，装配前要检查键的直线度和键槽对轴线的对称度及平行度等。

（3）对普通平键、导向平键，用键的头部与轴槽试配，应能使键较紧地与轴槽配合。

（4）修配键长时，在键长方向键与轴槽留 0.1 mm 的间隙。

（5）在配合面上加湿润油，用铜棒或加软钳口的台虎钳将键压入轴槽中，使之与槽底良好接触。

（6）试配并安装回转套件时，键与键槽的非配合面应留有间隙，保证轴与回转套件的同轴度，套件在轴上不得有轴向摆动，以免在机器工作时引起冲击和振动。

2. 紧键连接

紧键连接主要指楔连接，键的上、下表面都是工作面，上表面及与其相接触的轮毂槽底面，均有 1：100 的斜度。键侧与键槽有一定的间隙，装配时将键打入构成紧键连接，由过盈作用传递转矩，并能传递单向的轴向力，还可轴向固定零件。

紧键连接装配时，首先同样要清理键及键槽上的毛刺，装配时要用涂色法检查楔键上下表面与轴槽、轮毂槽的接触状况，若接触不良，可用锉刀或刮刀修整键槽，接触合格后，用软锤将楔键轻敲入键槽，直至套件的周向、轴向都可靠紧固。

❋ *第五节　花键和销连接

一、花键连接

如果使用一个平键，不能满足轴所传递的扭矩要求时，可在同一键连接处均匀布置 2 个或 3 个平键，而且由于载荷分布不均的影响，在同一键连接处均匀布置 2（3）个平键时，只相当于 1.5（2）个平键所能传递的扭矩。显然，键槽越多，对轴的削弱就越大。如果把键和轴作成一体就可以避免上述缺点。多个键与轴作成一体就形成了花键。

与平键相比较，花键连接在强度、工艺和使用方面有诸多优点：在轴上与毂孔上直接而均匀地制出较多的齿与槽，连接受力更均匀；槽较浅，齿根处应力集中较小，轴与毂的强度削弱较小；齿数多，总的接触面积大，可承受较大载荷；轴上零件与轴的对中性好；导向性好；可用研磨的方法提高加工精度及连接质量。但其缺点是齿根仍有应力集中，且有时需用专门设备加工，成本较高。

花键根据齿形不同可分为矩形花键和渐开线花键，如图 9.38 所示。

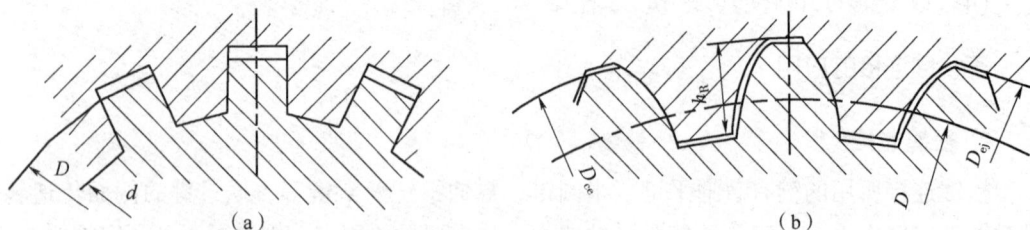

图 9.38　花键
（a）矩形花键；（b）渐开线花键

二、销连接

销主要用于零件之间的定位，称为定位销；也可用于轴与轮毂的连接或其他零件的连接，传递较小的扭矩，称为连接销；还可作为安全装置中的过载剪短元件，称为安全销。根据销的结构形式有圆柱销、圆锥销、槽销、销轴和开口销等，如图 9.39 所示。

销也进行了标准化。比如普通圆柱销，按直径的公差不同分为 A、B、C、D 型。

例如：销　GB/T 119—2000　B10×50　表示 B 型圆柱销，公称直径 10 mm，长 50 mm。

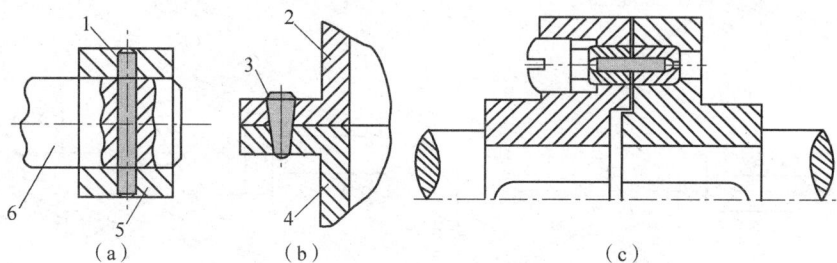

图 9.39　销的结构方式

（a）圆柱销；（b）圆锥销；（c）安全销

1—圆柱销；2—零件 1；3—圆锥销；4—零件 2；5—轴套；6—轴

圆柱销依靠少量过盈固定在孔中，对销孔的尺寸、形状、表面粗糙度等要求较高，销孔在装配前须铰削。通常被连接件的两孔应同时钻铰，孔壁的粗糙度不大于 Ra 0.6 μm。装配时，在销上涂上润滑油，用铜棒将销打入孔中。由于圆柱销经多次装拆后，连接的紧固性及精度降低，故常用于不常拆卸处。

圆锥销有 1∶50 的锥度，装拆比较方便，还可自锁，即使多次装拆后也不会对连接的紧固性及定位精度有较大影响，因此应用广泛。装配时，被连接件的两孔也应同时钻铰，但必须控制孔径，钻孔时按圆锥销小头直径选用钻头，用 1∶50 锥度的铰刀铰孔。铰孔时用试装法控制孔径，以圆锥销自由插入全长的 80%～85% 为宜，然后用软锤敲入。敲入后销的大头可与被连接件表面平齐，或露出不超过倒棱值。

拆卸带内螺纹的圆柱销和圆锥销时，可用拔销器拔出；有螺尾的圆锥销可用螺母旋出；通孔中的圆锥可以从小头向外敲出。

✽　*第六节　联轴器

联轴器的作用是把机器中的两根轴连接在一起，保证其运转过程中不分离，可以一起转动和传递转矩。如果要使两轴分开，只能使机器停车并将联轴器拆卸下来。有时它也可作为一种安全装置用来防止被连接件承受过大的载荷，起到过载保护的作用，如安全联轴器。

制造及安装误差、承载后的变形以及温度变化的影响等，会引起联轴器所连接的两轴相对位置的变化，往往不能保证严格的对中，如图 9.40 所示。

根据联轴器补偿两轴偏移能力的不同（即能否在发生相对位移条件下保持连接的功

能），联轴器主要分成刚性联轴器（无补偿能力）和挠性联轴器（有补偿能力）两大类。挠性联轴器又可按是否具有弹性元件分为无弹性元件的挠性联轴器和有弹性元件的挠性联轴器两个类别。挠性联轴器因具有挠性，可在不同程度上补偿两轴间的某种相对位移。

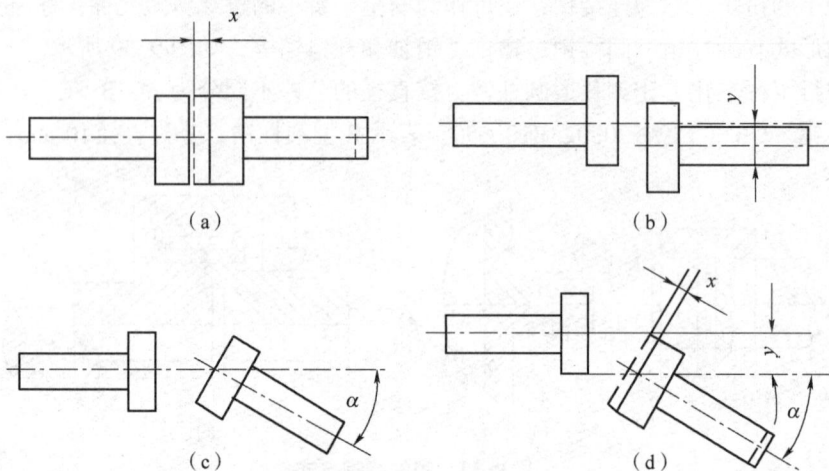

图 9.40　轴线的相对位移

（a）轴向位移 x；（b）径向位移 y；（c）角位移 α；（d）综合位移 x、y、α

目前联轴器大多已标准化，可直接从标准中选用。

一、刚性联轴器

刚性联轴器包括套筒联轴器、凸缘联轴器等，这类联轴器只能传递运动和转矩，不具备其他功能。

1. 套筒联轴器

套筒联轴器由套筒和连接零件（销钉或键）组成，如图 9.41 所示。这种联轴器构造简单，径向尺寸小，对两轴的轴线偏移无补偿作用。其在装拆时被连接轴需要做轴向移动，使用不太方便。套筒联轴器多用于两轴对中严格、低速轻载的场合。当用圆锥销作连接件时，若按过载时圆锥销剪断进行设计，则可作为安全联轴器。

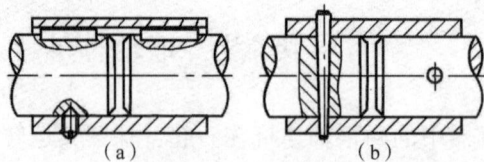

图 9.41　套筒联轴器

（a）键连接；（b）销连接

2. 凸缘联轴器

凸缘联轴器由两个带凸缘的半联轴器和一组螺栓组成，如图 9.42 所示。这种联轴器有两种对中方式：一种是通过分别具有凸槽和凹槽的两个半联轴器的相互嵌合来对中，半联轴器采用普通螺栓连接，如图 9.42（b）所示；另一种是通过铰制孔用螺栓与孔的紧配合对中，当尺寸相同时后者传递的转矩较大，且装拆时轴不必做轴向移动，如图 9.42（c）所示。

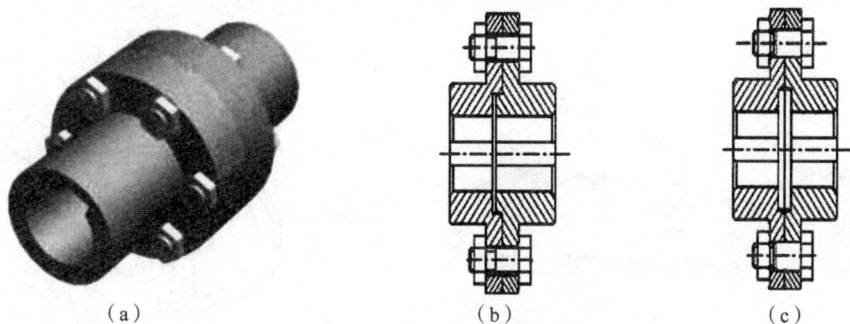

图 9.42　凸缘联轴器

（a）实物图；（b）普通螺栓连接；（c）铰制孔用螺栓连接

凸缘联轴器构造简单、成本低、可传递较大转矩，但不能补偿两轴间的相对位移，两轴对中性的要求很高，适用于转速低、无冲击、轴的刚性大、对中性较好的场合，是目前应用最广的一种刚性联轴器且已标准化。

二、无弹性元件的挠性联轴器

无弹性元件的挠性联轴器可补偿两轴的相对位移，但不能缓冲减震，常用的有十字滑块联轴器、万向联轴器和齿轮联轴器。

1. 十字滑块联轴器

十字滑块联轴器由两个半联轴器 1、3 和一个中间圆盘 2 所组成。中间圆盘两端的凸块相互垂直，并分别与两个半联轴器的凹槽相嵌合，凸块的中线通过圆盘中心，如图 9.43 所示。

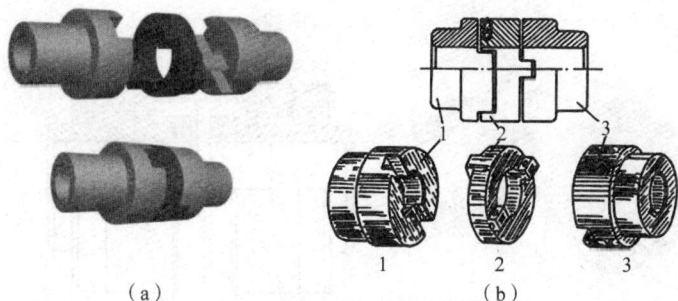

资源 9 - 4
十字滑块联轴器

图 9.43　十字滑块联轴器

（a）实物图；（b）示意图

1，3—半联轴器；2—中间圆盘

十字滑块联轴器中间圆盘的凸块在半联轴器的凹槽内滑动，可以补偿两轴的相对位移，但对凹槽的和凸块的工作面的硬度要求较高，并需加润滑剂，转速高时易磨损，且附加载荷

大，故宜用于低速的场合。

2. 万向联轴器

万向联轴器由两个分别固定在主、从动轴上的叉形接头1、2和一个十字形零件（称十字头）3组成，如图9.44所示。叉形接头和十字头是铰接的，因此允许被连接两轴轴线夹角α很大。

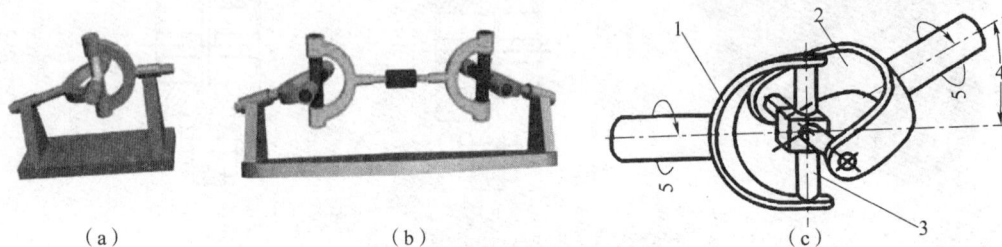

（a） （b） （c）

资源 9 - 5
万向联轴器
的工作原理

图9.44 万向联轴器
（a）单万向联轴器；（b）双万向联轴器；（c）结构
1，2—叉形接头；3—十字形零件

双万向联轴器可用于轴线不重合的两根轴的连接，通常主动轴等速转动，从动轴做周期性的变速转动，但连接时必须使主动轴与中间轴的夹角和从动轴与中间轴的夹角相等，且中间轴两端的叉形接头位于同一平面内。它能可靠地传递转矩和运动，结构紧凑，效率高，可用于相交轴间的连接，或有较大角位移的场合。

3. 齿轮联轴器

齿轮联轴器由两个具有外齿的半联轴器1、4和两个具有内齿的外壳2、3组成，外壳与半联轴器通过内、外齿的相互啮合而相连，如图9.45（b）所示。轮齿间留有较大的齿侧间隙，外齿轮的齿顶被做成球面，球面中心位于轴线上，转矩靠啮合的齿轮传递。

它能补偿两轴的综合位移，能传递较大的转矩，但结构较复杂，制造较困难，在重型机器和起重设备中应用较广，但不适用于立轴。

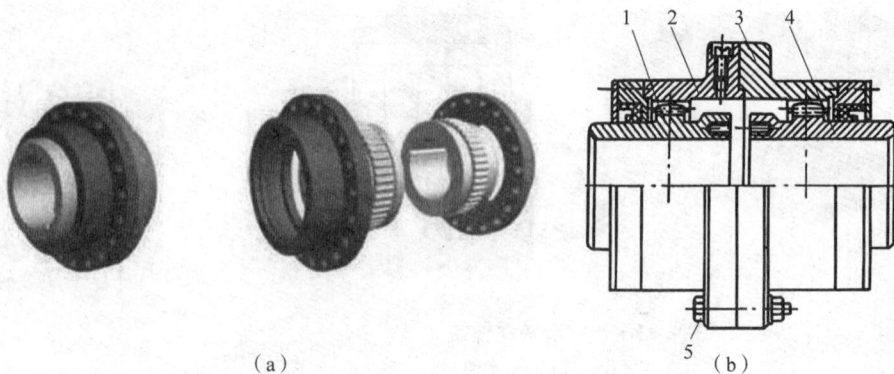

（a） （b）

图9.45 齿轮联轴器
（a）实物图；（b）结构示意图
1，4—半联轴器；2，3—外壳；5—螺栓

三、弹性联轴器

弹性联轴器因装有弹性元件，不仅可以补偿两轴间的相对位移，而且具有缓冲减震能力。常用的弹性联轴器有：弹性套柱销联轴器、尼龙柱销联轴器、梅花式联轴器和弹簧式联轴器等。

1. 弹性套柱销联轴器

弹性套柱销联轴器结构与凸缘联轴器相似，只是用套有弹性圈1的柱销2代替了连接螺栓 [图9.46（b）]。它的结构简单，制造容易，不用润滑，更换弹性圈方便，具有一定的补偿两轴线相对偏移和减震、缓冲等特点，适用于经常正反转、起动频繁、转速较高的场合。

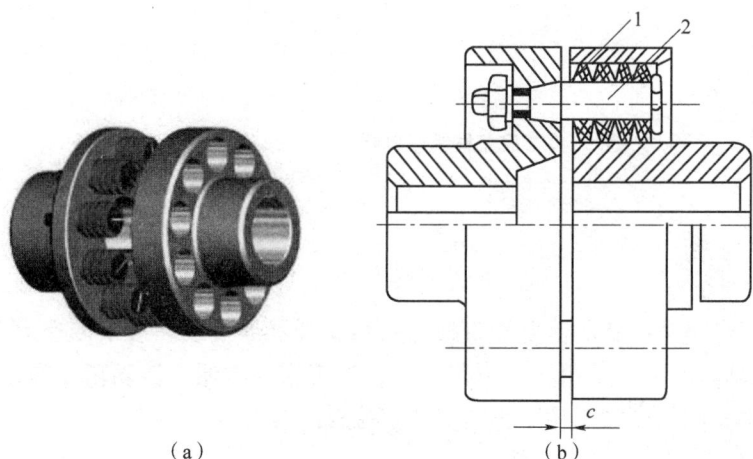

（a）　　　　　　　（b）

资源 9－6
弹性套柱
销联轴器

图 9.46　弹性套柱销联轴器

1—弹性圈；2—柱销

2. 尼龙柱销联轴器

尼龙柱销联轴器可以看成弹性套柱销联轴器简化而成，即采用尼龙柱销1代替弹性圈和金属柱销。为了防止柱销滑出，在柱销两端配置挡圈2，如图9.47所示。

它的结构简单，安装、制造方便，耐久性好，也有吸震和补偿轴向位移的能力，常用于轴向窜动量较大，经常正反转，起动频繁，转速较高的场合，可代替弹性套柱销联轴器。

3. 梅花式联轴器

梅花式联轴器是一种应用很普遍的联轴器，也叫爪式联轴器，是由两个金属爪盘和一个弹性体组成，如图9.48所示。两个金属爪盘一般由45钢制成，但是在要求载荷灵敏的情况下也有用铝合金的。其弹性体一般都是由工程塑料或橡胶组成，弹性体的寿命也就是联轴器的寿命，一般弹性体的寿命为10年。由于弹性体具有缓冲、减震的作用，所以在有强烈震动的场合下使用较多。弹性体的性能极限温度决定了联轴器的使用温度，一般为 $-35\ ℃\sim80\ ℃$。

第九章　轴系零部件

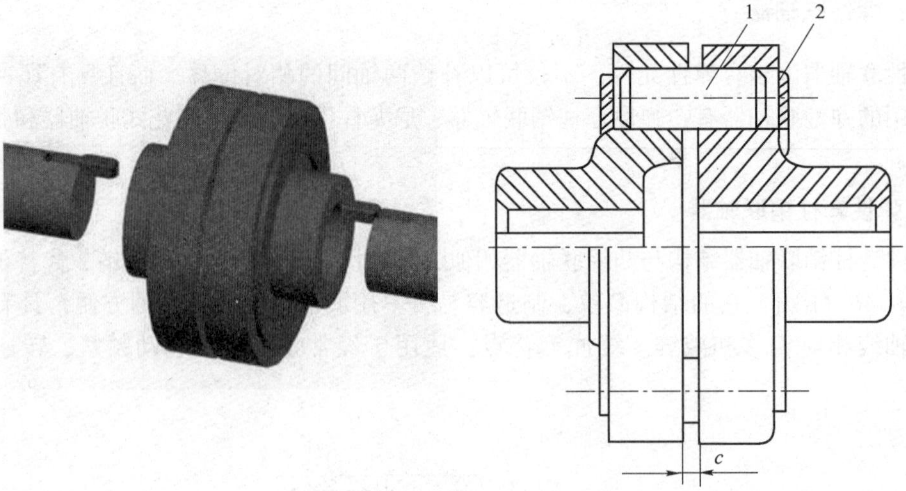

（a）　　　　　　　　　（b）

图 9.47　尼龙柱销联轴器
1—尼龙柱销；2—挡圈

4. 弹簧式联轴器

弹簧式联轴器是用外形呈波纹状的薄壁管直接与两半联轴器焊接或黏接来传递运动的，如图 9.49 所示。这种联轴器的结构简单，外形尺寸小，加工安装方便，传动精度高，主要用于要求结构紧凑、传动精度较高的小功率精密机械和控制机构中。

图 9.48　梅花式联轴器

图 9.49　弹簧式联轴器

四、安全联轴器

剪切销安全联轴器有单剪和双剪两种，如图 9.50 所示，单剪的结构类似凸缘联轴器，用钢制销钉连接。销钉装入经过淬火的两段钢制套管中，过载时即被剪断。销钉材料力学性能的不稳定及制造尺寸误差等原因，致使此类联轴器的工作精度不高，而且销钉剪断后，不能自动恢复工作能力，必须停车更换销钉。但其由于结构简单，所以在很少过载的机器中常采用。

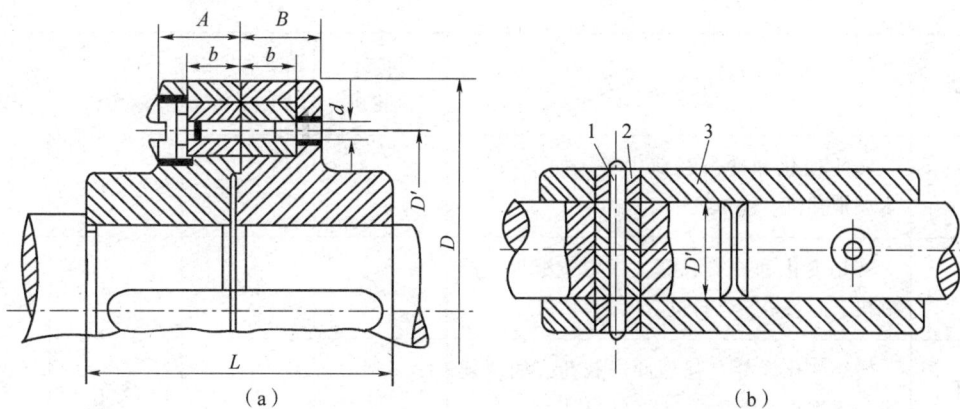

图 9.50 剪切销安全联轴器

(a) 单剪；(b) 双剪

1—销钉；2—套管；3—套筒

五、联轴器的选择原则

由于常用的联轴器多数已经标准化，因此一般先根据机器的工作条件选择合适的类型，再根据计算转矩、轴的直径和转速，从标准中选择所需的型号及尺寸，必要时对某些薄弱重要的零件进行验算。

1. 联轴器计算扭矩

$$T_c = KT = 9\,550K\frac{P_w}{n}$$

式中，T_c 为计算扭矩（N·m）；

T 为理论（名义）扭矩（N·m）；

K 为工作情况系数，如表 9.6 所示；

P_w 为理论（名义）工作功率（kW）；

n 为工作转速（r/mm）；

表 9.6 工作情况系数 K

分类	工作情况及举例	电动机、汽轮机	四缸和四缸以上内燃机	双缸内燃机	单缸内燃机
I	转矩变化很小，如发电机、小型通风机、小型离心泵	1.3	1.5	1.8	2.2
II	转矩变化小，如透平压缩机、木工机床、运输机	1.5	1.7	2.0	2.4
III	转矩变化中等，如搅拌机、增压泵、有飞轮的压缩机、冲床	1.7	1.9	2.2	2.6

分类	工作情况及举例	电动机、汽轮机	四缸和四缸以上内燃机	双缸内燃机	单缸内燃机
IV	转矩变化和冲击载荷中等，如织布机、水泥搅拌机、拖拉机	1.9	2.1	2.4	2.8
V	转矩变化和冲击载荷大，如造纸机、挖掘机、起重机、碎石机	2.3	2.5	2.8	3.2
VI	转矩变化大并有强烈冲击载荷，如压延机、无飞轮的活塞泵、重型初轧机	3.1	3.3	3.6	4.0

2. 确定联轴器型号（$T_c \leqslant [T]$）

$[T]$ 为联轴器的公称扭矩、许用扭矩（N·m）；见《机械设计手册》。

3. 校核最大转速（$n \leqslant [n]$）

$[n]$ 为联轴器的最大转速（r/min）；见《机械设计手册》。

4. 协调轴孔结构及直径

在《机械设计手册》中查出的联轴器一般有轴径范围，设计的联轴器的轴必须满足这一范围。轴孔结构一般有锥孔、圆柱孔和短圆柱孔三种，可根据工作要求选择。

例9.4 如图9.51所示，电机与增压油泵用联轴器相连。已知电机功率 $P = 7.5$ kW，转速 $n = 960$ r/min，电机伸出轴端的直径 $d_1 = 38$ mm，油泵轴的直径 $d_2 = 42$ mm，选择联轴器型号。

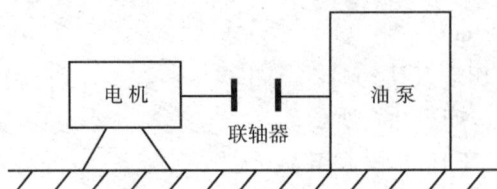

图 9.51 联轴器图例

解： 因为轴的转速较高，起动频繁，载荷有变化，所以选用缓冲性较好，同时具有可移性的弹性套柱销联轴器。

计算转矩

$$T_c = KT$$

查表9.6得：$K = 1.7$。

名义转矩

$$T = 9\ 550\ \frac{P}{n} = 9\ 550 \times \frac{7.5}{960} = 74.6(\text{N·m})$$

所以：$T_c = 1.7 \times 74.6 = 126.8(\text{N·m})$

查《机械设计手册》选用弹性套柱销联轴器 TL6 $\dfrac{\text{Y38} \times 82}{\text{Y42} \times 112}$ GB/T 4323—1984。

附：TL6 弹性套柱销联轴器的技术参数如下。

公称扭矩：250 N·m

许用转速：n_{max} =3 300 r/min（联轴器材料为铁）；

n_{max} =3 800 r/min（联轴器材料为钢）；

轴孔直径：d_{min} =32 mm，d_{max} =42 mm。

✳ *第七节　离合器

联轴器和离合器在功能上的共同点：均用于轴与轴之间的连接，使两轴一起转动并传递转矩。联轴器和离合器在功能上的区别：联轴器只有在机器停止运转后才能将其拆卸，使两轴分离，而离合器可在机器运动过程中随时使两轴接合或分离。

（1）离合器也和联轴器一样，用于连接两根轴，使主、从动部分在同轴线上传递动力或运动，但不同的是，它能在机器运转过程中随时将两轴接合或分离，因此可用来操纵机器传动系统的起动、停止、变速及换向等。如汽车驾驶过程中所使用的离合器。

（2）由于离合器是在不停车的状况下进行两轴的接合与分离，因而离合器应具有离合迅速、平稳、可靠、操纵方便、耐磨且散热好的性能。

离合器种类繁多，根据工作性质可分为以下两种。

（1）操纵式离合器，其操纵方法有机械操纵、电磁操纵、气动操纵和液力操纵等。

（2）自动式离合器，用简单的机械方法自动完成接合或分开动作，又分为安全离合器（当传递扭矩达到一定值时传动轴能自动分离，从而防止过载，避免机器中重要零件损坏）、离心离合器（当主动轴的转速达到一定值时，由于离心力的作用能使传动轴间自行连接或在超过某一转速后能自行分离）、定向离合器（又称超越离合器，利用棘轮 – 棘爪的啮合或滚柱、楔块的楔紧作用单向传递运动或扭矩，当主动轴反转或转速低于从动轴时，离合器就自动分开）。

离合器按照接合元件的工作原理又可分为嵌入式和摩擦式两种。嵌入式离合器利用机械嵌合副的接合来传递转矩，摩擦式离合器利用摩擦副的摩擦力来传递扭矩。

下面我们介绍一些常用的离合器种类。

一、嵌入式离合器

嵌入式离合器靠啮合实现传动，由两个端面带牙的半离合器所组成，一个用平键和主动轴连接，另一个用导向键或花键与从动轴连接。利用操纵系统拨动滑环，使其做轴向移动，实现两套筒的接合与分离。另外，为保证两轴线的对中，在与主轴连接的半离合器中固定有对中环。

如图 9.52 所示，嵌入式离合器有常见的牙嵌式、齿嵌式、销嵌式、键嵌式和转键式等。其结构简单、尺寸较小、工作时牙间无相对滑动，因而可使两轴同步，但接合动作应在两轴不转动或两轴转速差很小时进行，以免凸牙或其他接合元件因受冲击载荷而断裂。

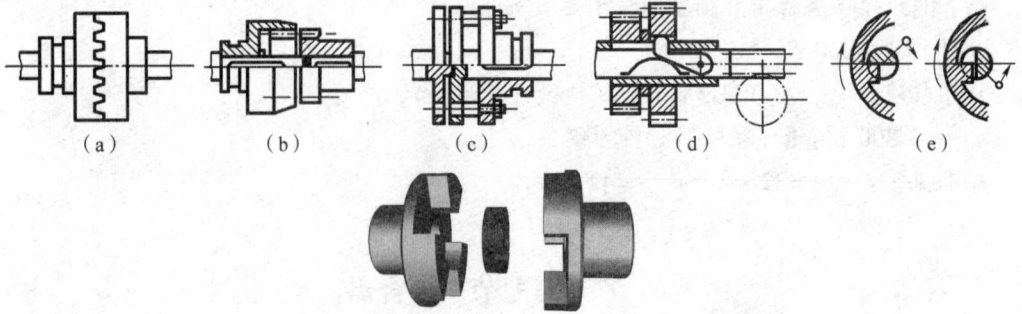

图 9.52　嵌入式离合器

(a) 牙嵌式；(b) 齿嵌式；(c) 销嵌式；(c) 键嵌式；(d) 转键式

二、摩擦式离合器

摩擦式离合器是应用最广也是历史最久的一类离合器，摩擦式离合器所能传递的最大转矩取决于摩擦面间的最大静摩擦力矩，而后者又由摩擦面间最大压紧力和摩擦面尺寸及性质决定。故对于一定结构的离合器来说，静摩擦力矩是一个定值，输入转矩一达到此值，离合器就会打滑，因而限制了传动系统所受转矩，防止超载。按其结构形式，可将摩擦式离合器分为圆盘式、圆锥式等。圆盘式摩擦离合器又可分为单盘式和多盘式。

1. 单圆盘摩擦式离合器

图 9.53 所示为单圆盘摩擦式离合器的结构图。摩擦式离合器的接触面可以是平面也可以是锥面，在同样的压紧力下，锥面可以传递更大的转矩。与嵌合式离合器相比，摩擦式离合器可以在两轴任何速度下离合，且接合平稳无冲击，通过调节摩擦面间的压力可以调节所传递扭矩的大小，因而也就具有了过载保护作用。但工作时两摩擦盘之间有可能发生相对滑动，不能保证两轴的精确同步。单圆盘摩擦式离合器结构简单、散热性好，但传递的转矩不大。

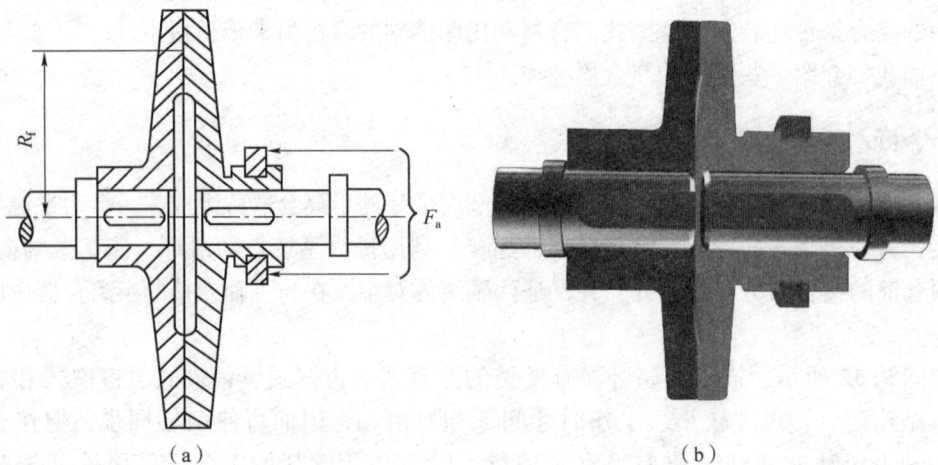

(a)　　　　　　　　　　　　　　　　(b)

图 9.53　单圆盘摩擦式离合器

2. 多圆盘摩擦式离合器

图 9.54 所示为多圆盘摩擦式离合器的结构图。其中，主动轴 1、外套 2 和一组外摩擦片 4 组成主动部分，外摩擦片 4 可以沿外套 2 的内槽移动。从动轴 10、套筒 9 和一组内摩擦片 5 组成从动部分，内摩擦片 5 可以沿套筒 9 上的槽滑动。在套筒 9 上开有均布的三个纵向槽。槽内安装有曲臂压杆 8。当操纵滑环 7 左移时，曲臂压杆 8 顺时针转动，将两组摩擦片压紧，离合器处于接合状态，主动轴 1 带动从动轴 10 转动。当操纵滑环 7 右移时，通过曲臂压杆 8 下面的弹簧片使 8 逆时针转动，两组摩擦片压力消除，离合器处于分离状态。双螺母 6 靠调整内、外两组摩擦片的间距，来调整摩擦片之间的压力。碟形摩擦片在离合器分离时能借助其弹性自动恢复原状，有利于内、外摩擦片快速分离。

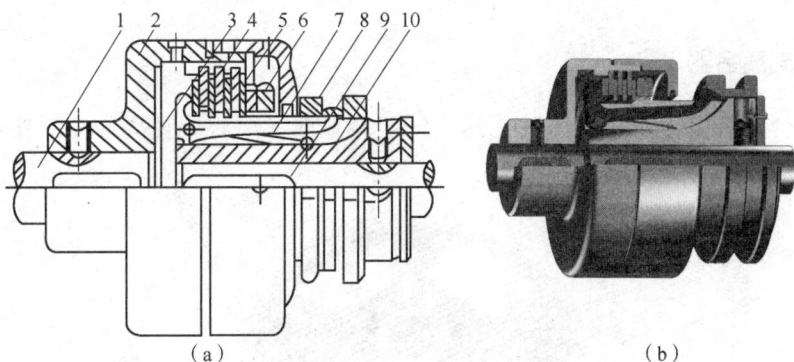

图 9.54 多圆盘摩擦式离合器

1—主动轴；2—外套；3—压板；4—外摩擦片；5—内摩擦片；6—双螺母；
7—滑环；8—曲臂压杆；9—套筒；10—从动轴

与嵌入式离合器比较，摩擦式离合器具有下列优点。

（1）在不同转速条件下主动轴与从动轴都可以进行接合。

（2）过载时摩擦面间将发生打滑，可以防止损坏其他零件。

（3）接合较平稳，冲击和震动较小。

摩擦式离合器在正常的接合过程中，从动轴转速从零逐渐加速到主动轴的转速，因而两摩擦面间不可避免地会发生相对滑动，这种相对滑动要消耗一部分能量，并引起摩擦片的磨损和发热。

三、安全式离合器

安全式离合器与安全联轴器的功用类似，当传递的转矩超过一定数值时能自动分离（即当机器过载时自动脱开），具有防止系统过载对重要零件产生破坏，从而保护机器安全的作用。

图 9.55 所示为安全式离合器，它与安全联轴器的主要区别在于，当机器所受载荷恢复正常后，前者自动接合，继续进行动力传递，而后者则无法自动接合，需重新更换剪切销。常用的安全离合器有牙嵌式安全离合器和滚珠式安全离合器。

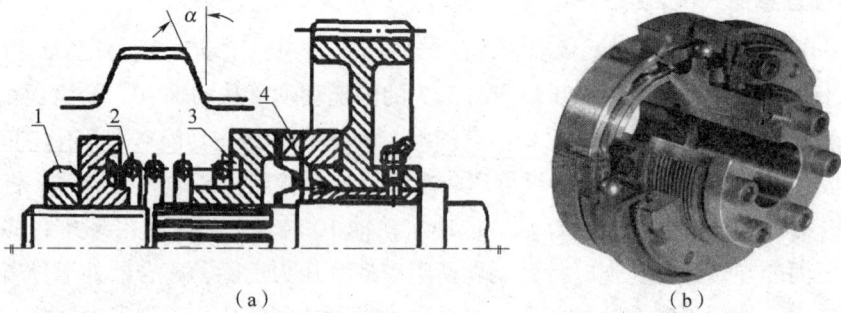

（a）　　　　　　　　　　　　　（b）

图 9.55　安全式离合器

四、离心式离合器

离心式离合器是传动轴（主动轴）达到一定转速时，离心块在离心力的作用下，自动分离或接合的离合器，如图 9.56 所示。

图 9.56　离心式离合器

离心式离合器较其他离合器而言，它不需要另外的一套操纵机构，过载时还能起到安全保护作用。离心式离合器因为其特有的优势，在工业中有着广泛的应用。其典型的应用包括小型工程机械、园林机械、钻探机械、风机、离心机、压缩机和压力机等。

五、定向式离合器

定向式离合器是一种随速度的变化或回转方向的变换而能自动接合或分离的离合器，它只能单向传递转矩。如锯齿型牙嵌离合器，只能单向传递转矩，反向时自动分离。棘轮机构也可以作为定向式离合器。

图 9.57 所示为一种滚柱式定向离合器，它由星轮、外环、滚柱和弹簧顶杆等组成。弹簧顶杆的推力使滚柱与星轮和外环经常接触。如果星轮为主动件并按图示方向顺时针回转，滚柱受摩擦力的作用被楔紧在槽内，从而带动外环回转，这时离合器处于接合状态。当星轮反向回转时，滚柱则被推到槽中宽敞部分，离合器处于分离状态。这种离合器工作时没有噪声，故适用于高速传动，但制造精度要求较高。

当外环与星轮做顺时针方向的同向回转时，根据相对运动原理，若外环的速度大于星轮转速，则离合器处于分离状态；反之，若外环的转速小于星轮的转速，则离合器处于接合状态，故定向式离合器又称为超越离合器。其特点是单向转矩，宜用于低速场合。

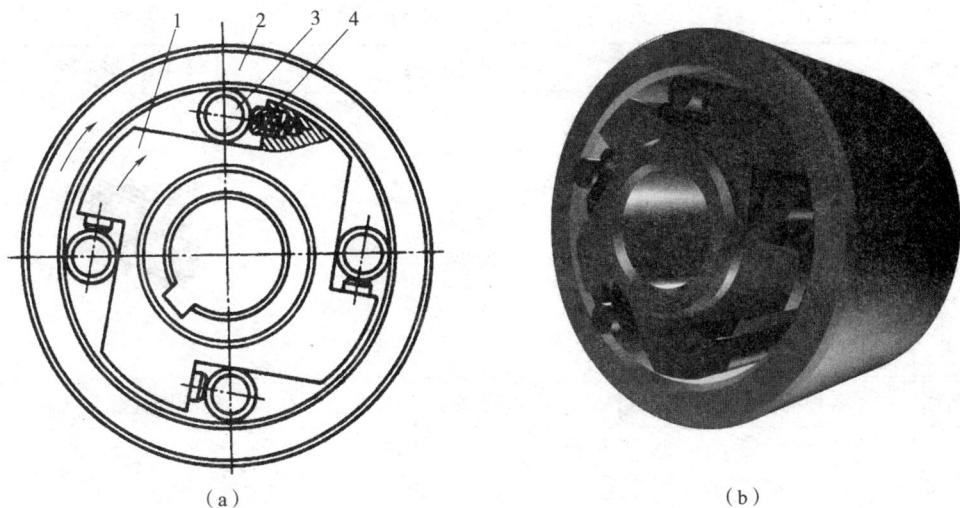

（a）　　　　　　　　　　　　　　（b）

图 9.57　滚柱式定向离合器

1—星轮；2—外环；3—滚柱；4—弹簧顶杆

✸ *第八节　弹簧、制动器

一、弹簧

弹簧是一种弹性元件，在生活中很常见，如表 9.7 所示。它具有弹性大、刚性小，在载荷作用下容易变形，去载荷后又恢复原状等特点，被广泛应用于各种机器、仪表及生活用品中。在不同的使用场合，其功用也不同。

（1）缓冲和吸震。如汽车的减震簧和电池中的弹簧。

（2）存储和输出能量。如钟表的发条和机械钢琴节拍器的弹簧。

（3）测量载荷。如弹簧秤、测力计中的弹簧。

（4）控制运动。如内燃机中的阀门弹簧和电梯厅门自闭装置的弹簧。

按照弹簧所承受的载荷性质，弹簧主要分为拉伸弹簧、压缩弹簧、扭转弹簧和弯曲弹簧四种。

弹簧按照形状又可分为螺旋弹簧、碟形弹簧、环形弹簧、板弹簧、盘簧等。螺旋弹簧是用弹簧丝卷绕制成，由于制造简便，价格较低，易于检测和安装，所以应用最广。这种弹簧既可以制成受压缩载荷作用的压缩弹簧，又可以制成受拉伸载荷作用的拉伸弹簧，还可以制成承受扭矩作用或完成扭转运动的扭转弹簧。碟形弹簧可以承受很大的冲击载荷，具有良好的吸震能力，常用作缓冲减震弹簧。在载荷相当大和弹簧轴向尺寸受限制的地方，可以采用碟形弹簧。环形弹簧是目前减震缓冲能力最强的弹簧，常用作近代重型机车、锻压设备和飞机起落装置中的缓冲零件。

弹簧的材料主要是热轧和冷轧的弹簧钢。弹簧也是标准件。

表 9.7　各种类型的弹簧实物

弹簧名称	各种模具方弹簧	钢板蜗卷弹簧	各种碟形弹簧
弹簧实物			
弹簧名称	各种摇窗机弹簧	宝塔弹簧	钢板圆柱螺旋弹簧
弹簧实物	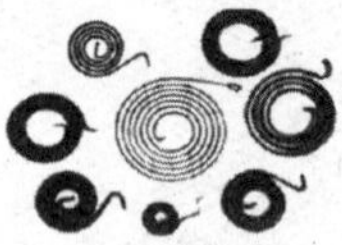		
弹簧名称	各种规格拉簧、扭簧、平面蜗卷弹簧	卡圈、挡圈、阀片、筒圈弹簧	各种变径变节异型弹簧
弹簧实物			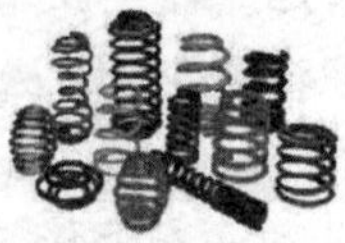
弹簧名称	化工化肥阀弹簧	各种规格压簧	气配、摩托、联轴器弹簧
弹簧实物			

二、圆柱形螺旋弹簧结构

圆柱形螺旋弹簧由于结构简单，制作方便，因此应用最广，如图9.58所示。

圆柱形螺旋弹簧由钢丝绕成，一般将两端并紧后磨平，使其端面与轴线垂直，便于支撑。如果弹簧圈并紧且两端磨平，这种形式的弹簧圈将不产生弹性变形，可作为支承圈使用，通常支承圈数有1.5，2，2.5三种。

弹簧中参加弹性变形进行有效工作的圈数，称为有效圈数 n。

弹簧并紧磨平后在不受外力情况下的全部高度，称为自由高度 H_0。

圆柱形螺旋弹簧的主要参数及关系如表9.8所示，弹簧的设计、计算参阅相关资料。

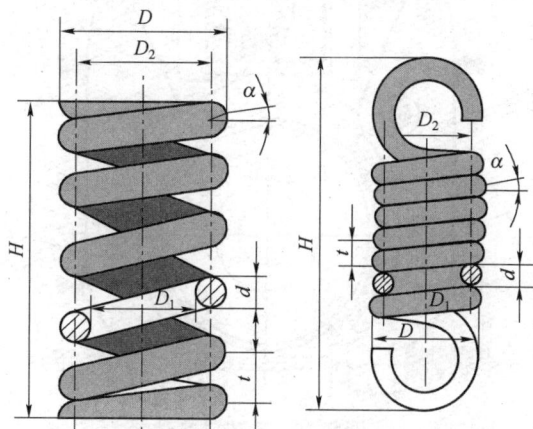

图9.58　圆柱形螺旋弹簧

表9.8　圆柱形螺旋弹簧基本几何参数的关系式

参数名称	压缩弹簧	拉伸弹簧
外径 D	$D = D_2 + d$	
内径 D_1	$D_1 = D_2 - d$	
螺旋角 α	$\alpha = \arctan \dfrac{t}{\pi D_2}$	
节距 t	$t = (0.28 \sim 0.5)D_2$	$t = d$
有效圈数 n	n	

三、制动器

制动器是具有使运动部件（或运动机械）减速、停止或保持停止状态等功能的装置。比如汽车的制动、电梯的抱闸等。

制动器常采用摩擦制动，主要由制动架、摩擦元件和驱动装置三部分组成。有些制动器还装有摩擦元件间隙自动调整装置。

为了减小制动力矩和结构尺寸，制动器通常装在设备的高速轴上，但对安全性要求较高的大型设备（如矿井提升机、电梯等）的制动器则应装在靠近设备工作部分的低速轴上。

图 9.59 所示为电梯上常用的电磁铁制动器。它主要由制动轮、制动电磁铁、制动臂、制动闸瓦、制动弹簧等组成。

制动器是电梯中工作最为频繁的装置之一，电梯的起动和停止都离不开它，它是电梯安全平稳运行不可缺少的重要装置。它安装在电动机的旁边，对主动转轴起制动作用，能使工作中的电梯轿厢停止运行。

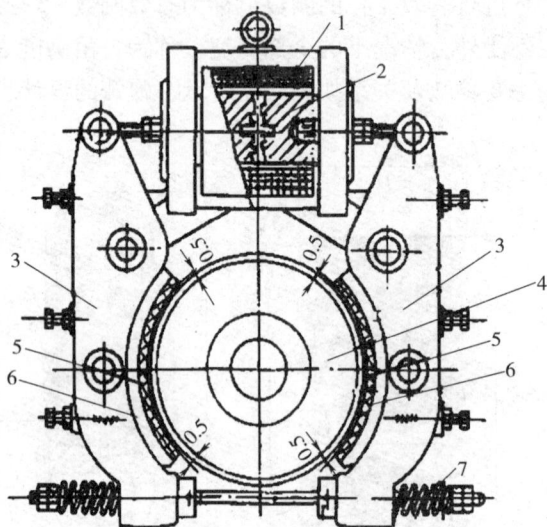

图 9.59　电磁铁制动器

1—电梯线圈；2—电梯铁芯；3—制动臂；4—制动轮；
5—闸皮；6—制动闸瓦；7—制动弹簧

电梯制动器工作原理：电梯处于停止状态，制动臂在制动弹簧的作用下，带动制动闸瓦及闸皮压向制动轮的工作表面，抱闸制动，此时制动闸瓦紧密贴合在制动轮工作表面上。当电梯开始运行时，制动电磁铁线圈通电，电磁铁芯被吸合，推动制动臂克服制动弹簧的压力，带动制动闸瓦松开并离开制动轮工作表面，抱闸释放，电梯起动运行。

通常，制动器的选择原则如下。

（1）能符合已知工作条件的制动力矩，并有足够的储备，以保证一定的安全系数。

（2）所有的构件要有足够的强度。

（3）摩擦零件的磨损量要尽可能小。

（4）摩擦零件的发热不能超过允许的温度。

（5）合闸时制动平稳，松闸灵活，两摩擦面可能完全松开。

（6）结构简单，以便于调整和检修，工作稳定，

（7）轮廓尺寸和安装位置尽可能小。

习题

一、填空题

（1）转轴承受＿＿＿＿＿＿。

（2）在轴的设计中，采用轴环是使轴上零件获得_____定位。

（3）轴的常用材料是_____。

（4）对轴进行表面强化处理，可以提高轴的_____强度。

（5）键的长度主要是根据_____来选择。

（6）标准平键连接的承载能力，通常是取决于键工作表面的_____强度。

（7）普通平键用于_____连接，导键和滑键用于_____连接。

（8）联轴器与离合器主要用于连接主动轴与从动轴两轴转动并传递_____。_____只能在机器停止时用拆卸的方法才能将两轴分开，_____在机器工作时即可分离与结合。

（9）对传递动力的轴，在设计计算时满足_____条件是最基本的要求。

（10）制动器常采用_____制动。

二、选择题

（1）已知，B 为轴上零件宽度，L 为相配的轴段长度，一般情况下为了轴向固定应使_____。

A. B < L   B. B > L   C. B = L   D. B 与 L 之间无要求

（2）轴上零件的轴向固定方法，当轴向力很大时，应选用_____。

A. 弹性挡圈   B. 轴肩

C. 用紧定螺钉锁紧的挡圈   D. 过盈配合

（3）轴由给定的受力简图（图 9.60）所绘制的弯矩图应是_____。

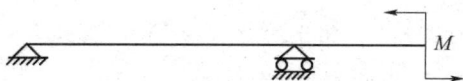

图 9.60　受力简图

A.

B.

C.

D.

（4）增大轴在剖面过渡处的圆角半径，其优点是_____。

A. 使零件的轴向定位比较可靠

B. 使轴的加工方便

C. 使零件的轴向固定比较可靠

D. 降低应力集中，提高轴的疲劳强度

（5）一般在齿轮减速器轴的设计中包括：①强度校核；②轴系结构设计；③初估轴径；④受力分析并确定危险剖面；⑤刚度计算。正确的设计程序是_____。

A. ①②③④⑤   B. ⑤④③②①

C. ③②④①⑤   D. ③④①⑤②

（6）普通平键连接的主要用途是使轴与轮毂之间_____。

A. 沿轴向固定并传递轴向力

B. 沿轴向可做相对滑动并具有导向作用

C. 沿周向固定并传递力矩

D. 安装与拆卸方便

（7）设计键连接的几项主要内容是：①按轮毂长度选择键的长度；②按使用要求选择键的主要类型；③按轴的直径选择键的剖面尺寸；④对连接进行必要的强度校核。在具体设计时，一般顺序是_____。

A. ②→①→③→④　　　　　　　B. ②→③→①→④

C. ①→③→②→④　　　　　　　D. ③→④→②→①

（8）以下哪些连接不能用作轴向固定_____。

A. 平键连接　　　　　　　　　B. 销连接

C. 螺钉连接　　　　　　　　　D. 过盈连接

（9）安全销主要用于安全保护装置中的_____过载元件。

A. 磨损　　　　　　　　　　　B. 挤压

C. 压溃　　　　　　　　　　　D. 剪断

（10）下列哪项不属于弹簧的功用_____。

A. 缓冲和吸震　　　　　　　　B. 测量载荷

C. 存储和输出能量　　　　　　D. 变形

三、判断题（正确的打"√"，错误的打"×"）

（1）只承受弯矩而不承受扭矩的轴称为心轴。　　　　　　　　　　　（　　）

（2）轴的计算弯矩最大处为危险剖面，应按此剖面进行强度计算。　　（　　）

（3）轴的设计主要问题为强度，刚度和震动稳定性，此外还应考虑轴的结构设计问题。

（　　）

（4）有一碳钢制造的轴刚度不能满足要求时，可以改用合金钢或进行表面强化以提高刚度，而不必改变轴的尺寸和形状。　　　　　　　　　　　　　　　　　　　（　　）

（5）半圆键连接的主要优点是键槽的应力集中较小。　　　　　　　　（　　）

（6）在平键连接中，平键的两侧面是工作面。　　　　　　　　　　　（　　）

（7）切向键是由两个斜度为1∶100的单边倾斜楔键组成的。　　　　　（　　）

（8）销不仅能连接两个零件，而且还能传递较大的转矩。　　　　　　（　　）

（9）圆柱销可以反复拆卸，而不影响连接件的紧固性。　　　　　　　（　　）

（10）摩擦离合器可在运动中接合，具有过载保护作用。　　　　　　　（　　）

四、问答题

（1）轴的结构设计应从哪几个方面考虑？

（2）轴上零件的轴向和周向固定各有哪些方法？

（3）一般情况下，轴的设计的步骤是什么？

（4）指出图9.61所示轴系结构的错误，并简单说明错误原因。

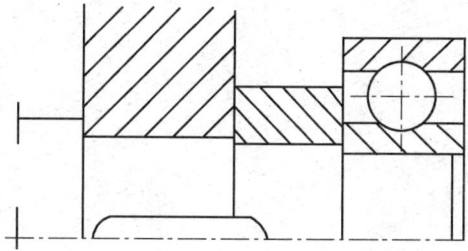

图 9.61　轴系结构 1

（5）指出图 9.62 所示轴系结构中的错误（用笔圈出错误之处，并简要说明错误的原因，不要求改正）。

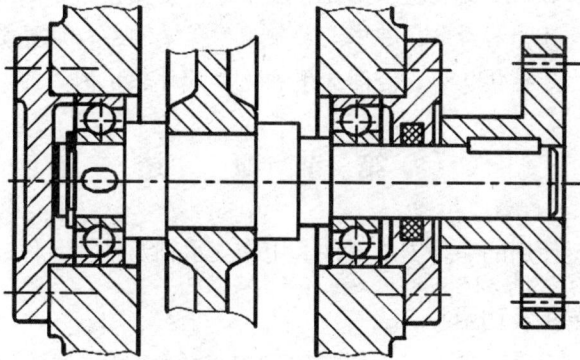

图 9.62　轴系结构 2

（6）校核 A 型普通平键连接铸铁轮毂的挤压强度。已知键宽 $b = 18$ mm，键高 $h = 11$ mm，键（毂）长 $L = 80$ mm，传递转矩 $T = 840$ N·m，轴径 $d = 60$ mm，铸铁轮毂的许用挤压应力 $[\sigma_p] = 80$ MPa。

第十章

轴 承

🏁 内容提要

本章主要介绍了滑动轴承的类型、结构和应用等，重点介绍了滚动轴承的种类、轴承代号、寿命计算、组合设计和润滑等，其中滚动轴承的代号和寿命计算是难点。通过本章的讲解，希望初学者能够达到科学认识、合理选用和简单设计轴承的目的。

❋ 第一节 概 述

轴承是机器中广泛使用的一种支承部件，用来支承轴及轴上零件。

一、轴承的基本要求及功用

（1）能承担一定的载荷，具有一定的强度和刚度。

（2）具有小的摩擦力矩，减少回转件在旋转过程中的摩擦和磨损，确保回转件转动灵活。

（3）具有一定的支承精度，保证被支承零件的回转精度。

二、轴承的类型

（1）按支承处相对运动表面的摩擦性质的不同，轴承可以分为滑动轴承和滚动轴承两大类。

（2）按所能承受的载荷方向的不同，轴承又可分为承受径向力的向心轴承，承受轴向力的推力轴承，既承受径向力又承受轴向力的向心推力轴承。

滑动轴承和滚动轴承具有不同的结构特点，其运动特性、摩擦状态、承载能力等都有较大的区别，因而各自具有不同的适用场合。由于滚动轴承自身的优点，其应用场合非常广泛，本章将着重介绍。

❋ 第二节 滑动轴承

一、滑动轴承的类型

工作时轴承和轴颈的支承面间形成直接或间接的滑动摩擦，这样的轴承称为滑动轴承。

按其所能承受的载荷方向，滑动轴承分为向心滑动轴承（主要承受径向载荷）和推力滑动轴承（主要承受轴向载荷）。

按工作表面的润滑和摩擦状态，滑动轴承分为液体摩擦滑动轴承和非液体摩擦滑动轴承。

根据滑动轴承的特点，滑动轴承主要用于工作转速特高（如汽轮发电机）、支承要求特精（如精密磨床）、特重型（如水轮发电机）、承受巨大冲击和振动载荷（如破碎机）、须成剖分式（如曲轴轴承）等特殊工作场合。

二、滑动轴承的结构

1. 向心滑动轴承

向心滑动轴承有整体式和剖分式两种。

1）整体式向心滑动轴承

如图 10.1 所示，整体式向心滑动轴承用螺栓将轴承座与机座连接，在轴承座顶部装有油杯，轴套上有进油孔，内表面用减摩材料制成的轴瓦（或叫轴套）开油沟以分配润滑油润滑。

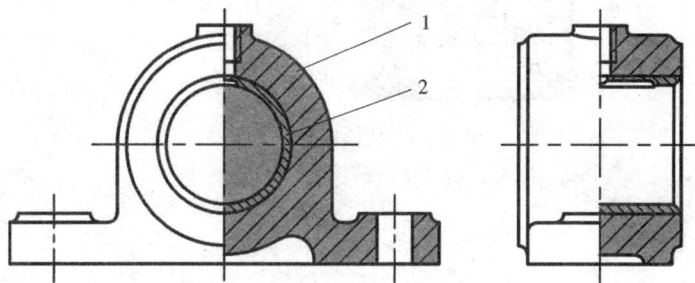

资源 10-1
轴承组件的装配

图 10.1 整体式向心滑动轴承

1—轴承座；2—轴套

整体式向心滑动轴承的结构尺寸已经标准化，其最大的优点是结构简单、成本低廉。但轴承磨损后的径向间隙无法调整，影响被支承件的回转精度。装拆时轴或轴承必须做轴向移动，不适合需要经常装拆的场合。因此这种轴承多用在低速、轻载、间隙工作且不需要经常装拆的简单机械中。

2）剖分式向心滑动轴承

剖分式向心滑动轴承由轴承座，轴承盖，连接螺栓以及剖分的上、下轴瓦等组成，图 10.2 所示即为一种常见的剖分式向心滑动轴承。

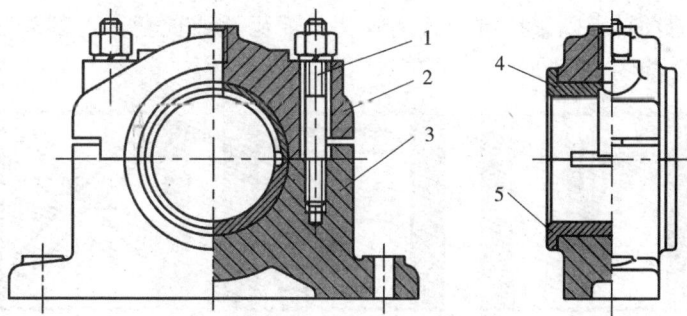

图 10.2 剖分式向心滑动轴承

1—双头螺柱；2—轴承盖；3—轴承座；4—上轴瓦；5—下轴瓦

剖分式滑动轴承的结构尺寸已经标准化，其克服了整体式滑动轴承装拆不便的缺点，而且轴瓦工作面磨损后的间隙还可用减薄垫片或切削轴瓦分合面等方法加以调整，因此得到了广泛应用。

2. 推力滑动轴承

常用的推力滑动轴承有立式和卧式两种，用来承受轴向载荷。图 10.3 所示为常见的立式推力滑动轴承，由轴承座、衬套、轴套等组成。

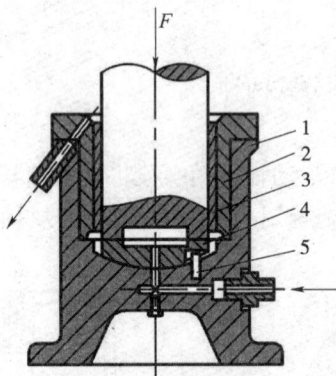

图 10.3 立式推力滑动轴承

1—轴承座；2—衬套；3—轴套；4—推力轴瓦；5—销钉

三、滑动轴承的材料

根据滑动轴承的工作情况，轴承材料性能的要求如下。

（1）足够的疲劳强度和可塑性。

（2）良好的减摩耐磨性、跑合性和抗胶合能力。

（3）良好的顺应性和嵌藏性。

（4）导热性好，热膨胀系数小。

（5）良好的加工工艺性。

在滑动轴承的工作过程中，轴瓦（或轴套）直接支承轴颈，并与轴颈表面存在一定的相对滑动，其工作表面既是承载面，又是摩擦面。所以说轴瓦是滑动轴承中最重要的零件，它的结构型式和材料性能直接影响到轴承的使用性能和寿命。整体式滑动轴承常用圆筒形的轴套，而剖分式滑动轴承则采用剖分式的轴瓦，轴瓦（或轴套）上都需开设油孔和油沟以便于导入润滑油，如图 10.4 所示。

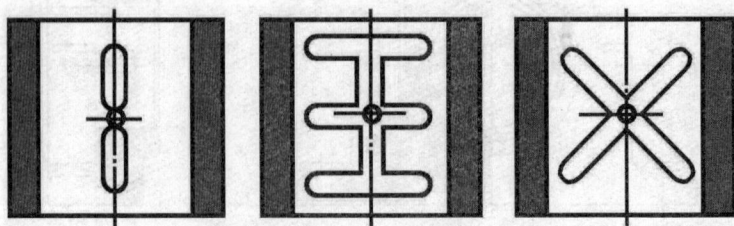

图 10.4 油孔和油沟

工程上常用浇铸或压合的方法将两种不同的金属组合在一起，其性能上可扬长避短，常作为滑动轴承材料的有轴承合金（巴氏合金、白合金）、铜合金、铝基轴承合金、铸铁等。此外还有非金属材料如工程塑料、橡胶等。常用轴承金属材料及其性能如表10.1所示。

表10.1　常用轴承金属材料及其性能

材料	牌号	$[p]/$ MPa	$[v]/$ $(m \cdot s^{-1})$	$[pv]/$ $(MPa \cdot m \cdot s^{-1})$	硬度/HBS		最高工作温度 /℃	轴颈硬度
					金属型	砂型		
锡锑轴承合金	ZSnSb11Cu6	平稳 25	80	20	27		150	150HBS
铅锑轴承合金		冲击 20	60	15				
锡青铜	ZPbSb16Sn16Cu2	15	12	10	30		150	150HBS
	ZCuSn10Pb1	15	10	15	90	80	280	45HRC
铝青铜	ZCuSn5Pb5Zn5	8	3	15	65	60		
黄铜	ZCuAl10Fe3	15	4	12	110	100	280	45HRC
灰铸铁	ZCuZn38Mn2Pb2	10	1	10	163～241			
	HT150	4	0.5					
	HT200	2	1					
	HT250	0.1	2					

四、滑动轴承的润滑

滑动轴承的润滑作用在于降低摩擦功耗、减少磨损、冷却、吸震、防锈等。而润滑剂、润滑方法的选用是否正确，对轴承能否正常工作有着很大的影响。

1. 润滑剂分类及应用

1）润滑油

润滑油是液体润滑剂，是应用最广的润滑剂，目前使用的润滑油大部分为石油系润滑油（矿物油）。在轴承润滑中，润滑油最重要的物理性能是黏度，它是选择润滑油的主要依据。具体的选用可根据工作条件参阅《机械设计手册》。

2）润滑脂

润滑脂是由润滑油和各种稠化剂混合稠化而成的半固体润滑剂，日前使用最多的是钙基润滑脂。脂润滑密封简单，也不易流失，但与润滑油相比，其摩擦损耗较大，机械效率较低，品质的稳定性较差。润滑脂适用于难以经常供油，对润滑要求不高，低速重载以及做摆动运动的轴承中。

3）固体润滑剂

固体润滑剂有石墨、二硫化钼、聚氟乙烯树脂等多个品种，一般在超出润滑油的使用范围之外才考虑使用。

2. 润滑方式和润滑装置

（1）油润滑的方式和装置。油润滑有间歇供油和连续供油两类。间歇供油由操作人员用油壶或油枪注油，供油是间歇性的，供油量不均匀，且容易疏忽。连续供油主要有以下四种形式。

①滴油润滑。图10.5所示为针阀油杯。当手柄垂直时，针阀上升，油孔打开，可连续注油，旋转螺母可调节供油量的大小；将手柄放至水平位置，阀口关闭，停止供油。

利用芯捻的毛细管作用可实现连续供油，但供油量无法调节，如图10.6所示。该方法适用于轻载及轴颈转速不高的场合。

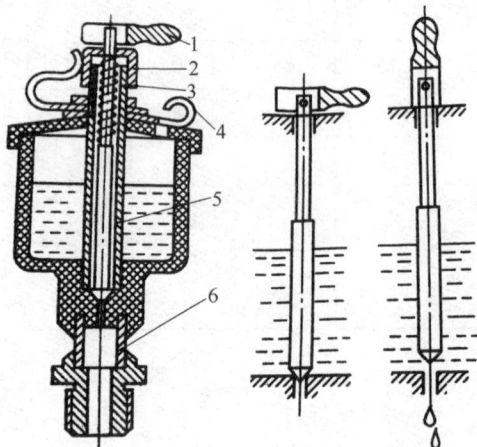

图10.5 针阀油杯

1—手柄；2—调节螺母；3—弹簧
4—油孔遮盖；5—针阀杆；6—观察孔

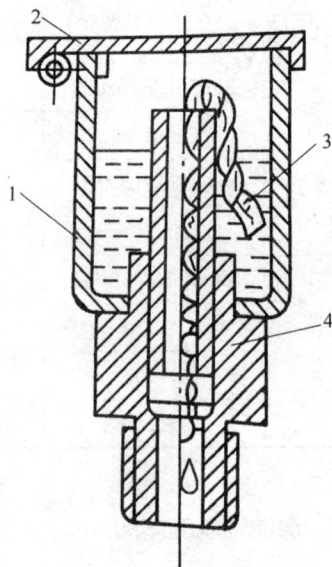

图10.6 芯捻油杯

1—杯体；2—杯盖；3—油芯；4—接头

②油环润滑。图10.7所示为油环润滑。油环套在轴上，下部浸入油池中，当轴颈旋转时，油环依靠摩擦力被轴带动旋转，将油带到轴颈上进行润滑。这种装置结构简单，供油充分，停机时随即停止供油，只适用于转速在 $100 \sim 2\,000$ r/min 的水平轴的轴承。

③飞溅润滑。利用旋转件（如齿轮、蜗杆和蜗轮等）将油池中的油飞溅到箱壁，油再沿油槽流入轴承进行润滑。

④压力循环润滑。用油泵将压力油输送至轴承处实现润滑，使用后的润滑油回到油箱，经冷却、过滤后再供循环使用。这种润滑方式供油连续、可靠，但设备费用高，适用于大型、重载、高速、精密和自动化机器中轴承的润滑。

（2）脂润滑方法简介。润滑脂的加脂方式有人工加脂和脂杯加脂。图10.8所示为旋盖油杯，杯体与杯盖为螺纹连接，旋合时在杯中装入润滑脂后，旋转杯盖即可将润滑脂挤入轴承内。

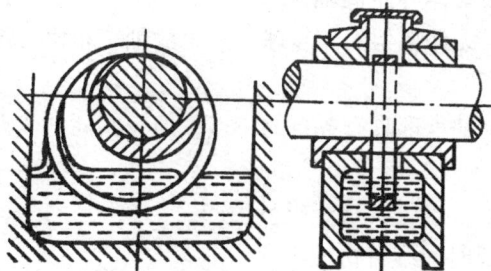

图 10.7　油环润滑

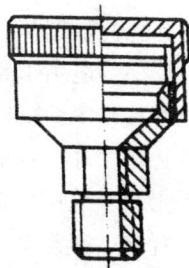

图 10.8　旋盖油杯

五、滑动轴承的安装、维护

滑动轴承的安装与维护要注意以下几个方面。

（1）滑动轴承安装要保证轴颈在轴承孔内转动灵活、准确、平稳。

（2）轴瓦与轴承座孔要修刮贴实，轴瓦剖分面要高出 0.05～0.1 mm，以便压紧。整体式轴瓦压入时要防止偏斜，并用紧定螺钉固定。

（3）注意油路畅通，油路与油槽接通。

（4）注意清洁，修刮调试过程中凡出现油污的机件，修刮后都要进行清洗涂油。

（5）轴承使用过程中要经常检查润滑、发热、振动问题。

第三节　滚动轴承的类型及代号

一、滚动轴承的基本结构

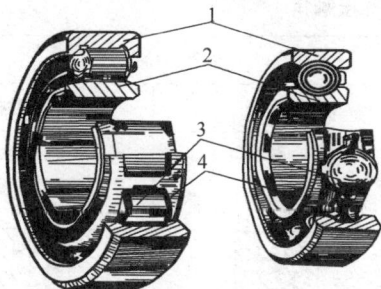

图 10.9　滚动轴承的基本结构

1—外圈；2—内圈；3—滚动体；4—保持架

如图 10.9 所示，滚动轴承一般是由外圈、内圈、滚动体和保持架组成，滚动体位于内、外圈的滚道之间。轴承工作时，内圈通常安装在轴颈上，并与轴一起旋转；外圈安装在机座或零件的轴承孔内起支承作用。

常见的滚动体有球形、圆柱形、鼓形、滚针、圆锥形，如图 10.10 所示，滚动体的大小和数量直接影响轴承的承载能力。

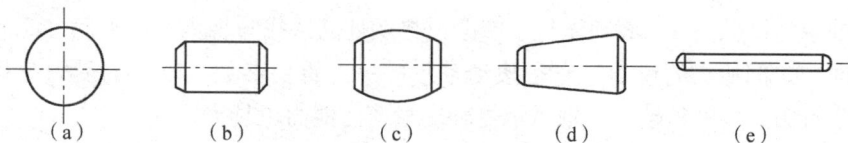

（a）　　　（b）　　　（c）　　　（d）　　　（e）

图 10.10　滚动体的形状

（a）球；（b）圆柱滚子；（c）球面滚子；（d）圆锥滚子；（e）滚针

保持架的作用是将轴承中的一组滚动体等距离隔开，引导滚动体在正确的轨道上运动，改善轴承内部载荷分配和润滑性能。与无保持架的满装球或滚子的轴承相比，带保持架轴承的摩擦阻力较小，适用于高速旋转。

滚动轴承具有多种结构类型，每类轴承都具有各自的特点，但其共同的优点如下。

（1）摩擦阻力小、起动灵敏。

（2）外形尺寸已国际标准化，具有互换性，适于批量生产。

（3）磨耗较一般滑动轴承少，能长时间维持机械精度。

（4）润滑方便，润滑剂消耗少，维护费用低。

（5）可较方便地在高温或低温条件下使用。

（6）与轴承相配的周围部件结构简单，便于检查与保养。

（7）可通过施加预载荷提高轴承的刚性。

（8）除少数轴承（如推力轴承）外，一般轴承可同时承受径向载荷和轴向载荷。

滚动轴承的缺点如下。

（1）承受冲击载荷能力差。

（2）振动、噪声较大。

（3）径向尺寸较大。

（4）有的场合无法使用。

二、滚动轴承的类型

滚动轴承按结构特点的不同有多种分类方法，常见的有以下几种。

（1）按所能承受载荷的方向或公称接触角的不同，滚动轴承分为向心轴承（主要承受径向载荷）和推力轴承（主要承受轴向载荷）。如表 10.2 所示。

表 10.2 各类轴承的公称接触角

轴承种类	向心轴承		推力轴承	
	径向接触	角接触	角接触	轴向接触
	$\alpha = 0°$	$0° < \alpha \leqslant 45°$	$45° < \alpha \leqslant 90°$	$\alpha = 90°$
图例（以球轴承为例）				

滚动轴承的接触角 α：滚动体与外圈滚道接触处的法线与轴承径向平面（垂直于轴承轴心线的平面）之间所夹的锐角。它是滚动轴承的一个重要参数，轴承的受力分析和承载能力等都与之有关。接触角越大，轴承承受轴向载荷的能力也越大。

（2）按滚动体的形状，滚动轴承可分为球轴承、滚子轴承。常见的滚子有圆柱滚子、球面滚子、圆锥滚子和滚针等。

（3）按工作时是否调心，滚动轴承可分为调心轴承、非调心轴承。

常用滚动轴承的类型和特性如表 10.3 所示。

表 10.3　滚动轴承的主要类型和特性

轴承名称、类型及代号	结构简图及承载方向	极限转速比	允许角偏位	主要特性和应用
调心球轴承 10000	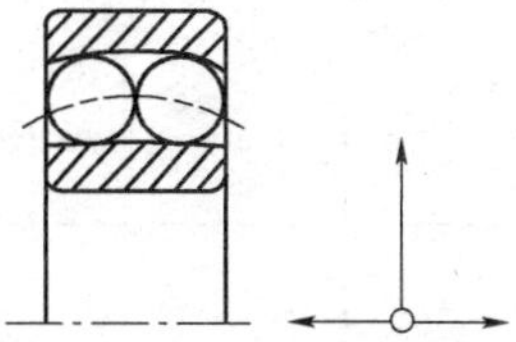	中	2°～3°	主要承受径向载荷，同时也能承受少量的双向轴向载荷。外圈滚道表面是以轴承中点为中心的球面，故能自动调心
调心滚子轴承 20000	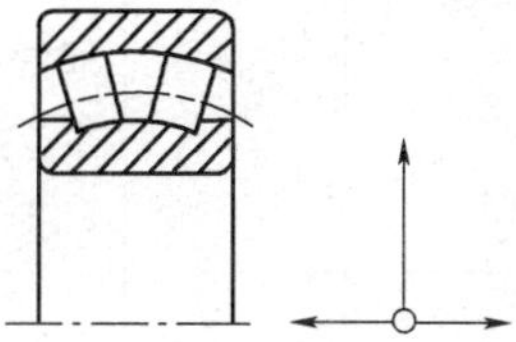	低	0.5°～2°	与"1"类轴承相似，但承载能力更大，而角偏位较小，也能自动调心
圆锥滚子轴承 30000	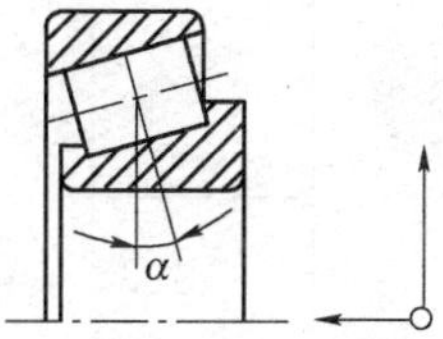	中	2′	能同时承受较大的径向载荷和单向轴向载荷，接触角 $\alpha = 11° ～ 16°$，内外圈可分离，装拆方便，成对使用。因系线接触，承载能力大于"7"类轴承
推力球轴承 单列 51000 双列 52000	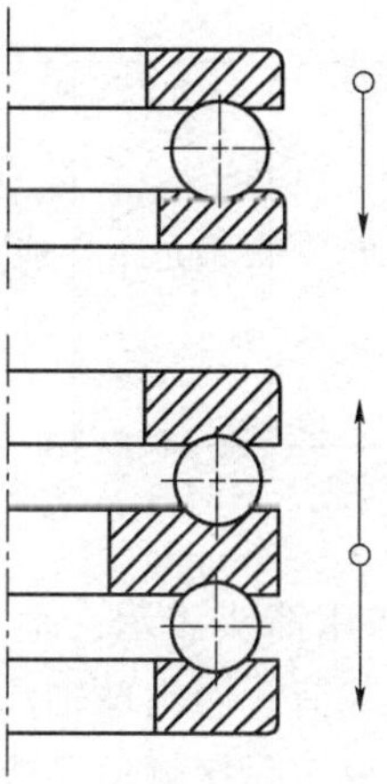	低	不允许	$\alpha = 90°$，只能承受单向（51000 型）或双向（52000型）轴向载荷，而且载荷作用线必须与轴线重合，不允许有角偏位。高速时滚动体离心力大，故极限转速低

轴承名称、类型及代号	结构简图及承载方向	极限转速比	允许角偏位	主要特性和应用
深沟球轴承 60000	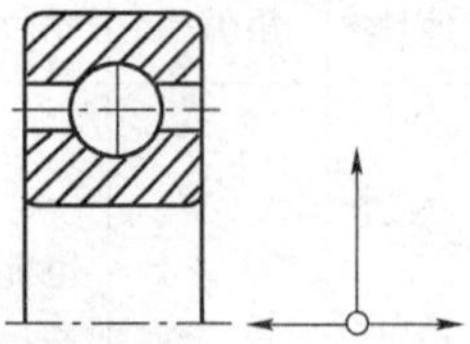	高	8′~16′	主要承受径向载荷，同时也能承受一定的双向轴向载荷，应用最为广泛。高转速情况下可用来代替推力球轴承承受不太大的纯轴向载荷
角接触球轴承 7000C ($\alpha = 15°$) 70000AC ($\alpha = 25°$) 70000B ($\alpha = 40°$)	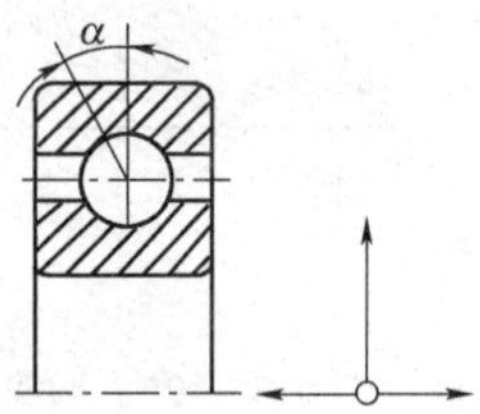	高	8′~16′	能同时承受径向载荷和单向轴向载荷，公称接触角越大，轴向承载能力也越大。通常成对使用，可分装于两个支点或同装于一个支点上
推力圆柱滚子轴承 80000	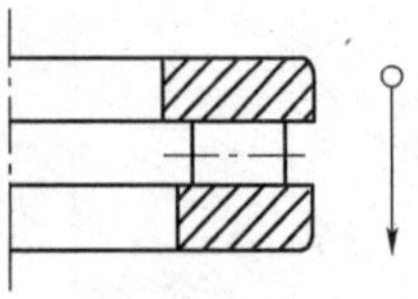	低	不允许	能承受很大的单向轴向载荷
圆柱滚子轴承 N0000	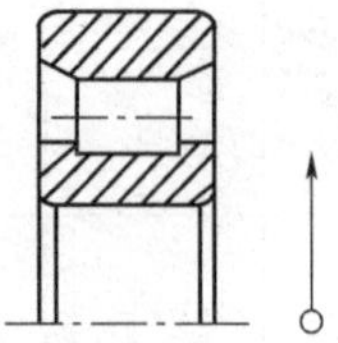	高	2′~4′	能承受较大的径向载荷，承载能力较深沟球轴承大，抗冲击能力较强。内外圈可分离，可以作为游动支承
滚针轴承 NA0000	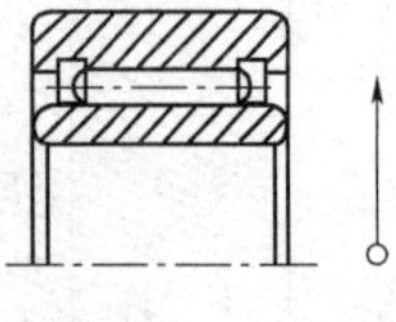	低	不允许	只能承受径向载荷，承载能力大，径向尺寸特小，内外圈可分离

滚动轴承的性能指标说明如下。

（1）承载方向。滚动轴承所能承受载荷的方向用箭头表示，垂直于轴心线的箭头表示能承受径向载荷，沿轴心线的箭头表示能承受轴向载荷。深沟球轴承公称接触角 $\alpha = 0°$，只承受径向载荷时其内外圈不会产生轴向相对移动，故实际接触角保持不变。但当有轴向载荷作用时，由于内外圈的轴向相对移动，其实际接触角不再与公称接触角相同，α 将增大至 α_1 如图 10.11 所示，因此深沟球轴承能够承受一定的轴向载荷。

（2）极限转速。滚动轴承在一定载荷和润滑条件下运转所允许的最高转速称为极限转速。滚动轴承的转动速度过高会使摩擦面间产生高温，引起润滑失效，从而导致滚动体产生回火或胶合破坏。极限转速比是指同一尺寸系列0级精度的各类轴承脂润滑时的极限转速与深沟球轴承极限转速之比，比值90%～100%为高，比值60%～90%为中，比值小于60%为低。

（3）角偏位。安装误差或轴的变形等都会引起轴承内外圈中心线发生相对倾斜，其倾斜角δ称为角偏位（偏位角），如图10.12所示。角偏位过大会影响轴承正常运转，因此在这种场合应使用调心轴承，即那些外圈滚道表面是球面，能自动适应角偏位，并能保证正常工作的轴承。

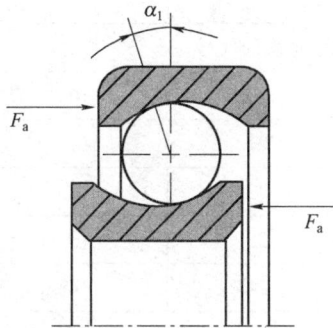

图 10.11　深沟球轴承接触角的变化　　　　图 10.12　滚动轴承的角偏位

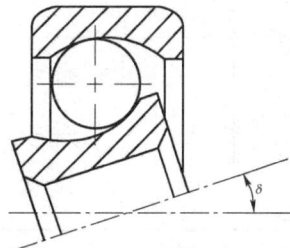

三、滚动轴承的代号

选用轴承时，首先是选择轴承的类型。其次应确定出轴承具体的结构型式、尺寸、公差等级和技术要求等以满足工作需要。

国家标准中规定了滚动轴承的代号。按照国家标准 GB/T 272—1993，滚动轴承代号由基本代号、前置代号和后置代号三部分组成，用数字和字母等表示。滚动轴承代号通常都压印在轴承外圈的端面上。排列顺序如表10.4所示。

表 10.4　滚动轴承代号的组成

前置代号（字母）	基本代号（字母和数字）	后置代号（组）（字母和数字）							
		1	2	3	4	5	6	7	8
成套轴承分部件		内部结构	密封与防尘套圈变型	保持架及其材料	轴承材料	公差等级	游隙	配置	其他

注：1. 基本代号下面的数字表示代号自左向右的位置序数。
　　2. ＊常用后置代号。

1. 基本代号

基本代号是轴承代号的核心，是由类型代号、尺寸系列代号（包括宽度系列和直径系列）和内径代号组成。一般为五位数字或字母加四位数字。

（1）类型代号。基本代号左起第一位为类型代号，用数字或字母表示。

（2）尺寸系列代号。由轴承的宽（高）度系列代号（基本代号左起第二位）和直径系列代号（基本代号左起第三位）组合而成，向心轴承和推力轴承的常用尺寸系列代号，如表10.5所示。

表10.5　滚动轴承常用尺寸系列代号

直径系列代号		向心轴承			推力轴承	
		宽度系列代号			高度系列代号	
		(0)	1	2	1	2
		窄	正常	宽	正常	
		尺寸系列代号				
0	特轻	(0) 0	10	20	10	
1		(0) 1	11	21	11	
2	轻	(0) 2	12	22	12	22
3	中	(0) 3	13	23	13	23
4	重	(0) 4		24	14	24

结构型式相同、内径相同的轴承，由于直径系列代号的不同，会有不同的外径和宽度，以适应不同工况的要求，如图10.13所示。

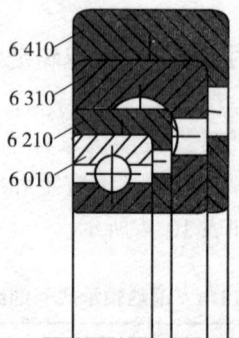

图10.13　滚动轴承的直径系列

（3）内径代号。基本代号左起第四、五位为内径代号，表示方法如表10.6所示。

表10.6　轴承内径代号

轴承公称内径/mm	内径代号	示　　例
0.6 到 10（非整数）	直接用公称内径毫米数表示，在其与尺寸系列代号之间用"/"分开	深沟球轴承 618/2.5 $d = 2.5$ mm
1 到 9（整数）	直接用公称内径毫米数表示，对深沟球轴承及角接触球轴承 7、8、9 直径系列，内径与尺寸系列代号之间用"/"分开	深沟球轴承 625　618/5 $d = 5$ mm

轴承公称内径/mm		内径代号	示　例
10 到 17	10	00	深沟球轴承 62 <u>00</u> $d = 10$ mm
	12	01	
	15	02	
	17	03	
20 到 480（22，28，32除外）		用公称内径除以 5 的商数表示，商数为一位数时，需在商数左边加"0"，如 08	调心滚子轴承 232 <u>08</u> $d = 40$ mm
大于和等于 500 以及 22，28，32		直接用公称内径毫米数表示，但在其与尺寸系列代号之间用"/"分开	调心滚子轴承 230/<u>500</u> $d = 500$ mm 深沟球轴承 627 <u>22</u> $d = 22$ mm
例：调心滚子轴承 23224　2——类型代号　32——尺寸系列代号　24——内径代号　$d = 120$ mm			

2. 前置代号

前置代号用字母表示成套轴承的分部件。前置代号及其含义可参阅 GB/T 272—1993。

3. 后置代号

后置代号是轴承在结构型式、尺寸、公差、技术要求等有改变时，在其基本代号后添加的补充代号，用字母（或加数字）表示。公差等级代号如表 10.7 所示，轴承内部结构常用代号、轴承游隙代号如表 10.8、表 10.9 所示，其他后置代号可参阅 GB/T 272—1993。

表 10.7　轴承公差等级代号及含义

代号	省略	/P6	/P6 ×	/P5	/P4	/P2
公差等级符号标准规定的	0 级	6 级	6 × 级	5 级	4 级	2 级
示例	61305	61305/P6	30210/P6 ×	61305/P5	61305/P4	61305/P4
注：1. 公差等级中 0 级最低，向右依次增高，2 级最高； 　　2. 6 × 级只用于圆锥子轴承						

表 10.8　轴承内部结构常用代号

代号	轴承类型	含义	示例
B	角接触球轴承	$\alpha = 40°$	7210B
	圆锥滚子轴承	接触角 α 加大	32310B
C	角接触球轴承	$\alpha = 15°$	7210C
	调心滚子轴承	C 型	23112C
AC	角接触球轴承	$\alpha = 25°$	7210AC
E	角接触球轴承	加强型（内部结构改进，增大承载能力）	7210E

表 10.9　轴承游隙代号及含义

代号	/C1	/C2	—	/C3	/C4	/C5
游隙符合标准规定的	1 组	2 组	0 组	3 组	4 组	5 组
示例	6208/C1	6208/C2	6208	6208/C3	6208/C4	6208/C5

表 10.10　后置代号中的配置代号及含义（摘录）

代号	含义	示例
/DB	成对背对背安装	7210 C/DB
/DF	成对面对面安装	32208/DF
/DT	成对串联安装	7210 C/DT

4. 滚动轴承代号示例

例 10.1　试解释基本代号为 61206 轴承的含义。

解：6——类型代号，深沟球轴承；

12——尺寸系列代号，宽度系列代号为 1，正常宽度，直径系列代号为 2，轻系列；

06——内径代号，$d=30$ mm。公差等级为 0 级（省略）。

例 10.2　解释代号为 7310 AC/P6 轴承的含义。

解：7——类型代号，角接触球轴承；

3——尺寸系列代号，宽度系列代号为 0（省略），窄系列，直径系列代号为 3，是中系列；

10——内径代号，$d=50$ mm；

AC——内部结构代号，公称接触角 $\alpha=25°$；

P6——公差等级代号，公差等级为 6 级。

❀ 第四节　滚动轴承的寿命计算

一、滚动轴承的失效形式

滚动轴承在大多数的工作过程中，轴承元件（内、外圈滚道和滚动体）所受的载荷呈周期性变化，可近似认为按脉动循环变化，内圈滚道与滚动体、外圈滚道与滚动体接触处所受的应力也是按脉动循环变化的，如图 10.14 所示。

滚动轴承的失效形式主要有以下几种。

（1）疲劳点蚀。内、外圈滚道与滚动体接触处长期受到按照脉动循环变化的接触应力作用，发生疲劳点蚀。疲劳点蚀是轴承正常工作条件下的主要失效形式。针对疲劳点蚀需进行轴承的寿命计算。

（2）塑性变形。轴承在很大的静载荷或冲击载荷作用下，滚动体和内外圈滚道出现不均匀的永久性的塑性变形凹坑。轴承的塑性变形使轴承在运转过程中产生剧烈振动和噪声，摩擦增大，运动精度降低，致使轴承不能正常工作。为防止塑性变形，需对低速、重载及大冲击条件下工作的轴承进行静强度计算。

（3）磨损。在力的作用下，两个相互接触的金属表面相对运动产生摩擦，形成摩擦副。摩擦引起金属消耗或产生残余变形，使金属表面的形状、尺寸、组织或性能发生改变的现象称为磨损。磨损的基本形式有疲劳磨损、黏着磨损、磨口（粒）磨损、微动磨损和腐蚀磨损等。实际中多数磨损属于综合性磨损，预防对策应根据磨损的形式和机理分别采取措施。

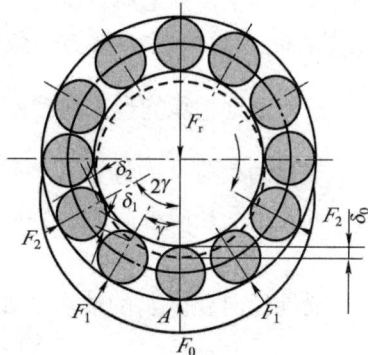

图 10.14　滚动轴承径向载荷的分布

此外，使用、维护和保养不当或密封、润滑不良等因素，也能引起轴承出现早期胶合、内外圈及保持架破损等不正常失效。

二、滚动轴承的寿命和基本额定动载荷

1. 基本额定寿命和基本额定动载荷

轴承中任一元件出现疲劳点蚀前的总转数或一定转速下工作的小时数称为轴承寿命。

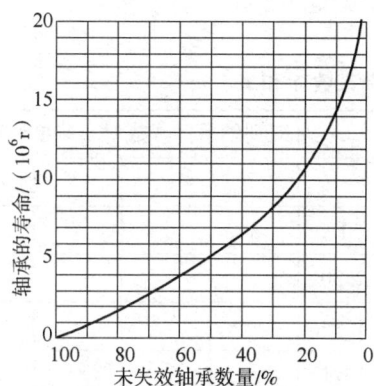

图 10.15　轴承的寿命曲线

大量实验证明，在一批轴承中结构尺寸、材料及热处理、加工方法、使用条件完全相同的轴承寿命是相当离散的，最长寿命是最短寿命的数十倍。对一具体轴承很难确切预知其寿命，但对一批轴承用数理统计方法可以求出其寿命概率分布规律。轴承的可靠性与寿命之间的关系如图 10.15 所示。轴承的寿命不能以一批中最长或最短的寿命作基准，标准中规定对于一般使用的机器，以 90% 的轴承不发生破坏的寿命作为基准。

（1）基本额定寿命为一批相同的轴承中 90% 的轴承在疲劳点蚀前能够达到或超过的总转数 L_r（10^6 r 为单位）或在一定转速下工作的小时数 L_h（h）。可靠度要求超过 90%，或改变轴承材料性能和运转条件时，可以对基本额定寿命进行修正。

（2）基本额定动载荷。滚动轴承标准中规定，基本额定寿命为 10^6 r 时，轴承所能承受的载荷称为基本额定动载荷，用字母 C 表示，即在基本额定动载荷作用下，轴承可以工作 10^6 r 而不发生点蚀失效的概率为 90%。基本额定动载荷是衡量轴承抵抗点蚀能力的一个表征值，其值越大，轴承抗疲劳点蚀能力越强。基本额定动载荷又有径向基本额定动载荷（C_r）和轴向基本额定动载荷（C_a）之分。径向基本额定动载荷对向心轴承（角接触轴承除外）是指径向载荷，对角接触轴承指轴承套圈间产生相对径向位移的载荷的径向分量；对推力轴承指中心轴向载荷。

轴承的基本额定动载荷的大小与轴承的类型、结构、尺寸大小及材料等有关，可以从手册或轴承产品样本中直接查出数值。

三、滚动轴承的当量动载荷

当量动载荷 P 的计算方法如下。

同时承受径向载荷 F_r 和轴向载荷 F_a 的轴承

$$P = f_P(XF_r + YF_a) \qquad (10-1)$$

受纯径向载荷 F_r 的轴承（如 N、NA 类轴承）

$$P = f_P F_r \qquad (10-2)$$

受纯轴向载荷 F_a 的轴承（如 5 类、8 类轴承）

$$P = f_P F_a \qquad (10-3)$$

式中，X 为径向动载荷系数，如表 10.11 所示；

Y 为轴向动载荷系数，如表 10.11 所示；

f_P 为冲击载荷系数，如表 10.12 所示。

载荷系数 f_P 是考虑了机械工作时轴承上的载荷由于机器的惯性、零件的误差、轴或轴承座变形而产生的附加力和冲击力，考虑这些影响因素，对理论当量动载荷加以修正。

表 10.11 中 e 是判断系数。F_a/C_{0r} 为相对轴向载荷，它反映轴向载荷的相对大小，其中 C_{0r} 是轴承的径向基本额定载荷。表 10.11 中未列出 F_a/C_{0r} 的中间值，可按线性插值法求出相对应的 e、Y 值。

表 10.11　轴承的径向和轴向动载荷系数 X 和 Y

轴承类型	F_a/C_{0r}	e	单列轴承				双列轴承（或成对安装单列轴承）			
			$F_a/F_r \leq e$		$F_a/F_r > e$		$F_a/F_r \leq e$		$F_a/F_r > e$	
			X	Y	X	Y	X	Y	X	Y
深沟球轴承	0.014	0.19				2.30				
	0.028	0.22				1.99				
	0.056	0.26				1.71				
	0.084	0.28				1.55				
	0.11	0.30				1.45				
	0.17	0.54			0	1.31		0		
	0.28	0.38	1		0.56	1.15	1	0	0.56	1.45
	0.42	0.42				1.04				
	0.56	0.44				1.00				
圆锥滚子轴承	—	$1.5 \tan\alpha$	1	0	0.4	$0.4 \cot\alpha$	1	$0.45 \cot\alpha$	0.67	$0.67 \cot\alpha$

轴承类型		F_a/C_{0r}	e	单列轴承				双列轴承（或成对安装单列轴承）			
				$F_a/F_r \leqslant e$		$F_a/F_r > e$		$F_a/F_r \leqslant e$		$F_a/F_r > e$	
				X	Y	X	Y	X	Y	X	Y
角接触球轴承	$\alpha=15°$	0.015	0.38				1.47		1.65		2.39
		0.029	0.40				1.40		1.57		2.38
		0.058	0.43				1.30		1.46		2.11
		0.087	0.46				1.23		1.38		2.00
		0.12	0.47				1.19		1.34		1.93
		0.17	0.50		0		1.12		1.26		1.82
		0.29	0.55	1		0.44	1.02	1	1.14	0.72	1.66
		0.44	0.56				1.00		1.12		1.63
		0.58	0.56				1.00		1.12		1.63
	$\alpha=25°$	—	0.68	1	0	0.41	0.87	1	0.92	0.67	1.41
	$\alpha=40°$	—	1.14	1	0	0.35	0.57	1	0.55	0.57	0.93
调心球轴承		—	$1.5\tan\alpha$					1	$0.42\cot\alpha$	0.65	$0.65\cot\alpha$
调心滚子轴承		—	$1.5\tan\alpha$					1	$0.45\cot\alpha$	0.67	$0.67\cot\alpha$
四点接触球轴承 $\alpha=35°$		$1.5\tan\alpha$	0.95	1	0.66	0.6	1.07	—	—	—	—

表 10.12 冲击载荷系数 f_P 的值

载荷性质	f_P	举例
平稳运转或有轻微冲击	$1.0 \sim 1.2$	电动机、通风机、水泵、汽轮机等
中等冲击	$1.2 \sim 1.8$	机床、车辆、冶金设备、起重机等
强大冲击	$1.8 \sim 3.0$	轧钢机、破碎机、振动筛、钻探机等

四、基本额定寿命计算

基本额定寿命计算。滚动轴承的基本额定寿命 L（10^6r）与基本额定动载荷 C（N）、当量动载荷 P（N）之间有如下关系：

$$L = (C/P)^\varepsilon \qquad (10-4)$$

式中，ε 为寿命指数，球轴承 $\varepsilon=3$，滚子轴承 $\varepsilon=10/3$。

第十章 轴承

实际计算时，常用一定转速下的工作小时数 L_h 表示轴承的寿命。用 n（r/min）表示轴承的转速，则式（10-4）可以写为

$$L_h = \frac{10^6}{60n}\left(\frac{C}{P}\right)^\varepsilon \qquad (10-5)$$

当轴承的工作温度高于 100 ℃时，其基本额定动载荷 C 的值将降低，故引入温度系数 f_t 对 C 值进行修正。f_t 可查表 10.13。

考虑到工作中的冲击和振动会使轴承寿命降低，又引入载荷系数 f_P 对当量动载荷 P 进行修正。f_P 值可查表 10.12。则式（10-5）修正后可写为

$$L_h = \frac{10^6}{60n}\left(\frac{f_t C}{f_P P}\right)^\varepsilon \qquad (10-6)$$

式（10-6）为常用的轴承寿命计算式，也可被改写为

$$C' = \frac{f_P P}{f_t}\left(\frac{60n}{10^6}[L_h]\right)^{\frac{1}{\varepsilon}}(\text{N}) \qquad (10-7)$$

应用式（10-6）时，应使所选用轴承的基本额定寿命 L_h 大于轴承的预期寿命 $[L_h]$，即应满足 $L_h > [L_h]$。应用式（10-7）时应使所选用轴承的基本额定动载荷 C 大于轴承所应具有的基本额定动载荷 C'，即应满足：$C > C'$。

各类机器中轴承预期寿命 $[L_h]$ 的参考值如表 10.14 所示。

表 10.13　温度系数 f_t

轴承工作温度/℃	100	125	150	200	250	300
温度系数 f_t	1	0.95	0.90	0.80	0.70	0.60

表 10.14　轴承预期寿命 $[L_h]$ 的参考值

机器种类		预期寿命 $[L_h]$ /h
不经常使用的仪器及设备		500
航空发动机		500～2 000
间断使用的机器	中断使用不致引起严重后果的手动机械、农业机械等	3 000～8 000
	中断使用会引起严重后果的机器设备，如升降机、输送机、吊车等	8 000～12 000
每天工作 8 h 的机器	利用率不高的机械，如一般的齿轮传动、电机等	12 000～20 000
	利用率较高的机械，如通风设备、金属切削机床等	20 000～30 000
连续工作 24 h 的机器	一般可靠性的空气压缩机、电动机、水泵等	40 000～60 000
	高可靠性的电站设备、给排水装置等	>100 000

五、角接触向心轴承轴向载荷的计算

角接触向心轴承的结构特点是在滚动体与外圈滚道接触处存在着接触角 α。当轴承受径向载荷 F_r 作用时，承载区内第 i 个滚动体上的法向力 F_i 可分解为径向分力 F_i'' 和轴向分力 F_i'。

各滚动体上所受的轴向分力的和即为轴承的内部轴向力 F_s，如图 10.16 所示。F_s 的近似值可由表 10.15 中的公式求得。

表 10.15　角接触向心轴承的内部轴向力 F_s

轴承类型	角接触球轴承			圆锥滚子轴承
	70000C 型 ($\alpha = 15°$)	70000AC 型 ($\alpha = 25°$)	70000B 型 ($\alpha = 40°$)	
F_s	eF_r	$0.68F_r$	$1.14F_r$	$F_r\ (2Y)$

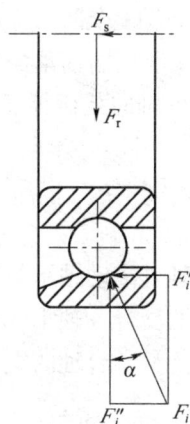

图 10.16　径向载荷产生的轴向分力

为了使角接触向心轴承的内部轴向力得到平衡，减少轴串动的可能，通常采用两个轴承成对使用、对称安装的方式。图 10.17（a）所示为两外圈窄边相对安装（正装），轴的实际支点偏向两支点的里侧；图 10.17（b）所示为两外圈宽边相对安装（反装），轴的实际支点偏向两支点的外侧。简化计算时可近似认为支点在轴承宽度的中点处。

计算轴承所受的轴向载荷时，既要考虑轴向外载荷 F_X 和内部轴向力 F_s 的作用，还要考虑到安装方式的影响。如果把轴和轴承内圈视为一体，并以它为脱离体考虑轴的轴向平衡，就可确定各轴承所受的轴向载荷。具体分析如下。

在图 10.17 中，F_R 和 F_X 分别为作用在轴上的径向外载荷和轴向外载荷。F_{r1}、F_{r2} 分别为轴承 1、2 所受的径向载荷。F_{s1}、F_{s2} 分别为轴承 1、2 所受的由径向载荷引起的内部轴向力。由图可知，脱离体上作用的轴向载荷包括内部轴向力 F_{s1}、F_{s2} 和轴向外载荷 F_X。

（1）如 $F_X + F_{s1} > F_{s2}$，则轴有向右移动的趋势，但由于轴承 2 的右端已固定，轴并不能向右移动，其受力处于平衡状态，此时轴承 2 被压紧。由力的平衡条件可知，此时轴承 2（"压紧"端）所受的轴向载荷 $F_{a2} = F_X + F_{s1}$。而轴承 1 处于放松状态（"放松"端），所受的轴向载荷只有自身的内部轴向力，即 $F_{a1} = F_{s1}$。

（2）如 $F_X + F_{s1} < F_{s2}$，则轴有向左移动的趋势，由于轴承 1 的左端已固定，轴并不能向左移动，其受力也处于平衡状态，此时轴承 1 被压紧。由力的平衡条件可知，此时轴承 1（"压紧"端）所受的轴向载荷 $F_{a1} = F_{s2} - F_X$。而轴承 2 处于放松状态（"放松"端），所受的轴向载荷也为自身的内部轴向力，即 $F_{a2} = F_{s2}$。放松状态（"放松"端），所受的轴向载荷也为自身的内部轴向力，即 $F_{a2} = F_{s2}$。

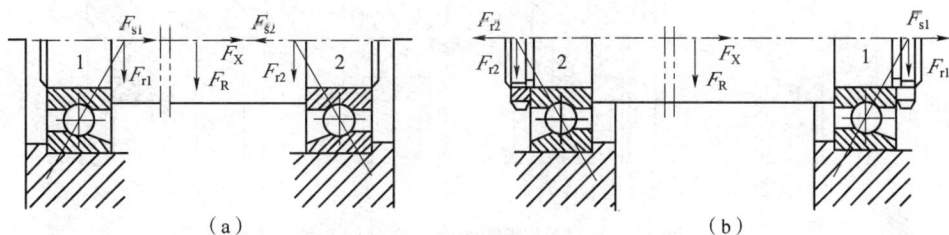

图 10.17　角接触轴承载荷的分布

（a）外圈窄边相对安装；（b）外圈宽边相对安装

根据上述分析，可将角接触向心轴承轴向载荷的计算方法归纳如下。

（1）根据轴承的安装方式，画出其轴向力分析图（包括轴向外载荷 F_X 和内部轴向力 F_{s1}、F_{s2}）。

（2）分析轴上全部轴向力合力的指向，判断哪一端轴承被"压紧"，哪一端轴承被"放松"。

（3）"压紧"端轴承的轴向载荷等于除自身内部轴向力外其余轴向力的代数和，"放松"端轴承的轴向载荷等于其自身的内部轴向力。

✳ *第五节　滚动轴承的组合设计

为了处理好滚动轴承与周围零件之间的关系，即正确地解决轴承的轴向位置固定、轴承与其他零件的配合、轴承的调整与装拆以及润滑密封等方面的问题，保证滚动轴承的正常工作，需要进行科学合理的组合设计。

一、轴承的轴向固定

1. 内圈固定

图 10.18 所示为滚动轴承内圈轴向固定的常用方式。

轴承内圈单向固定时可仅用轴肩定位固定，如图 10.18（a）所示；双向固定时除内圈的一端用轴肩定位固定之外，另一端的固定可采用弹性挡圈［图 10.18（b）］、轴端挡圈［图 10.18（c）］、圆螺母［10.18（d）］等方式。

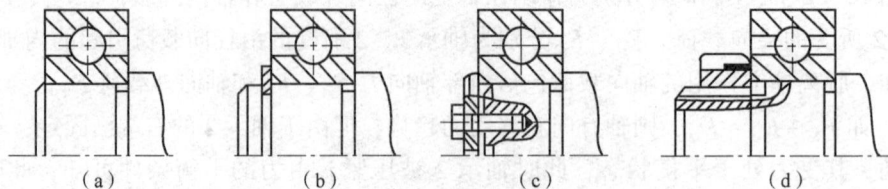

（a）　　　　　　　（b）　　　　　　　（c）　　　　　　　（d）

图 10.18　轴承内圈轴向固定的常用方式

（a）轴肩定位固定；（b）弹性挡圈；（c）轴端挡圈；（d）圆螺母

2. 外圈固定

滚动轴承外圈在轴承孔中轴向固定的常用方式如图 10.19 所示，有轴承端盖［图 10.19（a）］、孔用弹性挡圈［图 10.19（b）］、止动卡环［图 10.19（c）］、螺纹环［图 10.19（d）］等固定方式。

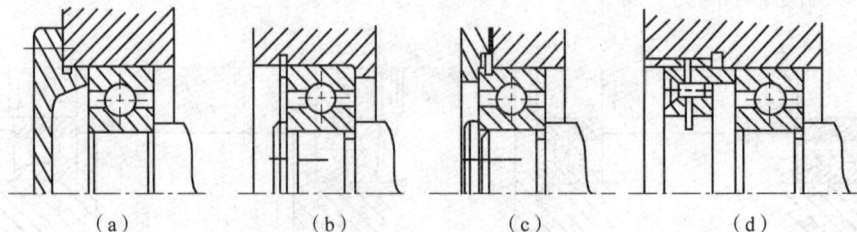

（a）　　　　　　　（b）　　　　　　　（c）　　　　　　　（d）

图 10.19　轴承外圈轴向固定的常用方式

（a）轴承端盖；（b）孔用弹性挡圈；（c）止动卡环；（d）螺纹环

二、轴系的轴向固定

轴系相对于机座必须具有确定可靠的工作位置，轴在工作中受热伸长后的伸长量也必须得到补偿，因此需要对轴系的轴向固定方式进行设计。常用的轴系轴向固定方法有以下三种基本形式。

（1）双支点单向固定（全固式）。轴的两个支点中每一个支点都能限制轴的单向移动，两个支点合起来就限制了轴的双向移动。其结构简单，适用于工作温度变化不大的短轴（跨距≤400 mm）。如图 10.20 所示。考虑到轴会受热伸长，一般在轴承端盖与轴承外圈端面之间留有轴受热伸长的补偿间隙 $a = 0.2 \sim 0.4$ mm，可用垫片 ［图 10.20（a）］或者调节螺钉 ［图10.20（b）］调节间隙量。

（2）单支点双向固定（固游式）。轴的某一个支点双向固定，另一个支点可做轴向游动（游动支点），适用于工作温度变化较大的长轴（跨距 >400 mm），如图 10.21 所示。

（3）两端游动（全游式）。如图 10.22 所示的人字齿轮传动，大齿轮轴采用双支点单向固定方式支承，已限制了其轴向移动。若小齿轮轴采用同样的方式支承，因人字齿轮本身具有的相互轴向限位作用，很有可能因加工或安装误差导致齿轮卡死或轮齿两侧严重受力不均，此时可将小齿轮轴用两端游动方式支承，使其在运转中能自由游动以自动调整工作位置。

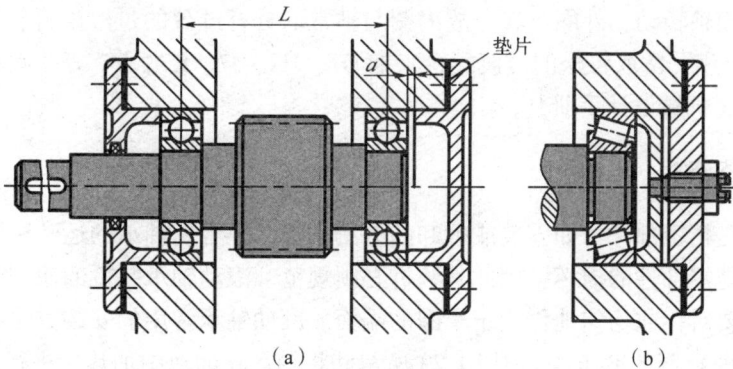

图 10.20　双支点单向固定

（a）垫片调节；（b）调节螺钉

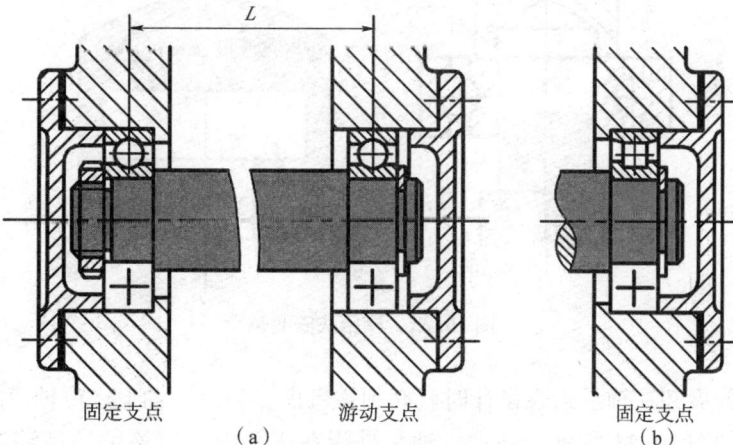

固定支点　　　游动支点　　　固定支点

（a）　　　　　　　　　　（b）

图 10.21　单支点双向固定

（a）游动支点；（b）固定支点

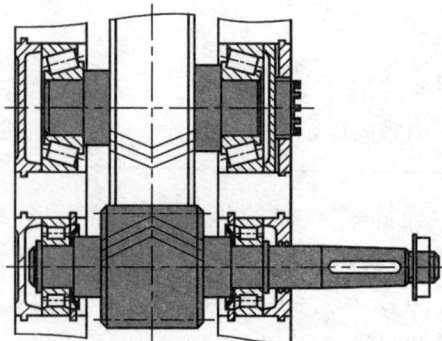

图 10.22　两端游动

三、轴承的配合

由于滚动轴承是标准件，因此轴承内圈与轴的配合采用基孔制，轴承外圈与轴承座孔的配合采用基轴制。但滚动轴承的公差带与一般圆柱面配合的公差带不同，轴承内孔和外径的上偏差为零，下偏差为负，所以一般内圈与轴的配合较紧，而外圈与座孔的配合较松。

选择配合时，应考虑载荷的大小、方向和性质，以及轴承类型、转速和使用条件等因素。一般内圈随轴转动，外圈不转，故内圈与轴常取具有过盈的过渡配合，如 r6、n6、m6、k6、j6；外圈与座孔常取较松的过渡配合，如 G7、H7、J7、K7、M7 等。滚动轴承配合的具体选择可查阅《机械设计手册》。

四、轴承的装拆

滚动轴承是精密部件，如安装或拆卸的方法不当，轻者使轴承的运转精度降低，重者将导致轴承或其他零部件的损坏，因此其装拆必须规范。滚动轴承装拆的原则是保证滚动体不受力，装拆力要对称或均匀地作用于套圈的端面。滚动轴承常用的安装方法有利用专用压套压装轴承内（外）圈的冷压法如图 10.23 所示和将轴承在油池中加热后进行套装的热套法。

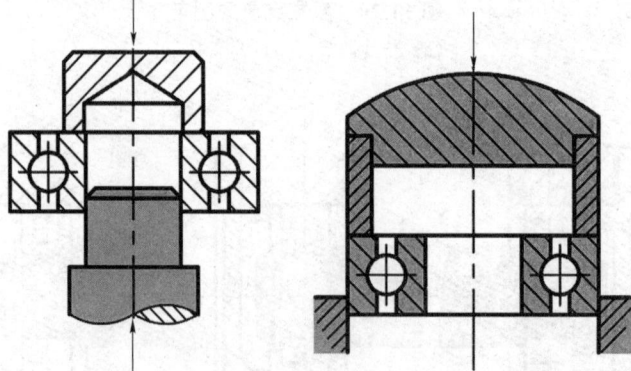

图 10.23　冷压法安装轴承

滚动轴承的拆卸在轴承组合设计时就必须被考虑，为此，轴上定位轴肩的高度应小于轴承内圈的高度如图 10.24 所示，同理，轴承外圈在座孔内也应该留出足够的高度和拆卸空间，如图 10.25 所示。

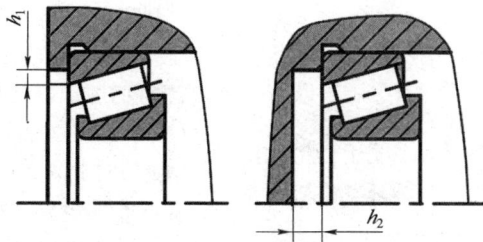

图 10.24　轴承外圈的拆卸高度

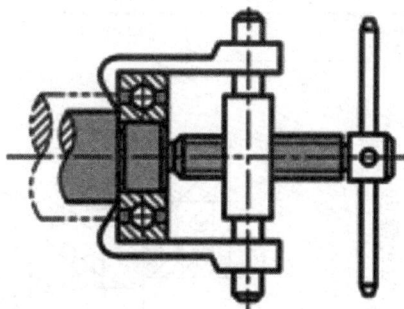

图 10.25　轴承的拆卸

✳ 第六节　滚动轴承的润滑、密封和使用

在滚动轴承的工作过程中，选择合适的润滑方式并设计可靠的密封装置，是维持正常运转、保证使用寿命的重要条件。

一、滚动轴承的密封

滚动轴承的密封的目的是防止外界灰尘、杂质和水分的侵入，阻止润滑油的外泄，以维持良好的工作环境和润滑效果。

密封装置的选择与润滑的种类、工作环境、温度以及密封表面的圆周速度等因素有关，常用的有接触式密封和非接触式密封两大类，其密封类型、适用场合及特性如表 10.16 所示。

表 10.16　常用的滚动轴承的密封类型、适用场合及特性

密封类型		图例	适用场合	特性
接触式密封	毛毡圈密封		适用于脂润滑。要求环境清洁、干燥，轴颈圆周速度 $v < 4 \sim 5$ m/s，工作温度不超过 90 ℃	矩形断面的毛毡圈被安装于轴承端盖的梯形槽内，对轴颈产生一定的压紧力而实现密封。毛毡圈尺寸已标准化
	唇形密封圈密封	 （a）　　　（b）	适用于脂或油润滑。轴颈圆周速度 $v < 7$ m/s，工作温度范围为 −40 ℃ ~ 100 ℃	密封圈是标准件，一般由耐油橡胶、金属骨架和弹簧三部分组成，也有的没有骨架。依靠材料本身的弹性和弹簧的作用紧套在轴颈上进行密封。图（a）唇口朝里，主要是防止漏油；图（b）唇口朝外，主要是防止灰尘、杂质侵入

第十章　轴承

密封类型		图例	适用场合	特性
非接触式密封	间隙密封	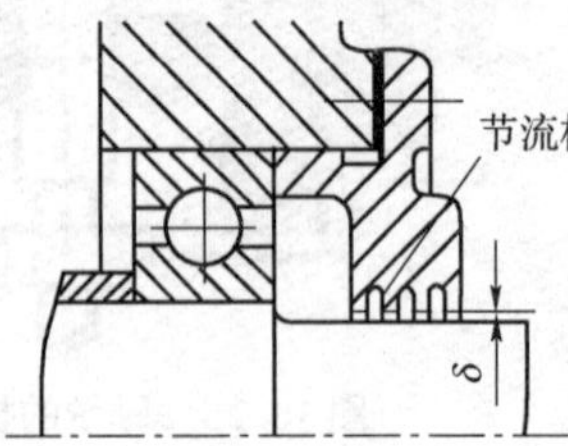 节流槽 δ	适用于脂润滑。要求环境清洁、干燥	利用节流环间隙的节流效应，依靠轴颈与端盖间的细小环形间隙（δ = 0.1 ~ 0.3 mm）进行密封。间隙的宽度越长，密封效果越好；若在加工出的节流槽内填充密封润滑脂，密封效果更好
	迷宫式密封	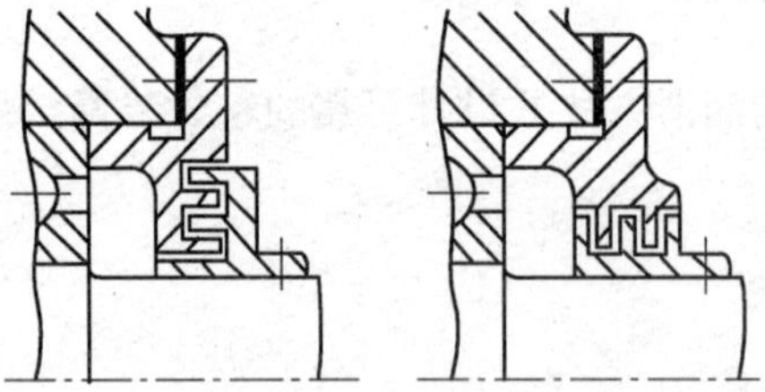 （a）　　　（b）	适用于脂或油润滑。工作温度不高于密封用脂的滴点，效果可靠，常用于对密封要求较高的场合	将旋转件与静止件之间的间隙做成迷宫（曲路）形式，对被密封介质产生节流效应而起到密封作用。若在间隙中填充密封润滑脂，密封效果更好。其分为径向迷宫［图（a）］和轴向迷宫［图（b）］两种
组合密封	毛毡圈加迷宫密封	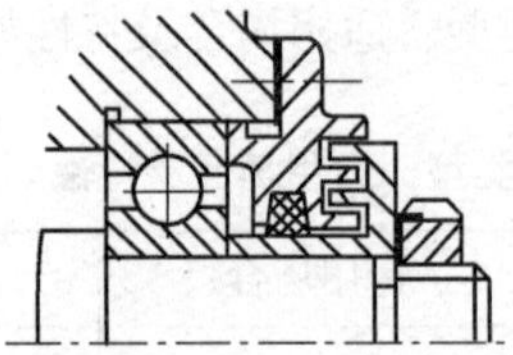	适用于脂或油润滑	组合密封有多种型式。可充分发挥各自优点，提高密封效果

二、滚动轴承的润滑

滚动轴承的润滑的目的是减少摩擦和磨损，同时起到冷却、吸震、防锈及降低噪声等。常用的润滑剂有润滑油、润滑脂或固体润滑剂。

一般情况下，滚动轴承多采用润滑脂润滑，其特点是不易流失，易于密封，一次加脂后可工作较长时间，但允许的轴承转速相对较低。

高速运转或工作温度较高的轴承可用润滑油润滑，其特点是摩擦系数小，润滑可靠，并具有冷却散热和清洗作用，但对供油和密封的要求较高。脂或油的具体选择可按征滚动轴承转速大小的速度因素 dn ［d 为轴承内径（mm）；n 为轴承转速（r/min）］值来确定。当 $dn < (1.5 ~ 2) \times 10^5$ mm · r/min 时，可采用润滑脂润滑，超过这一范围宜采用润滑油润滑。

选择润滑油时，可根据轴承的 dn 值和工作温度确定润滑油的黏度值，然后按黏度值从润滑油产品目录中选出适用的润滑油牌号。油润滑的常用方法有油池润滑、飞溅润滑、喷油润滑、油雾润滑等。

三、滚动轴承的使用

为了保证滚动轴承的正常工作，除了合理选择轴承的类型和尺寸，以及正确地进行轴承的组合设计之外，还需要在使用过程中注意轴承的具体使用条件（载荷的波动、环境的变化等），对轴承进行定期或不定期的维护保养和检修，以确保轴承运转的安全可靠。有关轴承的使用注意事项如下。

（1）维护保养应严格按照机械运转条件的作业标准，定期进行。内容包括监视运转状态、补充或更换润滑剂、定期拆卸检查等。

（2）运转中发现异常状态，包括轴承运转的声音、振动、温度、润滑剂的状态等的变化，应立即停机检修。

（3）保持轴承及其周围环境的清洁，防止灰尘、杂质的侵入。

（4）操作时使用恰当的工具，防止轴承的意外损坏。

（5）操作时注意避免轴承与手的直接接触，以防止锈蚀。

习题

一、填空题

（1）滚动轴承代号由_____、基本代号、和_____三部分组成，其中基本代号表示_____。

（2）滚动轴承的主要失效形式是_____、_____和_____。

（3）4种轴承 N307/P4、6207/P2、30207、51307 中，_____的公差等级最高，_____不能承受轴向力。

（4）滚动轴承支点轴向固定的结构型式有：_____、_____、_____。

二、选择题

（1）_____只能承受轴向载荷。

A. 圆锥滚子轴承   B. 推力球轴承

C. 滚针轴承   D. 调心滚子轴承

（2）角接触轴承承受轴向载荷的能力，随接触角 α 的增大而_____。

A. 增大   B. 减小   C. 不变   D. 不定

（3）滚动轴承的类型代号由_____表示。

A. 数字   B. 数字或字母   C. 字母   D. 数字加字母

（4）一批在同样载荷和相同工作条件下运转的型号相同的滚动轴承，_____。

A. 它们的寿命应该相同   B. 90%的轴承的寿命应该相同

C. 它们的最低寿命应该相同   D. 它们的寿命不相同

三、判断题（正确的打"√"，错误的打"×"）

（1）一端固定、一端游动的轴向固定方式适用于工作温度高的长轴。 （ ）

（2）轴承预紧不能增加支撑的刚度和提高旋转精度。 （ ）

（3）角接触轴承通常要成对使用。 （ ）

（4）转速较低、载荷较大且有冲击时，应选用滚子轴承。 （　　　）

四、问答题

（1）滑动轴承都有哪些类型？各自有什么特点？

（2）在机械设备中为何广泛采用滚动轴承？

（3）试说明轴承代号 6210 的含义。

（4）何谓滚动轴承的基本额定寿命？何谓滚动轴承的基本额定动载荷？

第十一章

机械的调速与平衡

![旗帜图标]内容提要

　　本章主要介绍速度波动的调节方法，以及飞轮的近似设计计算和回转件的平衡问题，重点是了解掌握飞轮的基本设计计算。

第一节　机械速度波动的调节

　　机械的实际运动规律主要是由作用于其上的驱动力和各种工作阻力决定的。只有当驱动力和阻力在任意时间段内做的功都相等时，机械主轴才能做匀速转动，否则机械主轴运转的速度将出现波动。速度波动将在运动副中引起附加动压力，对机械运转造成影响。速度波动调节的目的就是减小机械运转中速度波动的不均匀性，以消除其不良影响。

一、机械运转阶段

　　我们知道，机械是在驱动力作用下克服其工作阻力而运转的。驱动力做功称为输入功，工作阻力消耗的功称为输出功。在机械运转过程中，当输入功恒等于输出功时，机械主轴将保持匀速运转。但在机械运转过程中，往往驱动力和阻力所做的功并不全是相等的。当输入功大于输出功时，会出现盈功；当输入功小于输出功时，会出现亏功。盈功将引起机械动能的增加，机械主轴的速度提高；亏功将引起机械动能的减少，机械主轴的速度降低。这就是机械的速度波动。

　　一般机械的运转过程包含起动阶段、稳定运转阶段和停车阶段三个阶段。如图 11.1 所示。

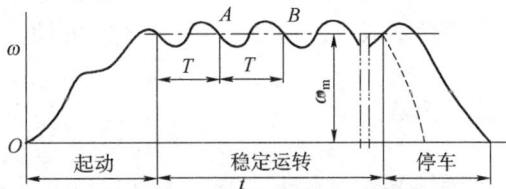

图 11.1　机械运转三个阶段

　　（1）起动阶段。输入功大于输出功，机械出现盈功，积累了动能，机械主轴的转速将逐渐提高。

（2）稳定运转阶段。因驱动力和工作阻力的变化，时而出现盈功，时而出现亏功，机械的动能时而增加，时而减少，机械运转速度产生波动。

（3）停车阶段。驱动力停止，做功为零，工作阻力逐渐消耗完机械积累的动能后，机械就由正常工作速度逐渐减速，直到停止运转。

一般将起动阶段和停车阶段统称为机械运转的过渡阶段。

大多数机械都是在稳定运转阶段进行工作的。在此运转阶段，驱动力和工作阻力的变化，会引起动能的变化，而动能的变化又引起了机械运转速度的波动，这种波动会导致在运动副中产生附加动载荷，引起震动，降低机械的可靠性、使用寿命和工作质量。因此，必须对机械稳定运转阶段的速度波动进行调节，将各种不良影响限制在许可的范围之内。

二、周期性速度波动

当机械在稳定运转阶段，驱动力和工作阻力均做周期性变化时，机械主轴回转的角速度也做周期性变化。如图 11.2 中虚线所示，其角速度 ω 在经过一个运动周期 T 之后又变回到初始状态，其动能没有变化。即是说，在一个周期 T 中，输入功与输出功相等，机械的功能没有增减，主轴回转的角速度也将恢复到原来的水平。但在运转周期 T 中的任意时间段内，驱动力做的功与工作阻力所做的功并不相等，机械动能始终变化着，因而角速度始终在波动。

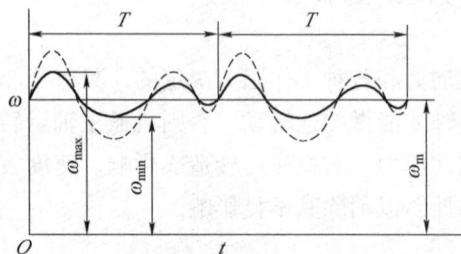

图 11.2 周期性速度波动

我们将机械的这种有规律的、周期性的速度变化称为周期性速度波动。一般机械如内燃机、牛头刨床、冲床等的速度波动大多是周期性的。

三、非周期性速度波动

无论速度是匀速运转还是周期性波动的机器，若在运转过程中其驱动力或工作阻力突然增加或减小，且不及时恢复原状，这时机器主轴的角速度将随之不断升高或降低，最终机器或因速度过高出现"飞车"现象造成损坏，或因速度降低被迫停车，使生产无法进行。这种速度波动是随机的、不规则的、没有周期性的，我们称此为非周期性速度波动。汽轮发电机组在供气量不变而用电量突然增减时，就会出现这种速度波动。

四、机械速度波动的调节方法

周期性速度波动的调节方法是在机械中安装一个具有很大转动惯量的回转构件——飞轮。飞轮在机械中相当于一个能量存储器。由于其转动惯量很大，当机械出现盈功时，飞轮可以用动能的形式将多余的能量储存起来，使主轴角速度上升的幅度减小；反之，当机械出现亏功时，飞轮又可以释放出储存的能量，以弥补能量的不足，从而使轴角速度下降的精度减小，此外，由于飞轮能够利用储蓄的能量克服短时过载，故在确定原动机功率时，只需考虑它的平均功率，而不必考虑高峰负荷所需的瞬时最大功率。因此，安装飞轮不仅可以减小机械运转过程中的速度波动幅度，还可以选择功率较小的原动机。

非周期性速度波动不能用飞轮来进行调节，只能使用转门装置——调速器来实现。调速器的种类很多，主要有机械式、气动式、机械气动式、液压式、电子式和电液式等等。调速器都是遵循反馈控制原理工作的。工作阻力发生变化，引起盈亏功相应的变化，使机器的转速随之升降，这时通过调速器调控原动机输出的驱动力的大小，从而使输入功与工作阻力消耗的功趋于平衡，最终达到新的稳定运转状态。

✿ 第二节　飞轮的近似设计计算

一、机械运转的速度不均匀系数

图 11.3 所示为某机械主轴在一个运动周期 T 内角速度随时间变化的曲线，其实际平均角速度 ω_m 可按式（11－1）计算。

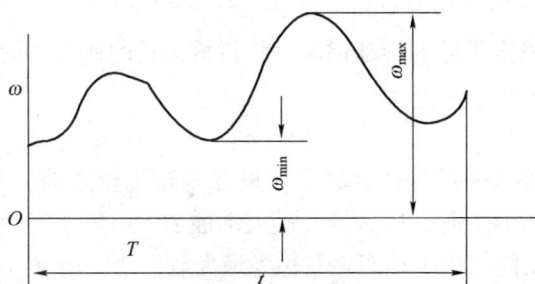

图 11.3　$\omega - t$ 曲线

$$\omega_m = \frac{1}{T} \int_0^T \omega \mathrm{d}t \tag{11－1}$$

这个实际平均值称为机器的"额定转速"。

由于 ω 是 t 的复杂函数，因此，在工程计算中都以算术平均值近似代替实际平均值，即

$$\omega_m = \frac{\omega_{max} + \omega_{min}}{2} \tag{11－2}$$

机械速度波动的相对程度用速度不均匀系数 δ 表示，即

$$\delta = \frac{\omega_{max} - \omega_{min}}{\omega_m} \tag{11－3}$$

$\omega_{max} - \omega_{min}$ 表示机械速度波动范围的大小，称为绝对不均匀度。但在此差值不同的情况下，不同的情况对平均角速度 ω_m 的影响是各不相同的。当 ω_m 一定时，$\omega_{max} - \omega_{min}$ 越小，则 δ 越小，说明机械的运转越平稳。

而各种不同机械的许用速度不均匀系数 $[\delta]$ 是依它们的工作要求来确定的。常用机械的速度不均匀系数许用值如表 11.1 所示。

表 11.1　速度不均匀系数许用值 $[\delta]$

机械名称	$[\delta]$	机械名称	$[\delta]$
碎石机	$0.05 \sim 0.2$	造纸机、织布机	$0.02 \sim 0.025$
冲床、剪床	$0.01 \sim 0.15$	纺纱机	$0.01 \sim 0.015$
轧压机	$0.04 \sim 0.1$	蒸汽机、内燃机、空气压缩	$0.006 \sim 0.012\,5$
汽车、拖拉机	$0.15 \sim 0.05$	直流发电机	$0.005 \sim 0.01$
金属切削机床	$0.025 \sim 0.03$	交流发电机	$0.003 \sim 0.005$
水泵、鼓风机	$0.02 \sim 0.03$	航空发动机	< 0.005

工程设计计算中，常常已知 ω_m 和 δ，求 ω_max、ω_min。由式（11 – 2）、式（11 – 3）可得

$$\omega_\mathrm{max} = \left(1 + \frac{1}{2}\delta\right)\omega_\mathrm{m} \tag{11 – 4}$$

$$\omega_\mathrm{min} = \left(1 - \frac{1}{2}\delta\right)\omega_\mathrm{m} \tag{11 – 5}$$

二、飞轮设计的基本原理

飞轮设计的关键是确定飞轮的转动惯量，将机械运转的速度不均匀系数 δ 限制在许可的范围内，即满足

$$\delta \leqslant [\delta] \tag{11 – 6}$$

一般机械中，主轴都是做周期性回转的。设在安装飞轮之前，主轴的角速度 ω 做周期性变化。角速度达到最大 ω_max 时，机械具有最大动能 E_max；角速度达到最小 ω_min 时，机械具有最小动能 E_min。最大动能与最小动能之差称为最大盈亏功，用 W_max 表示有

$$W_\mathrm{max} = E_\mathrm{max} - E_\mathrm{min} = \frac{1}{2}J(\omega_\mathrm{max}^2 - \omega_\mathrm{min}^2) = J\omega_\mathrm{m}^2\delta \tag{11 – 7}$$

式中，J 为机械的转动惯量。

所以机械的运转不均匀系数为

$$\delta = \frac{W_\mathrm{max}}{J\omega_\mathrm{m}^2} \tag{11 – 8}$$

当转动惯量 J 很小时，机械主轴的速度在很大范围内波动，不均匀系数值 δ 很大，达不到稳定运转的要求 $\delta \leqslant [\delta]$。这时若在该主轴上安装一转动惯量足够大的飞轮，就可降低主轴运转速度的不均匀性，达到速度波动调节的目的。设飞轮的转动惯量为 J_F，安装飞轮后的速度不均匀系数为

$$\delta = \frac{W_\mathrm{max}}{(J + J_\mathrm{F})\omega_\mathrm{m}^2} \tag{11 – 9}$$

要满足条件 $\delta \leqslant [\delta]$，则

$$J_\mathrm{F} \geqslant \frac{W_\mathrm{max}}{\omega_\mathrm{m}^2[\delta]} - J \tag{11 – 10}$$

在工程近似计算中，由于飞轮的转动惯量 J_F 很大，机械的转动惯量 J 与其相比较小，因而 J 常常忽略不计，得到

$$J_F \geq \frac{W_{max}}{\omega_m^2[\delta]} \qquad (11-11)$$

机械铭牌上一般标明其名义转速 n。将 $\omega_m = \dfrac{\pi n}{30}$ 代入式（11-11），可得

$$J_F \geq \frac{900 W_{max}}{\pi^2 n^2 [\delta]} \qquad (11-12)$$

由式（11-12）可知：

（1）当最大盈亏功 W_{max} 和平均角速度 ω_m 一定时，飞轮转动惯量 J_F 与许用速度不均匀系数 $[\delta]$ 成反比。若要求 $[\delta]$ 取值很小时，则飞轮的转动惯量 J_F 就很大。所以，过分追求机械运转速度的均匀性将会使飞轮过于笨重。

（2）由于 W_{max} 和 ω_m 都是有限值，J_F 也不可能为无穷大，因此 $[\delta]$ 一定不为零。即安装飞轮后，机械运转的速度仍有周期性波动，只是波动的幅度减小了。

（3）当 W_{max} 和 $[\delta]$ 一定时，J_F 与 ω_m^2 成反比。即平均转速 ω_m 越高，所需安装在其上的飞轮转动惯量越小，所以飞轮应安装在机械的高速轴上，以减小飞轮的尺寸和重量。

三、最大盈亏功的确定

要确定飞轮的转动惯量，需事先确定最大盈亏功 W_{max}。若已知作用在装有飞轮的主轴上的驱动力矩 M_{ed} 和阻力矩 M_{er} 随转角 φ 的变化规律 $M_{ed}-\varphi$ 曲线和 $M_{er}-\varphi$ 曲线，就能借助能量指示图来确定最大盈亏功 W_{max}。

图 11.4（a）所示为机械稳定动转的一个周期。$M_{ed}-\varphi$ 曲线与横坐标轴所包围的面积表示驱动力矩所做的输入功 W_d；$M_{er}-\varphi$ 曲线与横坐标轴所包围的面积表示阻力矩所做的输出功 W_r。在这一整周期内，动能没有变化，输入功与输出功相等，$W_d = W_r$，两曲线包围的面积应相等。在每一区间段，两曲线包围的面积差即为盈亏功。例如，在 Oa 段有 $W_d < W_r$，出现亏功，用（-）表示，阴影面积 S_{Oa} 表示亏功大小；在 ab 段有 $W_d > W_r$，出现盈功，用（+）表示，阴影面积 S_{ab} 表示盈功大小，以此类推。这些能量的变化可以用 [图 11.4（b）] 能量指示图表示。取任意点 O 作为起点，按一定比例用垂直向量线段 Oa、ab、bc、

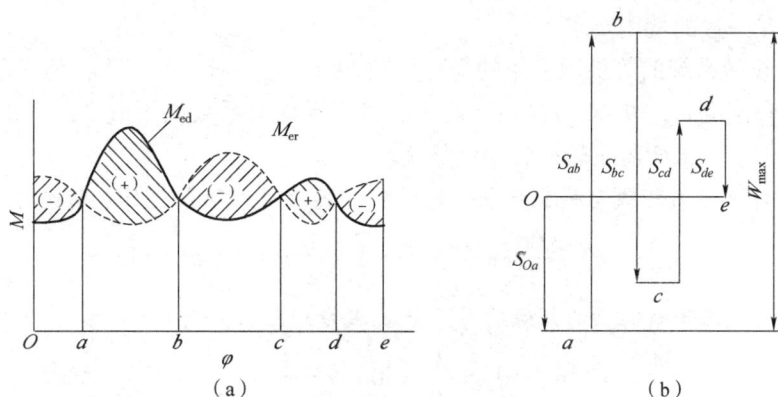

图 11.4　最大盈亏功的确定
（a）动转周期；（b）能量指示图

cd、de 依次表示相应位置盈亏功 S_{0a}、S_{ab}、S_{bc}、S_{cd}、S_{de}，盈功为正，箭头向上；亏功为负，箭头向下。起始点和终止点应处于同一水平线上，形成封闭折线图。由图 11.4 可明显看出，点 a 处于最低位置，具有最小动能 E_{min}，对应于 ω_{min}；点 b 处于最高位置，具有最大动能 E_{max}，对应于 ω_{max}。最高点与最低点的垂直距离就代表了最大盈亏功 W_{max}。

四、飞轮主要尺寸的确定

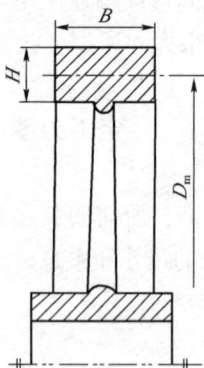

图 11.5 带轮辐的
飞轮的结构尺寸

根据得到的飞轮转动惯量 J_F，就可以确定其主要尺寸如直径、宽度和轮缘厚度等。图 11.5 所示为带有轮辐的飞轮。与轮缘相比，因轮毂及轮辐的转动惯量较小，可忽略不计。若飞轮质量 m 集中于轮缘平均直径为 D_m 的圆周上，则

$$J_F = \frac{mD_m^2}{4} \qquad (11-13)$$

在选定飞轮的平均直径 D_m 后，即可由式（11-13）求出飞轮的质量 m。又设轮缘为长矩形截面，厚度和宽度分别为 H、B，材料密度为 ρ，则

$$m = \pi D_m HB\rho \qquad (11-14)$$

而飞轮的材料及比值 H/B 选定后，又可确定轮缘的截面尺寸 H 和 B。

对于外径为 D 的实心圆盘式飞轮，可按式（11-15）、式（11-16）确定其尺寸

$$J_F = \frac{mD^2}{8} \qquad (11-15)$$

$$m = \frac{\pi D^2}{4} B\rho \qquad (11-16)$$

实际机械中，飞轮不一定是外加的专门构件，常常是用增大皮带轮、齿轮等的尺寸和质量的方法，使之兼作飞轮。上面介绍的飞轮设计方法，没有考虑飞轮之外的其他构件动能变化，仅仅是近似设计。由于机械运转速度不均匀系数 δ 容许有一个变化范围，因此这种近似设计也可以满足一般的使用要求。

例 11.1 机械系统的等效阻力矩的变化如图 11.6（a）所示的实线，呈三角形分布。等效构件的平均角速度 $\omega_m = 1\,000$ r/min，系统的速度不均匀系数许用值 $[\delta] = 0.05$。不计其余构件的转动惯量，求所需飞轮的转动惯量 J_F。

解：（1）计算阻力矩线与横坐标包围的面积，其为阻力矩在一个周期内所做的功

$$A = \frac{1\,000}{2}\pi + \frac{1\,000 \times 2}{2} \times \frac{\pi}{2} = 1\,000\pi$$

由于一个周期内等效驱动力矩做功等于等效阻力矩做功，则

$$M_d = \frac{A}{2\pi} = 500 \text{ N} \cdot \text{m}$$

作 M_d 驱动力矩线，如图 11.6（a）中所示的虚线。

如图 11.6（a）中的几何关系，求驱动力矩和阻力力矩包围的面积，可以求出各个盈、亏功的值。驱动力矩大于阻力力矩的面积是使动能增加的盈功，驱动力矩小于阻力力矩的面

积是使动能减少的亏功。用"+"表示盈功,"-"表示亏功。

$$A_1 = \frac{1}{2}ab \times 500 = +500 \times \frac{\pi}{8}; \qquad A_2 = \frac{1}{2}bc \times (1\,000 - 500) = -500 \times \frac{\pi}{4}$$

$$A_3 = \frac{1}{2}cd \times 500 = +500 \times \frac{3\pi}{16}; \qquad A_4 = \frac{1}{2}de \times (1\,000 - 500) = -500 \times \frac{\pi}{8}$$

$$A_5 = \frac{1}{2}ef \times 500 = +500 \times \frac{\pi}{8}; \qquad A_6 = \frac{1}{2}fg \times (1\,000 - 500) = -500 \times \frac{\pi}{8}$$

$$A_7 = \frac{1}{2}ga' \times 500 = +500 \times \frac{\pi}{16}$$

(2)作出的能量指示图如图 11.6(b)所示,先画出一条水平线,从点 a 开始,盈功向上画,亏功向下画。指示图中的最低点对应 $\omega_{\min}$,最高点对应 $\omega_{\max}$。可以看出,点 b 最高,则在该点时系统的角速度最大;点 c 最低,该点时系统的角速度最小。

能量最大变化量为能量图的最大落差,即图 11.6(a)中 b、c 两点间阴影部分的面积:

$$A_{\max} = A_2 = \frac{500\pi}{4}(\text{N} \cdot \text{m})$$

$$J_F = \frac{A_{\max}}{[\delta]\omega_m^2} = \frac{900A_{\max}}{[\delta]\omega_m^2} = 0.716(\text{kg} \cdot \text{m}^2)$$

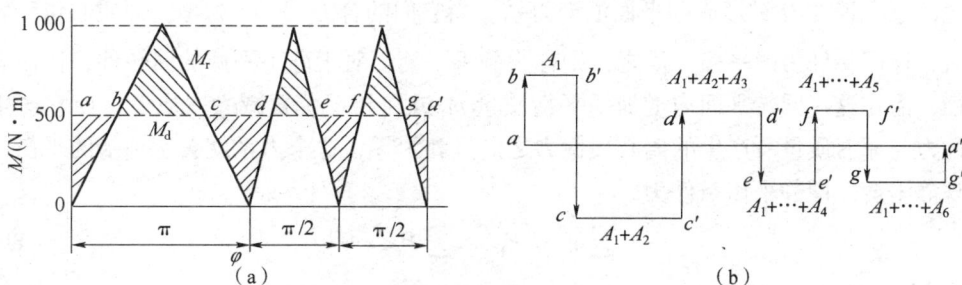

图 11.6 机械系统的等效阻力矩的变化

(a)等效阻力矩变化图;(b)能量指示图

第三节 回转件的平衡

一、回转件平衡的目的

机械中的许多构件如盘形凸轮、齿轮、带轮、链轮、曲轴等,都是围绕固定轴线回转的。我们将这类做回转运动的构件称为回转件或转子。由于结构不对称、材料不均匀、制造与安装不准确等原因,其质心可能不在回转轴线上,而是偏离轴线一段距离 e。设回转件的质量为 m,回转的角速度为 ω,则构件转动时产生的离心惯性力 F 为

$$F = me\omega^2 \qquad\qquad (11-17)$$

离心惯性力 F 会在运动副中引起附加动载荷。这不仅会增大运动副中的摩擦力,增加磨损,而且会增大构件的内应力,降低机械效率、回转精度和使用寿命。一般这些惯性力的

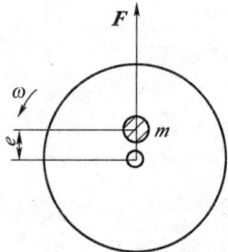

图 11.7　平衡的目的

大小及方向随着回转件的运转在做周期性的变化，将引起机械及其基础产生的强迫振动。如果这种振动的振幅较大，或者其频率接近共振范围，必将产生极其不良的影响，机械设备和厂房建筑甚至因此遭到破坏。

当回转构件转速较低时，离心惯性力很小，这时的影响在工程中可忽略不计。但是对高速重型机械，由于离心惯性力的影响非常大，这时的影响就不能忽略了。图 11.7 所示为一质量 $m = 100$ kg，质心偏离轴线 $e = 0.001$ m 的回转件，当其转速为 $n = 30$ r/min 时，由式（11 – 17）可得离心惯性力为 $F = 1$ N，而当构件转速上升到 $n = 3\ 000$ r/min 时，离心惯性力会增大到 $F = 10\ 000$ N，是构件自重的 10 倍。因此，调整回转件的质量分布点，消除或部分消除离心惯性力的不良影响，使构件惯性力达到平衡，是回转件平衡的目的。

由于存在回转件质量分布不同的情况，可将回转件的平衡问题分为静平衡和动平衡两种情形来进行分析。

二、回转件的静平衡

针对轴向尺寸很小（宽径比 ≤0.2）的回转件，如盘形凸轮、齿轮、飞轮、带轮等，其质量分布可近似地认为在同一回转平面内。因此，当构件等角速角转动时，回转件上各质量 m_i 产生的离心惯性力 F_i 形成一平面汇交力系。当它们的合力 $\sum F_i$ 为零，即质心位于转动轴线上时，称回转件为静平衡；反之，则称为静不平衡。对于静不平衡的回转件，欲使其达到静平衡，需在这一回转平面内增加一平衡质量 m_b 或在相反位置减去一质量，使它产生的离心惯性力与原有质量所产生的离心惯性力之向量和为零，这个力系就会达到新的平衡，回转件实现静平衡。即静平衡条件为

$$\sum F = F_b + \sum F_i = 0 \tag{11 – 18}$$

式中，$\sum F$ 为总离心惯性力；

　　　F_b 为平衡质量离心惯性力；

　　　F_i 为原有各质量离心惯性力。

若以质量 m_b、m_i 和质心的向径 r_b、r_i 表示，则有

$$m_b r_b + \sum m_i r_i = 0 \tag{11 – 19}$$

式中，质量与向径的乘积称为质径积，它表达了各质量所产生的离心惯性的相对大小和方向，其大小是质量与向径大小的乘积，方向与向径的指向一致。

由式（11 – 19）知，静平衡的条件还可描述为：平衡质量与原有质量的质径积的向量和等于零。

如图 11.8（a）所示，已知原不平衡质量 m_1、m_2、m_3 分布在同一回转平面内，其向径分别为 r_1、r_2、r_3，由式（11 – 19）得

$$m_b r_b + m_1 r_1 + m_2 r_2 + m_3 r_3 = 0$$

式中，应加的平衡质量的质径积 $m_b r_b$ 未知，可用向量图解法将其求出，如图 11.8（b）所示。

当解得 $m_b r_b$ 后，就可根据回转件的结构形状选定 r_b，所需的平衡质量 m_b 也就随之确定。

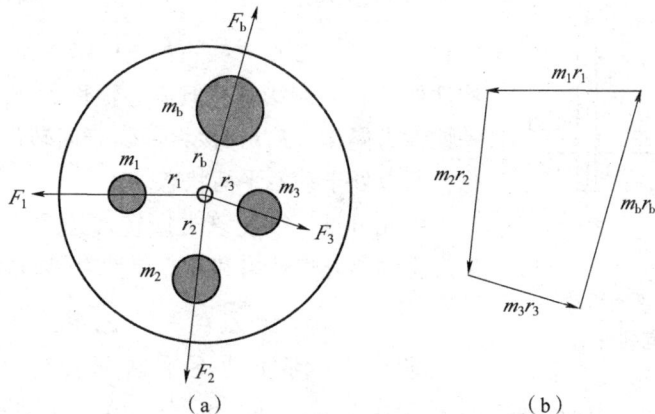

图 11.8　静平衡及向量图解法

m_b 的安装方向即为向量图上 $m_b r_b$ 所指的方向。

如果回转件的实际结构不允许在向径 r_b 的方向上安装平衡质量，就可在向径 r_b 的相反方向上削掉相等质量来使回转件得到平衡。

综上所述，对于静不平衡的回转件，无论它有多少个偏心质量，都只需要在同一个平衡面内增加或削掉一个平衡质量来获得平衡，因此也可称其为单面平衡。

例 11.2　如图 11.9 所示，有一薄壁转盘，质量为 m，经平衡实验知其质心向径为 r，方向向下。由于该回转面下能安装平衡质量，只能在 Ⅰ、Ⅱ 面上调整，求应加的平衡质径积和方向。

解：在校正平面 Ⅰ 和 Ⅱ 上分别加质径积 $m_1 r_1$ 和 $m_2 r_2$，力矩应平衡，设两配重均位于轴下方，则

$$\begin{cases} mra - m_2 r_2 (b-a) = 0 \\ mrb - m_1 r_1 (b-a) = 0 \end{cases}$$

得

$$\begin{cases} m_1 r_1 = -mr \dfrac{b}{b-a} \\[2mm] m_2 r_2 = mr \dfrac{a}{(b-a)} \end{cases}$$

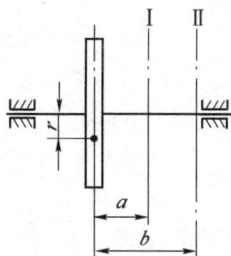

图 11.9　薄壁转盘

"–" 表示配重 1 与图 11.9 所示的假设方向相反，位于轴上方。

三、回转件的动平衡

针对轴向尺寸较大（宽径比 >0.2）的回转件，如内燃机曲轴、电动机转子和一些机床主轴等，不可近似地认为全部质量都位于同一回转平面内。

这时，各不平衡质量分别分布在沿轴向的若干个不同的回转平面内，产生的离心惯性力形成了空间力系。这种情况下，即使回转件的总质心位于回转轴线上，因各质量产生的离心惯性力不在同一平面，将形成惯性力偶，所以也是不平衡的。这种不平衡只有当回转件转动时才能表现出来，称为动不平衡。

图 11.10 所示的回转件，两不平衡质量 $m_1 = m_2$，向径 $r_1 = -r_2$，则 $\sum F = F_1 + F_2 = 0$ 或 $m_1 r_1 + m_2 r_2 = 0$，说明该构件处于静平衡状态，但离心惯性力 F_1、F_2 不共面，形成一惯性力偶 $M = F_1 L$，该力偶随着回转件的转动而周期性变化，所以处于动不平衡状态。

由此可见，欲使该类回转件达到动平衡，必须使各质量产生的离心惯性力和离心惯性力偶同时达到平衡，即

$$\sum F = 0, \sum M = 0 \qquad (11-20)$$

那么，如何使动不平衡回转件达到动平衡呢？如图 11.11 （a） 所示，设回转件的不平衡质量 m_1、m_2、m_3 分布在三个回转平面 1、2、3 内，各质量的向径分别为 r_1、r_2、r_3，方向如图 11.11 （b）。当回转件以角速度 ω 转动时，产生的离心惯性力分别为 F_1、F_2、F_3。根据力的合成与分解原理，即一个力可以分解为与它平行的两个力。将三个惯性力分解到选定的能安装平衡质量的两个平衡基面 I、II 内，分别产生分力：F_{I1}、F_{I2}、F_{I3} 和 F_{II1}、F_{II2}、F_{II3}。这些分力与原离心惯性力 F_1、F_2、F_3 产生的不平衡效应是同等的。这样就把空间力系转化成了两个平面力系，与此同时就把回转件的动平衡问题转化成为两个平衡基面内的静平衡问题。即只要这两个平衡基面内各质量分别达到静平衡，整个回转件就成为动平衡构件。

假若各质量的向径保持不变，则在两平衡基面内的质量分别为

$$m_{I1} = \frac{l_{II1}}{l} m_1; \quad m_{I2} = \frac{l_{II2}}{l} m_2; \quad m_{I3} = \frac{l_{II3}}{l} m_3;$$

$$m_{II1} = \frac{l_{I1}}{l} m_1; \quad m_{II2} = \frac{l_{I2}}{l} m_2; \quad m_{II3} = \frac{l_{I3}}{l} m_3$$

所以，在两个平衡基面内，由静平衡条件式 （11-18） 可分别求出平衡质量的质径积 m_{Ib} 和 m_{IIb}。

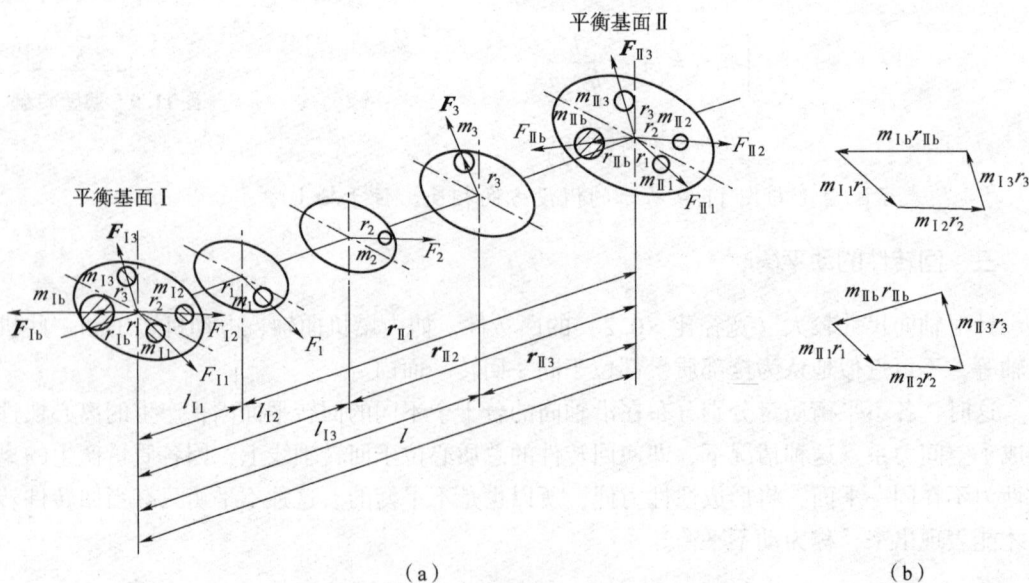

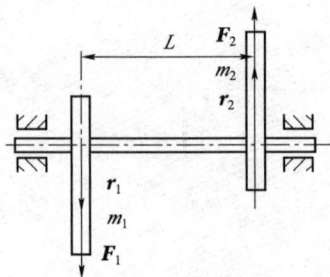

图 11.10 静平衡而动不平衡的回转件

（a）　　　　　　　　　　　　　　　（b）

图 11.11 回转件的动平衡

对任何不平衡的回转件，不论它有多少个不平衡质量、分布在多少个平面内，都只需在任选的两个平衡基面内各加上或除去一个适当的平衡质量，这样就能使回转件的离心惯性力的合力和合力偶都等于零，达到动平衡，故也称为双面平衡。

因动平衡同时满足静平衡条件，故经动平衡的回转件一定是静平衡的。但是必须指出，静平衡的回转件不一定是动平衡的。

总结对回转件的动平衡设计计算要求：

（1）根据回转件结构确定出各个不同回转平面内偏心质量的大小和位置。

（2）在回转件结构允许的位置选取两个平衡平面；分别在两个平衡平面内计算出为使回转件达到动平衡所需增加的平衡质量的位置、大小及方位。

（3）在回转件设计图上加上这些平衡质量，以使设计出来的回转件在理论上达到动平衡。

对于经过平衡计算并安装了平衡重量的回转件，虽然惯性力理论上是平衡的，但是由于计算、制造和安装误差以及材料不均匀等原因，回转件实际上仍会有些不平衡。因此必须通过平衡实验进行测定，并用实验方法加以平衡。根据构件质量分布的特点，平衡实验分为静平衡实验和动平衡实验。

1. 静平衡实验

对于轴向宽度 b 与直径 D 的比值较小的回转件（通常定为 $b/D < 0.2$），其不平衡的惯性力矩很小，可忽略不计。因此，为使这类构件平衡，可通过实验调装配重，使构件重心与回转机线重合，从而达到静平衡。

实验方法如图 11.12 所示。

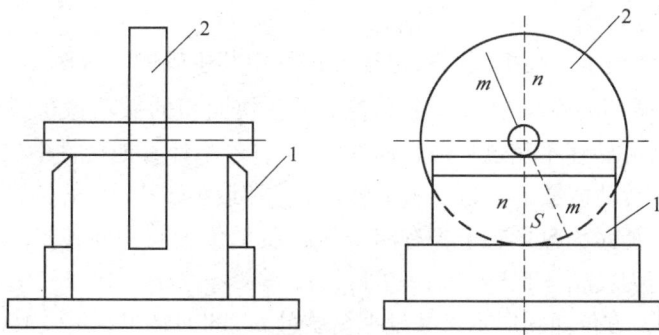

图 11.12　静平衡实验法

1—回转件；2—导轨

实验时，将欲平衡的回转件放在平行导轨上，在重力矩作用下，不平衡的回转件会在导轨上往复摆动。当摆动停止时，在过轴心的铅垂线上方适当位置加一定的平衡质量，若质心仍不在轴心上，构件还会在导轨上摆动。重复以上步骤，直到回转件在任意位置都能保持静止不动为止。

2. 动平衡实验法

对于宽与直径比 $b/D \geqslant 0.2$ 的回转件，以及有特殊要求的回转件必须进行动平衡实验。动平衡实验一般是在专用的动平衡机上进行的。

习题

一、填空题

（1）机械的运转过程一般有_____、_____和_____三个阶段。

（2）飞轮能调节_____速度波动。

（3）若要求［δ］取值很小时，则飞轮的转动惯量 J_F 就_____。

（4）动平衡又称为_____平衡。

二、选择题

（1）飞轮一般装在_____轴上。

A. 低速   B. 中速   C. 高速

（2）等效力_____所有作用在机构上的外力的合力。

A. 是   B. 都不是   C. 不确定是

（3）要进行动平衡校核的回转件，如果只进行静平衡校核，_____能减轻偏心质量造成的不良影响。

A. 是   B. 不   C. 不一定

三、判断题（正确的打"√"，错误的打"×"）

（1）机器装了飞轮之后，就可以彻底消除速度波动。   （   ）

（2）如果等效构件是一个转动构件，则最大盈亏功就是动能的最大值。   （   ）

（3）经过平衡以后的回转构件，当其运转速度波动时，仍会有动载荷产生。   （   ）

四、问答题

（1）如图 11.3 所示，某机械在稳定运转过程中其主轴的等效驱动力矩 M_{ed} 和等效阻力矩 M_{er} 在一个运动循环的变化规律，途中表示了各块面积的做功数值，设主轴的平均转速 360 r/min，要求实际转速不超过平均转速的 ±2%，若不计其他构件的质量和转动惯量，求安装于主轴的飞轮转动惯量 J_F，以及最大转速 n_{max} 和最小转速 n_{min} 的位置和大小。

（2）图 11.14 所示为盘形转子，有四个偏心质量位于同一回转平面内，它们的大小及回转半径向径分别为：$m_1 = 5$ kg，$m_2 = 7$ kg，$m_3 = 8$ kg，$m_4 = 10$ kg；$r_1 = r_4 = 10$ cm，$r_2 = 20$ cm，$r_3 = 15$ cm，方位如图所示。又设平衡质量 m_b 的回转半径 $r_b = 150$ cm 的位置加平衡质量，试求平衡质量 m_b 的大小及方位。

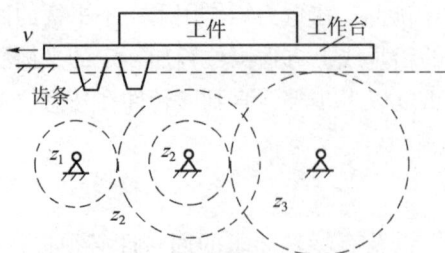

图 11.13

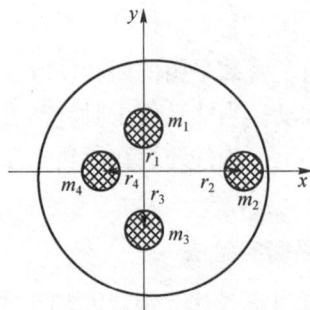

图 11.14   盘形转子

* 第十二章

机械系统传动装置设计

内容提要

　　机器由原动机、传动系统和工作机组成。原动机是完成工作任务的动力来源，最常用的是电动机。工作机是直接完成生产任务的执行装置，可以通过选择合适的机构或其组合来实现。而传动系统是把原动机的运动和动力转化为符合执行机构需要的中间传动装置。

　　机械系统传动装置设计是机械系统方案设计中至关重要的一个环节。传动装置总体设计的目的是确定传动方案，选择电动机，合理分配传动比，设计传动装置的运动和动力参数，为设计各级传动零件及装配图提供依据。传动系统方案设计的好坏，在很大程度上决定了所设计机械产品是否先进合理、质高价廉及具有市场竞争力，在完成执行系统的方案设计和原动机的预选型后，即可根据执行机构所需要的运动和动力条件及原动机的类型和性能参数，进行传动系统的方案设计。

❀ 第一节　传动方案的确定

　　传动方案一般用机构运动简图表示，它能简单明了地表示运动和动力的传递方式以及各部件的组成和相互连接关系。满足工作机性能要求的传动方案，可以由不同传动机构类型以不同的组合形式和布置顺序构成。合理的方案首先应满足工作机的性能要求，保证工作可靠，并且结构简单、尺寸紧凑、加工方便、成本低廉、传动效率高和使用维护便利。一种方案要同时满足这些要求往往是困难的，因此要通过分析比较多种方案，选择能满足重点要求的较好传动方案。

　　传动系统方案设计过程一般分为六步。

　　（1）确定传动系统的总传动比。

　　（2）选择传动类型。

　　（3）拟定传动链的布置方案。

　　（4）分配传动比。

　　（5）确定各级传动机构的基本参数和主要几何尺寸，计算传动系统的各项运动学和动力学参数，为各级传动装置的结构设计、强度计算和传动系统方案评价提供依据和指标。

　　（6）绘制传动系统运动简图。

　　布置传动顺序时，一般应考虑以下几点。

　　（1）带传动的承载能力较小，传递相同转矩时结构尺寸较其他传动形式大，但传动平

第十二章　机械系统传动装置设计

稳，能缓冲减震，因此宜布置在高速级（转速较高，传递相同功率时转矩较小）。

（2）链传动运转不均匀，有冲击，不适于高速传动，应布置在低速级。

（3）蜗杆传动可以实现较大的传动比，尺寸紧凑，传动平稳，但效率较低，适用于中小功率或间歇运转的场合。当与齿轮传动同时使用时，对用铝铁青铜或铸铁作为蜗轮材料的蜗杆传动，可布置在低速级，使齿面滑动速度较低，以防止产生胶合或严重磨损，并可使减速器结构紧凑；对采用锡青铜为蜗轮材料的蜗杆传动，由于允许齿面有较高的相对滑动速度，可将蜗杆传动布置在高速级，以利于形成润滑油膜，可以提高承载能力和传动效率。

（4）圆锥齿轮加工较困难，特别是大直径、大模数的圆锥齿轮，所以只有在需改变轴的布置方向时采用，并尽量放在高速级和限制传动比，以减小圆锥齿轮的直径和模数。

（5）斜齿轮传动的平稳性较直齿轮传动好，常用在高速级或要求传动平稳的场合。

（6）开式齿轮传动的工作环境较差，润滑条件不好，磨损较严重，寿命较短，应布置在低速级。

（7）一般将改变运动形式的机构（如连杆机构、凸轮机构等）布置在传动系统的末端，且常为工作机的执行机构。

例 12.1　图 12.1 所示为由电动机驱动的带式输送机的传递系统设计，试比较下列方案优劣。

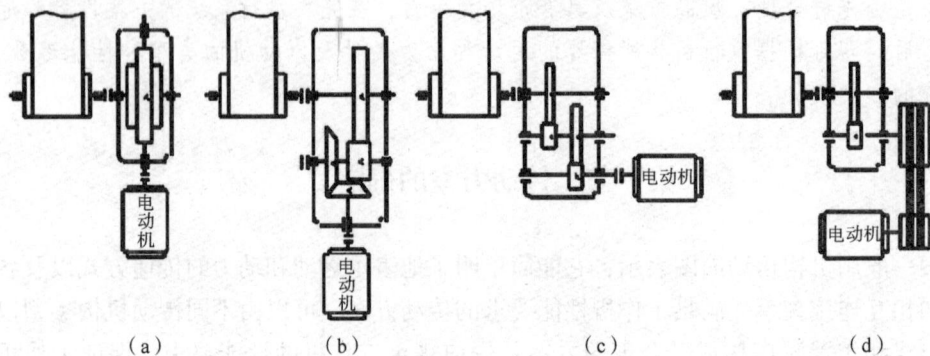

图 12.1　带式输送机的传递系统设计

解：

方案（a）：能满足传动比要求，但当要求大起动力矩时，链传动的抗冲击性能差，噪声大，链磨损快寿命短，不宜采用。

方案（b）：传动效率高，结构紧凑，使用寿命长，但当要求大起动力矩时，制造成本较高。

方案（c）：传动效率高，使用寿命长，但当要求大起动力矩时，起动冲击大，使用维护不方便。

方案（d）：采用 V 带传动与齿轮传动的组合，即可满足传动比要求，同时由于带传动具有良好的缓冲、吸震性能，可适应大起动转矩工况要求，结构简单，成本低，使用维护方便。缺点是传动尺寸较大，V 带使用寿命较短。

以上四种传动方案都可满足带式输送机的功能要求，但其结构性能和经济成本各不相同，一般应由设计者按具体工作条件，选定较好的方案。

设计时可参考相关手册中各类常用机械传动的主要类型及特性。表 12.1 所示为常用机械传动的传动比。

表 12.1　常用机械传动的传动比

传动类型			传动效率	单级传动比	圆轴速度/ (m·s⁻¹)	外廓 尺寸	相对 成本	主要性能特点
啮合传动	直接接触	齿轮传动	0.92～0.96（开式） 0.96～0.99（闭式）	≤3～5（开式） ≤7～10（闭式）	≤5 ≤200	中小	中	瞬时传动比恒定，功率和速度适应范围广，效率高、寿命长
		蜗杆传动	0.4～0.45（自锁） 0.7～0.92（不自锁）	8～80	15～50	小	高	传动比大，传动平稳，结构紧凑，可实现自锁，但效率低
		螺旋传动	0.3～0.6（滑动螺旋） ≥0.9（滚动螺旋）		高、中、低	小	中	传动平稳，能自锁，增力效果好
	有中间件	链传动	0.9～0.93（开式） 0.95～0.97（闭式）	≤5（8）	5～25	大	中	平均传动比准确，可在高温下工作，传动距离大，高速时有冲击和震动
		齿形带传动	0.95～0.98	≤10	50（80）	中	低	传动平稳，能保证恒定传动比
摩擦传动	直接接触	摩擦轮传动	0.85～0.95	≤5～7	≤15～25	大	低	过载打滑，传动平稳，可在运转中调节传动比
	有中间件	带传动	0.94～0.96（平带） 0.92～0.97（V 带）	≤5～7	5～25 （30）	大	低	过载打滑，传动平稳，能缓冲吸震，传动距离大，不能保证定传动比
推压传动	直接接触	凸轮机构	低		中、低	小	高	从动件可实现各种运动，高副接触磨损较大
	有中间件	连杆机构	高		中	小	低	结构简单，易制造，耐冲击，能传递较大的载荷，可远距离传动

❋ 第二节 原动机的选择

原动机的运动和动力与工作机所要求的差距，主要表现在四个方面。

（1）工作机所需的速度、转矩与原动机提供的不一致。

（2）原动机的输出轴通常只做匀速单方向回转运动，而工作机所要求的运动形式往往是多种多样的。

（3）很多工作机在工作中需要变速，如果采用调整原动机速度的方法来实现往往很不经济，甚至难以实现。

（4）某些情况下，需要一个原动机带动若干个装置并输出不同的运动形式和速度。

原动机的选择，主要根据机械系统的工作环境（温度、湿度、粉尘、酸碱等）、工作特点（起动频繁程度、起动载荷大小等），以及各种电动机的特点及供应情况等来确定。电动机是标准化、系列化的部件，设计者只需根据工作载荷、工作机的特性、工作环境，选择电动机的类型、结构形式和转速，计算电动机的功率，确定电动机的型号。

一、选择电动机的功率

电动机的功率主要根据电动机运行时发热条件决定，电动机的发热又与其工作情况有关。一般分为以下两种情况。

（1）变载下长期运行的电动机、短时运行的电动机（工作时间短，停歇时间较长）和重复短时运行的电动机（工作时间和停歇时间都不长）等电动机的额定功率选择要按等效功率法计算并进行发热验算。

（2）长期连续运转、载荷不变或很少变化的机械，要求所选电动机的额定功率 P_{ed} 稍大于所需电动机输出的功率 P_d 即 $P_{ed} \geq P_d$，一般不需校验电动机的发热和起动力矩。

若已知工作机主轴上的传动滚筒、链轮或其他零件的圆周力（有效拉力）F（N）和圆轴速度（线速度）v（m/s），则在稳定运转下工作机主轴上所需功率 P_w（kW）按下式计算：

$$P_w = \frac{Fv}{1\,000} \tag{12-1}$$

若已知工作机主轴上传动滚筒、链轮或其他零件的直径 D（mm）和转速 n（r/min），则圆轴速度 v（m/s）按下式计算：

$$v = \frac{\pi D n}{60 \times 1\,000} \tag{12-2}$$

若已知工作机主轴上的转矩 T（N·m）和转速 n（r/min），则工作机主轴所需功率 P_w（kW）按下式计算：

$$P_w = \frac{Tn}{9\,500} \tag{12-3}$$

电动机所需功率 P_d（kW）按下式计算：

$$P_d = \frac{P_w}{\eta} \tag{12-4}$$

式中，η 为电动机至工作机主轴之间的总效率。其中

$$\eta = \eta_1 \eta_2 \eta_3 \cdots \eta_n \eta_w \qquad (12-5)$$

式中，η_1，η_2，η_3 为传动装置中每一传动副（齿轮、蜗杆、带或链）、每对轴承、每个联轴器的效率；

η_w 为工作机的效率。

常见机械传动机构及运动副的效率如表 12.2 所示。

表 12.2　常见机械传动机构及运动副的效率

类别	传动型式	效率
圆柱齿轮传动	很好跑和的 6 级和 7 级精度齿轮传动（油润滑）	0.98 ~ 0.995
	8 级精度的一般齿轮传动（油润滑）	0.97
	9 级精度的齿轮传动（油润滑）	0.96
	加工齿开式齿轮传动（脂润滑）	0.94 ~ 0.96
圆锥齿轮传动	很好跑和的 6 级和 7 级精度齿轮传动（油润滑）	0.97 ~ 0.98
	6 级精度的一般齿轮传动（油润滑）	0.94 ~ 0.97
	加工齿开式齿轮传动（脂润滑）	0.92 ~ 0.95
蜗杆传动	自锁蜗杆	0.40 ~ 0.45
	单头蜗杆	0.70 ~ 0.75
	双头蜗杆	0.75 ~ 0.82
	三头和四头蜗杆	0.82 ~ 0.92
带传动	平型带无压紧轮的开式传动	0.98
	平型带有压紧轮的开式传动	0.97
	平型带交叉传动	0.90
	V 带传动	0.95
链传动	套筒滚子链	0.96
	无声链	0.98
滑动轴承	润滑不良	0.94
	润滑正常	0.97
	液体摩擦	0.99
滚动轴承	球轴承（油润滑）	0.99
	滚子轴承（油润滑）	0.98
联轴器	浮动联轴器	0.97 ~ 0.99
	齿轮联轴器	0.99
	弹性联轴器	0.99 ~ 0.995
	万向联轴器（$\alpha \leqslant 3°$）	0.97 ~ 0.98
	万向联轴器（$\alpha > 3°$）	0.95 ~ 0.97
螺旋传动	滑动螺旋	0.30 ~ 0.60
	滚动螺旋	0.85 ~ 0.95
滚筒		0.96

二、确定电动机的转速

对于同步电动机或异步电动机来说，电动机的转速与电源的频率、电动机磁极对数有关，电源频率越高，磁极对数越少，其转速就越高；对于异步电动机，电动机的转速还与通过电动线圈的电流有关，电流越大，其转速就越接近同步转速；还有一类电动机（通常就是交直流电动机），其转速与电源的频率是无关的。只与通过线圈的电流大小有关。在选择电动机转速时，应综合考虑与传动装置有关的各种因素，通过分析比较，选出合适的转速。一般选择用同步转速 1 000 r/min 和 1 500 r/min 的电动机为宜。

根据选定的电动机类型、功率以及转速，可查出电动机的具体型号和外形尺寸。接下来传动装置的设计和计算工作，就按照已选定的电动机型号的额定功率、满载转速和电动机的中心高度、外伸轴长度等条件来进行。设计通用机械的传动装置时一般按电动机实际所需功率 P_d 计算，偏于经济；也可按电动机额定功率 P_{ed} 计算，较为安全。转速则取满载转速。

✵ 第三节　传动机构类型的选择

机械传动机构类型的选择关系到传动系统的方案设计和工作性能参数。技术经济指标是确定传动方案的主要因素，只有通过对多种传动方案的技术经济指标做细致的综合分析和对比，才能比较合理地选用机构传动的类型。

机械传动类型选择的依据是：

（1）执行系统的性能参数和工况要求。

（2）原动机的机械特性和调速性能。

（3）对机械传动系统的性能、尺寸、重量和安装布置的要求。

（4）工作环境（如高温、低温、潮湿、粉尘、腐蚀、易燃、防爆等）的要求。

（5）制造工艺性和经济性（如制造和维修费用、使用寿命、传动效率等）的要求。

机械传动系统选择的原则是：

（1）简化传动环节。当原动机的功率、转速或运动方式完全符合执行系统的工况和工作要求时，可将原动机的输出轴与执行机构的输入轴用联轴器直接连接。对速度较低、中小功率、要求传动比较大的工况，宜选用结构简单、价格便宜、标准化程度高的传动，以降低制造费用，如可采用单级蜗杆传动、多级齿轮传动、带 – 齿轮传动、带 – 齿轮 – 链传动等多种方案，并进行分析比较，从中选择综合性能较好的方案。对于大功率的工况宜优先选用传动效率高的传动，以节约能源、降低生产费用。传动比较大时，应优先选用结构紧凑的蜗杆传动和行星齿轮传动，原动机输出轴和执行机构输入轴平行时，可采用圆柱齿轮传动；中心距较大时，可采用带传动或链传动。

（2）确保机械系统安全运转。需要综合分析比较，选出合适的传动方案。

✵ 第四节　计算总传动比和分配各级传动比

由选定的电动机满载转速和工作机转速，可得传动装置总传动比为

$$i = \frac{n_{\mathrm{m}}}{n_{\mathrm{w}}} \qquad\qquad (12-6)$$

总传动比为各级传动比的连乘积，即

$$n = i_1 \cdot i_2 \cdot i_3 \cdot \cdots \cdot i_n \qquad\qquad (12-7)$$

合理分配总传动比，可使传动装置得到较小的外廓尺寸或较轻的重量，以实现降低成本和结构紧凑的目的，也可使转动零件获得较低的圆周速度以减小齿轮动载荷和降低动精度要求；还可得到较好的齿轮润滑条件。

分配传动比时，一般应遵循如下规则：

（1）各级传动的传动比应在合理的范围内不超出容许的最大值，以符合各种传动形式的工作特点，并使结构紧凑。

（2）使各传动件尺寸协调，结构均匀合理。

（3）尽量使传动装置的总体尺寸紧凑。各级传动比的推荐值如表 12.3 所示。

表 12.3   各级传动比的推荐值

传动类型		传动比推荐值	传动比的最大值
一级闭式齿轮传动	圆柱齿轮 直齿	3~4	≤10
	圆柱齿轮 斜齿	3~5	
	圆柱齿轮 人字齿	4~6	
	直齿圆锥齿轮	2~3	≤6
一级开式圆柱齿轮传动		4~6	≤15~20
一级蜗杆传动	闭式	7~40	≤80
	开式	15~60	≤100
带传动	开口平带	2~4	≤6
	有张紧轮的平带	3~5	≤8
	三角带	2~4	≤7
链传动		2~4	≤7

✿ 第五节   传动装置的运动和动力参数计算

机械传动的运动和动力参数主要指传动系统中各轴的功率、转矩及系统的效率和原动机的参数选用。计算时可将各轴由高速至低速依次编号，0 轴为电动机轴，Ⅰ 轴，Ⅱ 轴……并依次计算。

一、计算各轴转速

传动装置中，各轴转速（r/min）的计算公式为

$$
\begin{cases}
n_0 = n_\mathrm{m} \\
n_\mathrm{I} = \dfrac{n_0}{i_{01}} \\
n_\mathrm{II} = \dfrac{n_\mathrm{I}}{i_{12}} \\
n_\mathrm{III} = \dfrac{n_\mathrm{II}}{i_{23}}
\end{cases}
\tag{12-8}
$$

式中，i_{01}，i_{12}，i_{23} 为相邻两轴间的传动比；

n_m 为电动机的满载转速（r/min）。

二、计算各轴输入功率

电动机的计算功率一般将电动机实际所需功率 P_d 作为计算依据，则其他各轴输入功率（kW）为

$$
\begin{cases}
P_\mathrm{I} = P_\mathrm{d}\eta_{01} \\
P_\mathrm{II} = P_\mathrm{I}\eta_{12} \\
P_\mathrm{III} = P_\mathrm{II}\eta_{23}
\end{cases}
\tag{12-9}
$$

式中，η_{01}，η_{12}，η_{23} 为相邻两轴间的传动效率。

三、计算各轴输入转矩

电动机输出转矩（N·m）为

$$
T_\mathrm{d} = 9\,550\,\frac{P_\mathrm{d}}{n_\mathrm{m}}
\tag{12-10}
$$

其他各轴输入转矩（N·m）为

$$
\begin{cases}
T_\mathrm{I} = 9550\,\dfrac{P_\mathrm{I}}{n_\mathrm{I}} \\[2mm]
T_\mathrm{II} = 9\,550\,\dfrac{P_\mathrm{II}}{n_\mathrm{II}} \\[2mm]
T_\mathrm{III} = 9\,550\,\dfrac{P_\mathrm{III}}{n_\mathrm{III}}
\end{cases}
\tag{12-11}
$$

运动和动力参数的计算结果可以整理成表，备查。

例 12.2 一带式输送机传动方案如图 12.2 所示。已知输送带工作拉力为 4 kN，带速为 1 m/s，卷筒直径为 500 mm，卷筒传动效率为 0.96；电动机额定功率为 4.85 kW，转速为 1 440 r/min。试计算该传动系统的运动和动力参数。

解：

（1）传动比分配。

工作机转速

$$
n = \frac{60 \times 1\,000 \cdot v}{\pi D} = \frac{60 \times 1\,000 \times 1}{3.14 \times 500} = 38.2\,(\mathrm{r/min})
$$

总传动比

$$i_\text{总} = \frac{n_\text{m}}{n_\text{w}} = i_1 \cdot i_2 \cdot i_3 = \frac{1\ 440}{38.2} = 37.7$$

根据传动比的一般分配原则，取 V 带传动比为 $i_1 = 3$，高速级齿轮传动比为 $i_2 = 4$。

则低速级齿轮传动比为

$$i_3 = \frac{i_\text{总}}{i_1 \cdot i_2} = 3.14$$

（2）计算各轴转速。

$$n_\text{I} = \frac{n_0}{i_{01}} = \frac{1\ 440}{3} = 480\,(\text{r/min})$$

$$n_\text{II} = \frac{n_\text{I}}{i_{12}} = \frac{480}{4} = 120\,(\text{r/min})$$

$$n_\text{III} = \frac{n_\text{II}}{i_{23}} = \frac{120}{3.14} = 38.2\,(\text{r/min})$$

（3）计算各轴功率。

工作机功率 $P_\text{w} = \dfrac{Fv}{1\ 000} = \dfrac{4\ 000 \times 1}{1\ 000} = 4\,(\text{kW})$

取一对滚动轴承效率为 $\eta_\text{r} = 0.99$；
取联轴器效率为 $\eta_\text{c} = 0.99$；
取齿轮啮合效率为 $\eta_\text{g} = 0.97$；
取 V 带传动效率为 $\eta_\text{b} = 0.96$；
则各轴的输入功率为

$$P_0 = P_\text{d} = 4.85\ \text{kW}$$

$$P_\text{I} = P_\text{d}\eta_\text{b} = 4.85 \times 0.96 = 4.65\,(\text{kW})$$

$$P_\text{II} = P_\text{I}\eta_\text{g}\eta_\text{r} = 4.65 \times 0.97 \times 0.99 = 4.47\,(\text{kW})$$

$$P_\text{III} = P_\text{II}\eta_\text{g}\eta_\text{r} = 4.47 \times 0.97 \times 0.99 = 4.29\,(\text{kW})$$

（4）计算各轴转矩。

$$T_0 = 9\ 550\frac{P_0}{n_0} = 9\ 550 \times 4.85/1\ 440 = 32.16\,(\text{N}\cdot\text{m})$$

$$T_\text{I} = T_0 i_1 \eta_\text{b} = 32.16 \times 0.96 = 92.62\,(\text{N}\cdot\text{m})$$

$$T_\text{II} = T_\text{I} i_2 \eta_\text{r}\eta_\text{g} = 92.62 \times 4 \times 0.99 \times 0.97 = 355.77\,(\text{N}\cdot\text{m})$$

$$T_\text{III} = T_\text{II} i_3 \eta_\text{r}\eta_\text{g} = 355.77 \times 3.14 \times 0.99 \times 0.97 = 1\ 072.77\,(\text{N}\cdot\text{m})$$

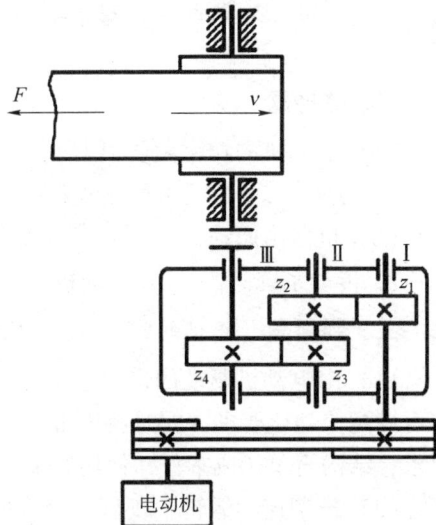

图 12.2　带式输送机

习题

一、填空题

（1）传动装置总体设计的目的是确定_____、选择_____、合理分配_____，设计传动装置的_____和_____参数，为设计各级传动零件及装配图提供依据。

（2）原动机的选择，主要根据机械系统的_____（温度、湿度、粉尘、酸碱等）、

_____（起动频繁程度、起动载荷大小等），并考虑各种电动机的特点及供应情况等来确定。

二、选择题

（1）电动机的功率主要根据电动机运行时_____决定。

A. 转速   B. 发热条件   C. 电压   D. 电流

（2）机器由原动机、_____和工作机组成。

A. 传动系统   B. 电动机   C. 齿轮传动系统   D. 带传动系统

三、判断题（正确的打"√"，错误的打"×"）

（1）由电动机驱动的带式输送机的传递系统设计中，采用 V 带传动与齿轮传动的组合，即可满足传动比要求，同时由于带传动具有良好的缓冲、吸振性能，可适应大起动转矩工况要求，结构简单，成本低，使用维护方便。因此是最合理的。 （   ）

（2）长期连续运转、载荷不变或很少变化的机械，要求所选电动机的额定功率 P_{ed} 稍大于所需电动机输出的功率 P_d 即 $P_{ed} \geq P_d$，则一般不需校验电动机的发热和起动力矩。

（   ）

四、问答题

（1）传动系统方案设计过程一般分为哪几个步骤？

（2）原动机的运动和动力与工作机所要求的差距，主要表现在哪几个方面？

（3）分配传动比时，一般应遵循哪些规则？

（4）已知输送带的有效拉力 $F = 2\,600$ N，带的速度 $v = 1.6$ m/s，滚筒直径 $D = 450$ mm，工作条件：单向运转，连续工作，载荷平稳。三相交流电源，电压 380 V。试按图 12.3 的传动方案计算工作机所需功率，以及电动机输出功率。

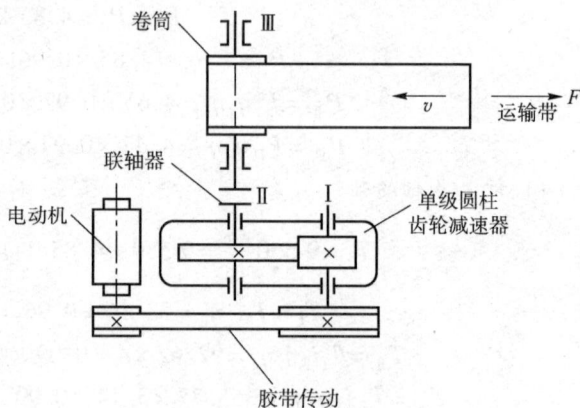

图 12.3 传动方案

参考文献

［1］胡家秀．机械设计基础［M］．北京：机械工业出版社，2008.

［2］柴鹏飞．机械设计基础［M］．北京：机械工业出版社，2011.

［3］陈立德．机械设计基础［M］．北京：高等教育出版社，2004.

［4］杨可桢，程光蕴．机械设计基础［M］．北京：高等教育出版社，2010.

［5］吴联兴．机械基础练习册［M］．北京：高等教育出版社，2006.

［6］陆宁．机械原理复习题详解［M］．北京：清华大学出版社，2013.

［7］郭谆钦，金莹．机械设计基础［M］．北京：中国海洋大学出版社，2011.

［8］张策．机械原理与机械设计：上册［M］．2版．北京：机械工业出版社，2011.

［9］张策．机械原理与机械设计：下册［M］．2版．北京：机械工业出版社，2011.

［10］郭瑞峰．机械设计基础［M］．武汉：华中科技大学出版社，2015.

［11］王良斌，王保华．机械设计基础［M］．北京：北京邮电大学出版社，2016.

［12］赵从良，杨娜．机械设计基础［M］．长春：吉林科学技术出版社，2012.

［13］何晓玲，王军．机械设计基础［M］．北京：机械工业出版社，2016.

［14］黄劲枝．机械设计基础［M］．北京：机械工业出版社，2001.

［15］申永胜．机械原理教程［M］．北京：清华大学出版社，1999.

［16］沈乐年，刘向峰．机械原理教程［M］．北京：清华大学出版社，1999.

［17］胥宏．机械设计基础［M］．北京：科学出版社，2007.

［18］宋宝玉．机械设计基础［M］．哈尔滨：哈尔滨工业大学出版社，2002.

［19］徐灏．机械设计手册［M］．北京：机械工业出版社，1991.

［20］张萍．机械设计基础［M］．北京：化学工业出版社，2004.

［21］朱文坚，黄平．机械设计课程设计［M］．2版．广州：华南理工大学出版社，2004.

［22］黄平，机械设计基础习题集［M］．北京：清华大学出版社，2016.

［23］金莹，程联社．机械设计基础项目教程［M］．西安：西安电子科技大学出版

参考文献

社，2011.

[24] 高进．工程技能训练和创新制作实践［M］．北京：清华大学出版社，2012.

[25] 翁海珊，王晶．机械原理与机械设计课外实践选题汇编［M］．北京：高等教育出版社，2006.

[26] 郭卫东．机械原理教学辅导与习题解答［M］．2版．北京：科学出版社，2013.

[27] 郭玲．机械设计基础习题册［M］．长沙：国防科技大学出版社，2013.